# HÖHERE MATHEMATIK I

**für Maschinenbauer**

**Skript zur Vorlesung**

**Gerhard Jank**

**und**

**Hubertus Th. Jongen**

| | |
|---|---|
| Aufbereitung: | Dipl. Math. K. Meer |
| | Dipl. Math. G.-W. Weber |
| Layout: | J. Biermann |
| | W. Harmel |
| | K. Loock |
| | S. Mirnour |
| Korrektur und Design: | H. Gensler |
| | W. Krüger |

# AACHENER BEITRÄGE ZUR MATHEMATIK



Jank, Gerhard / Jongen, Hubertus , Bettina:
Höhere Mathematik I für Maschinenbauer
5. unveränderte Auflage Aachen:
Verlag der Augustinus Buchhandlung, 1997
(Aachener Beiträge zur Mathematik, Band 3)

ISBN 3-86073-300-1



Verlag der Augustinus Buchhandlung
Pontstraße 96
52062 Aachen
Tel. & Fax: 0241-23948

Druck: Fotodruck Mainz, Aachen
Gedruckt auf chlorfrei gebleichtem Papier

# — Inhaltsverzeichnis —

# O. Logik und Mengenlehre

## O. 1. Begriffe aus der Logik

Mathematische Theorien dienen als Modelle für Vorgänge aus der Natur in der Form, daß zu erwartende Meßergebnisse eines Versuchs möglichst genau vorhergesagt werden können. Dadurch liefert die Mathematik gewisse Ordnungsprinzipien für die Beschreibung der Natur. Da man in der Mathematik, die ja zunächst mit Vorgängen in der Natur nichts zu tun hat, keine Möglichkeit der Überprüfung einer Behauptung durch einen Versuch besitzt, muß man andere Kriterien zur Überprüfung von Aussagen haben. Diese werden durch die "Logik" geliefert.

Eine mathematische Aussage oder ein mathematischer Satz ist ein Satz, dem man nach einem abgesprochenen Verfahren einen der "Wahrheitswerte" "wahr (W)" oder "falsch (F)" zuordnen kann. Diese Werte W, F werden manchmal auch durch 1, 0 oder Ein, Aus realisiert.

**Beispiel 0.1.1 :**

Es ist $x + 3 = 5$ keine (mathematische) Aussage, da nicht entscheidbar ist, ob sie wahr oder falsch ist. Dagegen ist $7 + 5 = 1$ (F) eine (mathematische) Aussage.

Aus mathematischen Aussagen kann man durch ("logische") Verknüpfung neue Aussagen gewinnen. Solche Verknüpfungen sind für zwei Aussagen $A$ und $B$ :

| | | | |
|---|---|---|---|
| $\wedge$ | und | $A \wedge B$ | ($A$ und $B$) |
| $\vee$ | oder | $A \vee B$ | ($A$ oder $B$) |
| $\neg$ | nicht | $\neg A$ | (nicht $A$) |
| $\Longrightarrow$ | wenn, dann | $A \Longrightarrow B$ | (wenn $A$, dann $B$) |
| $\Longleftrightarrow$ | genau dann, wenn | $A \Longleftrightarrow B$ | ($A$ genau dann, wenn $B$) . |

Die Verknüpfungen werden nun definiert, indem man den verknüpften Aussagen wieder einen Wahrheitswert zuordnet. Dies geschieht durch folgende Tabelle:

| A | B | ¬A | A∧B | A∨B | A→B | A↔B |
|---|---|---|---|---|---|---|
| w | w | f | w | w | w | w |
| w | f | f | f | w | f | f |
| f | w | w | f | w | w | f |
| f | f | w | f | f | w | w |

[Fig. 0.1]

Die Verknüpfung von Aussagen kann auch durch elektrische Schaltkreise verdeutlicht werden, wobei "wahr" bedeutet, daß Strom fließt und für eine Aussage $A$ "wahr" bedeutet, daß der $A$-Schalter geschlossen ist.

**Beispiel 0.1.2:**

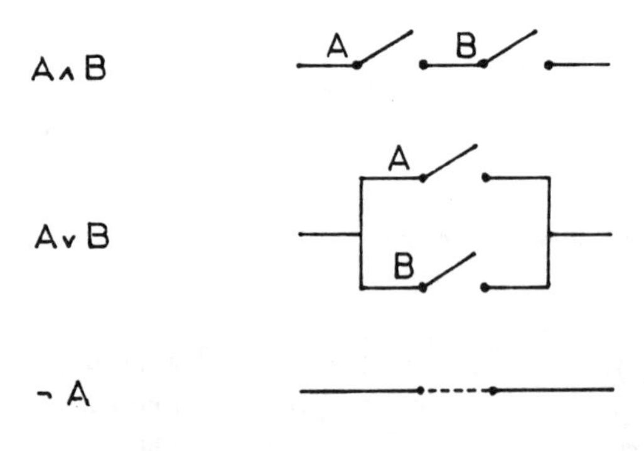


[Fig. 0.2]

Mit diesen Grundschaltern kann man z.B. $A \Longrightarrow B$ aufbauen. Beachte dabei, daß $A \Longrightarrow B$ gleichwertig mit $\neg A \vee (A \wedge B)$ ist:

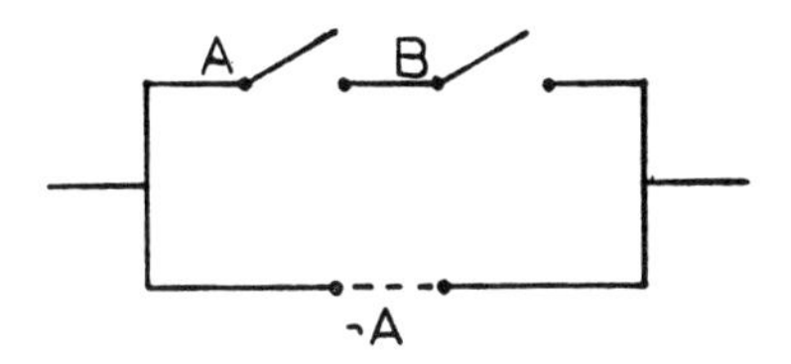


[Fig. 0.3]

Durch Anwendung dieser logischen Operationen kann man aus wahren Aussagen immer wieder neue wahre Aussagen erhalten. Dies führt dann zu einer mathematischen Theorie, wenn man gewisse Aussagen **a priori** als wahr annimmt. Derartige Grundpfeiler einer mathematischen Theorie heißen Axiome. Dabei muß ein System von Axiomen widerspruchsfrei sein, und es soll vollständig sein, d.h. es sollte sich jede gewünschte Eigenschaft des Systems daraus herleiten lassen. Der Vorgang, aus einer wahren Aussage (z.B. einem Axiom) eine neue wahre Aussage zu erhalten, heißt Beweis. Beweismethoden sind z.B.

1. Der direkte Beweis

Ausgehend von einer wahren Aussage $A$ gewinnt man durch fortwährende Anwendung logischer Verknüpfungen die Aussage $B$. Man schreibt

$$A \Longrightarrow B \quad ,$$

denn ist $A$ wahr (z.B. ein Axiom), so folgt aus $A \Longrightarrow B$ $(W)$ sofort: $B$ ist wahr.

1. Der indirekte Beweis

Aus der Negation der zu beweisenden Aussage wird ein Widerspruch durch logische

Umformung hergeleitet. Ist $A \Longrightarrow B$ zu beweisen, so wird beim indirekten Beweis $\neg B \Longrightarrow \neg A$ direkt bewiesen. Beachte dann: ist $A$ wahr, so ist $\neg A$ falsch; aus $\neg B \Longrightarrow \neg A$ $(W)$ folgt dann $\neg B$ falsch (siehe Figur 0.1) und somit: $B$ wahr.

Die **Definitionen** sind Zuordnungen neuer Begriffe zu wahren Aussagen, um eine Vereinfachung und Abkürzung der Sprechweise zu erzielen.

Abschließend sei noch erwähnt, daß man mit den Verknüpfungen $\wedge$, $\vee$ ähnlich wie mit $\cdot$, $+$ rechnen kann. Es gelten z.B. Distributivgesetze:

$$A \vee (B \wedge C) \iff (A \vee B) \wedge (A \vee C)$$

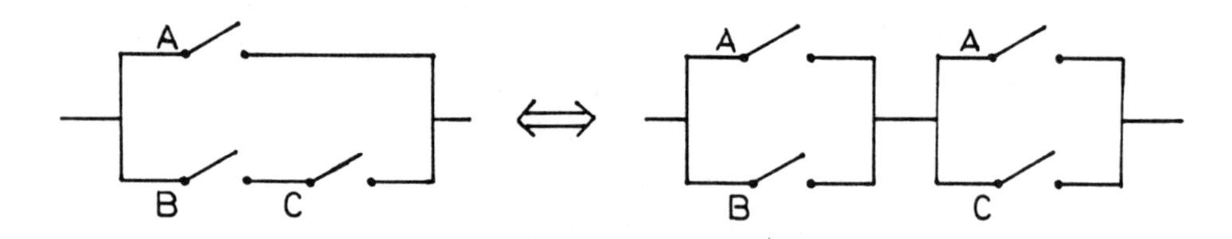


[Fig. 0.4]

oder

$$A \wedge (B \vee C) \iff (A \wedge B) \vee (A \wedge C)$$

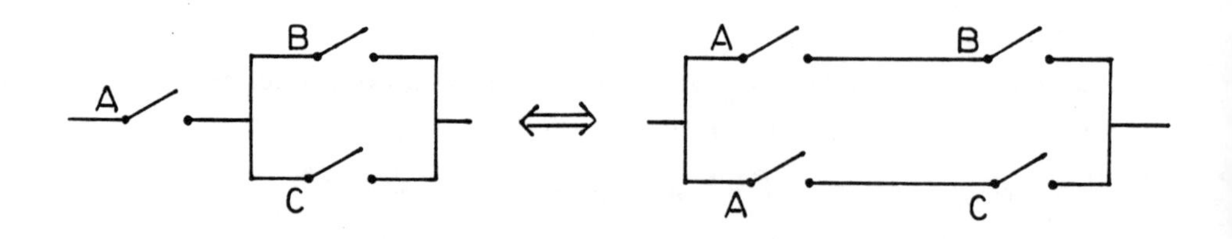


[Fig. 0.5]

## O. 2. Begriffe aus der Mengenlehre

Den Begriff einer Menge wollen wir hier naiv fassen, obwohl dies zu paradoxen Situationen führen kann (siehe die nachfolgende Bemerkung).

**Definition 0.2.1:**

Eine Menge ist eine Zusammenfassung von verschiedenen Objekten. Diese Objekte heißen Elemente der Menge.

Bemerkung:

Der englische Mathematiker B.Russel erkannte 1901, daß die obige von G.Cantor stammende Definition einer Menge zu Paradoxien führt, wenn man auf beliebige Art "verschiedene Objekte" zusammenfaßt. Er ging davon aus, daß für jede Menge $M$ entweder $M \in M$ oder $M \notin M$ gilt und definierte eine neue Menge $\mathcal{M}$ durch $\mathcal{M} := \{M \mid M \notin M\}$. Die Frage, ob nun $\mathcal{M} \in \mathcal{M}$ oder $\mathcal{M} \notin \mathcal{M}$ gilt, führt dann zu einer Paradoxie: man erhält $\mathcal{M} \in \mathcal{M} \iff \mathcal{M} \notin \mathcal{M}$. In den folgenden Jahren wurden diese Schwierigkeiten von Russel selbst und anderen Mathematikern beseitigt, im wesentlichen dadurch, daß man die obige Art der Mengenbildung nicht mehr zuließ. Für unsere Zwecke reicht aber Def. 0.2.1 völlig aus, da sämtliche hier benutzten Mengen auf eine solche Weise gebildet werden, wie es auch nach Russels Mengenlehre zulässig ist.

Mengen werden folgendermaßen dargestellt durch

i) endliche Aufzählung: $\{x_1, x_2, \ldots, x_k\}$ ist die Menge, die genau die Elemente $x_1, x_2, \ldots, x_k$ enthält (z.B. $\{1, 2, \ldots, 10\}$).

ii) unendliche Aufzählung: $\{x_1, x_2, \ldots\}$ ist die Menge, die genau die Elemente $x_1, x_2, \ldots$ enthält. (Dabei muß aus der Angabe der ersten Elemente hervorgehen, wie die anderen Elemente aussehen, z.B. kann die Menge der positiven geraden Zahlen durch $\{2, 4, 6, \ldots\}$ dargestellt werden.)

iii) Angabe einer Eigenschaft $E(x)$ : $\{x \mid E(x)\}$ = Menge aller Elemente mit der Eigenschaft $E$ (z.B. $\{x \mid x$ ist eine positive gerade Zahl$\}$).

**Bemerkung 0.2.2:**

Die Menge $\boxed{\emptyset} := \{x \mid x \neq x\}$ heißt **leere Menge** ; sie enthält **kein** Element.

**Definition 0.2.3 (Elementbeziehung, geordnetes Paar, k–Tupel):**

i) Ist $x$ Element der Menge $M$, d.h. gehört $x$ zu $M$, so schreibt man $\boxed{x \in M}$ ; andernfalls ist $x$ nicht Element von $M$, dann schreibt man $\boxed{x \notin M}$.

ii) Seien $M_1, M_2$ Mengen und $x, u \in M_1$ sowie $y, v \in M_2$. Dann heißt $(x, y)$ mit der Eigenschaft $(x, y) = (u, v) \iff x = u,\ y = v$ **geordnetes Paar**.

iii) Seien $M_1, M_2, \ldots, M_k$ Mengen und $x_j, y_j \in M_j$ für alle $j = 1, \ldots, k$. Dann heißt $(x_1, x_2, \ldots, x_k)$ mit der Eigenschaft $(x_1, \ldots, x_k) = (y_1, \ldots, y_k) \iff$ $x_1 = y_1, \ldots, x_k = y_k$ **k-Tupel**.

Die Bildung neuer Mengen aus zwei gegebenen Mengen geschieht etwa durch die nächste Definition.

**Definition 0.2.4:**

Seien $M_1, M_2, \ldots, M_k$ Mengen, dann definiert man folgende Verknüpfungen:

i) **Durchschnitt**

$$\boxed{M_1 \cap M_2} := \{x \mid x \in M_1 \wedge x \in M_2\}$$

ii) **Vereinigung**

$$\boxed{M_1 \cup M_2} := \{x \mid x \in M_1 \vee x \in M_2\}$$

iii) **Differenz**

$$\boxed{M_1 \setminus M_2} := \{x \mid x \in M_1 \wedge x \notin M_2\}$$

iv) Teilmenge

$$\boxed{(M_1 \subseteq M_2)} \;:\Longleftrightarrow\; (x \in M_1 \Longrightarrow x \in M_2)$$

v)

$$\boxed{M_1 = M_2} \;:\Longleftrightarrow\; M_1 \subseteq M_2 \;\wedge\; M_2 \subseteq M_1$$

vi) Kartesisches Produkt

$$\boxed{M_1 \times M_2} \;:=\; \{(x,y) \mid x \in M_1 \;\wedge\; y \in M_2\}$$

vii)

$$\boxed{M_1 \times M_2 \times \ldots \times M_k} \;:=\; \{(x_1,\ldots,x_k) \mid x_j \in M_j \text{ für } j = 1,\ldots,k\}$$

**Abkürzung :** 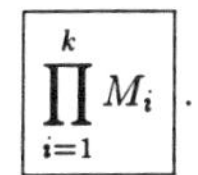 $\boxed{\prod_{i=1}^{k} M_i}$.

zu i)

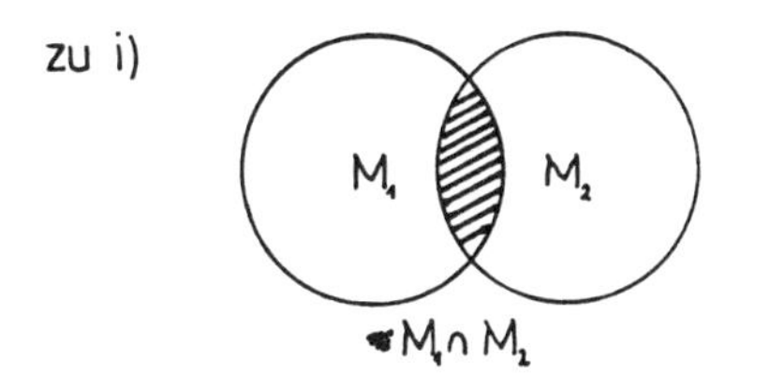


zu ii)

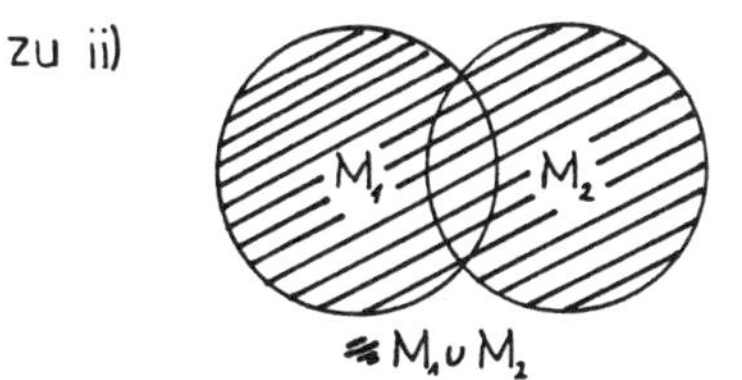


zu iii)

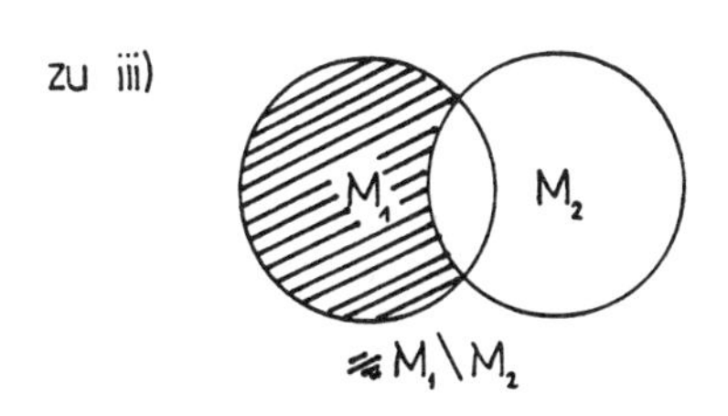


zu vi)

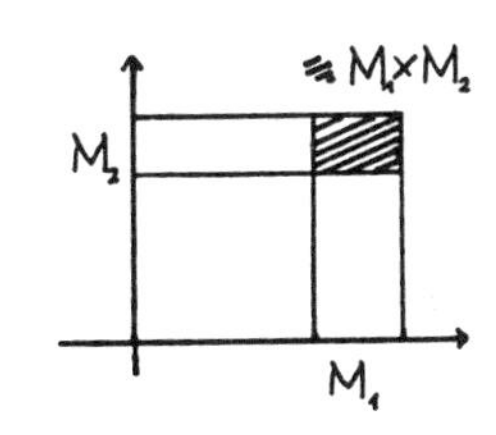


[Fig. 0.6]

Bemerkung:

Vereinigung und Durchschnitt lassen sich auf naheliegende Weise auf beliebig viele (anstatt zwei) Mengen ausdehnen. Beispielsweise

$$\bigcap_{i=1}^{k} M_i \,, \qquad \bigcup_{i=1}^{k} M_i \qquad \text{usw.}$$

**Beispiel 0. 2. 5 (de Morgansche Regeln):**

Seien $M_1, M_2, \ldots, M_k$ Mengen, dann gilt

i) $$\bigcup_{i=1}^{k} (M \setminus M_i) = M \setminus \bigcap_{i=1}^{k} M_i$$

ii) $$\bigcap_{i=1}^{k} (M \setminus M_i) = M \setminus \bigcup_{i=1}^{k} M_i$$

Beide Aussagen gelten analog für unendlich viele Mengen!

Beweis:

Etwa zu i):

Sei $z \in M \setminus \bigcap_{i=1}^{k} M_i$, d.h.

$$z \in M \wedge z \notin \bigcap_{i=1}^{k} M_i \iff \exists\, i \in \{1,\ldots,k\} \text{ mit } z \in M \setminus M_i \iff z \in \bigcup_{i=1}^{k} (M \setminus M_i) \,.$$

■

Im weiteren werden die sogenannten Quantoren $\exists$ und $\forall$ zur Abkürzung benutzt, und zwar

$\exists$ : es existiert (mindestens ein)

$\forall$ : für alle .

## O. 3. Grundlegendes über Funktionen bzw. Abbildungen

**Definition 0. 3. 1 (Funktion, Abbildung):**

i) Seien $M_1, M_2$ nichtleere Mengen. Eine Zuordnungsvorschrift, die jedem $x \in M_1$ genau ein $y \in M_2$ zuordnet, heißt eine Funktion oder Abbildung von $M_1$ in $M_2$. Man schreibt dafür

$$\boxed{f\colon M_1 \to M_2} \quad \text{oder auch}$$
$$\boxed{x \mapsto f(x)} \quad \text{wobei } f(x) = y\ .$$

ii) $M_1$ heißt Definitionsbereich von $f$, $M_2$ Wertevorrat von $f$.

iii) Sei $y = f(x)$; dann heißt $x$ ein Urbild zu $y$ und $y$ das Bild oder der Funktionswert von $x$.

iv) Die Menge $f(M_1) := \{y \in M_2 \mid \text{es gibt ein } x \in M_1, \text{ so daß } f(x) = y\}$ heißt der Wertebereich von $f$.

**Definition 0. 3. 2 (Injektivität, Surjektivität, Bijektivität):**

Seien $M_1, M_2$ nichtleere Mengen. Eine Funktion $f\colon M_1 \to M_2$ heißt

i) injektiv, wenn für alle $x, x' \in M_1$ gilt: $f(x) = f(x') \Longrightarrow x = x'$ ,

ii) surjektiv, wenn $f(M_1) = M_2$ ,

iii) bijektiv, wenn $f$ injektiv und surjektiv ist .

vi) Sei die Menge $M_3 \neq \emptyset$ und $g\colon M_2 \to M_3$ eine Funktion, so heißt $h\colon M_1 \to M_3$ mit $x \mapsto h(x) := g(f(x))$ zusammengesetzte Funktion. Man schreibt $\boxed{h = g \circ f}$.

v) Die Funktion $\boxed{\mathrm{Id}\big|_{M_1} k}$ $: M_1 \to M_1$, die durch $\mathrm{Id}\big|_{M_1}(x) := x \ \forall\ x \in M_1$ definiert ist, heißt Identitätsabbildung von $M_1$.

**Beispiel 0.3.3:**

Wir betrachten die Menge $M_1$ der positiven ungeraden Zahlen, also $M_1 = \{1, 3, 5, \ldots\}$, und die Menge $M_2$ der positiven geraden Zahlen sowie die folgenden drei Abbildungen von $M_1$ nach $M_2$ :

$$f_1(x) := x + 1 \ \ \forall\, x \in M_1 \ ,$$
$$f_2(x) := x + 3 \ \ \forall\, x \in M_1 \qquad \text{und}$$
$$f_3(x) := \begin{cases} 2 & \text{falls } x = 1 \\ x - 1 & \text{falls } x \in M_1 \setminus \{1\} \ . \end{cases}$$

Dann gilt: $f_1$ ist injektiv und surjektiv, also bijektiv.

$f_2$ ist injektiv, aber nicht surjektiv, denn $2 \notin f_2(M_1)$.

$f_3$ ist surjektiv, aber nicht injektiv, denn $f(1) = f(3)$, aber $1 \neq 3$.

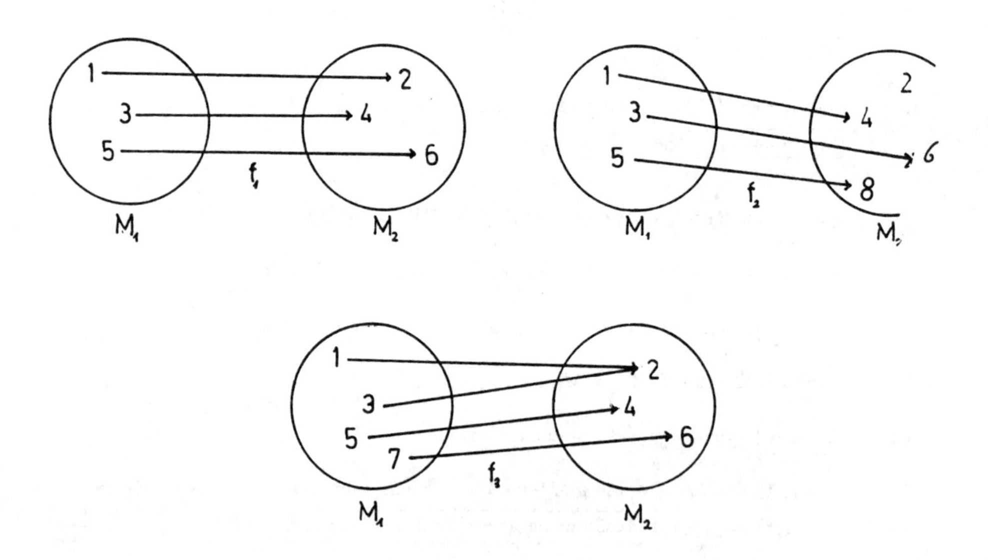


[Fig. 0.7]

Offensichtlich gilt der folgende Satz:

**Satz und Definition 0.3.4 (Umkehrfunktion):**

Sind $M_1$ und $M_2$ nichtleere Mengen und ist $f\colon M_1 \to M_2$ bijektiv, so gibt es eine wiederum bijektive Funktion $g\colon M_2 \to M_1$, so daß $g \circ f = \mathrm{Id}\big|_{M_1}$ und $f \circ g = \mathrm{Id}\big|_{M_2}$.
Die Abbildung $g$ heißt Umkehrfunktion von $f$.

Bemerkung:

In Beispiel (0.3.3) ist die Funktion $f_1$ bijektiv. Sie besitzt daher eine bijektive Umkehrfunktion $g\colon M_2 \to M_1$, die durch $g(x) := x - 1 \ \forall\ x \in M_2$ gegeben ist.

Allgemein schreibt man für die Umkehrfunktion $g = f^{-1}$. Später werden wir allerdings Umkehrfunktionen gelegentlich auch anders bezeichnen, um Verwechslungen auszuschließen (z.B. arccos statt $\cos^{-1}$).

Nach diesen einleitenden allgemeinen Betrachtungen wollen wir uns im nächsten Abschnitt mit gewissen Zahlenbereichen befassen, die für die gesamte Analysis von grundlegender Bedeutung sind.

# I. Zahlbereiche

## I. 1. Einführung (natürliche, ganze, rationale Zahlen)

Für die Anwendung der Mathematik in den Naturwissenschaften ist die Beschreibung von Meßgrößen durch Zahlen erforderlich. Deshalb wollen wir uns zunächst mit einigen Zahlenbereichen näher befassen.

### $\alpha$ . Natürliche Zahlen

$\boxed{\mathbb{N}} := \{1, 2, 3, \ldots\}$ heißt **Menge der natürlichen Zahlen**. Addition, Multiplikation und Ordnungsstruktur setzen wir als bekannt voraus (eine axiomatischen Einführung folgt in Abschnitt 1.2).

Bemerkung:

Ein strenger Aufbau der Menge $\mathbb{N}$ gelingt etwa mit den "Peano–Axiomen" oder auch mit der Existenz der leeren Menge: man identifiziert hierbei die Zahl 1 mit $\{\emptyset\}$ (Menge, die die leere Menge enthält), 2 mit $\{\emptyset, \{\emptyset\}\}$, 3 mit $\{\emptyset, \{\emptyset\}, \{\emptyset, \{\emptyset\}\}\}$ usw.

Um für natürliche Zahlen $m$ und $n$ die Gleichung $n + x = m$ immer nach $x$ lösen zu können, reicht der Zahlbereich der natürlichen Zahlen nicht mehr aus (so gibt es etwa kein $x \in \mathbb{N}$, das die Gleichung $2 + x = 1$ löst). Man benötigt daher einen etwas "größeren" Zahlenbereich.

### $\beta$ . Ganze Zahlen

$\boxed{\mathbb{Z}} := \{\ldots, -2, -1, 0, 1, 2, \ldots\}$ heißt **Menge der ganzen Zahlen**. Es ergeben sich dieselben Rechenregeln wie in $\mathbb{N}$ und es gilt $\mathbb{N} \subseteq \mathbb{Z}$.

Um für ganze Zahlen $a$ und $b$ mit $a \neq 0$ die Gleichung $a \cdot x = b$ immer nach $x$ lösen zu können, reicht $\mathbb{Z}$ nicht aus (so existiert kein $x \in \mathbb{Z}$ mit $2 \cdot x = 3$). Man benötigt also erneut eine Zahlbereicherweiterung.

## $\gamma$ . Rationale Zahlen

$\boxed{\mathbb{Q}} := \left\{ \frac{p}{q} \,\middle|\, p, q \in \mathbb{Z} \text{ und } q \neq 0 \right\}$ heißt $\boxed{\text{Menge der rationalen Zahlen}}$. Addition und Multiplikation sind folgendermaßen definiert:

Addition: für $\frac{p_1}{q_1}$ und $\frac{p_2}{q_2} \in \mathbb{Q}$ ist $\frac{p_1}{q_1} + \frac{p_2}{q_2} := \frac{p_1 \cdot q_2 + p_2 \cdot q_1}{q_1 \cdot q_2}$

Dabei sind Zähler und Nenner ganze Zahlen sowie $q_1 \cdot q_2 \neq 0$, das Ergebnis gehört also wieder zu $\mathbb{Q}$.

Multiplikation: für $\frac{p_1}{q_1}$ und $\frac{p_2}{q_2} \in \mathbb{Q}$ ist $\frac{p_1}{q_1} \cdot \frac{p_2}{q_2} := \frac{p_1 \cdot p_2}{q_1 \cdot q_2} \in \mathbb{Q}$.

Über $\mathbb{Q}$ ist nun die Gleichung $a \cdot x = b$, und zwar für $a, b \in \mathbb{Q}$ mit $a \neq 0$, stets nach $x$ lösbar, nämlich durch $x = \frac{b}{a}$. Identifiziert man für $p \in \mathbb{Z}$ die rationale Zahl $\frac{p}{1}$ mit $p$, so folgt $\mathbb{Z} \subseteq \mathbb{Q}$ (die Begründung hierfür folgt in Abschnitt 1.2).

Dennoch weist auch der Zahlbereich $\mathbb{Q}$ noch "Lücken" auf: will man z.B. die einfache geometrische Aufgabe, die Länge der Diagonalen des Einheitsquadrates zu bestimmen, lösen, so ist dies über $\mathbb{Q}$ nicht möglich.

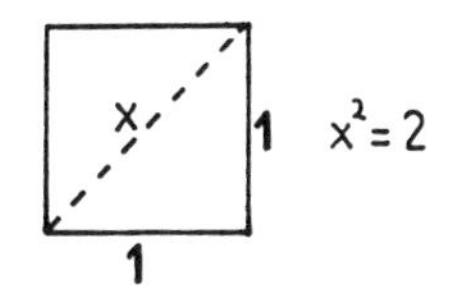


[Fig. 1.1]

**Beispiel 1.1.1:**

Behauptung: Es gibt keine Zahl $x \in \mathbb{Q}$, für die $x^2 = 2$ gilt.

Beweis:

Wir wollen $x \in \mathbb{Q} \Longrightarrow x^2 \neq 2$ beweisen; den Beweis führen wir indirekt. Deshalb nehmen wir an, daß es ein $x \in \mathbb{Q}$ mit $x^2 = 2$ gibt. Es gibt dann ganze Zahlen $p$ und $q$ mit $q \neq 0$ und $x = \frac{p}{q}$. Ohne Beschränkung der Allgemeinheit ("o.B.d.A.") wird vorausgesetzt, daß $p$ und $q$ teilerfremd sind (sonst kürzt man so lange, bis das der Fall ist). Wegen $x^2 = 2$

folgt $\frac{p^2}{q^2} = 2$, also $p^2 = 2 \cdot q^2$. Hieraus folgt, daß $p^2$ und damit auch $p$ gerade ist. Also gibt es ein $k \in \mathbb{Z}$ mit $p = 2 \cdot k$ und es ist $4k^2 = 2q^2$, also $q^2 = 2k^2$. Wie oben folgt, daß auch $q$ gerade ist. Dies ist aber ein Widerspruch zur Teilerfremdheit von $p$ und $q$ (beide sind ja durch 2 teilbar). Daher muß die Annahme falsch gewesen sein, es ist somit $x^2 \neq 2 \ \forall \ x \in \mathbb{Q}$.

■

Obwohl die Gleichung $x^2 = 2$ nicht in $\mathbb{Q}$ lösbar ist, hat der Zahlbereich $\mathbb{Q}$ doch eine besondere Eigenschaft: man kann die "Lösung" von $x^2 = 2$, die wir mit $x = \sqrt{2}$ bezeichnen – und von der wir bisher noch nicht wissen, in welchem Zahlbereich sie liegt – durch Zahlen aus $\mathbb{Q}$ beliebig genau annäheren, d.h. es gibt rationale Zahlen $x_1, x_2, \ldots$, deren Quadrate beliebig nahe bei 2 liegen. Solche Annäherungen werden bei praktischen Berechnungen wie etwa in Rechneranlagen durchgeführt.

**Beispiel 1.1.2:**

Annäherung von $\sqrt{2}$ mit Zahlen aus $\mathbb{Q}$:

1. Schritt $1^2 < 2 < 2^2 \Longrightarrow 1 < \sqrt{2} < 2$.

2. Schritt $(1,4)^2 < 2 < (1,5)^2 \Longrightarrow 1,4 < \sqrt{2} < 1,5$.

3. Schritt $(1,41)^2 < 2 < (1,42)^2 \Longrightarrow 1,41 < \sqrt{2} < 1,42$.

usw.

Die Schranken werden durch rationale Zahlen gegeben.
Es ist z.B. $1,41 = 1 + \frac{4}{10} + \frac{1}{100} = \frac{141}{100} \in \mathbb{Q}$.
Einen für unsere Belange erstmals befriedigenden Zahlenbegriff wollen wir nun axiomatisch einführen. Es sind dies die reellen Zahlen.

# I. 2. Die reellen Zahlen

**Definition 1.2.1:**

Eine Menge $\boxed{\mathbb{R}}$ mit mindestens zwei Elementen, deren Elemente das nachfolgende Axiomensystem $A, B, C, D$ und $E$ erfüllen, nennen wir $\boxed{\text{Menge von reellen Zahlen}}$. Die Elemente von $\mathbb{R}$ heißen $\boxed{\text{reelle Zahlen}}$.

Bemerkung:

Dies hier aufgelistete Axiomensystem ist nicht minimal, d.h. einige der aufgeführten Eigenschaften lassen sich aus den übrigen erschließen und müßten daher nicht axiomatisch gefordert werden!

**A Axiome der Addition**

Zu je zwei Elementen $a, b \in \mathbb{R}$ gibt es genau eine Zahl $a+b \in \mathbb{R}$ mit folgenden Eigenschaften der Abbildung "+":

i) $a + b = b + a \qquad \forall\, a, b \in \mathbb{R}$ $\boxed{\text{Kommutativgesetz der Addition}}$.

ii) $(a + b) + c = a + (b + c) \qquad \forall\, a, b, c \in \mathbb{R}$ $\boxed{\text{Assoziativgesetz der Addition}}$.

iii) Zu $a, b \in \mathbb{R}$ existiert genau ein $x \in \mathbb{R}$, so daß $a + x = b$ gilt.

Anmerkung:

i) Es gibt genau eine reelle Zahl $\boxed{0}$, so daß für alle $a \in \mathbb{R}$ $a + 0 = 0 + a = a$ gilt (führe 0 als eindeutige Lösung von $b + x = b$ ein, wobei $b \in \mathbb{R}$ sei). Für ein beliebiges $a \in \mathbb{R}$ folgt dann $a + 0 = a$ wieder mit $A$,iii)).

ii) Die Lösung $x$ von $a + x = b$ bezeichnet man als $x := b - a$.

iii) Ist insbesondere $b = 0$, so setzen wir für $0 - a =: \boxed{-a}$. Dann gilt $-(-a) = a$. Es heißt $-a$ die $\boxed{\text{Inverse von } a \text{ bzgl. Addition}}$.

## B Axiome der Multiplikation

Zu je zwei Elementen $a, b \in I\!R$ gibt es genau eine Zahl $a \cdot b \in I\!R$ mit folgenden Eigenschaften der Multiplikation "$\cdot$":

i) $a \cdot b = b \cdot a \quad \forall\, a, b \in I\!R$ **Kommutativgesetz der Multiplikation**.

ii) $(a \cdot b) \cdot c = a \cdot (b \cdot c) \quad \forall\, a, b, c \in I\!R$ **Assoziativgesetz der Multiplikation**.

iii) $a \cdot (b + c) = a \cdot b + a \cdot c \quad \forall\, a, b, c \in I\!R$ **Distributivgesetz**.

iv) Für $a \in I\!R$, $a \neq 0$, existiert zu jedem $b \in I\!R$ genau eine reelle Zahl $x \in I\!R$, so daß $a \cdot x = b$.

Anmerkung:

i) Es gibt genau eine reelle Zahl $\boxed{1}$ derart, daß für alle $a \in I\!R$ $\;a \cdot 1 = 1 \cdot a = a$ gilt (führe 1 als eindeutige Lösung von $b \cdot x = b$ ein, wobei $b \in I\!R$ sei).

ii) Für $a \in I\!R$ gilt $a \cdot 0 = 0 \cdot a = 0$ (denn $a \cdot 0 = a \cdot (0 + 0) = a \cdot 0 + a \cdot 0$, also lösen sowohl 0 als auch $a \cdot 0$ die Gleichung $a \cdot 0 + x = a \cdot 0 \Longrightarrow 0 = a \cdot 0$).
Beachte: es ist $1 \neq 0$ (denn sonst ist $a = a \cdot 1 = a \cdot 0 = 0$, also $I\!R = \{0\}$. Dies widerspricht aber unserer Forderung, daß $I\!R$ mindestens aus zwei Elementen besteht).

iii) Die Lösung $x$ von $a \cdot x = b$, $a \neq 0$ bezeichnet man als $x := \dfrac{b}{a} =: b \cdot a^{-1}$.

iv) Ist insbesondere $b = 1$, so heißt $\boxed{a^{-1}}$ die **Inverse von $a$ bzgl. der Multiplikation**.
Für $a \in I\!R, a \neq 0$ gilt $(a^{-1})^{-1} = a$.

v) Wegen $B$,iv) gilt: ist $a \cdot x = 0 \quad a, x \in I\!R$, dann folgt $a = 0 \vee x = 0$ **Nullteilerfreiheit**.

## C Axiome der Ordnung

Für je zwei reelle Zahlen $a, b \in I\!R$ gilt genau eine der 3 Aussagen $a < b$, $a = b$ oder $a > b$ (**kleiner, gleich, größer**).

i) $a < b$ und $b < c \Longrightarrow a < c$ **Transitivität**.

ii) $a < b, c$ beliebig $\Longrightarrow a + c < b + c$ | Monotonie der Addition |.

iii) $a < b$ und $c > 0 \Longrightarrow a \cdot c < b \cdot c$ | Monotonie der Multiplikation |.

Einige wichtige Regeln für das Rechnen mit Ungleichungen liefert der nachfolgende Satz:

**Satz 1.2.2:**

$\forall\, a, b, c, d \in I\!R$ gilt

i) $a < b$ und $c < d \Longrightarrow a + c < b + d$.

ii) $a < b$ und $c < 0 \Longrightarrow a \cdot c > b \cdot c$.

iii Sei $0 < a < b \Longrightarrow \frac{1}{a} > \frac{1}{b}$.

iv) Sind $a > 0,\ b > 0$ dann gilt $a < b \iff a^2 < b^2$.

Beweis:

zu i) $a < b \Longrightarrow a + c < b + c$ und $c < d \Longrightarrow b + c < b + d \Longrightarrow a + c < b + d$.

zu ii) $c < 0 \Longrightarrow c - c < 0 - c \Longrightarrow -c > 0$; ferner $a < b \Longrightarrow -c \cdot a < -c \cdot b \Longrightarrow -a \cdot c + c \cdot b < 0$, also $c \cdot b < a \cdot c$ oder auch $a \cdot c > b \cdot c$.

zu iii) Hilfsbetrachtung: ist $c > 0$, so ist $c^{-1} = \frac{1}{c} > 0$, denn:
angenommen, $\frac{1}{c} < 0$ ($\frac{1}{c} = 0$ ist wegen $c \cdot \frac{1}{c} = 1 \neq 0$ unmöglich).
$\Longrightarrow$ mit Teil ii) folgt $0 > c \cdot \frac{1}{c} = 1$, also $-1 > 0 \Longrightarrow -1 \cdot c > 0$.
$\Longrightarrow -c > 0$ bzw. $c < 0$ im Widerspruch zu $c > 0$.
Damit ist die Hilfsbetrachtung bewiesen. Nun gilt

$$a < b \Longrightarrow \frac{1}{a} \cdot a \leq \frac{1}{a} \cdot b \Longrightarrow 1 < \frac{b}{a} \Longrightarrow 1 \cdot \frac{1}{b} < \frac{b}{a} \cdot \frac{1}{b} \Longrightarrow \frac{1}{b} < \frac{1}{a}.$$

zu iv) Sei $a < b \Longrightarrow a^2 < a \cdot b$ sowie $a \cdot b < b^2$, insgesamt also $a^2 < b^2$.
Gilt umgekehrt $a^2 < b^2$, so folgt wegen $a > 0,\ b > 0$ auch $a + b > 0$ und es ist

$$a^2 < b^2 \iff a^2 - b^2 < 0 \iff (a - b)(a + b) < 0 \Longrightarrow a - b < 0,$$

also $a < b$.

Beachte: der Beweis zu iii) zeigt: $1 > 0$ (mit C,iii))

Als nächstes führen wir den absoluten Betrag ein.

**Definition 1.2.3:**

Die Abbildung $|\cdot|: \mathbb{R} \to \mathbb{R}$, definiert durch

$$a \mapsto |a| := \begin{cases} a & \text{wenn } a \geq 0 \\ -a & \text{wenn } a < 0 \end{cases} .$$

heißt der **absolute Betrag**.

**Definition 1.2.4:**

Seien $a, b \in \mathbb{R}$. Dann sei $a \leq b$ definiert durch
$a \leq b \iff (a < b) \vee (a = b)$ (also $a \leq b \iff \neg(a > b)$ ).

Damit erhalten wir die folgenden Rechenregeln für den absoluten Betrag.

**Satz 1.2.5:**

Für $a, b \in \mathbb{R}$ gilt:

i) $0 \leq |a|$, $a \leq |a|$, $-a \leq |a|$.

ii) $|a| = 0 \iff a = 0$.

iii) $|a \cdot b| = |a| \cdot |b|$.

iv) $|\frac{1}{a}| = \frac{1}{|a|}$, falls $a \neq 0$.

v) $|b| \leq |a| \iff -|a| \leq b \leq |a|$.

vi) $\big||a| - |b|\big| \leq |a + b| \leq |a| + |b|$ **Dreiecksungleichung**.

vii) $|a_1 + a_2 + \ldots + a_n| \leq |a_1| + |a_2| + \ldots + |a_n|$ für $a_1, a_2, \ldots, a_n \in \mathbb{R}$.

viii) $a^2 < b^2 \iff |a| < |b|$.

Beweis:

zu i) $0 \le |a|$ folgt sofort aus der Definition.

$a \le |a|$: 1.Fall: $a \ge 0 \Longrightarrow |a| = a \Longrightarrow$ Beh.

2.Fall: $a < 0 \Longrightarrow |a| = -a > 0 > a \Longrightarrow$ Beh.

$-a \le |a|$ folgt analog.

zu ii) folgt unmittelbar aus der Definition.

zu iii) 1.Fall: $a = 0$ oder $b = 0 \Longrightarrow$ Beh. folgt unmittelbar.

2.Fall:

$$a \cdot b > 0 \Longrightarrow |a \cdot b| = a \cdot b = \begin{cases} a \cdot b & \text{falls } a > 0,\ b > 0 \\ (-a) \cdot (-b) & \text{falls } a < 0,\ b < 0 \end{cases} = |a| \cdot |b| \,.$$

3.Fall:

$$a \cdot b < 0 \Longrightarrow |a \cdot b| = -a \cdot b = \begin{cases} (-a) \cdot b & \text{falls } a < 0,\ b > 0 \\ a \cdot (-b) & \text{falls } a > 0,\ b < 0 \end{cases} = |a| \cdot |b| \,.$$

zu iv) 1.Fall: $a > 0 \Longrightarrow \frac{1}{a} > 0 \Longrightarrow \left|\frac{1}{a}\right| = \frac{1}{a} = \frac{1}{|a|}$ .

2.Fall:

$$a < 0 \Longrightarrow -a > 0 \Longrightarrow \frac{1}{-a} = -\frac{1}{a} > 0\,, \text{ also } \left|\frac{1}{a}\right| = -\frac{1}{a} = \frac{1}{-a} = \frac{1}{|a|} \,.$$

zu v) 1.Fall: $b > 0$, also $|b| = b$. Dann ist

$$|b| \le |a| \iff b \le |a| \iff -|a| \le 0 \le b \le |a| \,.$$

2.Fall: $b < 0$, also $|b| = -b$. Dann ist

$$|b| \le |a| \iff -b \le |a| \iff -|a| \le b < 0 \le |a| \,.$$

zu vi) <u>Beweis der rechten Ungleichung:</u>

1.Fall: $a+b \geq 0$, dann folgt $|a+b| = a+b \leq |a|+|b|$ nach i).

2.Fall: $a+b < 0$, dann folgt $|a+b| = -(a+b) = -a-b \leq |a|+|b|$ nach i).

<u>Beweis der linken Ungleichung:</u>

$|a| = |a+b-b| \leq |a+b|+|b| \Longrightarrow |a|-|b| \leq |a+b|$.

Mit Vertauschen von $a$ und $b$ ergibt sich $|b|-|a| \leq |a+b|$.

Insgesamt gilt daher $-|a+b| \leq |a|-|b| \leq |a+b|$, woraus mit v) die Behauptung $||a|-|b|| \leq |a+b|$ folgt.

zu vii) Diese Behauptung wird später mit "vollständiger Induktion" bewiesen (s.1.3.5).

zu viii) Ist $a = 0$, so gilt die Aussage: Ist $a \neq 0$, d.h. $|a| > 0$ und $a^2 > 0$, so gilt jeweils nach Voraussetzung auch $|b| > 0$ bzw. $b^2 > 0$. Dies liefert zusammen mit Satz 1.2.2, Punkt iv):

$|a| < |b| \iff |a|^2 < |b|^2$; wegen Teil iii) dieses Satzes ist $|a|^2 = |a| \cdot |a| = |a^2| = a^2$ und $|b|^2 = b^2$, womit alles bewiesen ist.

Mit Hilfe der Relationen " $<$ " und " $\leq$ " können wir nun sehr einfach Teilmengen von $\mathbb{R}$ angeben, die wir später häufig verwenden werden.

**<u>Definition 1.2.6 (Intervalle):</u>**

Es seien $a, b \in \mathbb{R}$ und $a < b$

i) $\boxed{(a,b)} := \{x \in \mathbb{R} \mid a < x < b\}$ heißt $\boxed{\text{offenes Intervall}}$.

ii) $\boxed{[a,b]} := \{x \in \mathbb{R} \mid a \leq x \leq b\}$ heißt $\boxed{\text{abgeschlossenes Intervall}}$.

iii) $\boxed{(a,b]} := \{x \in \mathbb{R} \mid a < x \leq b\}$ und

$\boxed{[a,b)} := \{x \in \mathbb{R} \mid a \leq x < b\}$ heißen $\boxed{\text{halboffene Intervalle}}$.

iv) $\boxed{(a,\infty)} := \{x \in \mathbb{R} \mid x > a\}$ und

$\boxed{[a,\infty)} := \{x \in \mathbb{R} \mid x \geq a\}$ heißen $\boxed{\text{nach oben unbeschränkte Intervalle}}$.

v) $\boxed{(-\infty,a)} := \{x \in \mathbb{R} \mid x < a\}$ und

$\boxed{(-\infty,a]} := \{x \in \mathbb{R} \mid x \leq a\}$ heißen $\boxed{\text{nach unten unbeschränkte Intervalle}}$.

Anmerkung:

i) $(-\infty, \infty) = \mathbb{R}$ ; wir schreiben auch $\boxed{\mathbb{R}_+} := [0, \infty)$.

ii) Es ist $\infty$ keine reelle Zahl!

Wir führen jetzt die Menge $\mathbb{N}$ der natürlichen Zahlen ein, und zwar als Teilmenge von $\mathbb{R}$.

**Definition 1.2.7:**

Die kleinste Teilmenge $\mathbb{N} \subseteq \mathbb{R}$, für die gilt

i) $1 \in \mathbb{N}$.

ii) Ist $n \in \mathbb{N}$, so ist auch $n + 1 \in \mathbb{N}$.

heißt Menge der natürlichen Zahlen.

Man schreibt auch $\mathbb{N} = \{1, 2, \ldots\}$ und benutzt manchmal $\mathbb{N}_0 := \mathbb{N} \cup \{0\}$.

**Definition 1.2.8 (Summenzeichen, Produktzeichen, n-te Potenz):**

i) Seien $a_1, a_2, \ldots, a_n \in \mathbb{R}$, dann ist die reelle Zahl $\boxed{\sum_{k=1}^{n} a_k}$ definiert durch

$$\sum_{k=1}^{n} a_k := a_n + \sum_{k=1}^{n-1} a_k \ ,$$

wobei $\sum_{k=s}^{s-j} a_k = 0$ für alle $s, j \in \mathbb{N}$ gesetzt wird.

ii) Für $a_1, \ldots, a_n$ wie in i) ist die reelle Zahl $\boxed{\prod_{k=1}^{n} a_k}$ definiert durch

$$\prod_{k=1}^{n} a_k = a_n \cdot \prod_{k=1}^{n-1} a_k \ ,$$

wobei $\prod_{k=s}^{s-j} a_k = 1$ für alle $s, j \in \mathbb{N}$ gesetzt wird.

iii) Ist $x$ eine beliebige reelle Zahl und $n \in \mathbb{N}$, so setzen wir $a_1 = x, \ldots, a_n = x$ und definieren $\boxed{x^n} := \prod_{k=1}^{n} a_k$ als $\boxed{n\text{-te Potenz von } x}$. Ferner sei für jedes $x \neq 0$: $\boxed{x^{-n}} := \frac{1}{x^n}$, sowie $\boxed{x^0} := 1 \quad (x \in \mathbb{R})$.

Bemerkung:

i) $\sum_{k=1}^{n} a_k$ ist eine Abkürzung für den Ausdruck $a_1 + a_2 + \cdots + a_n$, denn

$$\begin{aligned}\sum_{k=1}^{n} a_k &= a_n + \sum_{k=1}^{n-1} a_k = a_n + a_{n-1} + \sum_{k=1}^{n-2} a_k \\ &\vdots \\ &= a_n + a_{n-1} + \cdots + a_2 + a_1 + \underbrace{\sum_{k=1}^{0} a_k}_{=0} = a_1 + a_2 + \cdots + a_n .\end{aligned}$$

ii) Analog überzeugt man sich von der Beziehung $\prod_{k=1}^{n} a_k = a_1 \cdot a_2 \cdot \cdots \cdot a_n$.
Insbesondere ist für $n \in \mathbb{N}$ : $x^n = \underbrace{x \cdot x \cdot \cdots \cdot x}_{n-\text{mal}}$.

## *D* Archimedisches Axiom

1.Version: Zu jedem $a \in \mathbb{R}$ gibt es ein $n \in \mathbb{N}$ mit $n > |a|$.

2.Version: Zu jedem $\varepsilon \in (0, \infty)$ gibt es ein $n \in \mathbb{N}$ mit $\frac{1}{n} < \varepsilon$.

Beachte: beide Versionen sind äquivalent, denn setzt man z.B. die 1.Version voraus, und ist $\varepsilon > 0$, so $\exists$ ein $n$ mit $n > \frac{1}{\varepsilon} =: a$. Insbesondere ist also $\frac{1}{n} < \varepsilon$. Die Umkehrung folgt analog.

Anmerkung:

Bis hierher werden alle Axiome auch von $\mathbb{Q}$ erfüllt, wenn man in $\mathbb{Q}$ die Ordnung entsprechend einführt. Durch die bisher angegebenen Axiome wird daher $\mathbb{R}$ nicht charakterisiert. Dies geschieht erst durch das nachfolgende Axiom, das das wesentliche Fundament für alles weitere ist. Hier wird die Existenz von gewissen reellen Zahlen a priori als Axiom angesetzt.

## E Axiom der Vollständigkeit

Seien $A, B \subseteq \mathbb{R}$. Gilt für jedes $a \in A$ und $b \in B$ $a \leq b$, dann gibt es mindestens eine reelle Zahl $c$ mit $a \leq c \leq b$ für alle $a \in A$ und $b \in B$.

Eine Veranschaulichung auf der Zahlengeraden gibt das folgende Bild:

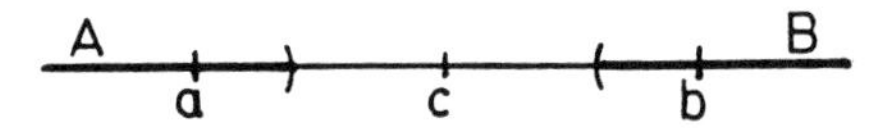


[Fig. 1.2]

Dieses Axiom ist für rationale Zahlen nicht erfüllt. Dazu kommen wir nochmals auf Beispiel 1.1.1 zurück.

**Beispiel 1.2.9:**

Es sei $A := \{x \in \mathbb{Q} \mid x > 0 \text{ und } x^2 < 2\}$, $B := \{y \in \mathbb{Q} \mid y > 0 \text{ und } y^2 > 2\}$.

Nun gilt $x^2 < y^2$ und, da alle Zahlen positiv sind, auch $x < y$ für alle $x \in A, y \in B$ (Satz 1.2.5). Es gibt nun aber kein $c \in \mathbb{Q}$, so daß $x \leq c \leq y$ für alle $x \in A$ und $y \in B$ gilt. Dazu zeigen wir, daß für ein $c$, welches diese Bedingung erfüllt $c^2 = 2$ gelten muß. Wäre etwa $c^2 < 2$, so ist $c \in A$. Da $c \in \mathbb{Q}$ gilt, so ist für jedes $n \in \mathbb{N}$ auch $c + \frac{1}{n} \in \mathbb{Q}$.

Wir wählen nun $n_0 \in \mathbb{N}$ so groß, daß $n_0 > 1$ und $\frac{1}{n_0} < \frac{1 - \frac{c^2}{2}}{2c+1}$ gilt.

Dies ist nach dem Archimedischen Axiom möglich (2.Version). Nun folgt sofort:

$$(c + \frac{1}{n_0})^2 = c^2 + \frac{1}{n_0} \cdot 2c + \frac{1}{n_0^2} < c^2 + (2c+1) \cdot \frac{1}{n_0} < c^2 + 1 - \frac{c^2}{2} < 2 ,$$

womit $c + \frac{1}{n_0} \in A$ folgt, im Widerspruch zu $x \leq c \ \forall \ x \in A$. Ebenso erhält man einen Widerspruch, falls man $c^2 > 2$ annimmt. Daher muß also $c^2 = 2$ gelten. In Beispiel 1.1.1. wurde aber bewiesen, daß es keine rationale Zahl $c$ gibt, die die Gleichung $c^2 = 2$ löst!

■

Ersetzt man in der obigen Überlegung $\mathbb{Q}$ durch $\mathbb{R}$ (speziell in der Definition der Mengen $A$ und $B$), so erhält man mit analogem Schluß (unter Anwendung des Vollständigkeitsaxioms) die Existenz einer Zahl $c \in \mathbb{R}$ mit $c^2 = 2$ !

**Definition 1.2.10:**

Sei $A \subseteq \mathbb{R}, A \neq \emptyset$.

i) Gibt es ein $s \in \mathbb{R}$, so daß für alle $a \in A$ $s \leq a$ gilt, dann heißt $s$ **untere Schranke von $A$** und $A$ heißt **nach unten beschränkt**.

ii) Gibt es ein $s^* \in \mathbb{R}$, so daß für alle $a \in A$ $s^* \geq a$ gilt, dann heißt $s^*$ **obere Schranke von $A$** und $A$ heißt **nach oben beschränkt**.

iii) $A$ heißt **beschränkt** , falls $A$ nach oben und nach unten beschränkt ist.

**Definition 1.2.11 (Supremum, Infimum, Maximum, Minimum):**

i) Gilt für eine obere Schranke $S^*$ von $A$ $S^* \leq s^*$, wobei $s^*$ eine beliebige andere obere Schranke von $A$ ist, so heißt $S^*$ **Supremum** von $A$. Man schreibt: $S^* =$ **$\sup A$**.

ii) Gilt für eine untere Schranke $S$ von $A$ $S \geq s$, wobei $s$ eine beliebige andere untere Schranke von $A$ ist, so heißt $S$ **Infimum** von $A$. Man schreibt: $S =$ **$\inf A$**.

iii) Sind $S$ bzw. $S^* \in A$, so schreibt man
$S =$ **$\min A$**, $S^* =$ **$\max A$**.
$S$ bzw. $S^*$ heißen dann **Minimum** bzw. **Maximum** von $A$.

**Satz 1.2.12:**

Ist $A \neq \emptyset, A \subseteq \mathbb{R}$ nach unten (oben) beschränkt, dann existiert immer $S = \inf A$ ($S^* = \sup A$).

Beweis:

Sei $A$ nach unten beschränkt; betrachte die Menge $U$ der unteren Schranken von $A$, d.h. $U := \{s \in I\!R \mid s \leq x \;\forall\, x \in A\}$ ($U$ ist nicht leer, da jedes $A$ nach unten beschränkt ist). $U$ ist seinerseits nach oben beschränkt, weil $A \neq \emptyset$ (jedes $x \in A$ ist obere Schranke ). Daher gilt $s \leq x \;\forall\, s \in U, x \in A$. Also existiert nach dem Vollständigkeitsaxiom ein $S \in I\!R$ mit $s \leq S \leq x$ für alle $s \in U, x \in A$. Hieraus folgt unmittelbar, daß $S$ Infimum von $A$ ist. Für das Supremum geht der Beweis analog.

■

**Beispiel 1.2.13:**

Betrachte die Menge $A := \left\{\frac{1}{n} \,\middle|\, n \in I\!N\right\} = \left\{1, \frac{1}{2}, \frac{1}{3}, \ldots\right\}$.

Untere Schranken von $A$ sind z.B. $-1, -\frac{1}{2}, \ldots$
obere Schranken von $A$ sind z.B. $5, 4, 1, \ldots$
$\sup A = \max A = 1$, $\inf A = 0$, denn:

i) 0 ist untere Schranke von $A$ wegen $\frac{1}{n} > 0$.

ii) Gäbe es eine untere Schranke $\varepsilon$ von $A$ mit $\varepsilon > 0$, so wäre $\frac{1}{n} \geq \varepsilon$ für alle $n \in I\!N$ im Widerspruch zum Archimedischen Axiom. 0 gehört aber nicht zu $A$, also hat $A$ kein Minimum!

**Beispiel 1.2.14 (vgl. 1.1.1 und 1.2.9):**

$B := \{x \in \mathbb{Q} \mid x > 0 \text{ und } x^2 > 2\}$. $B$ ist nach unten beschränkt, denn $x^2 > 2$ und $x > 0 \iff x > \sqrt{2}$. Es ist $\inf B = \sqrt{2} \notin B$, d.h. $\min B$ existiert nicht.

Für endliche Mengen, das sind Mengen mit endlich vielen Elementen, existiert eine schärfere Aussage:

**Satz 1.2.15:**

Sei $M \neq \emptyset$, $M \subseteq I\!R$ und endlich. Dann existieren immer $\max M$ und $\min M$.

Beweisidee: Man kann durch endlich viele Vergleichsoperationen die größte bzw. kleinste Zahl aussortieren.

# I. 3. Vollständige Induktion, Binomialkoeffizienten

Die Menge der ganzen Zahlen findet man folgendermaßen in $\mathbb{R}$ wieder.

**Definition 1.3.1 (vgl. 1.2.7):**

$\mathbb{Z} := \{m \in \mathbb{R} \mid -m \in \mathbb{N}\} \cup \mathbb{N}_0$ heißt $\boxed{\text{Menge der ganzen Zahlen}}$; $\mathbb{N}_0$ wird auch mit $\boxed{\mathbb{Z}_+} := \{m \in \mathbb{Z} \mid m \geq 0\}$ bezeichnet.

**Satz 1.3.2 (Wohlordnungssatz):**

Jede nichtleere, nach oben (unten) beschränkte Teilmenge $M$ von $\mathbb{Z}$ besitzt ein Maximum (Minimum).

Beweis:

Sei $s$ eine obere Schranke von $M$ und $a \in M$. Wir definieren eine Teilmenge $M'$ von $M$ durch $M' := \{x \in M \mid a \leq x \leq s\}$. $M'$ ist endlich (folgt etwa aus dem Archimedischen Axiom), besitzt also nach Satz 1.2.15 ein Maximum $S$. $S$ ist dann aber auch das Maximum von $M$, denn für alle $x \in M \setminus M'$ gilt $x < a \leq S$ und für die $x \in M'$ gilt nach obigem $x \leq S$.
Analog für das Minimum. ∎

Eine unmittelbare Folgerung von Satz 1.3.2 ist eine wichtige Beweismethode der Mathematik, das sogenannte Verfahren der vollständigen Induktion.

**Satz 1.3.3 (vollständige Induktion):**

Es sei $n_0 \in \mathbb{Z}$ und $A(n)$ für jedes $n \in \mathbb{Z}$ eine Aussage (vgl. Abschnitt O.1.). Ferner gelte

i) $A(n_0)$ ist wahr $\boxed{\text{Induktionsanfang}}$.

ii) $[A(n) \Longrightarrow A(n+1)]$ wahr für alle $n \in \mathbb{Z}$ mit $n \geq n_0$ $\boxed{\text{Induktionsschluß}}$.

Dann ist $A(n)$ wahr für alle $n \geq n_0$.

Beweis:

Angenommen, es gibt ein $n^* \in \mathbb{Z}, n^* > n_0$ für welches $A(n^*)$ falsch ist. Definiere $F := \{n \in \mathbb{Z} \mid n > n_0 \text{ und } A(n) \text{ falsch }\}$. Nach Annahme ist $F \neq \emptyset$ (wegen $n^* \in F$), ferner ist $F$ nach unten, etwa durch $n_0$, beschränkt. Nach Satz 1.3.2 besitzt $F$ also ein Minimum, $m := \text{Min } F$. Für $m$ gilt: $A(m-1)$ ist wahr, $A(m)$ aber falsch. Dies ist ein Widerspruch zur Voraussetzung ii).

■

Bemerkung:

Ein typischer Induktionsbeweis hat folgendes Aussehen:
zu beweisen sei $A(n) \; \forall \, n \in \mathbb{Z}$ mit $n \geq n_0$, wobei $n_0 \in \mathbb{Z}$.

Induktionsanfang: zeige, daß $A(n_0)$ wahr ist.

Induktionsannahme: wir nehmen an, daß für ein beliebiges $n \in \mathbb{Z}$ mit $n \geq n_0$ die Behauptung $A(n)$ wahr ist.

Induktionsschluß: mit Hilfe der Induktionsannahme wird gezeigt, daß dann auch $A(n+1)$ wahr ist.

Insbesondere gilt, daß man bei der Induktionsannahme nicht wissen muß, ob $A(n)$ wahr ist; lediglich aus der Annahme der Richtigkeit von $A(n)$ muß man die von $A(n+1)$ folgern können.

**Satz und Beispiel 1.3.4 (Bernoullische Ungleichung):**

Sei $x \in \mathbb{R}$ und $-1 \leq x$, dann gilt für alle $n \in \mathbb{N}$

$$A(n) : 1 + n \cdot x \leq (1+x)^n .$$

Beweis:

Induktionsanfang: $n_0 = 1 : 1 + x \leq (1+x)^1 = 1 + x$, was insbesondere für $x \geq -1$ richtig ist.

Induktionsannahme: die Beh. gelte für ein $n \in \mathbb{Z}, n \geq 1$, also $1 + n \cdot x \leq (1+x)^n$.

Induktionsschluß: zu zeigen ist, daß die Behauptung dann auch für $n+1$ gilt,also $1+(n+1)\cdot x \le (1+x)^{n+1}$ ; dazu: da $x \ge -1$ ist, ist $1+x \ge 0$. Damit gilt nach Ind.-Annahme und wegen $(1+x) \ge 0$

$$\begin{aligned}(1+x)^{n+1} &= (1+x)^n \cdot (1+x)\\ &\ge (1+n\cdot x)(1+x)\\ &= 1+(n+1)\cdot x + n\cdot x^2\\ &\ge 1+(n+1)\cdot x\ .\end{aligned}$$

Damit gilt die Bernoullische Ungleichung für alle $n \ge 1$, falls nur $1+x \ge 0$ ist. ■

**Beispiel 1. 3. 5 (vgl. 1.2.5):**

Wir beweisen nun Teil vii) von Satz 1.2.5 mit vollständiger Induktion.

$A(n)$ : gegeben $n$ reelle Zahlen $a_1, \dots, a_n$, dann gilt $|a_1 + \cdots a_n| \le |a_1| + \cdots + |a_n|$.

Induktionsanfang: $n_0 := 1 : |a_1| \le |a_1|$ ist wahr, d.h. $A(1)$ gilt.

Induktionsannahme: für ein $n \in \mathbb{N}$ ist $A(n)$ wahr, d.h. für $n$ reelle Zahlen $a_1, \dots, a_n$ ist $|\sum_{i=1}^{n} a_i| \le \sum_{i=1}^{n} |a_i|$.

Induktionsschluß: gegeben $n+1$ reelle Zahlen $a_1, \dots, a_{n+1}$, dann gilt nach Satz 1.2.5, Punkt vi):

$$\begin{aligned}\left|\sum_{i=1}^{n+1} a_i\right| &= \left|\sum_{i=1}^{n} a_i + a_{n+1}\right|\\ &\le \left|\sum_{i=1}^{n} a_i\right| + |a_{n+1}|\\ &\overset{Ind.-Ann.}{\le} \sum_{i=1}^{n} |a_i| + |a_{n+1}|\\ &= \sum_{i=1}^{n+1} |a_i|\,,\end{aligned}$$

d.h. auch $A(n+1)$ ist wahr, falls $A(n)$ gilt.

Nach Satz 1.3.3 folgt die Behauptung $\forall\, n \ge 1, n \in \mathbb{Z}$. ■

**Beispiel 1.3.6:**

In diesem Beispiel sollen mit Hilfe eines falsch durchgeführten Induktionsbeweises die wichtigsten Dinge dieses Beweisverfahrens verdeutlicht werden.

Wir behaupten: alle natürlichen Zahlen sind gleich, bzw umformuliert:
$A(n)$ : "für $n$ natürliche Zahlen $a_1, \ldots, a_n$ gilt $\{a_1, \ldots, a_n\} = \{a_1\}$"
ist eine richtige Aussage für alle $n \in \mathbb{N}$.

"Beweis": Ind.-Anf.: $n_0 = 1$ : sei $a_1 \in \mathbb{N}$, dann ist $\{a_1\} = \{a_1\}$, also ist $A(1)$ richtig.
Ind.-Ann.: für ein $n \in \mathbb{N}$ ist $A(n)$ richtig.
Ind.-Schluß: gegeben seien $n+1$ natürliche Zahlen $a_1, \ldots, a_{n+1}$. Dann:

$$\begin{aligned} \{a_1, a_2, \ldots, a_n, a_{n+1}\} &= \{a_1, a_2, \ldots, a_n\} \cup \{a_2, \ldots, a_{n+1}\} \\ &= \{a_1, a_2, \ldots, a_n\} \cup \{a_2\} \qquad \text{nach Ind.-Annahme} \\ &\overset{(*)}{=} \{a_1, a_2, \ldots, a_n\} \\ &= \{a_1\} \qquad \text{wiederum nach Ind.-Annahme.} \end{aligned}$$

Somit ist $A(n+1)$ richtig, wenn $A(n)$ richtig ist.

Der Fehler obigen Beweises liegt an der Stelle $(*)$. Ist hier $n = 1$, so folgt aus der Induktionsannahme (nämlich daß $A(1)$ gilt) nicht, daß $\{a_1, a_2\} = \{a_1\}$ ist.
Der Induktionsschluß ist also erst ab $n \geq 2$ richtig. Andererseits gelingt der Induktionsanfang aber nur für $n = 1$.
Es hängen also beide Teile eines Induktionsbeweises eng zusammen!

**Definition 1.3.7 (Permutation):**

Gegeben seien $n$ verschiedene Dinge. Jede (Möglichkeit der) Anordnung dieser $n$ Dinge nennen wir eine **Permutation** (der $n$ Dinge). Die Gesamtzahl aller Permutationen sei mit $\boxed{P_n}$ bezeichnet.

**Beispiel 1.3.8:**

| | | |
|---|---|---|
| $n=1$ | $a$ | $P_1 = 1$ |
| $n=2$ | $a\ b$<br>$b\ a$ | $P_2 = 2$ |
| $n=3$ | $a\ b\ c \quad b\ c\ a$<br>$a\ c\ b \quad c\ a\ b$<br>$b\ a\ c \quad c\ b\ a$ | $P_3 = 6$ |

**Definition 1.3.9 (Fakultät):**

Für $n \in \mathbb{N}$ heißt das Produkt $1 \cdot 2 \cdot 3 \cdot \dots \cdot n =: \boxed{n!}$ $\boxed{n\text{-Fakultät}}$. Ferner sei $0! := 1$.
Beachte: $n! = n \cdot (n-1)!$ .

**Beispiel 1.3.10:**

$3! = 6$, $4! = 24$, $5! = 120$, $6! = 720$, usw..

**Satz 1.3.11:**

Für alle $n \in \mathbb{N}$ gilt $P_n = n!$ .

Beweis:

$A(n): \ P_n = n!$ .

Ind.-Anfang: $n_0 = 1 : P_1 = 1 = 1!$ ist wahr.

Ind.-Annahme: für ein $n \in \mathbb{N}$ ist $A(n)$ wahr.

Ind.-Schluß: wir nehmen zu $n$ Elementen $a_1, \dots, a_n$ ein weiteres Element $b$ hinzu. Aus jeder der $P_n$ Anordnungsmöglichkeiten der $a_1, \dots, a_n$ erhält man nun $n+1$ neue, z.B. für die Anordnung $a_1, a_2, \dots, a_n$ :

$$\left.\begin{matrix} b & a_1 & a_2 & \cdots & a_n \\ a_1 & b & a_2 & \cdots & a_n \\ \vdots & & \ddots & & \vdots \\ a_1 & a_2 & \cdots & b & a_n \\ a_1 & a_2 & \cdots & a_n & b \end{matrix}\right\} \quad n+1 \text{ Möglichkeiten.}$$

Damit gilt: $P_{n+1} = (n+1) \cdot P_n = (n+1) \cdot n! = (n+1)!$; also gilt $A(n+1)$, falls $A(n)$ gilt $\Longrightarrow$ Beh. ∎

**Definition 1.3.12 (Permutationen mit Wiederholungen):**

Eine Anordnungmöglichkeit von $n$ Dingen, von denen genau ein Element $k$-fach vorhanden ist, heißt Permutation von $n$ Elementen mit $k$-facher Wiederholung eines Elements.
Die Gesamtzahl aller dieser Anordnungsmöglichkeiten sei mit $P_n^k$ bezeichnet.

**Satz 1.3.13:**

Es gilt $P_n^k = \frac{n!}{k!} = \frac{P_n}{P_k}$ für alle $n, k \in I\!N$ mit $n \geq k$ .

Beweis:

Seien $a_1 = a_2 = \ldots = a_k$ und $b_{k+1}, b_{k+2}, \ldots, b_n$ verschiedene Elemente. In jeder Anordnung der Elemente $a_1, \ldots b_n$ (und dies sind $P_n = n!$ Stück) treten die $k$ Elemente $a_1, \ldots, a_k$ in $P_k$ verschiedenen Anordnungen auf, falls wir zunächst die Elemente $a_1, \ldots, a_k$ als paarweise verschieden auffassen. Sind diese Elemente aber alle gleich, so hat man jede der $P_n^k$ Anordnungen $P_k$-mal gezählt, also $P_n = P_k \cdot P_n^k$ .

■

**Bemerkung und Definition 1.3.14:**

Liegen $l$ Gruppen von nicht unterscheidbaren Dingen innerhalb der Anordnung von $n$ Dingen vor und gibt es in jeder dieser Gruppen genau $k_1, k_2, \ldots, k_l$ gleiche Dinge (also $\sum_{i=1}^{l} k_i = n$), dann bezeichnen wir die Anzahl der Anordnungsmöglichkeiten mit $P_n^{k_1, k_2, \ldots, k_l}$ und es gilt

$$P_n^{k_1, k_2, \ldots, k_l} = \frac{P_n}{P_{k_1} \cdot P_{k_2} \cdot \cdots \cdot P_{k_l}} = \frac{n!}{k_1! \cdot \cdots \cdot k_l!} .$$

**Beispiel 1.3.15 :**

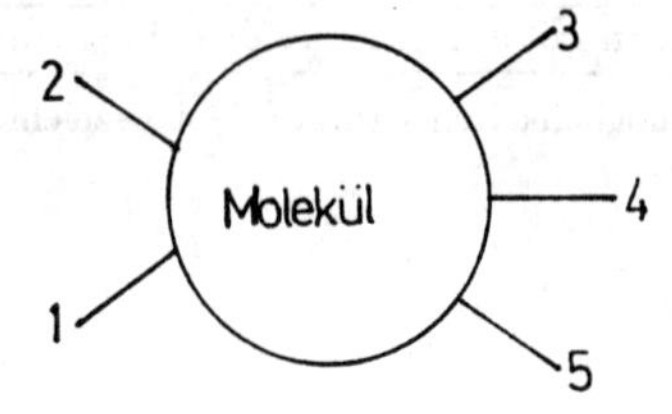


5 Valenzen

3 Moleküle von A

2 Moleküle von B

[Fig. 1.3]

Wieviele verschiedene neue Moleküle kann man durch Anlagerung von $A$ und $B$ maximal erzielen? Rein kombinatorisch ergeben sich $P_5^{2,3} = \frac{5!}{2! \cdot 3!} = 10$ Möglichkeiten.

**Definition 1.3.16 :**

Für $k, n \in \mathbb{N}_0$ heißt:

$$\binom{n}{k} := \begin{cases} \frac{n!}{k! \cdot (n-k)!} (= P_n^{k,n-k}) & \text{falls } 0 \le k \le n \\ 0 & \text{falls } k > n \end{cases} \qquad \boxed{\text{Binomialkoeffizient}} \; .$$

Beachte:

$$\binom{n}{0} = \frac{n!}{0! \cdot n!} = 1, \qquad \binom{n}{1} = \frac{n!}{1! \cdot (n-1)!} = n \, ,$$

$$\binom{n}{n-1} = \frac{n!}{(n-1)! \cdot 1!} = n, \qquad \binom{n}{n} = \frac{n!}{n! \cdot 0!} = 1 \, .$$

Es ist, falls $0 \le k \le n$, $\binom{n}{k}$ die Anzahl der Möglichkeiten eine Gruppe von $k$ Elementen aus einer Gesamtheit von $n$ Elementen auszuwählen!

**Beispiel 1.3.17:**

i) Wieviel Fußballmannschaften à 11 Spieler kann man aus 15 Personen bilden (ohne Berücksichtigung der Aufstellung im Feld)? Die Anzahl von verschiedenen Mannschaften ist $\binom{15}{11} = \frac{15 \cdot 14 \cdot 13 \cdot 12}{1 \cdot 2 \cdot 3 \cdot 4} = 1365$ (mit den Bezeichnungen von 1.3.14 ist $l = 2$ (Spieler und Nichtspieler), $k_1 = 11, k_2 = 4$ sowie $n = 15$ ).

ii) Lotto: Es gibt $\binom{49}{7}$ Möglichkeiten, 7 Zahlen aus 49 Zahlen auszuwählen ($l = 2, k_1 = 7, k_2 = 42, n = 49$).

**Satz 1.3.18 (Rechnen mit Binomialkoeffizienten):**

Für $n, k \in \mathbb{N}$ mit $k \leq n$ gilt:

i) $\binom{n}{k} = \binom{n}{n-k}$.

ii) $\binom{n}{k-1} + \binom{n}{k} = \binom{n+1}{k}$.

Beweis:

zu i) $\binom{n}{k} = \frac{n!}{k! \cdot (n-k)!} = \frac{n!}{(n-k)! \cdot k!} = \binom{n}{n-k}$

zu ii)

$$\begin{aligned}
\binom{n}{k-1} + \binom{n}{k} &= \frac{n!}{(k-1)! \cdot (n-k+1)!} + \frac{n!}{k! \cdot (n-k)!} \\
&= \frac{n!}{(k-1)! \cdot (n-k)!} \cdot \frac{n+1}{k \cdot (n-k+1)} \\
&= \frac{(n+1)!}{k! \cdot (n-k+1)!} \\
&= \binom{n+1}{k}
\end{aligned}$$

■

Als Veranschaulichung von Satz 1.3.18,ii) erhält man das **Pascalsche Dreieck**:

$$\begin{array}{ccccccccc} & & & & 1 & & & & \\ & & & 1 & 2 & 1 & & & \\ & & 1 & 3 & 3 & 1 & & & \\ & 1 & 4 & 6 & 4 & 1 & & & \end{array}$$

usw.

**Satz 1. 3. 19 (Binomischer Lehrsatz):**

Seien $a, b \in I\!R$ und $n \in I\!N$, dann gilt: $\quad (a+b)^n = \sum_{k=0}^{n} \binom{n}{k} \cdot a^{n-k} \cdot b^k .$

Beweis:

vollständige Induktion:

Ind.-Anfang: $\quad n_0 = 1 : \; a + b = \binom{1}{0} \cdot a + \binom{1}{1} \cdot b$ ist richtig.

Ind.-Annahme: für ein $n \in I\!N$, $n \geq 1$, gilt $(a+b)^n = \sum_{k=0}^{n} \binom{n}{k} \cdot a^{n-k} \cdot b^k .$

Ind.-Schluß:

$$\begin{aligned}
(a+b)^{n+1} &= (a+b)^n \cdot (a+b) \\
&= \left( \sum_{k=0}^{n} \binom{n}{k} \cdot a^{n-k} \cdot b^k \right) \cdot (a+b) \\
&= \sum_{k=0}^{n} \binom{n}{k} \cdot a^{n-k+1} \cdot b^k + \sum_{k=0}^{n} \binom{n}{k} \cdot a^{n-k} \cdot b^{k+1} \\
&= \sum_{k=0}^{n} \binom{n}{k} \cdot a^{n-k+1} \cdot b^k + \sum_{k=1}^{n+1} \binom{n}{k-1} \cdot a^{n-k+1} \cdot b^k \\
&= \binom{n}{0} \cdot a^{n+1} \cdot b^0 + \sum_{k=1}^{n} \left[ \binom{n}{k} + \binom{n}{k-1} \right] \cdot a^{n-k+1} \cdot b^k + \binom{n}{n} \cdot a^0 \cdot b^{n+1} \\
&\overset{\text{(nach Satz 1.3.18,ii))}}{=} \binom{n+1}{0} \cdot a^{n+1} \cdot b^0 + \sum_{k=1}^{n} \binom{n+1}{k} \cdot a^{n+1-k} \cdot b^k + \binom{n+1}{n+1} \cdot a^0 \cdot b^{n+1} \\
&= \sum_{k=0}^{n+1} \binom{n+1}{k} \cdot a^{n+1-k} \cdot b^k ,
\end{aligned}$$

womit alles bewiesen ist. ■

## I. 4. Die komplexen Zahlen

Wie schon bei den bisherigen Zahlbereichserweiterungen veranlaßt uns die Nichtlösbarkeit gewisser Gleichungen über $\mathbb{R}$ zur Definition eines weiteren Zahlensystems: für ein beliebiges $x \in \mathbb{R}$ gilt stets $x^2 \geq 0$ (s.Axiom C, iii)), daher kann es keine reelle Lösung der Gleichung $x^2 + 1 = 0$ geben. Um aber auch solche Gleichungen noch in einem einheitlichen Kalkül behandeln zu können, führen wir die komplexen Zahlen ein.

**Definition 1.4.1:**

Es seien $x, y \in \mathbb{R}$. Das geordnete Paar $z := (x, y)$ heißt **komplexe Zahl**, die Menge $\boxed{\mathbb{C}} := \{z \mid z = (x, y) \text{ mit } x, y \in \mathbb{R}\}$ heißt **Menge der komplexen Zahlen** (vgl. 0.2.3, Punkt ii)).Auf $\mathbb{C}$ führen wir eine Addition $+$ und eine Multiplikation $\cdot$ wie folgt ein:
für $z_1 = (x_1, y_1)$ und $z_2 = (x_2, y_2) \in \mathbb{C}$ sei

$$z_1 + z_2 := (x_1 + x_2, y_1 + y_2) \text{ und } z_1 \cdot z_2 := (x_1 \cdot x_2 - y_1 \cdot y_2, x_1 \cdot y_2 + x_2 \cdot y_1) .$$

Bemerkung:
Die vielleicht zunächst erwartete Definition einer Multiplikation auf $\mathbb{C}$ wäre $z_1 \cdot z_2 = (x_1 \cdot x_2, y_1 \cdot y_2)$. Eine so erklärte Multiplikation erfüllt aber nicht einige wichtige Eigenschaften: so wäre $\mathbb{C}$ dann z.B. nicht mehr nullteilerfrei (vgl. Anmerkung nach Axiom B), denn es gälte $(1,0) \cdot (0,1) = (0,0)$, obwohl $(1,0) \neq (0,0)$ und $(0,1) \neq (0,0)$. Ebenso wäre sie Gleichung $x^2 = -1$ auch über $\mathbb{C}$ nicht zu lösen.

Es folgen einige einfache Rechenregeln.

**Satz 1.4.2 (vgl. Axiome A und B):**

Seien $z_1, z_2$ und $z_3 \in \mathbb{C}$, dann gilt:

i) $z_1 + z_2 = z_2 + z_1$

ii) $z_1 + (z_2 + z_3) = (z_1 + z_2) + z_3$

iii) $z_1 \cdot z_2 = z_2 \cdot z_1$

iv) $z_1 \cdot (z_2 \cdot z_3) = (z_1 \cdot z_2) \cdot z_3$

v) $z_1 \cdot (z_2 + z_3) = z_1 \cdot z_2 + z_1 \cdot z_3$

Beweis:

i), ii) und iii) ergeben sich unmittelbar aus der Definition und den entsprechenden Eigenschaften für $\mathbb{R}$.

iv) und v) beweist man durch eine kurze Rechnung, hier z.B. für v): die linke Seite lautet

$z_1 \cdot (z_2 + z_3) = (x_1, y_1) \cdot (x_2 + x_3, y_2 + y_3) = (x_1 \cdot [x_2 + x_3] - y_1 \cdot [y_2 + y_3], x_1 \cdot [y_2 + y_3] + y_1 \cdot [x_2 + x_3])$

Die rechte Seite lautet dann

$$\begin{aligned} z_1 \cdot z_2 + z_1 \cdot z_3 &= (x_1, y_1) \cdot (x_2, y_2) + (x_1, y_1) \cdot (x_3, y_3) \\ &= (x_1 x_2 - y_1 y_2,\ x_1 y_2 + x_2 y_1) + (x_1 x_3 - y_1 y_3,\ x_1 y_3 + y_1 x_3) \\ &= (x_1 \cdot [x_2 + x_3] - y_1 \cdot [y_2 + y_3],\ x_1 \cdot [y_2 + y_3] + y_1 \cdot [x_2 + x_3]) , \end{aligned}$$

ist also gleich der linken Seite! ∎

Anmerkung:

1) Wegen $(0, y) = (0, 1) \cdot (y, 0)$ kann jedes $z = (x, y) \in \mathbb{C}$ durch $z = (x, 0) + (0, 1) \cdot (y, 0)$ dargestellt werden.

2) Für die komplexen Zahlen der Form $(x, 0)$ gelten alle Axiome von $\mathbb{R}$. Deshalb identifizieren wir $(x, 0)$ mit $x$. Damit gilt $\mathbb{R} \subseteq \mathbb{C}$.

3) Für $(0, 1)$ gilt $(0, 1)^2 = (-1, 0)$, also nach 2) $(0, 1)^2 = -1$. Zur Abkürzung setzt man $(0, 1) =: \boxed{i}$; $i$ heißt **imaginäre Einheit** und ist Lösung der Gleichung $x^2 = -1$.

4) Mit den Vereinbarungen unter 2) und 3) kann man dann wegen 1) jede komplexe Zahl $z = (x, y)$ in der Form $z = x + i \cdot y$ schreiben, was wir in Zukunft auch häufig tun wollen. In dieser Darstellung kann die komplexe Multiplikation einfach gedeutet werden. Es ist

$$\begin{aligned} z_1 \cdot z_2 &= (x_1 + i \cdot y_1) \cdot (x_2 + i \cdot y_2) \\ &= x_1 \cdot x_2 + i^2 \cdot y_1 \cdot y_2 + i \cdot (x_1 \cdot y_2 + y_1 \cdot x_2) \\ &= x_1 \cdot x_2 - y_1 \cdot y_2 + i \cdot (x_1 \cdot y_2 + x_2 \cdot y_1) , \end{aligned}$$

also einfach das Produkt der beiden Binome unter Beachtung von $i^2 = -1$.

**Satz 1.4.3 (Auflösen von Gleichungen):**

i) Seien $z_1, z_2 \in \mathbb{C}$, dann $\exists$ genau ein $z \in \mathbb{C}$ mit $z + z_1 = z_2$. Man schreibt wieder $z := z_2 - z_1$. Ist $z_1 = z_2$, so ist $z = 0 = 0 + i \cdot 0$ das eindeutig bestimmte **Nullelement in $\mathbb{C}$**. (d.h. $0 + z_1 = z_1 + 0 = z_1 \quad \forall\, z_1 \in \mathbb{C}$).

ii) Ist $z_1 \neq 0 = 0 + i \cdot 0$, dann gibt es genau ein $z \in \mathbb{C}$ mit $z \cdot z_1 = z_2$. Ist $z_1 = z_2 \neq 0$, dann nennen wir die Lösung $z^* := (1, 0) = 1$ das **Einselement in $\mathbb{C}$** (d.h. $1 \cdot z_1 = z_1 \cdot 1 = z_1 \quad \forall\, z_1 \in \mathbb{C}$). Für die Lösung von $z \cdot z_1 = 1$ $(z_1 \neq 0)$ schreiben wir wieder $z = z_1^{-1} = \dfrac{1}{z_1}$.

Beweis:

Punkt i) ist analog zu den reellen Zahlen zu beweisen und sei dem Leser zur Übung überlassen (in jeder Komponente erhält man eine über $\mathbb{R}$ eindeutig lösbare Gleichung!).

Um Punkt ii) zu beweisen setzen wir $z = x + i \cdot y$, $z_1 = x_1 + i \cdot y_1$ und $z_2 = x_2 + i \cdot y_2$. Dann gilt:

$$\begin{aligned} z \cdot z_1 = z_2 &\iff (x + i \cdot y) \cdot (x_1 + i \cdot y_1) = (x_2 + i \cdot y_2) \\ &\iff x \cdot x_1 - y \cdot y_1 + i \cdot (x \cdot y_1 + y \cdot x_1) = x_2 + i \cdot y_2 \\ &\iff x \cdot x_1 - y \cdot y_1 = x_2 \quad \text{und} \quad x \cdot y_1 + y \cdot x_1 = y_2 \,. \end{aligned}$$

Dieses lineare Gleichungssystem für die Unbekannten $x$ und $y$ ist eindeutig lösbar, falls $z_1 \neq 0$ ist. Die Lösung lautet

$$x = \frac{x_2 \cdot x_1 + y_1 \cdot y_2}{x_1^2 + y_1^2} \quad y = \frac{x_1 \cdot y_2 - y_1 \cdot x_2}{x_1^2 + y_1^2} \,.$$

Insbesondere mit $z_2 = 1$ folgt: $z_1^{-1} = \dfrac{x_1}{x_1^2 + y_1^2} - i \cdot \dfrac{y_1}{x_1^2 + y_1^2}$.

Schließlich ist $\forall\, z_1 \in \mathbb{C} \qquad (1,0) \cdot (x_1, y_1) = (x_1, y_1) \cdot (1,0) = (x_1, y_1)$.

■

Bemerkung:

Die komplexe Zahl $\dfrac{z_2}{z_1}$ berechnet man auch etwa so:

$$\frac{z_2}{z_1} = \frac{x_2 + i \cdot y_2}{x_1 + i \cdot y_1} = \frac{(x_2 + i \cdot y_2) \cdot (x_1 - i \cdot y_1)}{(x_1 + i \cdot y_1) \cdot (x_1 - i \cdot y_1)} = \frac{x_1 \cdot x_2 + y_1 \cdot y_2 + i \cdot (x_1 \cdot y_2 - y_1 \cdot x_2)}{x_1^2 + y_1^2} \,.$$

**Definition 1.4.4:**

Es sei $z = x + i \cdot y \in \mathbb{C}$, dann heißt

i) $\boxed{\mathrm{Re}(z)} := x$ $\boxed{\text{Realteil von } z}$;
$\boxed{\mathrm{Im}(z)} := y$ $\boxed{\text{Imaginärteil von } z}$;

ii) $\boxed{\bar{z}} := x - i \cdot y$ die $\boxed{\text{zu } z \text{ konjugiert komplexe Zahl}}$;

iii) $\boxed{|z|} := \sqrt{x^2 + y^2} = \sqrt{(\mathrm{Re}\, z)^2 + (\mathrm{Im}\, z)^2}$ der $\boxed{\text{absolute Betrag von } z}$.

Bemerkung:

Für $z \in \mathbb{R}$ (also $y = 0$) gilt $|z| = \sqrt{x^2} = |x|$, d.h. der absolute Betrag von $z \in \mathbb{R}$ als Element aus $\mathbb{C}$ stimmt mit dem in 1.2.3 eingeführten Betrag von $z$ als reelle Zahl überein!

Rechenregeln für die Konjugation und den absoluten Betrag liefern die folgenden beiden Sätze.

**Satz 1.4.5:**

Seien $z, z_1, z_2 \in \mathbb{C}$, dann gilt:

i) $\overline{z_1 + z_2} = \overline{z_1} + \overline{z_2}$, $\overline{z_1 \cdot z_2} = \overline{z_1} \cdot \overline{z_2}$ und $\overline{\left(\frac{1}{z}\right)} = \frac{1}{\bar{z}}$ falls $z \neq 0$.

ii) $\overline{(\bar{z})} = z \quad \forall\, z \in \mathbb{C}$.

iii) $z \in \mathbb{R} \iff z = \bar{z}$.

iv) $z + \bar{z} = 2 \cdot \mathrm{Re}\, z$, $z - \bar{z} = 2i \cdot \mathrm{Im}\, z$.

Beweis:

zu i) z.B. $\overline{\left(\frac{1}{z}\right)} = \overline{\left(\frac{1}{x + i \cdot y}\right)} = \overline{\left(\frac{x - i \cdot y}{x^2 + y^2}\right)} = \frac{x + i \cdot y}{x^2 + y^2}$ einerseits

und $\frac{1}{\bar{z}} = \frac{1}{x - i \cdot y} = \frac{x + i \cdot y}{x^2 + y^2}$ andererseits.

Ebenso folgt der Rest. ii), iii) und iv) folgen sofort aus der Definition. ∎

**Satz 1.4.6:**

Seien $z, z_1, z_2 \in \mathbb{C}$, dann gilt

i) $|z| \geq 0$.

ii) $|z| = 0 \iff z = 0$.

iii) $|z| = |\bar{z}|$ , $z \cdot \bar{z} = |z|^2$.

iv) $|z_1 \cdot z_2| = |z_1| \cdot |z_2|$.

v) $\left|\frac{z_1}{z_2}\right| = \frac{|z_1|}{|z_2|}$ falls $z_2 \neq 0$.

vi) $\operatorname{Re} z \leq |z|$ , $\operatorname{Im} z \leq |z|$.

vii) $||z_1| - |z_2|| \leq |z_1 + z_2| \leq |z_1| + |z_2|$ Dreiecksungleichung.

Beweis:

i) und ii) sind per Definition klar.

zu iii) $|z| = \sqrt{x^2 + y^2} = |\bar{z}|$ und $z \cdot \bar{z} = (x + i \cdot y) \cdot (x - i \cdot y) = x^2 + y^2 = |z|^2$.

zu iv) mit iii) gilt $|z_1 \cdot z_2|^2 = z_1 \cdot z_2 \cdot \overline{z_1 \cdot z_2} = z_1 \cdot \overline{z_1} \cdot z_2 \cdot \overline{z_2} = |z_1|^2 \cdot |z_2|^2$, also auch $|z_1 \cdot z_2| = |z_1| \cdot |z_2|$.

zu v) analog wie iv).

zu vi) Nach Satz 1.2.5, Punkt i) und viii) ist

$$\operatorname{Re} z = x \leq |x| = \sqrt{x^2} \leq \sqrt{x^2 + y^2} = |z|$$

und

$$\operatorname{Im} z = y \leq |y| = \sqrt{y^2} \leq \sqrt{x^2 + y^2} = |z| .$$

zu vii) Wir beweisen nur noch die rechte Ungleichung, da sich die linke hieraus genau wie im reellen Fall ergibt: es ist

$$\begin{aligned} |z_1 + z_2|^2 &= (z_1 + z_2) \cdot (\overline{z_1} + \overline{z_2}) \\ &= z_1 \cdot \overline{z_1} + z_2 \cdot \overline{z_2} + z_1 \cdot \overline{z_2} + \overline{z_1} \cdot z_2 \\ &= |z_1|^2 + |z_2|^2 + 2 \cdot \operatorname{Re}(z_1 \cdot \overline{z_2}) \\ &\overset{\text{(nach vi))}}{\leq} |z_1|^2 + |z_2|^2 + 2 \cdot |z_1| \cdot |z_2| \\ &= (|z_1| + |z_2|)^2 \ , \end{aligned}$$

woraus die Behauptung folgt.

■

Die eingeführten Begriffe werden noch an zwei Beispielen erläutert.

**Beispiel 1.4.7:**

i) Man zerlege $z = \frac{5+3i}{1-2i}$ in Real- und Imaginärteil:

$$z = \frac{5+3i}{1-2i} = \frac{(5+3i)\cdot(1+2i)}{(1-2i)\cdot(1+2i)} = \frac{-1+i\cdot 13}{5} = -\frac{1}{5} + i \cdot \frac{13}{5} \ .$$

ii) Man bestimme die Lösung $z$ der folgenden Gleichung und ihren Absolutbetrag:

$$\left(\frac{14-5i}{2+3i} + \frac{9-3i}{1-2i}\right) \cdot \overline{z} = 6 + 7i \ .$$

Mit

$$z_1 = \frac{14-5i}{2+3i} + \frac{9-3i}{1-2i} \text{ und } z_2 = 6 + 7i$$

lautet diese Gleichung

$$z_1 \cdot \overline{z} = z_2 \ ,$$

was zu

$$\overline{z_1} \cdot z = \overline{z_2}$$

äquivalent ist. Falls $z_1 \neq 0$ ist, so erhalten wir hieraus

$$z = \frac{\overline{z_2}}{\overline{z_1}} = \overline{\left(\frac{z_2}{z_1}\right)} \ .$$

Speziell in unserem Fall gilt nun:

$$\begin{aligned} z_1 &= \frac{14-5i}{2+3i} + \frac{9-3i}{1-2i} = \frac{(14-5i)\cdot(1-2i)+(9-3i)\cdot(2+3i)}{(2+3i)\cdot(1-2i)} \\ &= \frac{4-33i+27+21i}{8-i} . \end{aligned}$$

Damit wird

$$\begin{aligned} \frac{z_2}{z_1} &= \frac{(8-i)\cdot(6+7i)}{31-12i} = \frac{(55+50i)}{(31-12i)}\cdot\frac{31+12i}{31+12i} \\ &= \frac{1105+i\cdot 2210}{1105} = 1+2i , \end{aligned}$$

also

$$z = 1-2i \qquad \text{und} \qquad |z| = \sqrt{5} .$$

Es werden jetzt weitere Möglichkeiten untersucht, eine komplexe Zahl darzustellen. Dazu listen wir, hier zunächst ohne Beweis, einige elementare Eigenschaften der (aus der Schule bekannten) Funktionen Sinus und Cosinus auf. Eine exakte Einführung beider Funktionen sowie der Zahl $\pi$ folgt in Kapitel VII.

**Bemerkung 1.4.8:**

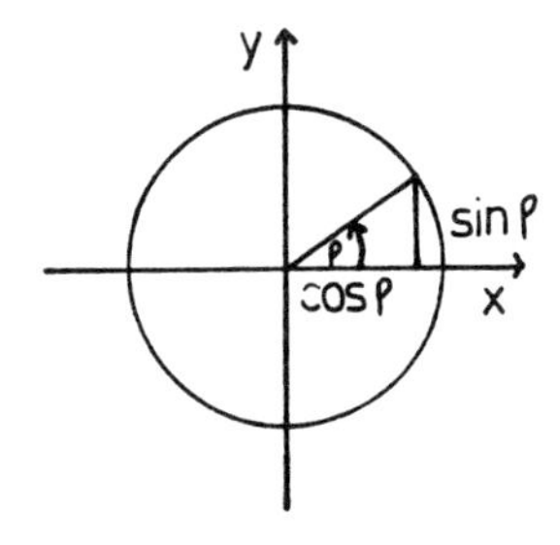


[Fig. 1.4]

Die Funktionen $\sin\rho$ bzw. $\cos\rho$ von $\mathbb{R} \to \mathbb{R}$ beschreiben das Verhältnis von Gegen- bzw. Ankathete und Hypotenuse in einem rechtwinkligen Dreieck mit Winkel $\rho$ (siehe Figur 1.4). Sie erfüllen u.a. $\forall\ \rho, \rho_1, \rho_2 \in \mathbb{R}$ :

- $\sin\rho = \sin(\rho + 2\pi)$ , $\cos\rho = \cos(\rho + 2\pi)$ — 2π- Periodizität
- $\sin(-\rho) = -\sin\rho$ , $\cos(-\rho) = \cos\rho$
- $\sin 0 = 0$ , $\cos 0 = 1$
- $\rho \mapsto \cos\rho$ ist auf $[0, \pi]$ injektiv und nimmt dort alle Werte aus $[-1, 1]$ an.
- $\rho \mapsto \sin\rho$ ist auf $[-\frac{\pi}{2}, \frac{\pi}{2}]$ injektiv und nimmt dort alle Werte aus $[-1, 1]$ an.
- $\sin^2\rho + \cos^2\rho = 1$ — Pythagoras der Trigonometrie
- $\sin(\rho_1 + \rho_2) = \sin\rho_1 \cdot \cos\rho_2 + \sin\rho_2 \cdot \cos\rho_1$
- $\cos(\rho_1 + \rho_2) = \cos\rho_1 \cdot cos\rho_2 - \sin\rho_1 \cdot \sin\rho_2$

  } Additionstheoreme.

Jedes Paar $(x, y)$ mit $x, y \in \mathbb{R}$ kann nun als Punkt der (Gaußschen Zahlen-)Ebene gedeutet werden, wobei $x$ und $y$ die Koordinaten angeben.

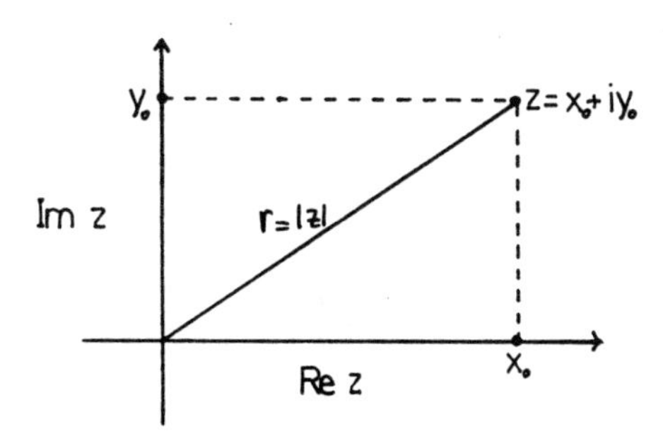


[Fig. 1.5]

Durch elementargeometrische Überlegungen folgt aus der eineindeutigen Zuordnung der Punkte der Ebene zu den komplexen Zahlen sofort der nachfolgende Satz.

**Satz 1.4.9:**

Zu jeder komplexen Zahl $z \neq 0$ gibt es genau ein $\rho$ mit $-\pi < \rho \leq \pi$, so daß Folgendes gilt:

i) $\mathrm{Re}\, z = |z| \cdot \cos\rho$.

ii) $\mathrm{Im}\, z = |z| \cdot \sin\rho$.

**Definition 1.4.10 (Polarkoordinaten):**

Seien $z \in \mathbb{C} \setminus \{0\}, \rho \in \mathbb{R}$ mit $-\pi < \rho \leq \pi$, so daß i) und ii) aus Satz 1.4.9 gelten.
Dann heißt $\rho =:$ $\boxed{\arg z}$ das $\boxed{\text{Argument}}$ von $z$. Eine Darstellung von $z$ in der Form

$$z = r \cdot \mathrm{cis}\psi \ ,$$

wobei $r = |z|$, $\boxed{\mathrm{cis}\psi} := \cos\psi + i \cdot \sin\psi$ und $\psi = \arg z + 2 \cdot \pi \cdot k$ für ein $k \in \mathbb{Z}$, heißt $\boxed{\text{Polarkoordinatendarstellung}}$ von $z$.

Bemerkung:

Die Abbildung $\mathrm{cis} : \mathbb{R} \longrightarrow \mathbb{C}$ ist, wie wir später sehen werden, eng mit der "komplexen Exponentialfunktion" $z \mapsto e^z$ verbunden; dies erklärt auch die Funktionalgleichung $\mathrm{cis}(\rho_1) \cdot \mathrm{cis}(\rho_2) = \mathrm{cis}(\rho_1 + \rho_2)$ (s. nächster Satz).

Es folgen wichtige Regeln für das Rechnen in Polarkoordinaten.

**Satz 1.4.11:**

Es seien $z, z_1, z_2 \in \mathbb{C} \setminus \{0\}$ mit $z = r \cdot \mathrm{cis}\rho, z_1 = r_1 \cdot \mathrm{cis}\rho_1, z_2 = r_2 \cdot \mathrm{cis}\rho_2$. Dann gilt:

i) $z_1 \cdot z_2 = r_1 \cdot r_2 \cdot \mathrm{cis}(\rho_1 + \rho_2)$.

ii) $\dfrac{1}{z} = \dfrac{1}{r} \cdot \mathrm{cis}(-\rho)$.

iii) $\forall\, n \in \mathbb{Z}$ ist $z^n = r^n \cdot \mathrm{cis}(n \cdot \rho)$ (wobei $z^0 := 1$) $\boxed{\text{Moivresche Formel}}$.

iv) $\arg z = -\arg \overline{z}$, falls $-\pi < \arg z < \pi$.

Beweis:

zu i)

$$\begin{aligned} z_1 \cdot z_2 &= r_1 \cdot r_2 \cdot (\cos\rho_1 + i \cdot \sin\rho_1) \cdot (\cos\rho_2 + i \cdot \sin\rho_2) \\ &= r_1 \cdot r_2 \cdot ([\cos\rho_1 \cdot \cos\rho_2 - \sin\rho_1 \cdot \sin\rho_2] + i \cdot [\sin\rho_1 \cdot \cos\rho_2 + \sin\rho_2 \cdot \cos\rho_1]) \\ &\overset{(nach 1.4.8)}{=} r_1 \cdot r_2 \cdot \mathrm{cis}(\rho_1 + \rho_2) \ . \end{aligned}$$

zu ii)

$$\begin{aligned} \frac{1}{z} &= \frac{1}{r \cdot (\cos\rho + i \cdot \sin\rho)} \cdot \frac{\cos\rho - i \cdot \sin\rho}{\cos\rho - i \cdot \sin\rho} \\ &= \frac{1}{r} \cdot (\cos\rho - i \cdot \sin\rho) \\ &= \frac{1}{r} \cdot (\cos(-\rho) + i \cdot \sin(-\rho)) \\ &= \frac{1}{r} \cdot \mathrm{cis}(-\rho) \ . \end{aligned}$$

zu iii) 1. Fall: $n \geq 0$ : vollständige Induktion:
$n = 0 \, : z^0 = 1 = r^0 \cdot (\cos 0 + i \cdot \sin 0)$ Gelte die Behauptung für ein $n \in I\!N$, dann folgt $z^{n+1} = z^n \cdot z = r^n \cdot \mathrm{cis}(n \cdot \rho) \cdot r \cdot \mathrm{cis}(\rho) = r^{n+1} \cdot \mathrm{cis}\left((n+1) \cdot \rho\right)$, letzteres nach Teil i).
2. Fall: $n < 0$; dann ist $k := -n > 0$ und es gilt mit Fall 1 und Teil ii) $z^n = (\frac{1}{z})^k = (\frac{1}{r})^k \cdot \mathrm{cis}(-k \cdot \rho) = (\frac{1}{r})^{-n} \cdot \mathrm{cis}(n \cdot \rho) = r^n \cdot \mathrm{cis}(n \cdot \rho)$.

zu iv) Gilt $z = r \cdot \mathrm{cis}\rho$ mit $-\pi < \rho < \pi$, dann ist $-\pi < -\rho < \pi$ und weiter $\overline{z} = r \cdot (\cos\rho - i \cdot \sin\rho) = r \cdot (\cos(-\rho) + i \cdot \sin(-\rho)) = r \cdot \mathrm{cis}(-\rho)$, woraus $-\rho = \arg\overline{z}$ folgt.

∎

Als Anwendung werden nun Wurzeln aus komplexen Zahlen berechnet. Gegeben sei dazu eine komplexe Zahl $Z = R \cdot \mathrm{cis}\Phi$ mit $R > 0, \Phi = \arg Z$ und $-\pi < \Phi \leq \pi$ sowie eine natürliche Zahl $n$. Wir suchen alle komplexen Zahlen $z$, so daß $z^n = Z$ gilt.

Zur Lösung dieser Aufgabe setzen wir $z$ in Polarkoordinaten an, etwa $z = r \cdot \text{cis}\rho$. Falls $z$ eine Lösung ist, dann muß gelten

$$r^n \cdot \text{cis}(n \cdot \rho) = R \cdot \text{cis}\Phi \quad \text{(nach Moivre)}$$

Daraus folgt wegen $|\text{cis}\Phi| = |\text{cis}n\rho| = 1$ zunächst $r^n = R$ bzw. $r = \sqrt[n]{R}$. Ferner gilt $\text{cis}n\rho = \text{cis}\Phi$ bzw. aufgelöst $n \cdot \rho = \Phi + 2k\pi \implies \rho_k = \dfrac{\Phi + 2k\pi}{n}, k \in \mathbb{Z}$

Wir erhalten damit aufgelöst die Lösungen:

$$\begin{aligned}
z_0 &:= \sqrt[n]{R} \cdot \text{cis}\frac{\Phi}{n} \\
z_1 &:= \sqrt[n]{R} \cdot \text{cis}\frac{\Phi + 2\pi}{n} \\
z_{n-1} &:= \sqrt[n]{R} \cdot \text{cis}\frac{\Phi + 2(n-1)\pi}{n} \\
z_n &:= \sqrt[n]{R} \cdot \text{cis}(\frac{\Phi}{n} + 2\pi) = z_0 \\
z_{n+1} &:= z_1
\end{aligned}$$

usw.

Man sieht danach, daß die Zahlen $z_0, z_1, \ldots, z_{n-1}$ alle verschiedenen Lösungsmöglichkeiten beschreiben. Andererseits sieht man durch Bildung der n-ten Potenz, daß $z_0, z_1, \ldots, z_{n-1}$ jeweils eine Lösung der Gleichung $z^n = Z$ ist.

Zusammenfassend gilt:

**Satz 1.4.12:**

Es sei $Z \in \mathbb{C} \setminus \{0\}, n \in \mathbb{N}$. Dann gibt es in $\mathbb{C}$ genau $n$ verschiedene Lösungen der Gleichung $z^n = Z$. Ist $Z = R \cdot \text{cis}\Phi$, $\Phi = \arg Z$, dann lauten diese Lösungen

$$z_k = \sqrt[n]{R} \cdot \text{cis}\rho_k, \qquad k = 0, 1, \ldots, n-1 \qquad \text{mit } \rho_k = \frac{\Phi + 2k\pi}{n}.$$

Bemerkung:

i) Geometrisch liegen diese $n$ Wurzeln auf einem regelmäßigen $n$-Eck im Kreis mit dem Radius $\sqrt[n]{R}$ um den Nullpunkt.

ii) Wir haben oben ohne näheren Beweis benutzt, daß es für jedes reelle $R \geq 0$ und jedes $n \in \mathbb{N}$ genau eine reelle Zahl $r$ mit $r^n = R$ gibt. Hierauf wird in Kapitel VII in allgemeinerem Rahmen eingegangen werden.
(Ein elementarer Beweis dieser Tatsache gelingt z.B. mit dem Vollständigkeitsaxiom: man definiert die Menge $M := \{x \geq 0 \mid x^n \leq R\}$. Diese ist beschränkt, hat also ein Supremum $r$; für dieses $r$ gilt dann gerade $r^n = R$.)

**Beispiel 1.4.13:**

1) $z^2 = -1 \Longrightarrow Z = -1 = \text{cis}(\pi)$, also $R = 1, \Phi = \pi, n = 2$
sowie $\rho_0 = \frac{\Phi}{2} = \frac{\pi}{2}$ und $\rho_1 = \frac{\Phi + 2\pi}{2} = \frac{3\pi}{2}$.
Die beiden Wurzeln von $-1$ sind also $z_0 = i$ und $z_1 = -i$.

Beachte: über $\mathbb{C}$ gelten nicht alle aus $\mathbb{R}$ bekannten Regeln für das Rechnen mit Wurzeln; so ist etwa, wenn man $\sqrt{-1} = i$ betrachtet, $\sqrt{-1} \cdot \sqrt{-1} = i \cdot i = -1 \neq 1 = \sqrt{(-1) \cdot (-1)}$ obwohl in $\mathbb{R}$ $\sqrt{a \cdot b} = \sqrt{a} \cdot \sqrt{b}$ gilt, falls $a$ und $b \geq 0$ sind.

2) $z^3 = -1 \Longrightarrow Z = -1 = \text{cis}\pi$, also $R = 1, \Phi = \pi, n = 3$
sowie $\rho_0 = \frac{\Phi}{3} = \frac{\pi}{3}, \rho_1 = \frac{\Phi + 2\pi}{3} = \pi, \rho_2 = \frac{\Phi + 4\pi}{3} = \frac{5}{3}\pi$. Die drei Lösungen sind daher $z_0 = \cos\frac{\pi}{3} + i \cdot \sin\frac{\pi}{3}, z_1 = -1$ und $z_2 = \cos\frac{5}{3}\pi + i \cdot \sin\frac{5}{3}\pi = \overline{z_0}$.

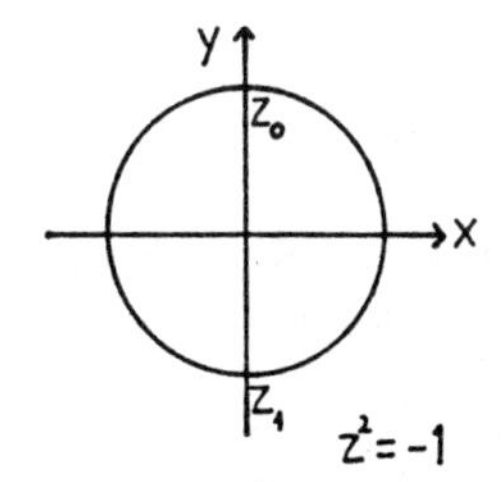


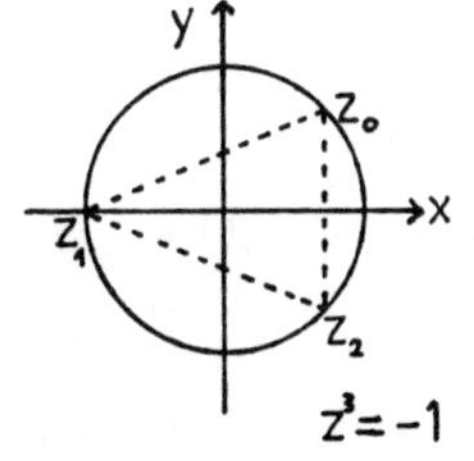


[Fig. 1.6]

Ohne Beweis geben wir zum Schluß dieses Kapitels einen der wichtigsten Sätze der Algebra an.

**Satz und Definition 1.4.14 (Fundamentalsatz der Algebra):**

Sei $P$ ein Polynom $n$-ten Grades, d.h. $P(z) = a_0 + a_1 \cdot z + \ldots + a_n \cdot z^n$, $a_n \neq 0$, alle $a_i \in \mathbb{C}$. Dann gibt es genau $n$ komplexe Zahlen $z_1, z_2, \ldots, z_n$ (die nicht notwendig verschieden sind), so daß

$$P(z) = a_n \cdot (z - z_1) \cdot (z - z_2) \cdots (z - z_n)$$

gilt. Die Zahlen $z_j$, $j = 1, \ldots, n$, heißen Nullstellen des Polynoms $P$ (da für sie $P(z_j) = 0$ gilt). Kommt ein $z \in \mathbb{C}$ unter den Zahlen $z_1, \ldots, z_n$ genau $k$-fach vor, so heißt $k$ die Vielfachheit der Nullstelle $z$.

Bemerkung:

Es sei $P(z) = a_0 + a_1 \cdot z + \cdots + a_n \cdot z^n, a_n \neq 0$ ein Polynom mit nur reellen Koeffizienten, d.h. $a_0, a_1, \ldots, a_n \in \mathbb{R}$. Dann gilt:
falls $P(z) = 0$, so auch $P(\overline{z}) = 0$

(denn $0 = \overline{P(z)} = \overline{\left(\sum_{i=0}^{n} a_i \cdot z^i\right)} = \sum_{i=0}^{n} \overline{a_i \cdot z^i} = \sum_{i=0}^{n} a_i \cdot \overline{z^i}$ (wegen $a_i \in \mathbb{R}$) $= \sum_{i=0}^{n} a_i \cdot \overline{z}^i = P(\overline{z})$ ).

Somit kommen in diesem Fall die Nullstellen, die nicht reell sind, immer in Paaren vor. Insbesondere hat jedes Polynom ungeraden Grades mit nur reellen Koeffizienten immer mindestens eine reelle Nullstelle (vgl. Kapitel V).

# II. Vektorrechnung, analytische Geometrie und lineare Gleichungssysteme

## II. 1. Vektoren als geometrische Objekte

Setzen wir gemäß Definition 0.2.4 das kartesische Produkt $\mathbb{R}^n = \underbrace{\mathbb{R} \times \mathbb{R} \times \ldots \times \mathbb{R}}_{n-mal}$ an, so sprechen wir vom **n-dimensionalen euklidischen Raum**. Interessant sind für uns vorerst die Fälle $n = 1, 2, 3$ , denn wir haben dazu die folgenden geometrischen Modelle, die zur Beschreibung des uns umgebenden Raumes benutzt werden:

n=1: die Zahlengerade $E_1$ ist ein Modell von $\mathbb{R}^1$.

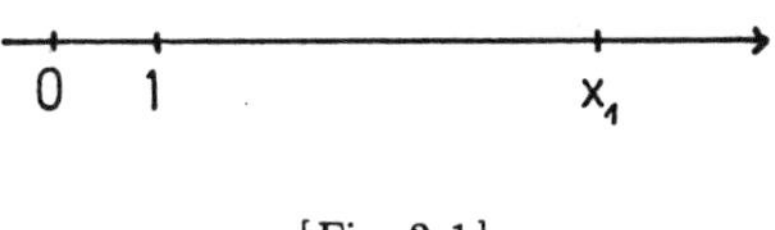


[Fig. 2.1]

n=2: die Ebene $E_2$ ist durch Einführung eines festen Koordinatensystems ein Modell für $\mathbb{R}^2$.

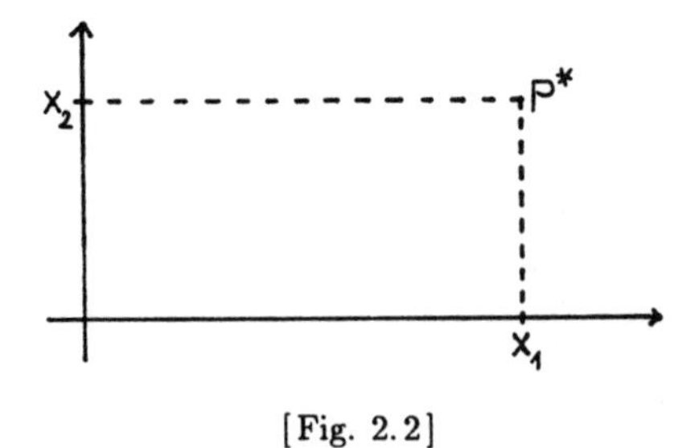


[Fig. 2.2]

Der Punkt $P^* \in E_2$ korrespondiert mit $P = (x_1, x_2) \in \mathbb{R}^2$. Die reellen Zahlen $x_1$ und $x_2$ heißen **Koordinaten** von $P^*$.

n=3: der uns umgebende 3-dimensionale Raum $E_3$ ist durch Einführung eines geeigneten festen Koordinatensystems ein Modell für $\mathbb{R}^3$.

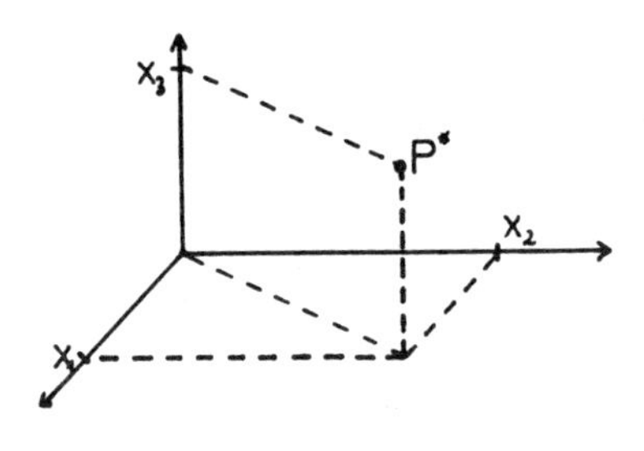


[Fig. 2.3]

Der Punkt $P^* \in E_3$ korrespondiert mit $P = (x_1, x_2, x_3) \in \mathbb{R}^3$.

Zunächst denken wir uns in den betrachteten Punkträumen ein festes Koordinatensystem, so daß wir immer nur den zugehörigen $\mathbb{R}^n$ betrachen müssen. Geometrische Objekte in diesen Räumen werden durch Punktmengen beschrieben, z.B. durch Dreiecke, Kreis, Geraden usw. Betrachten wir etwa die beiden folgenden Dreiecke im $\mathbb{R}^2$:

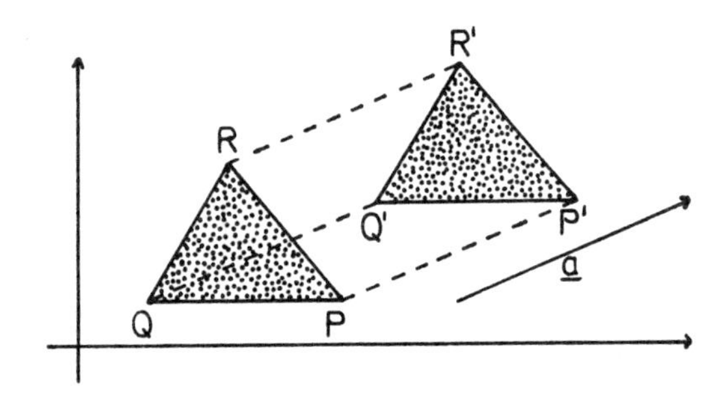


[Fig. 2.4]

Obwohl ganz verschiedene Punktmengen, sind diese Dreiecke offensichtlich geometrisch gleichwertig. Das Dreieck $P', Q', R'$ geht durch eine Verschiebung (Translation) aus $P, Q, R$ hervor. Diese Verschiebung wird durch Angabe einer Richtung und einer Länge bestimmt.
Am Beispiel des $\mathbb{R}^2$ ergibt sich folgende Situation:

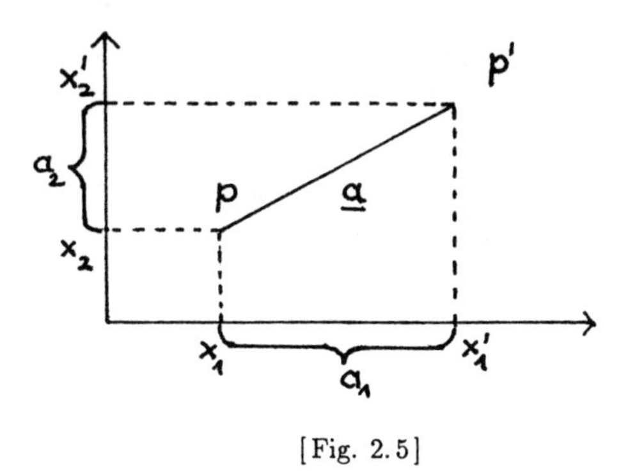


[Fig. 2.5]

Es gilt $P' = (x_1', x_2') = (x_1 + a_1, x_2 + a_2)$, wobei $a_1, a_2$ charakteristisch für die Verschiebung sind.

Allgemein definieren wir nun einen geometrischen Vektor im $\mathbb{R}^n$.

**Definition 2.1.1:**

i) Eine Abbildung $\underline{a} : \mathbb{R}^n \to \mathbb{R}^n$, definiert durch

$$P = (x_1, \ldots, x_n) \mapsto P' = \underline{a}(P) = (x_1 + a_1, \ldots, x_n + a_n)$$

mit festen reellen Zahlen $a_1, \ldots, a_n$ heißt n-dimensionaler geometrischer Vektor (kurz: n-dimensionaler Vektor). Die Zahlen $a_1, \ldots, a_n$ heißen Komponenten von $\underline{a}$. Die Menge aller n-dimensionalen geometrischen Vektoren wird mit $V^n$ bezeichnet.

ii) Zwei n-dimensionale Vektoren $\underline{a}$ und $\underline{b}$ heißen $\boxed{\text{gleich}}$, wenn

$$\underline{a}(P) = \underline{b}(P) \text{ für alle } P \in I\!R^n$$

gilt (d.h. $a_1 = b_1, \ldots, a_n = b_n$).

Vereinbarung: Wir schreiben in Zukunft für einen n-dimensionalen Vektor

$$\underline{a} = \begin{pmatrix} a_1 \\ a_2 \\ \vdots \\ a_n \end{pmatrix}$$

Um auch mit Vektoren rechnen zu können, definieren wir einige algebraische Operationen.

**Definition 2.1.2:**

i) Addition von Vektoren:

Seien $\underline{a}$, $\underline{b}$ Vektoren, dann definieren wir $\underline{a} + \underline{b}$ als neuen Vektor durch:

$$\boxed{\underline{a} + \underline{b}} : I\!R^n \to I\!R^n \text{ mit } (\underline{a} + \underline{b})(P) := \underline{a}(\underline{b}(P)) \ ,$$

d.h.

$$\begin{aligned}(x_1, x_2, \ldots, x_n) \mapsto \underline{a}(x_1 + b_1, \ldots, x_n + b_n) &= (x_1 + b_1 + a_1, \ldots, x_n + b_n + a_n) \\ &= (x_1 + a_1 + b_1, \ldots, x_n + a_n + b_n)\end{aligned}$$

wobei $\underline{a} = \begin{pmatrix} a_1 \\ \vdots \\ a_n \end{pmatrix}$ und $\underline{b} = \begin{pmatrix} b_1 \\ \vdots \\ b_n \end{pmatrix}$ gesetzt werden.

ii) Multiplikation eines Vektors mit einer reellen Zahl:

Sei $\underline{a} = \begin{pmatrix} a_1 \\ \vdots \\ a_n \end{pmatrix}$ ein Vektor und $\alpha \in I\!R$, so wird der Vektor $\boxed{\alpha \cdot \underline{a}}$ erklärt durch

$$\alpha \cdot \underline{a} : I\!R^n \to I\!R^n$$

mit

$$P = (x_1, \ldots, x_n) \mapsto \alpha \cdot \underline{a}(P) = (x_1 + \alpha \cdot a_1, x_2 + \alpha \cdot a_2, \ldots, x_n + \alpha \cdot a_n) \ .$$

**Bemerkung 2.1.3:**

Mit unserer Vereinbarung gilt also

$$\underline{a}+\underline{b}=\begin{pmatrix} a_1 \\ \vdots \\ a_n \end{pmatrix}+\begin{pmatrix} b_1 \\ \vdots \\ b_n \end{pmatrix}=\begin{pmatrix} a_1+b_1 \\ \vdots \\ a_n+b_n \end{pmatrix}$$

und

$$\alpha\cdot\underline{a}=\alpha\cdot\begin{pmatrix} a_1 \\ \vdots \\ a_n \end{pmatrix}=\begin{pmatrix} \alpha\cdot a_1 \\ \vdots \\ \alpha\cdot a_n \end{pmatrix} \quad ,$$

d.h. Addition und Multiplikation geschehen komponentenweise.

Geometrisch kann man beide Operationen so veranschaulichen:

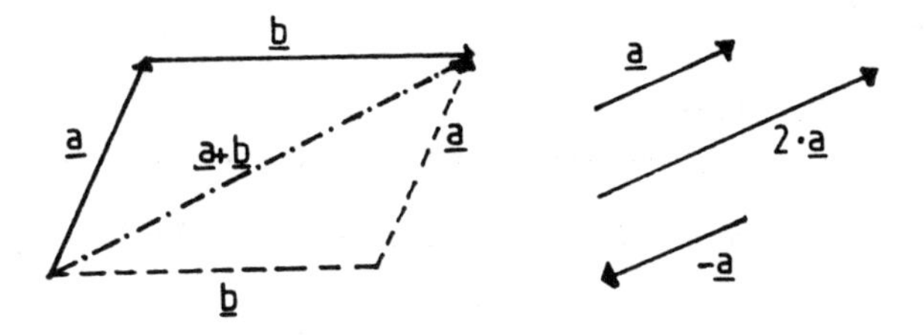


[Fig. 2.6]

Für diese Vektoroperationen hat man folgende Rechenregeln:

**Satz 2.1.4:**

Seien $\underline{a}, \underline{b}$ und $\underline{c}$ (n-dimensionale) Vektoren sowie $\alpha, \beta \in I\!R$. Dann gilt:

i) $\underline{a}+\underline{b} \;=\; \underline{b}+\underline{a}$

ii) $(\underline{a}+\underline{b})+\underline{c} \;=\; \underline{a}+(\underline{b}+\underline{c})$

iii) Es gibt genau einen (n-dimensionalen) Vektor $\underline{x}$, so daß

$$\underline{a}+\underline{x} \;=\; \underline{b}\,.$$

Man bezeichnet $\underline{x}$ als Differenz von $\underline{b}$ und $\underline{a}$, also $\boxed{\underline{x} := \underline{b} - \underline{a}}$ speziell für $\underline{b} = \underline{0} = \begin{pmatrix} 0 \\ \vdots \\ 0 \end{pmatrix}$ setzt man $\boxed{-\underline{a}} := \underline{0} - \underline{a}$.

iv) $\alpha \cdot (\underline{a} + \underline{b}) = \alpha \cdot \underline{a} + \alpha \cdot \underline{b}$.

v) $(\alpha + \beta) \cdot \underline{a} = \alpha \cdot \underline{a} + \beta \cdot \underline{a}$.

vi) $(\alpha \cdot \beta) \cdot \underline{a} = \alpha \cdot (\beta \cdot \underline{a})$.

vii) $1 \cdot \underline{a} = \underline{a}$.

Beweis:

Alle Regeln ergeben sich aus den entsprechenden Gesetzen für reelle Zahlen.

Bemerkenswert ist noch die in Figur 2.7 skizzierte Lage des gesuchten Vektors $\underline{x}$ in iii) bzgl. des $\mathbb{R}^2$ oder $\mathbb{R}^3$.

■

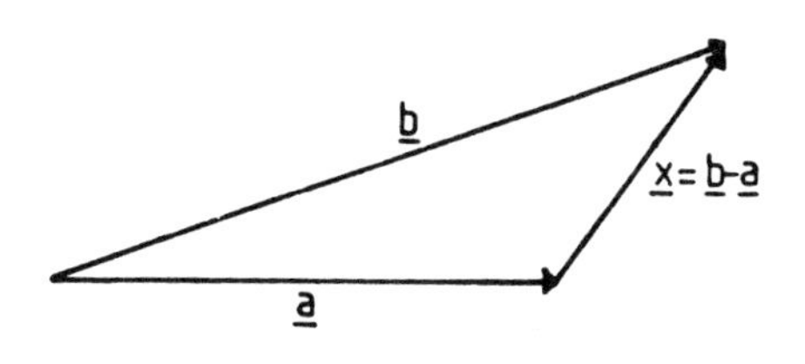


[Fig. 2.7]

**Bemerkung 2.1.5:**

Satz 2.1.4 erlaubt eine Zuordnung zwischen Vektoren und Paaren von Punkten im $\mathbb{R}^n$: Sind $P$ und $Q$ zwei Punkte des $\mathbb{R}^n$, so $\exists$ genau ein Vektor $\underline{a}$, der $P$ nach $Q$ verschiebt, d.h. der $\underline{a}(P) = Q$ erfüllt. Wir schreiben hierfür $\boxed{\overrightarrow{PQ}} = \underline{a}$ und nennen

$(P,Q)$ Repräsentanten des Vektors $\underline{a}$ (beachte: $\underline{a}$ hat unendlich viele Repräsentanten).

Für alle $P,Q,R \in I\!R^n$ gilt ferner:

i) $\overrightarrow{PQ} + \overrightarrow{QR} = \overrightarrow{PR}$.

ii) $\overrightarrow{PQ} = -\overrightarrow{QP}$.

iii) $\overrightarrow{PP} = \underline{0}$.

Satz 2.1.4 kann benutzt werden, um den Begriff eines Vektors – losgelöst von einer geometrischen Anschauung – ganz abstrakt zu fassen.

**Definition 2.1.6:**

Es sei $V \neq \emptyset$ eine Menge, $I\!R$ die Menge der reellen Zahlen. Auf $V$ seien zwei Verknüpfungen $+: V \times V \to V$ und $\cdot : I\!R \times V \to V$ gegeben (d.h. $\forall\, \underline{a}, \underline{b} \in V$ und $\alpha \in I\!R$ ist $\underline{a} + \underline{b} \in V$ sowie $\alpha \cdot \underline{a} \in V$). Erfüllen diese Verknüpfungen die Regeln i) bis vii) aus Satz 2.1.4, so heißt $V$ ein (abstrakter) Vektorraum über $I\!R$. Die Elemente von $V$ nennt man Vektoren. Analog definiert man einen Vektorraum über $\mathbb{C}$.

**Beispiel 2.1.7:**

1) $V^n$ = Menge aller geometrischen Vektoren im $I\!R^n$ (vgl. 2.1.1 und 2.1.4)

2) $V := \{f \mid f : [a,b] \to I\!R\}$ ist ein Vektorraum über $I\!R$. Addition und Multiplikation sind "punktweise" erklärt, d.h. für alle $f, g \in V$, $\alpha \in I\!R$ und $x \in [a,b]$ gilt:

$$(f+g)(x) := f(x) + g(x)$$
$$(\alpha \cdot f)(x) := \alpha \cdot f(x) \quad .$$

Vektoren sind hier also Funktionen. Nullvektor des Raumes $V$ ist die Abbildung $\underline{0}(x) = 0 \in I\!R \ \forall\, x \in I\!R$; die Gültigkeit der Regeln i) - vii) folgt wieder sofort wie bei Satz 2.1.4.

3) $V := \{p \mid p \text{ ist ein Polynom}\}$ (vgl. 1.4.14 )

Addition und Multiplikation werden wie in 2) erklärt. Wir beschränken uns darauf, zu zeigen, daß $p_1 + p_2$ und $\alpha \cdot p_1$ wieder Polynome sind, falls $p_1, p_2 \in V$. Sei also

$$p_1(z) = a_0 + a_1 \cdot z + \cdots + a_n \cdot z^n$$
$$p_2(z) = b_0 + b_1 \cdot z + \cdots + b_n \cdot z^n$$

mit $a_i, b_i \in \mathbb{C}$, o.B.d.A. $m \geq n$. Dann gilt

$$(p_1 + p_2)(z) = \underbrace{(a_0 + b_0)}_{\in \mathbb{C}} + \underbrace{(a_1 + b_1)}_{\in \mathbb{C}} \cdot z + \cdots + \underbrace{(a_n + b_n)}_{\in \mathbb{C}} \cdot z^n + \underbrace{b_{n+1}}_{\in \mathbb{C}} \cdot z^{n+1} + \cdots + \underbrace{b_m}_{\in \mathbb{C}} \cdot z^m$$

was wieder ein Polynom ist. Ebenso ist für $\alpha \in \mathbb{R}$

$$(\alpha \cdot p_1)(z) = \underbrace{\alpha \cdot a_0}_{\in \mathbb{C}} + \underbrace{\alpha \cdot a_1}_{\in \mathbb{C}} \cdot z + \cdots \underbrace{\alpha \cdot a_n}_{\in \mathbb{C}} \cdot z^n \quad \in V .$$

Alle drei Beispiele kann man ohne große Schwierigkeiten auf Vektorräume über $\mathbb{C}$ erweitern.

Die bisher betrachtete Multiplikation $\cdot$ verknüpft eine reelle Zahl mit einem Vektor aus $V$ zu einem neuen Vektor, also $\cdot : \mathbb{R} \times V \to V$. Wir werden noch zwei weitere Multiplikationen für geometrische Vektoren kennenlernen, als nächstes das Skalarprodukt als Abbildung von $V^n \times V^n \to \mathbb{R}$ und später das Vektorprodukt als Abbildung von $V^3 \times V^3 \to V^3$.

**Definition 2.1.8 (Skalarprodukt):**

Seien $\underline{a}, \underline{b} \in V^n$ mit $\underline{a} = \begin{pmatrix} a_1 \\ \vdots \\ a_n \end{pmatrix}, \underline{b} = \begin{pmatrix} b_1 \\ \vdots \\ b_n \end{pmatrix}$, dann heißt

i) $\boxed{\underline{a} \cdot \underline{b}} := a_1 \cdot b_1 + a_2 \cdot b_2 + \cdots + a_n \cdot b_n = \sum_{j=1}^{n} a_j \cdot b_j \in \mathbb{R}$ $\boxed{\text{Skalarprodukt von } \underline{a} \text{ und } \underline{b}}$.

ii) $\boxed{||a||} := \sqrt{\underline{a} \cdot \underline{a}} =: \sqrt{\underline{a}^2}$ heißt die $\boxed{\text{Länge}}$ oder $\boxed{\text{euklidische Norm}}$ von $\underline{a}$.

iii) Gilt $\underline{a} \cdot \underline{b} = 0$, so heißen $\underline{a}$ und $\underline{b}$ $\boxed{\text{orthogonal}}$ bzw. $\boxed{\text{senkrecht}}$, in Zeichen $\boxed{\underline{a} \perp \underline{b}}$.

**Satz 2.1.9:**

Es seien $\underline{a}, \underline{b}, \underline{c} \in V^n$ und $\lambda \in \mathbb{R} \Longrightarrow$

i) $(\lambda \cdot \underline{a}) \cdot \underline{b} = \lambda \cdot (\underline{a} \cdot \underline{b})$.

ii) $\underline{a} \cdot \underline{b} = \underline{b} \cdot \underline{a}$.

iii) $(\underline{a} + \underline{b}) \cdot \underline{c} = \underline{a} \cdot \underline{c} + \underline{b} \cdot \underline{c}$.

iv) $||\underline{a}|| \geq 0$ und $||\underline{a}|| = 0 \iff \underline{a} = 0$.

v) $||\lambda \cdot \underline{a}|| = |\lambda| \cdot ||\underline{a}||$.

Beweis:

i) bis iii) ergeben sich sofort aus Definition 2.1.8, ebenso $||\underline{a}|| \geq 0$.
Sei nun $||\underline{a}|| = 0$, dann ist auch $0 = ||\underline{a}||^2 = a_1^2 + a_2^2 + \cdots + a_n^2$, woraus sofort $a_1 = a_2 = \cdots = a_n = 0$ folgt. Umgekehrt ist natürlich $||\underline{0}|| = 0$.

zu v) $||\lambda \cdot \underline{a}||^2 = (\lambda \cdot a_1)^2 + \cdots + (\lambda \cdot a_n)^2 = \lambda^2 \cdot (a_1^2 + \cdots + a_n^2) = \lambda^2 \cdot ||\underline{a}||^2$.

■

Eine wichtige Abschätzung für den Wert des Skalarprodukts liefert die sogenannte Schwarzsche Ungleichung.

**Satz 2.1.10:**

Seien $\underline{a}, \underline{b} \in V^n$, dann gilt

i) $|\underline{a} \cdot \underline{b}| \leq ||\underline{a}|| \cdot ||\underline{b}||$    Schwarzsche Ungleichung.
Gleichheit besteht genau dann, wenn $\underline{a}$ ein (reelles) Vielfaches von $\underline{b}$ ist.

ii) $\Big| ||\underline{a}|| - ||\underline{b}|| \Big| \leq ||\underline{a} + \underline{b}|| \leq ||\underline{a}|| + ||\underline{b}||$    Dreiecksungleichung.

Beweis:

zu i) Ist $\underline{b} = \underline{0}$, so ist die Ungleichung trivialerweise richtig.
Sei daher $\underline{b} \neq 0 \Longrightarrow ||\underline{b}|| > 0$.

Für $t \in I\!R$ bilden wir

$$0 \le ||\underline{a} - t \cdot \underline{b}||^2 = (\underline{a} - t \cdot \underline{b}) \cdot (\underline{a} - t \cdot \underline{b}) = ||\underline{a}||^2 - 2 \cdot t \cdot \underline{a} \cdot \underline{b} + t^2 \cdot ||\underline{b}||^2 .$$

Bei festem $\underline{a}$ und $\underline{b}$ ist dieser Ausdruck ein quadratisches Polynom in $t$; wir wollen $t$ so wählen, daß dieses Polynom einen minimalen Wert erreicht. Dies wäre mit den Mitteln der Differentialrechnung, die uns hier noch nicht zur Verfügung stehen, leicht möglich. Interessant ist aber auch die Bestimmung des Minimums für $n = 2, 3$ durch geometrische Überlegungen:

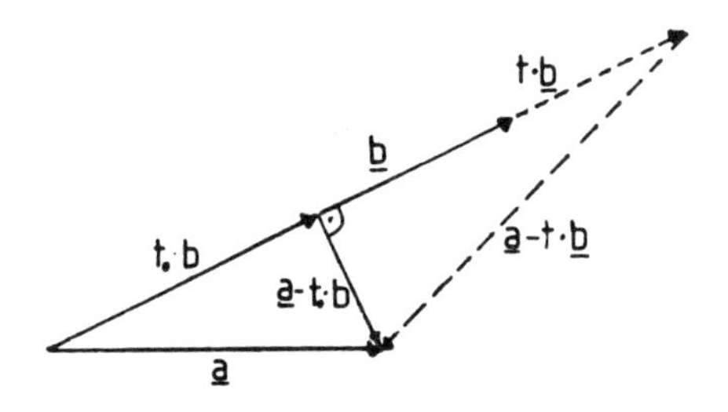


[Fig. 2.8]

Wir bestimmen $t_0$ so, daß $\underline{a} - t_0 \cdot b$ senkrecht auf $\underline{b}$ steht, d.h. daß $\underline{a} \cdot \underline{b} - t_0 \cdot \underline{b}^2 = 0$ gilt (Für dieses $t_0$ nimmt obiges Polynom sein Minimum an, denn es gilt dann nach Figur 2.8 $||\underline{a} - t_0 \cdot \underline{b}|| \le ||\underline{a} - t \cdot \underline{b}||$). Man erhält $t_0 = \dfrac{\underline{a} \cdot \underline{b}}{||\underline{b}||^2}$. Diesen über die geometrische Veranschaulichung für $n = 2, 3$ gewonnenen Wert $t_0$ setzen wir nun auch im Fall, daß $n$ beliebig ist, ein und erhalten:

$$0 \le ||\underline{a} - t_0 \cdot \underline{b}||^2 = ||\underline{a}||^2 - 2 \cdot \frac{\underline{a} \cdot \underline{b}}{||\underline{b}||^2} \cdot (\underline{a} \cdot \underline{b}) + \frac{(\underline{a} \cdot \underline{b})^2}{||\underline{b}||^4} \cdot ||b||^2 = ||a||^2 - \frac{(\underline{a} \cdot \underline{b})^2}{||\underline{b}||^2} ,$$

woraus dann $||\underline{a}||^2 \cdot ||\underline{b}||^2 \ge (\underline{a} \cdot \underline{b})^2$ und somit die Beh. folgt (vgl. Satz 1.2.2). Gleichheit gilt genau dann, wenn man statt $0 \le ||\underline{a} - t_0 \cdot \underline{b}||^2$ jetzt $0 = ||\underline{a} - t_0 \cdot \underline{b}||^2$ hat, d.h. wenn $\underline{a} - t_o \cdot \underline{b} = 0$ bzw. $\underline{a} = t_0 \cdot \underline{b}$ gilt.

zu ii) Die rechte Seite der Ungleichung folgt mit i): es gilt

$$\begin{aligned}
||\underline{a}+\underline{b}||^2 &= (\underline{a}+\underline{b})\cdot(\underline{a}+\underline{b})\\
&= ||\underline{a}||^2 + 2\cdot(\underline{a}\cdot\underline{b}) + ||\underline{b}||^2\\
&\le ||\underline{a}||^2 + 2\cdot|\underline{a}\cdot\underline{b}| + ||\underline{b}||^2\\
&\le ||\underline{a}||^2 + 2\cdot||\underline{a}||\cdot||\underline{b}|| + ||\underline{b}||^2\\
&= (||\underline{a}|| + ||\underline{b}||)^2 \quad .
\end{aligned}$$

Die linke Seite der Ungleichung ergibt sich wieder analog wie in $\mathbb{R}$ (vgl. 1.2.5).

■

Die geometrische Betrachtung in Fig. 2.8 führt uns noch zu einer weiteren Definition.

**Definition 2.1.11:**

Für $\underline{a},\underline{b} \in V^n$, $\underline{b} \neq \underline{0}$, heißt der Ausdruck

$$\boxed{\text{Proj}_{\underline{b}}\underline{a}} := \frac{\underline{a}\cdot\underline{b}}{||\underline{b}||^2}\cdot\underline{b} \quad (= t_0\cdot\underline{b})$$

**(orthogonale) Projektion von $\underline{a}$ auf $\underline{b}$**.

Mit Hilfe der Schwarzschen Ungleichung gelangt man zu einer geometrischen Interpretation des Skalarprodukts. Für beliebige Vektoren $\underline{a},\underline{b} \in V^n \setminus \{0\}$ hat man $|\underline{a}\cdot\underline{b}| \le ||\underline{a}||\cdot||\underline{b}||$ bzw. $-1 \le \dfrac{\underline{a}\cdot\underline{b}}{||\underline{a}||\cdot||\underline{b}||} \le 1$. Nach Bemerkung 1.4.8 gibt es genau ein $\alpha \in [0,\pi]$, dessen Cosinus gleich diesem Wert ist.

**Definition 2.1.12:**

Zu $\underline{a},\underline{b} \in V^n \setminus \{0\}$ heißt das eindeutige $\alpha \in [0,\pi]$ mit $\cos\alpha = \dfrac{\underline{a}\cdot\underline{b}}{||\underline{a}||\cdot||\underline{b}||}$

**der von $\underline{a}, \underline{b}$ aufgespannte Winkel**.

**Bemerkung 2.1.13:**

i)

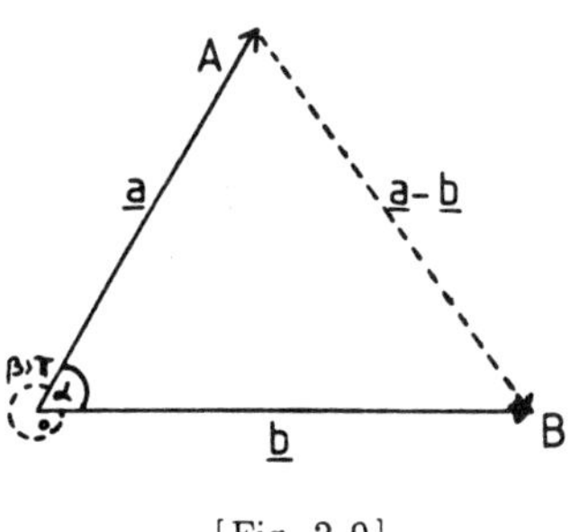


[Fig. 2.9]

$\alpha$ ist also der Winkel bei O im Dreieck O,A,B , welcher im Intervall $[0, \pi]$ liegt. Speziell für $\alpha = \frac{\pi}{2}$ gilt $\cos\alpha = 0$, also $\underline{a} \cdot \underline{b} = 0$, d.h. $\underline{a}$ und $\underline{b}$ sind dann orthogonal.

ii) Def. 2.1.12 ist verträglich mit der Definition des Cosinus als Quotient von Ankathete und Hypotenuse in einem "rechtwinkligen" Dreieck ($n = 2$)

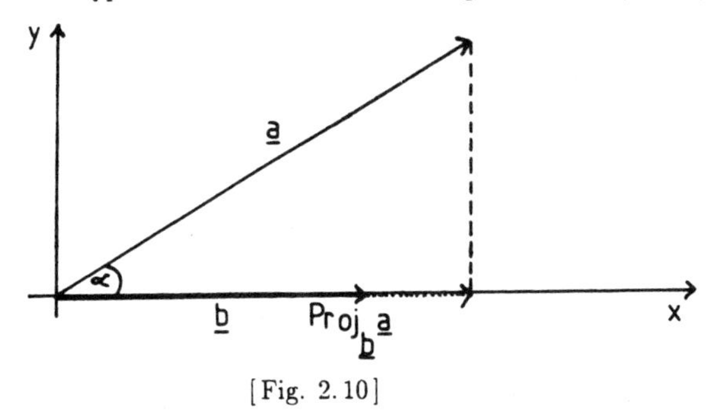


[Fig. 2.10]

Sei $\underline{a} = \begin{pmatrix} a_1 \\ a_2 \end{pmatrix}$ und $\underline{b} = \begin{pmatrix} b_1 \\ 0 \end{pmatrix}$ mit $\underline{a} \neq \underline{0}$ , $\underline{b} \neq \underline{0}$ , so folgt

$$\cos\alpha = \frac{\text{Länge der Ankathete}}{\text{Länge der Hypotenuse}} = \frac{a_1}{\sqrt{a_1^2 + a_2^2}} = \frac{\underline{a} \cdot \underline{b}}{||\underline{a}|| \cdot ||\underline{b}||} .$$

iii) Man erhält ohne Schwierigkeiten den Cosinussatz:
Sei $\triangle ABC$ ein Dreieck mit den Seiten $\underline{a}, \underline{b}$ und $\underline{c}$, $\alpha$ sei der von $\underline{a}$ und $\underline{b}$ aufgespannte Winkel, dann gilt

$$||\underline{c}||^2 = ||\underline{a}||^2 + ||\underline{b}||^2 - 2 \cdot ||\underline{a}|| \cdot ||\underline{b}|| \cdot \cos\alpha .$$

Der Beweis folgt sofort mit $\underline{c} = \underline{b} - \underline{a}$, also $||\underline{c}||^2 = ||\underline{b}||^2 - 2 \cdot \underline{a} \cdot \underline{b} + ||\underline{a}||^2$.

■

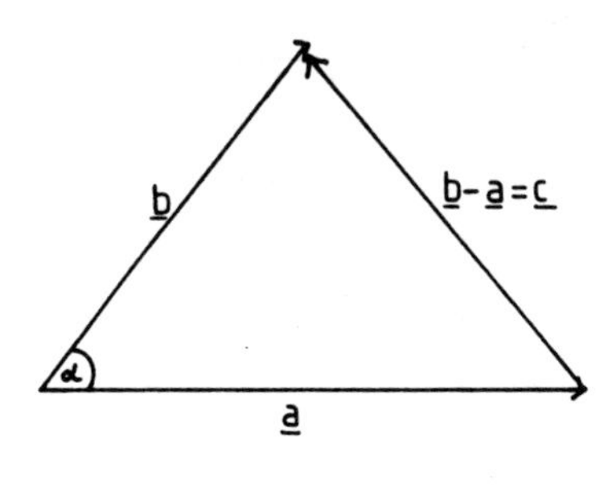


[Fig. 2.11]

Als weitere Anwendung des Skalarprodukts beschreiben wir nun die Darstellung von Geraden und Ebenen im $\mathbb{R}^2$ bzw. $\mathbb{R}^3$.

**Definition 2.1.14:**

Sei $n = 2$ oder 3, $\underline{a} \in V^n \setminus \{\underline{0}\}$ und $P \in \mathbb{R}^n$. Die Punktmenge

$$g := \left\{ X \in \mathbb{R}^n \;\middle|\; \text{es gibt ein } t \in \mathbb{R}, \text{ so daß } \overrightarrow{OX} = \overrightarrow{OP} + t \cdot \underline{a} \right\}$$

heißt **Gerade durch $P$ in Richtung $\underline{a}$** (vgl. Bemerkung 2.1.5).
Wir schreiben

$$g : \overrightarrow{OX} = \overrightarrow{OP} + t \cdot \underline{a}$$

und nennen diese Darstellung **Parameterdarstellung** oder **Punktrichtungsform** von $g$.
Der Repräsentant $(O, P)$ von $\overrightarrow{OP}$ heißt **Ortsvektor** von $g$, $\underline{a}$ ist ihr **Richtungsvektor**.

Bemerkung:

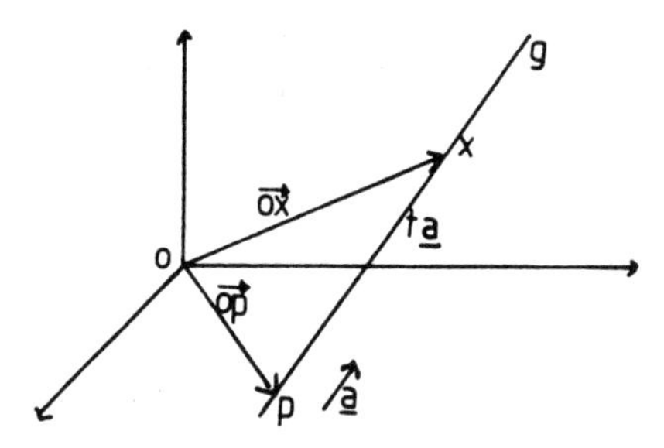


[Fig. 2.12]

Um also irgendeinen Punkt der Geraden $g$ zu erreichen, bewegt man sich zunächst von $O$ aus zum Punkt $P$ (der zu $g$ gehört) und läuft dann in Richtung der Geraden, also ihres Richtungsvektors $\underline{a}$, weiter (dies leistet der Parameter $t$). Beachte, daß jeder Punkt der Geraden zur Bildung des Ortsvektors gewählt werden kann; ist auch $Q \in g$, dann $\exists\, t_0 \in \mathbb{R}$ mit $\overrightarrow{OQ} = \overrightarrow{OP} + t_0 \cdot \underline{a}$; damit folgt

$$\begin{aligned} g : \overrightarrow{OX} &= \overrightarrow{OP} + t \cdot \underline{a} \\ &= \overrightarrow{OQ} - t_0 \cdot \underline{a} + t \cdot \underline{a} \\ &= \overrightarrow{OQ} + \tilde{t} \cdot \underline{a} \quad \text{mit} \quad \tilde{t} := t - t_0 \in \mathbb{R} \,. \end{aligned}$$

Anschaulich klar ist, daß zwei verschiedene Punkte eindeutig eine Gerade bestimmen. Dies wollen wir jetzt beweisen.

**Satz 2.1.15:**

Seien $A, B \in \mathbb{R}^n$ $(n = 2, 3)$ mit $A \neq B$, dann gibt es genau eine Gerade $g$ mit $A, B \in g$.

Beweis:

1.Schritt (Existenz von $g$):
wegen $A \neq B$ ist $\underline{a} = \overrightarrow{AB}$ nicht der Nullvektor. Setze dann $g : \overrightarrow{OX} = \overrightarrow{OA} + t \cdot \underline{a}$; für $t = 0$ folgt $A \in g$, für $t = 1$ folgt

$$\overrightarrow{OX} = \overrightarrow{OA} + \overrightarrow{AB} = \overrightarrow{OB}$$

(siehe Bem. 2.1.5), also auch $B \in g$.

2.Schritt (Eindeutigkeit von $g$):
angenomen $\tilde{g} : \overrightarrow{OX} = \overrightarrow{OA} + t \cdot \underline{b}$ ist eine weitere Gerade mit $A, B \in \tilde{g}$. Da $B \in g \cap \tilde{g}$ ist, gibt es $t_0$ und $s_0 \in I\!R$ mit

$$\overrightarrow{OB} = \overrightarrow{OA} + t_0 \cdot \underline{a}$$

und

$$\overrightarrow{OB} = \overrightarrow{OA} + s_0 \cdot \underline{b}\,.$$

$\Longrightarrow \quad t_0 \cdot \underline{a} - s_0 \cdot \underline{b} = \underline{0}$ bzw. $\underline{a} = \frac{s_0}{t_0} \cdot \underline{b}$
(beachte, daß wegen $A \neq B$ die Werte $t_0$ und $s_0 \neq 0$ sind).
Für ein beliebiges $x \in g$ gilt daher:

$$\overrightarrow{OX} = \overrightarrow{OA} + t \cdot \underline{a} = \overrightarrow{OA} + t \cdot \frac{s_0}{t_0} \cdot \underline{b} = \overrightarrow{OA} + s \cdot \underline{b} \text{ mit } s := t \cdot \frac{s_0}{t_0}$$

$\Longrightarrow x \in \tilde{g}$.
Analog zeigt man $\tilde{g} \subseteq g$, d.h. insgesamt $g = \tilde{g}$.

■

Anstatt eine Gerade des $I\!R^2$ direkt durch Angabe ihrer Richtung und eines Ortsvektors zu beschränken, kann man auch andere Darstellungen wählen. So reicht es ebenso, einen Vektor $\underline{\eta}$ anzugeben, der auf der Geraden senkrecht steht, sowie dazu den "Abstand" der Geraden von einem festen Punkt - etwa dem Nullpunkt - im $I\!R^2$.

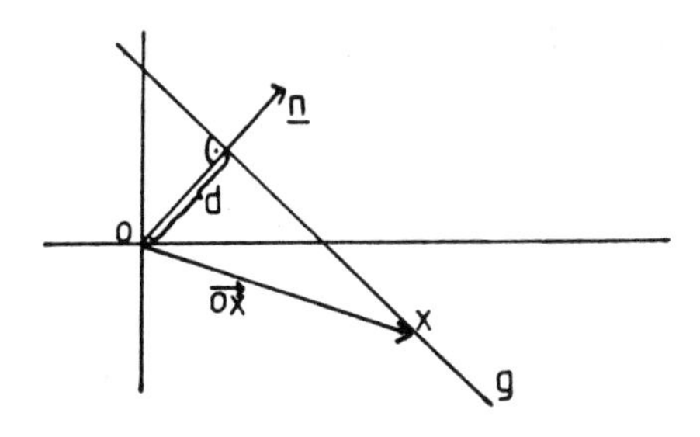


[Fig. 2.13]

**Satz und Definition 2.1.16:**

i) Sei $\underline{n} \neq \underline{0} \in V^2$ und $d \in \mathbb{R}$, dann ist die Menge $\left\{X \in \mathbb{R}^2 \,\middle|\, \overrightarrow{OX} \cdot \underline{n} = d\right\}$ eine Gerade $g$ im $\mathbb{R}^2$, die senkrecht zu $\underline{n}$ gerichtet ist (d.h. ihr Richtungsvektor $\underline{a}$ ist orthogonal zu $\underline{n}$ ). Für die Projektion eines Ortsvektors $\overrightarrow{OX}$ von $g$ auf $\underline{n}$ gilt

$$\left\|\mathrm{Proj}_{\underline{n}}\overrightarrow{OX}\right\| = \frac{|d|}{||\underline{n}||}.$$

$\frac{|d|}{||\underline{n}||}$ heißt Abstand von $g$ zum Nullpunkt. Obige Darstellung heißt (eine) Hesseform von $g$; $\underline{n}$ heißt auch ein Normalenvektor zu $g$.

ii) Ist umgekehrt $g : \overrightarrow{OX} = \overrightarrow{OP} + t \cdot \underline{a}$ eine Gerade im $\mathbb{R}^2$, dann gibt es ein $\underline{n} \in V^2 \setminus \{0\}$ und ein $d \in \mathbb{R}$, so daß $g = \left\{X \in \mathbb{R}^2 \,\middle|\, \overrightarrow{OX} \cdot \underline{n} = d\right\}$.

Beweis:

zu i) Wir behaupten, daß $\left\{X \in \mathbb{R}^2 \,\middle|\, \overrightarrow{OX} \cdot \underline{n} = d\right\}$ die Gerade

$$g: \overrightarrow{OX} = \frac{d}{||\underline{n}||^2} \cdot \underline{n} + t \cdot \begin{pmatrix} -n_2 \\ n_1 \end{pmatrix}$$

darstellt. Wegen $\begin{pmatrix} n_1 \\ n_2 \end{pmatrix} = \underline{\eta} \neq 0$ nehmen wir o.B.d.A. $n_1 \neq 0$ an.
Sei $\overrightarrow{OX} \cdot \underline{\eta} = d$ für ein $\begin{pmatrix} x_1 \\ x_2 \end{pmatrix} = \overrightarrow{OX}$, also $x_1 \cdot n_1 + x_2 \cdot n_2 = d$ bzw. $x_1 = \dfrac{d - x_2 \cdot n_2}{n_1}$.

Gezeigt wird nun $X \in g$.
Dazu setzt man $t_0 = \dfrac{x_2}{n_1} - \dfrac{d \cdot n_2}{||\underline{\eta}||^2 \cdot n_1}$. Dann ist

$$\begin{aligned}
\frac{d}{||\underline{\eta}||^2} \cdot \underline{\eta} + t_0 \cdot \begin{pmatrix} -n_2 \\ n_1 \end{pmatrix} &= \frac{d}{||\underline{\eta}||^2} \cdot \begin{pmatrix} n_1 \\ n_2 \end{pmatrix} + \frac{x_2}{n_1} \cdot \begin{pmatrix} -n_2 \\ n_1 \end{pmatrix} - \frac{d \cdot n_2}{||\underline{\eta}||^2 \cdot n_1} \cdot \begin{pmatrix} -n_2 \\ n_1 \end{pmatrix} \\
&= \begin{pmatrix} \dfrac{d - x_2 \cdot n_2}{n_1} \\ x_2 \end{pmatrix} \\
&= \begin{pmatrix} x_1 \\ x_2 \end{pmatrix} .
\end{aligned}$$

Umgekehrt gilt für jedes $X \in g$ :

$$\begin{aligned}
\overrightarrow{OX} \cdot \underline{\eta} &= \left(\frac{d}{||\underline{\eta}||^2} \cdot \underline{\eta} + t \cdot \begin{pmatrix} -n_2 \\ n_1 \end{pmatrix}\right) \cdot \underline{\eta} \\
&= \frac{d}{||\underline{\eta}||^2} \cdot ||\underline{\eta}||^2 + t \cdot \begin{pmatrix} -n_2 \\ n_1 \end{pmatrix} \cdot \begin{pmatrix} n_1 \\ n_2 \end{pmatrix} \\
&= d \quad ,
\end{aligned}$$

d.h. beide Mengen sind gleich.
Der Richtungsvektor $\underline{a} := \begin{pmatrix} -n_2 \\ n_1 \end{pmatrix}$ von $g$ steht senkrecht auf $\underline{\eta}$ und für ein bel. $\overrightarrow{OX} = \dfrac{d}{||\underline{\eta}||^2} \cdot \underline{\eta} + t \cdot \underline{a}$ ist

$$\left\| \mathrm{Proj}_{\underline{\eta}} \overrightarrow{OX} \right\| = \left\| \frac{\overrightarrow{OX} \cdot \underline{\eta}}{||\underline{\eta}||^2} \cdot \underline{\eta} \right\| = \left\| \frac{d \cdot \underline{\eta}}{||\underline{\eta}||^2} \right\| = \frac{|d|}{||\underline{\eta}||} .$$

zu ii) Ist die Gerade $g : \overrightarrow{OX} = \overrightarrow{OP} + t \cdot \underline{a}$ gegeben, dann erhält man

$$\underline{\eta} := \begin{pmatrix} -a_2 \\ a_1 \end{pmatrix} \text{ und } d = \overrightarrow{OP} \cdot \underline{\eta} .$$

■

Beachte: Die Definition des Abstandes als Länge der Projektion $\text{Proj}_{\underline{\eta}}\overrightarrow{OX}$ ist sinnvoll gemäß Figur 2.8. Der Abstand von $g$ zum Nullpunkt ist genau das Infimum der Längen aller Vektoren $\overrightarrow{OP}$ mit $P \in g$.

**Beispiel 2.1.17:**

Gegeben seien die Gerade $g : \begin{pmatrix} x_1 \\ x_2 \end{pmatrix} = \begin{pmatrix} 1 \\ 2 \end{pmatrix} + t \cdot \begin{pmatrix} 1 \\ -1 \end{pmatrix}$ sowie der Punkt $P = \begin{pmatrix} 3 \\ -1 \end{pmatrix}$ im $\mathbb{R}^2$. Bestimme die Darstellung von $g$ gemäß Satz 2.1.16, den Abstand von $g$ zum Nullpunkt und den Abstand von $P$ zu $g$. (Dieser ist natürlich analog als $\inf\left\{ \|\overrightarrow{PX}\| \,\middle|\, X \in g \right\}$ definiert.)

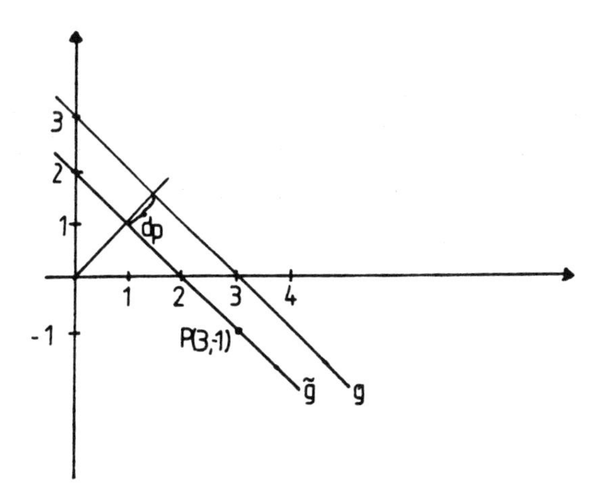


[Fig. 2.14]

Der Richtungsvektor von $g$ ist $\underline{a} = \begin{pmatrix} -1 \\ 1 \end{pmatrix}$. Daher ist $\underline{\eta} := \begin{pmatrix} 1 \\ 1 \end{pmatrix}$.
Mit $\begin{pmatrix} 1 \\ 2 \end{pmatrix} \in g$ folgt $d = \begin{pmatrix} 1 \\ 2 \end{pmatrix} \cdot \begin{pmatrix} 1 \\ 1 \end{pmatrix} = 3$, also hat $g$ die Darstellung

$$\left\{ X \in \mathbb{R}^2 \,\middle|\, \overrightarrow{OX} \cdot \begin{pmatrix} 1 \\ 1 \end{pmatrix} = 3 \right\} .$$

Der Abstand von $g$ zum Nullpunkt ist $\dfrac{|d|}{\|\underline{\eta}\|} = \dfrac{3}{\sqrt{1+1}} = \dfrac{3}{\sqrt{2}}$.

Um den Abstand $d_P$ von $P$ zu $g$ zu bestimmen, legen wir durch $P$ eine Gerade $\tilde{g}$, die auch den Richtungsvektor $\underline{a}$ hat, also $\tilde{g} : \overrightarrow{OX} = \begin{pmatrix} 3 \\ -1 \end{pmatrix} + t \cdot \begin{pmatrix} 1 \\ -1 \end{pmatrix}$.

Es ist $\tilde{d} = \begin{pmatrix} 3 \\ -1 \end{pmatrix} \cdot \begin{pmatrix} 1 \\ 1 \end{pmatrix} = 2$ und der Abstand von $\tilde{g}$ zum Nullpunkt ist $\left| \frac{\tilde{d}}{||\underline{\eta}||} \right| = \sqrt{2}$. Der Abstand $d_P$ schließlich ist gegeben durch

$$\left| \frac{d - \tilde{d}}{||\underline{\eta}||} \right| = \left| \frac{3}{\sqrt{2}} - \sqrt{2} \right| = \frac{1}{\sqrt{2}} .$$

■

Bemerkung:

Hat man eine Geradendarstellung $\overrightarrow{OX} \cdot \underline{\eta} = d$ mit $||\underline{\eta}|| = 1$, so gibt $|d|$ sofort den Abstand zum Nullpunkt an. $\underline{\eta}$ heißt in diesem Fall auch **Einheitsnormalenvektor** und die Darstellung der Geraden heißt **Hessesche Normalenform**. Jede Gleichung $\overrightarrow{OX} \cdot \underline{\tilde{\eta}} = \tilde{d}$ kann durch multiplizieren mit $\frac{1}{||\underline{\tilde{\eta}}||}$ auf diese Gestalt gebracht werden:

$$\overrightarrow{OX} \cdot \frac{\underline{\tilde{\eta}}}{||\underline{\tilde{\eta}}||} = \frac{\tilde{d}}{||\underline{\tilde{\eta}}||} ,$$

und mit $\underline{\eta} := \frac{\underline{\tilde{\eta}}}{||\underline{\tilde{\eta}}||}$ ist

$$||\underline{\eta}|| = \left\| \frac{\underline{\tilde{\eta}}}{||\underline{\tilde{\eta}}||} \right\| = \frac{||\underline{\tilde{\eta}}||}{||\underline{\tilde{\eta}}||} = 1 .$$

■

Während die Punkt-Richtungsform einer Geraden sowohl für den $\mathbb{R}^2$, als auch für den $\mathbb{R}^3$ definiert ist (vgl. 2.1.14), stellt, wie wir im folgenden zeigen werden, eine Gleichung $\overrightarrow{OX} \cdot \underline{\eta} = d$ mit $\underline{\eta} \in \mathbb{R}^3$ nicht eine Gerade, sondern eine Ebene dar. Vorab aber soll die Punkt-Richtungsform einer Ebene im $\mathbb{R}^3$ angegeben werden.

Wir beginnen mit einer geometrischen Veranschaulichung dessen, was wir unter einer Ebene verstehen wollen:

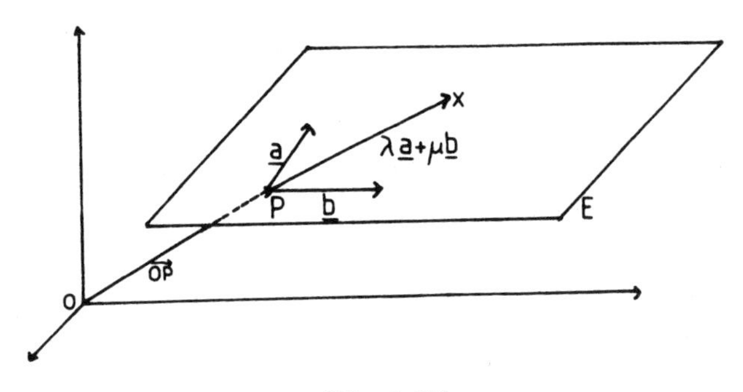


[Fig. 2.15]

Von $O$ aus läuft man zum Punkt $P$, der in $E$ liegt; während man sich nun bei einer Geraden nur in eine Richtung fortbewegen darf, wird eine Ebene durch zwei "verschiedene" Richtungen charakterisiert. Dabei muß allerdings zunächst präzisiert werden, was unter "verschiedenen" Richtungen verstanden werden soll.

**Definition 2.1.18:**

Die Vektoren $\underline{a}_1, \underline{a}_2, \dots, \underline{a}_k \in V^n$ $(n \in \mathbb{N})$ heißen **linear unabhängig (l.u.) über $\mathbb{R}$**, wenn aus $\sum_{i=1}^{k} \lambda_i \cdot \underline{a}_i = \underline{0}$, $\lambda_i \in \mathbb{R}$ stets folgt: $\lambda_1 = \lambda_2 = \ldots = \lambda_k = 0$.

Nicht linear unabhängige Vektoren heißen **linear abhängig (l.a.)**.

Ebenso definiert man lineare Unabhängigkeit über $\mathbb{C}$.

**Bemerkung 2.1.19:**

i) Sind $\underline{a}_1, \underline{a}_2, \dots, \underline{a}_k \in V^n$ linear abhängig, so gibt es reelle Zahlen $\lambda_1, \dots, \lambda_k$, von denen mindestens eine $\neq 0$ ist, so daß $\lambda_1 \cdot \underline{a}_1 + \ldots + \lambda_k \cdot \underline{a}_k = 0$ gilt. Ist etwa $\lambda_1 \neq 0$, so kann man $\underline{a}_1$ durch die restlichen Vektoren ausdrücken: $\underline{a}_1 = -\frac{1}{\lambda_1} \cdot [\lambda_2 \cdot \underline{a}_2 + \cdots + \lambda_k \cdot \underline{a}_k]$.

ii) Stehen die Vektoren $\underline{a}_1, \underline{a}_2, \ldots, \underline{a}_k \in V^n \setminus \{\underline{0}\}$ paarweise aufeinander senkrecht (d.h. $\underline{a}_i \cdot \underline{a}_j = 0 \quad \forall\, i \neq j$ und $\underline{a}_i \cdot \underline{a}_i \neq 0$ wegen $\underline{a}_i \neq \underline{0}$ ), dann sind sie linear unabhängig. Gilt nämlich für $\lambda_1, \ldots, \lambda_k \in I\!R$ $\sum_{i=1}^{k} \lambda_i \cdot \underline{a}_i = \underline{0}$, so multipliziere man skalar z.B. mit $\underline{a}_1$ : $(\sum_{i=1}^{k} \lambda_i \cdot \underline{a}_i) \cdot \underline{a}_1 = \sum_{i=1}^{k} \lambda_i \cdot (\underline{a}_i \cdot \underline{a}_1) = \lambda_1 \cdot ||\underline{a}_1||^2$ einerseits, sowie $\underline{0} \cdot \underline{a}_1 = 0$ andererseits, also folgt wegen $||\underline{a}_1||^2 \neq 0$, daß $\lambda_1 = 0$. Ebenso zeigt man $\lambda_2 = \ldots = \lambda_k = 0$, woraus die Behauptung folgt.

iii) Eine Menge $\underline{a}_1, \ldots, \underline{a}_k$ ist nicht zwingend schon linear unabhängig wenn je zwei dieser Vektoren linear unabhängig sind
(z.B. sind im $I\!R^2$ $\underline{a}_1 = \begin{pmatrix} 1 \\ 1 \end{pmatrix}$, $\underline{a}_2 = \begin{pmatrix} 2 \\ 3 \end{pmatrix}$ und $\underline{a}_3 = \begin{pmatrix} -3 \\ -5 \end{pmatrix}$ l.a. ).

iv) In der Theorie der Vektorräume spielt der Begriff der linearen Unabhängigkeit eine zentrale Rolle. Ist $V$ ein (abstrakter) Vektorraum (vgl. 2.1.6), so möchte man eine möglichst kleine Teilmenge $A$ aus $V$ finden, mit der man $V$ schon vollständig beschreiben kann. Hierzu fordert man von $A$, daß es

a) für jedes $\underline{v} \in V$ endlich viele Elemente $\underline{a}_1, \ldots, \underline{a}_k$ aus $A$ und reelle Zahlen $\lambda_1, \ldots, \lambda_k$ mit $\underline{v} = \sum_{i=1}^{k} \lambda_i \cdot \underline{a}_i$ gibt ($\underline{v}$ ist dann eine **Linearkombination** der $\underline{a}_i$ und daß

b) jede endliche Teilmenge aus $A$ linear unabhängig ist (dies liefert die Minimalität von $A$).

Eine solche Menge $A$ nennt man **Basis** des Vektorraumes $V$. Es stellt sich natürlich die Frage, ob zu jedem Vektorraum eine Basis existiert; dies ist tatsächlich der Fall, führt jedoch in unserem Rahmen zu weit. Wir werden aber im Kapitel über lineare Gleichungssysteme zumindest sehen, daß für $n \in I\!N$ der Vektorraum $V^n$ eine Basis besitzt, und jede Basis besteht aus genau $n$ Elementen. $n$ heißt auch die **Dimension** von $V^n$.

v) Seien $\underline{a}_1, \ldots, \underline{a}_k \in V^n \setminus \{0\}$ linear unabhängig, $\lambda_1, \ldots, \lambda_k \in \mathbb{R}$ und $\underline{a} := \sum_{i=1}^{k} \lambda_i \cdot \underline{a}_i$.

Gilt ferner $\underline{a} = \sum_{i=1}^{k} \mu_i \cdot \underline{a}_i$ für reelle Zahlen $\mu_1, \ldots, \mu_k$, so folgt

$$\lambda_i = \mu_i \quad \forall\, i \in \{1, \ldots, k\}$$

(d.h. der Vektor $\underline{a}$ läßt sich eindeutig durch $\underline{a}_1, \ldots, \underline{a}_k$ darstellen).

Beweis:

Angenommen, $\exists\, \mu_1, \ldots, \mu_k \in \mathbb{R}$ mit

$$\underline{a} = \sum_{i=1}^{k} \mu_i \cdot \underline{a}_i \Longrightarrow \underline{0} = \underline{a} - \underline{a} = \sum_{i=1}^{k} (\lambda_i - \mu_i) \cdot \underline{a}_i \,.$$

Da $\underline{a}_1, \ldots, \underline{a}_k$ l.u. sind, folgt $\lambda_i - \mu_i = 0 \ \ \forall\, i \in \{1, \ldots, k\}$, also die Behauptung.

■

Mit Hilfe des Begriffs der linearen Unabhängigkeit definieren wir nun, was eine Ebene im $\mathbb{R}^3$ sein soll.

**Definition 2.1.20 (vgl. Figur 2.15):**

Gegeben sei ein $P \in \mathbb{R}^3$ und zwei linear unabhängige Vektoren $\underline{a}, \underline{b} \in V^3$. Die Menge $E := \left\{ X \in \mathbb{R}^3 \,\middle|\, \text{es gibt } \lambda, \mu \in \mathbb{R} \text{ mit } \overrightarrow{OX} = \overrightarrow{OP} + \lambda \underline{a} + \mu \underline{b} \right\}$ heißt **Ebene**. Wir schreiben kurz $E : \overrightarrow{OX} = \overrightarrow{OP} + \lambda \cdot \underline{a} + \mu \cdot \underline{b}$.

Obige Darstellung heißt **Punkt-Richtungsform** (PRF) der Ebene.

Wie auch schon bei Geraden wollen wir weitere Charakterisierungen von Ebenen finden.

**Satz 2.1.21 (vgl. 2.1.15):**

Es seien $A, B$ und $C \in \mathbb{R}^3$ verschiedene Punkte, die nicht alle auf einer Geraden liegen. Dann existiert genau eine Ebene $E$, die diese drei Punkte enthält.

Beweis:

Betrachte die Vektoren $\underline{a} := \overrightarrow{AB}$ und $\underline{b} := \overrightarrow{AC}$; diese sind linear unabhängig. Wären sie nämlich l.a., so folgte aus Bem. 2.1.19 i), daß $\underline{a} = \alpha \cdot \underline{b}$ für ein $\alpha \in I\!R$ gilt. Dann würden aber $A, B$ und $C$ entgegen der Voraussetzung auf einer Geraden durch $A$ in Richtung $\underline{a}$ liegen.
Nun setzt man:
$E : \overrightarrow{OX} = \overrightarrow{OA} + \lambda \cdot \underline{a} + \mu \cdot \underline{b}$.
Für $\lambda = \mu = 0$ folgt $A \in E$, für $\lambda = 1, \mu = 0$ folgt $B \in E$ und für $\lambda = 0, \mu = 1$ folgt $C \in E$.
Der Eindeutigkeitsbeweis sei nur kurz angedeutet, da er analog zum Beweis für Geraden verläuft: wäre $\tilde{E} : \overrightarrow{OX} = \overrightarrow{OA} + t \cdot \underline{c} + s \cdot \underline{d}$ eine weitere Ebene, die $A, B$ und $C$ enthält, dann gäbe es Werte $t_i, s_i, \lambda_i$ und $\mu_i \in I\!R$, $i = 1, 2$, mit

$$t_1 \cdot \underline{c} + s_1 \cdot \underline{d} = \lambda_1 \cdot \underline{a} + \mu_1 \cdot \underline{b} \text{ sowie } t_2 \cdot \underline{c} + s_2 \cdot \underline{d} = \lambda_2 \cdot \underline{a} + \mu_2 \cdot \underline{b}\ .$$

Aus diesen beiden Gleichungen kann man Darstellungen von $\underline{c}$ und $\underline{d}$ mit Hilfe von $\underline{a}$ und $\underline{b}$ erzielen. (Dabei sind Beziehungen zwischen den $t_i$ und $s_i$ zu beachten, die daraus entstehen, daß die drei Punkte verschieden sind und nicht auf einer Geraden liegen; so gilt etwa $t_1 \cdot s_1 \neq 0$ usw.)
Einsetzen in die Ebenengleichung von $\tilde{E}$ liefert die Darstellung eines Punktes in $E$, d.h. $\tilde{E} \subseteq E$. Genauso folgt $E \subseteq \tilde{E}$ und daher insgesamt $E = \tilde{E}$.

■

Statt der Angabe eines Richtungsvektors $\underline{a}$ haben wir Geraden im $I\!R^2$ auch durch einen auf $\underline{a}$ senkrecht stehenden Vektor $\underline{\eta}$ charakterisiert (s. 2.1.16). Um ein entsprechendes Ergebnis für Ebenen zu erhalten, muß man jedoch erst folgendes Problem lösen: finde zu zwei linear unabhängigen Vektoren $\underline{a}$ und $\underline{b}$ (den Richtungsvektoren einer Ebene) einen Vektor $\underline{\eta}$, der auf $\underline{a}$ und auf $\underline{b}$ senkrecht steht.
Dies führt zur Definition des Vektorprodukts im $V^3$.

**Definition 2.1.22:**

Es seien $\underline{a} = \begin{pmatrix} a_1 \\ a_2 \\ a_3 \end{pmatrix}$ und $\underline{b} = \begin{pmatrix} b_1 \\ b_2 \\ b_3 \end{pmatrix} \in V^3$, dann heißt der Vektor $\boxed{\underline{a} \times \underline{b}} \in V^3$, definiert durch

$$\underline{a} \times \underline{b} := \begin{pmatrix} a_2 \cdot b_3 - a_3 \cdot b_2 \\ a_3 \cdot b_1 - a_1 \cdot b_3 \\ a_1 \cdot b_2 - a_2 \cdot b_1 \end{pmatrix}$$

Vektorprodukt (Kreuzprodukt) von $\underline{a}$ mit $\underline{b}$.

Wir fassen wieder wichtige Rechenregeln für das Kreuzprodukt zusammen:

**Satz 2.1.23:**

Für $\underline{a}, \underline{b}, \underline{c} \in V^3$ und $\lambda \in \mathbb{R}$ gilt

i) $(\lambda \cdot \underline{a}) \times \underline{b} = \lambda \cdot (\underline{a} \times \underline{b}) = \underline{a} \times (\lambda \cdot \underline{b})$

ii) $\underline{a} \times \underline{b} = -(\underline{b} \times \underline{a})$

iii) $(\underline{a} + \underline{b}) \times \underline{c} = \underline{a} \times \underline{c} + \underline{b} \times \underline{c}$

iv) $\underline{a} \times \underline{a} = \underline{0}$ .

Beweis:
Übung!

■

Der Vektor $\underline{a} \times \underline{b}$ hat nun die gewünschten Eigenschaften, d.h. er steht auf $\underline{a}$ und $\underline{b}$ senkrecht.

**Satz 2.1.24:**

Seien $\underline{a}, \underline{b} \in V^3$, dann gilt

i) $\underline{a} \times \underline{b}$ steht auf $\underline{a}$ und $\underline{b}$ senkrecht.

ii) $||\underline{a} \times \underline{b}|| = ||\underline{a}|| \cdot ||\underline{b}|| \cdot \sin\alpha$, wobei $\alpha$ der von $\underline{a}$ und $\underline{b}$ eingeschlossene Winkel mit $0 \leq \alpha \leq \pi$ ist.

Beweis:

zu i)

$$
\begin{aligned}
(\underline{a} \times \underline{b}) \cdot \underline{a} &= \begin{pmatrix} a_2 \cdot b_3 - a_3 \cdot b_2 \\ a_3 \cdot b_1 - a_1 \cdot b_3 \\ a_1 \cdot b_2 - a_2 \cdot b_1 \end{pmatrix} \cdot \begin{pmatrix} a_1 \\ a_2 \\ a_3 \end{pmatrix} \\
&= a_1 \cdot a_2 \cdot b_3 - a_1 \cdot a_3 \cdot b_2 + a_2 \cdot a_3 \cdot b_1 - a_1 \cdot a_2 b_3 + a_1 \cdot a_3 \cdot b_2 - a_2 \cdot a_3 \cdot b_1 \\
&= 0 \quad ;
\end{aligned}
$$

ebenso folgt $(\underline{a} \times \underline{b}) \cdot \underline{b} = 0$.

zu ii)

$$
\begin{aligned}
\|\underline{a} \times \underline{b}\|^2 &= (\underline{a} \times \underline{b}) \cdot (\underline{a} \times \underline{b}) \\
&= (a_2 \cdot b_3 - a_3 \cdot b_2)^2 + (a_3 \cdot b_1 - a_1 b_3)^2 + a_1 \cdot b_2 - a_2 \cdot b_1)^2 \\
&= (a_1^2 + a_2^2 + a_3^2) \cdot (b_1^2 + b_2^2 + b_3^2) - (a_1 \cdot b_1 + a_2 \cdot b_2 + a_3 \cdot b_3)^2 \\
&= \|\underline{a}\|^2 \cdot \|\underline{b}\|^2 - (\underline{a} \cdot \underline{b})^2 \\
&= \|\underline{a}\|^2 \cdot \|\underline{b}\|^2 \cdot (1 - \cos^2 \alpha) \\
&= \|\underline{a}\|^2 \cdot \|\underline{b}\|^2 \cdot \sin^2 \alpha
\end{aligned}
$$

(vgl. 1.4.8).

Nun ist für $0 \le \alpha \le \pi$ $\sin \alpha \ge 0$, weshalb $\|\underline{a} \times \underline{b}\| = \|\underline{a}\| \cdot \|\underline{b}\| \cdot \sin \alpha$ folgt. ∎

Es ist üblich, noch ein weiteres Produkt einzuführen, das besonders in der Physik eine wichtige Rolle spielt.

**Definition 2.1.25:**

Seien $\underline{a}, \underline{b}$ und $\underline{c} \in V^3$, dann heißt

$\boxed{< \underline{a}, \underline{b}, \underline{c} >} := (\underline{a} \times \underline{b}) \cdot \underline{c} \in \mathbb{R}$ [Raumprodukt (Spatprodukt)] von $\underline{a}, \underline{b}$ und $\underline{c}$.

Das Vektortripel $(\underline{a}, \underline{b}, \underline{c})$ bildet ein

[Rechtssystem], falls $< \underline{a}, \underline{b}, \underline{c} > \; > 0$, ein [Linkssystem], falls $< \underline{a}, \underline{b}, \underline{c} > \; < 0$

und heißt [ausgeartet], falls $< \underline{a}, \underline{b}, \underline{c} > \; = 0$.

**Bemerkung 2.1.26:**

Wir wollen Def. 2.1.25 geometrisch veranschaulichen:

1) Sei $\underline{a} := \underline{e}_1 := \begin{pmatrix} 1 \\ 0 \\ 0 \end{pmatrix}, \underline{b} := \underline{e}_2 := \begin{pmatrix} 0 \\ 1 \\ 0 \end{pmatrix}$ und $\underline{c} := \underline{e}_3 := \begin{pmatrix} 0 \\ 0 \\ 1 \end{pmatrix}$, dann gilt $(\underline{a} \times \underline{b}) \cdot \underline{c} = 1 > 0$, also liegt ein Rechtssystem vor. Dreht man $\underline{e}_1$ in Richtung von $\underline{e}_2$, dann weist $\underline{e}_3$ in die Richtung, in die sich eine Rechtsschraube drehen würde.

2) Sei $\underline{a} = \begin{pmatrix} a_1 \\ 0 \\ 0 \end{pmatrix}$ mit $a_1 > 0, \underline{b} = \begin{pmatrix} b_1 \\ b_2 \\ 0 \end{pmatrix}$ und $\underline{c} = \begin{pmatrix} c_1 \\ c_2 \\ c_3 \end{pmatrix}$

$$\Longrightarrow (\underline{a} \times \underline{b}) \cdot \underline{c} = \begin{pmatrix} 0 \\ 0 \\ a_1 \cdot b_2 \end{pmatrix} \cdot \begin{pmatrix} c_1 \\ c_2 \\ c_3 \end{pmatrix} = a_1 \cdot b_2 \cdot c_3.$$

Wegen $a_1 > 0$ gilt $a_1 \cdot b_2 \cdot c_3 > 0 \iff b_2 \cdot c_3 > 0$.

Sei $b_2 > 0$, dann bildet $(\underline{a}, \underline{b}, \underline{c})$ ein Rechtssystem, falls $c_3 > 0$ ist. $\underline{c}$ zeigt dann wieder in die Richtung, in die sich eine Rechtsschraube bewegt, wenn man $\underline{a}$ in Richtung $\underline{b}$ dreht.

3) Der allgemeine Fall läßt sich stets auf Fall 2) zurückführen, indem man das Koordinatensystem dreht.

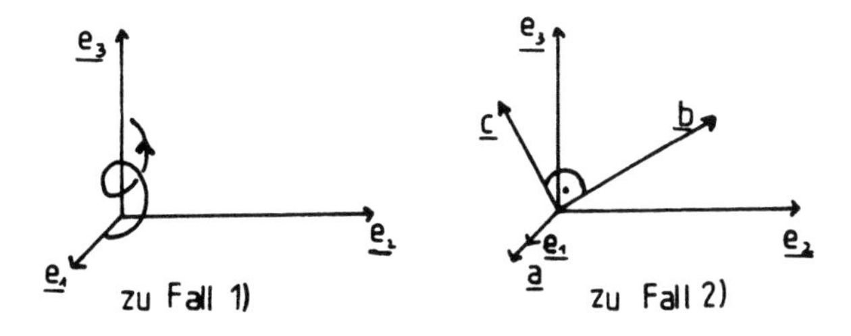


[Fig. 2.16]

**Satz 2.1.27:**

Seien $\underline{a}, \underline{b}, \underline{c} \in V^3$. Dann gilt

i) $\quad < \underline{a}, \underline{b}, \underline{c} > \; = \; < \underline{b}, \underline{c}, \underline{a} > \; = \; < \underline{c}, \underline{a}, \underline{b} >$

ii) Für $\underline{a}, \underline{b} \neq \underline{0}$ ist $||\underline{a} \times \underline{b}||$ die Fläche des von $\underline{a}$ und $\underline{b}$ aufgespannten Parallelogramms.

iii) Für $\underline{a}, \underline{b}, \underline{c} \neq \underline{0}$ ist $| < \underline{a}, \underline{b}, \underline{c} > |$ das Volumen des von $\underline{a}, \underline{b}$ und $\underline{c}$ aufgespannten Parallelepipets.

iv) $(\underline{a}, \underline{b}, \underline{a} \times \underline{b})$ bildet ein Rechtssystem, sofern $\underline{a} \times \underline{b} \neq \underline{0}$ ist.

Beweis:

zu i) folgt unmittelbar durch Nachrechnen.

zu ii) Das von $\underline{a}$ und $\underline{b}$ aufgespannte Parallelogramm hat die Fläche $||\underline{a}|| \cdot ||\underline{h}||$ (s. Figur 2.17). Mit $\sin\alpha = \frac{||\underline{h}||}{||\underline{b}||}$ und Satz 2.1.24 ii) folgt die Behauptung.

zu iii) Für das Volumen $V$ gilt: $V = F \cdot ||\underline{h}||$ (s. Figur 2.17). Mit $F = ||\underline{a} \times \underline{b}||$ (nach Teil ii) ) und $\underline{h} = \mathrm{Proj}_{\underline{a} \times \underline{b}} \underline{c}$ folgt

$$V \; = \; ||\underline{a} \times \underline{b}|| \cdot ||\mathrm{Proj}_{\underline{a} \times \underline{b}} \underline{c}|| \; = \; ||\underline{a} \times \underline{b}|| \cdot \frac{|(\underline{a} \times \underline{b}) \cdot \underline{c}|}{||\underline{a} \times \underline{b}||} \; = \; | < \underline{a}, \underline{b}, \underline{c} > | \,.$$

zu iv) $< \underline{a}, \underline{b}, \underline{c} > \; = ||\underline{a} \times \underline{b}||^2 > 0$ falls $\underline{a} \times \underline{b} \neq \underline{0}$ ist.

■

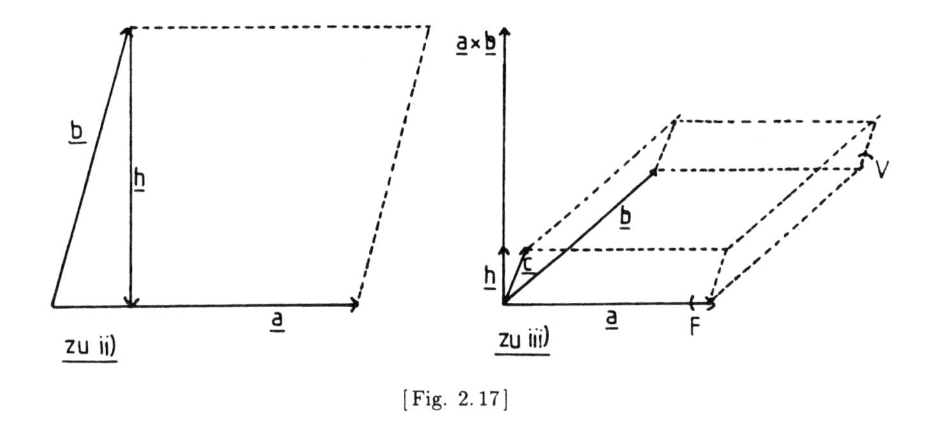


[Fig. 2.17]

Wir kommen nun auf die Frage nach weiteren Ebenendarstellungen im $\mathbb{R}^3$ zurück und beweisen mit Hilfe des Vektorprodukts einen entsprechenden Satz zu 2.1.16.

**Satz und Definition 2.1.28:**

i) Sei $\underline{\eta} \in V^3 \setminus \{0\}, d \in \mathbb{R}$, dann ist die Menge $\left\{X \in \mathbb{R}^3 \,\middle|\, \overrightarrow{OX} \cdot \underline{\eta} = d\right\}$ eine Ebene $E$ im $\mathbb{R}^3$. Diese Darstellung heißt **Hesseform** von $E$ und im Falle $\|\underline{\eta}\| = 1$ wiederum **Hessesche Normalenform**.

ii) Ist umgekehrt $E : \overrightarrow{OX} = \overrightarrow{OP} + \lambda \cdot \underline{a} + \mu \cdot \underline{b}$ eine Ebene im $\mathbb{R}^3$ (also $\underline{a}, \underline{b}$ linear unabhängig), so gibt es einen Normalenvektor $\underline{\eta} \in V^3 \setminus \{0\}$ und ein $d \in \mathbb{R}$ mit $E = \left\{X \in \mathbb{R}^3 \,\middle|\, \overrightarrow{OX} \cdot \underline{\eta} = d\right\}$

Definiert man als **Abstand von $E$ zum Nullpunkt** wieder $\|\mathrm{Proj}_{\underline{\eta}}\overrightarrow{OP}\|$, so folgt: $E$ hat von $O$ den Abstand $\dfrac{|d|}{\|\underline{\eta}\|}$.

Beweis:

zu i) Wir konstruieren $E$ explizit (mit Hilfe der geometrischen Anschauung). Gesucht sind zwei Richtungsvektoren $\underline{a}$ und $\underline{b}$, die beide senkrecht auf $\underline{\eta}$ stehen und nicht in dieselbe Richtung weisen, d.h. die l.u. sind. Hierzu bilden wir zunächst $\underline{a}$ so, daß $\underline{a} \cdot \underline{\eta} = 0$. Anschließend setzen wir $\underline{a} \times \underline{\eta} =: \underline{b}$. Nach Satz 2.1.24 steht $\underline{b}$ dann auf $\underline{a}$ und auf $\underline{\eta}$ senkrecht; insbesondere sind $\underline{a}$ und $\underline{b}$ lin. unabh. (Bem. 2.1.19 ii)). Als Ortsvektor der Ebene wählen wir $\frac{d}{||\underline{\eta}||^2} \cdot \underline{\eta}$. Im einzelnen sind zwei Fälle zu unterscheiden:

1.Fall:

der Vektor $\underline{\eta} = \begin{pmatrix} n_1 \\ n_2 \\ n_3 \end{pmatrix}$ besitzt nur eine von 0 verschiedene Komponente, etwa $n_1$:

Für $\underline{a}$ wähle man $\underline{a} := \begin{pmatrix} 0 \\ 1 \\ 1 \end{pmatrix}$ (analog $\begin{pmatrix} 1 \\ 0 \\ 1 \end{pmatrix}$, falls $n_2 \neq 0$; $\begin{pmatrix} 1 \\ 1 \\ 0 \end{pmatrix}$, falls $n_3 \neq 0$).

$$\Longrightarrow \underline{a} \cdot \underline{\eta} = \begin{pmatrix} 0 \\ 1 \\ 1 \end{pmatrix} \cdot \begin{pmatrix} n_1 \\ 0 \\ 0 \end{pmatrix} = 0 .$$

Weiter sei $\underline{b} := \underline{a} \times \underline{\eta} = \begin{pmatrix} 0 \\ n_1 \\ -n_1 \end{pmatrix}$.

Wir setzen $E : \overrightarrow{OX} = \frac{d}{||\underline{\eta}||^2} \cdot \underline{\eta} + \lambda \cdot \underline{a} + \mu \underline{b}$; ist nun $\begin{pmatrix} x_1 \\ x_2 \\ x_3 \end{pmatrix} \cdot \underline{\eta} = d$, so folgt zunächst $x_1 \cdot n_1 = d$. Ferner gehört $\begin{pmatrix} x_1 \\ x_2 \\ x_3 \end{pmatrix}$ genau dann zu $E$, falls es $\lambda_0$ und $\mu_0 \in \mathbb{R}$ gibt, die

$$\begin{pmatrix} x_1 \\ x_2 \\ x_3 \end{pmatrix} = \frac{d}{||\underline{\eta}||^2} \cdot \underline{\eta} + \lambda_0 \cdot \underline{a} + \mu_0 \underline{b}$$

erfüllen. Es entsteht daher die Frage nach der Lösbarkeit eines linearen Gleichungssystems in den Variablen $\lambda$ und $\mu$. Wir verweisen auf Abschnitt 2.2, wo dieses Problem eingehend behandelt wird und begnügen uns hier mit der Angabe der - stets existierenden - Lösung $\lambda_0 = \frac{x_2 + x_3}{2}$ und $s_0 = \frac{x_2 - x_3}{2}$. Aus $\overrightarrow{OX} \cdot \underline{\eta} = d$ folgt also in Fall 1 : $X \in E$.

2.Fall:

Es seien mindestens zwei Komponenten von $\underline{\eta}$ nicht 0, dann setzen wir

$$\underline{a} := \begin{pmatrix} n_2 \cdot n_3 \\ n_1 \cdot n_3 \\ -2n_1 \cdot n_2 \end{pmatrix} \text{ und } \underline{b} := \underline{a} \times \underline{\eta} = \begin{pmatrix} n_1 \cdot (2n_2^2 + n_3^2) \\ -n_2 \cdot (2n_1^2 + n_3^2) \\ n_3 \cdot (-n_1^2 + n_2^2) \end{pmatrix} .$$

Wie in Fall 1 folgt auch hier (nach längerer Rechnung), daß für jedes $X$ mit $\overrightarrow{OX} \cdot \underline{\eta} = d$ das lineare Gleichungssystem

$$\begin{pmatrix} x_1 \\ x_2 \\ x_3 \end{pmatrix} = \frac{d}{||\underline{\eta}||^2} \cdot \underline{\eta} + \lambda \cdot \underline{a} + \mu \cdot \underline{b}$$

eindeutig nach $\lambda$ und $s$ lösbar ist, also gilt wieder $X \in E$.

Schließlich müssen wir noch zeigen, daß $E$ nicht noch andere Elemente außer denen von $\left\{X \in \mathbb{R}^3 \,\middle|\, \overrightarrow{OX} \cdot \underline{\eta} = d\right\}$ enthält.

Sei darum $X \in E$, also $\overrightarrow{OX} = \frac{d}{||\underline{\eta}||^2} \cdot \underline{\eta} + \lambda_1 \cdot \underline{a} + \mu_1 \cdot \underline{b}$ für gewisse $\lambda_1, \mu_1 \in \mathbb{R}$.

Wir bilden das Skalarprodukt mit $\underline{\eta}$ : $\overrightarrow{OX} \cdot \underline{\eta} = d + \lambda_1 \cdot \underline{a} \cdot \underline{\eta} + \mu_1 \cdot \underline{b} \cdot \underline{\eta} = d$ nach Konstruktion von $\underline{a}$ und $\underline{b}$.

Dies liefert $\left\{X \in \mathbb{R}^3 \,\middle|\, \overrightarrow{OX} \cdot \underline{\eta} = d\right\} = E$ ,

was die Behauptung war.

zu ii) Ist $E : \overrightarrow{OX} = \overrightarrow{OP} + \lambda \cdot \underline{a} + \mu \cdot \underline{b}$ gegeben, so setze

$$\underline{\eta} := \underline{a} \times \underline{b} \text{ und } d := \overrightarrow{OP} \cdot \underline{\eta} .$$

Die Behauptung folgt jetzt unmittelbar aus i), ebenso

$$||\mathrm{Proj}_{\underline{\eta}} \overrightarrow{OP}|| = \frac{|d|}{||\underline{\eta}||}$$

(vgl. Beweis zu 2.1.16).

■

Aus dem obigen Beweis ergibt sich noch eine Beziehung zwischen linearer Unabhängigkeit und Vektor- bzw. Spatprodukt.

**Korollar 2.1.29:**

Seien $\underline{a}, \underline{b}, \underline{c} \in V^3 \setminus \{\underline{0}\}$, dann gilt

i) $\underline{a} \times \underline{b} = \underline{0} \iff \underline{a}$ und $\underline{b}$ sind linear abhängig.

ii) $< \underline{a}, \underline{b}, \underline{c} > = 0 \iff \underline{a}, \underline{b}$ und $\underline{c}$ sind linear abhängig.

Beweis:

zu i) Der Beweis zu Satz 2.1.24 ii) zeigte $0 = ||\underline{a} \times \underline{b}|| \iff ||\underline{a}|| \cdot ||\underline{b}|| = |(\underline{a}, \underline{b})|$, was nach der Schwarzschen Ungleichung genau dann gilt, wenn $\underline{a}, \underline{b}$ linear abhängig sind (s. 2.1.10).

zu ii) Falls $\underline{a}, \underline{b}$ l.a. sind, so ist alles klar nach Teil i); wir setzen also o.B.d.A. die lineare Unabhängigkeit von $\underline{a}$ und $\underline{b}$ voraus und zeigen:
$< \underline{a}, \underline{b}, \underline{c} > = 0 \iff \exists\ \lambda_0$ und $\mu_0 \in I\!R$ mit $\lambda_0 \underline{a} + \mu_0 \underline{b} = \underline{c}$.

Dazu: " $\Longrightarrow$ " : Sei $E$ die Ebene durch den Nullpunkt mit den Richtungen $\underline{a}$ und $\underline{b}$, also $E : \overrightarrow{OX} = \lambda \cdot \underline{a} + \mu \cdot \underline{b}$; nach dem Beweis zu Satz 2.1.28 ii) ist für $\underline{\eta} := \underline{a} \times \underline{b}$ $E = \left\{ X \in I\!R^3 \,\middle|\, \overrightarrow{OX} \cdot \underline{\eta} = 0 \right\}$. Für $\underline{c} = \begin{pmatrix} c_1 \\ c_2 \\ c_3 \end{pmatrix}$ folgt also wegen $\underline{c} \cdot \underline{\eta} = < \underline{a}, \underline{b}, \underline{c} > = 0$ sofort $\underline{c} = \lambda_0 \cdot \underline{a} + \mu_0 \cdot \underline{b}$ für gewisse $\lambda_0, \mu_0 \in I\!R$.
" $\Longleftarrow$ " : Multipliziert man die Gleichung $\lambda_0 \cdot \underline{a} + \mu_0 \cdot \underline{b} = \underline{c}$ skalar mit $\underline{a} \times \underline{b}$, so erhält man links 0 und rechts $(\underline{a} \times \underline{b}) \cdot \underline{c} = < \underline{a}, \underline{b}, \underline{c} >$.

■

Die nächste Darstellung für Ebenen kann vorteilhaft benutzt werden, wenn man drei Punkte einer Ebene kennt (vgl. 2.1.21). Die geometrische Veranschaulichung ergibt sich aus Punkt ii) des letzten Korollars.

**Lemma 2.1.30:**

Sind $A, B$ und $C \in I\!R^3$ drei verschiedene Punkte, die nicht alle auf einer Geraden liegen, wird die dadurch bestimmte Ebene $E$ durch die Gleichung $< \overrightarrow{OX} - \overrightarrow{OA}, \overrightarrow{AB}, \overrightarrow{AC} > = 0$ beschrieben.

Beweis:

Die Ebenengleichung für $E$ ist $\overrightarrow{OX} - \overrightarrow{OA} = t \cdot \overrightarrow{AB} + s \cdot \overrightarrow{AC}$, $t, s \in I\!R$ (vgl. Def. 2.1.20); nach Voraussetzung sind $\overrightarrow{AB}$ und $\overrightarrow{AC}$ linear unabhängig.
Sei nun

$$\begin{aligned} X \in E &\iff \exists\, t_0, s_0 \in I\!R \text{ mit } \overrightarrow{OX} - \overrightarrow{OA} = t_0 \cdot \overrightarrow{AB} + s_0 \cdot \overrightarrow{AC} \\ &\overset{*}{\iff} \overrightarrow{OX} - \overrightarrow{OA}, \overrightarrow{AB} \text{ und } \overrightarrow{AC} \text{ sind linear abhängig} \\ &\iff < \overrightarrow{OX} - \overrightarrow{OA}, \overrightarrow{AB}, \overrightarrow{AC} > \; = 0 \text{ nach 2.1.29 .} \end{aligned}$$

Beachte, daß nur der Schritt $\overset{*}{\Longleftarrow}$ nicht unmittelbar klar ist. Aus der linearen Abhängigkeit von $\overrightarrow{OX} - \overrightarrow{OA}, \overrightarrow{AB}$ und $\overrightarrow{AC}$ folgt nur deshalb die obige Darstellung für $\overrightarrow{OX} - \overrightarrow{OA}$, weil $\overrightarrow{AB}$ und $\overrightarrow{AC}$ n. Vor. linear unabhängig sind.

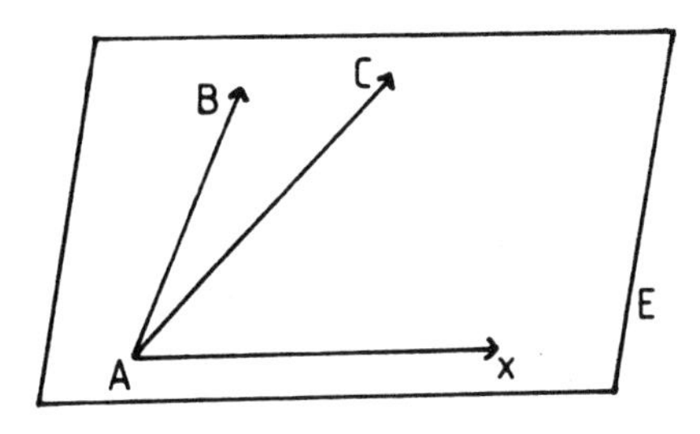


[Fig. 2.18]

Nach 2.1.29 ii) sind die Vektoren $\overrightarrow{AX}, \overrightarrow{AB}$ und $\overrightarrow{AC}$ l.a., d.h. daß nach Satz 2.1.27 das aufgespannte Volumen für alle $X \in E$ Null ist.

■

**Beispiel 2.1.31:**

Gegeben sind die Punkte $A = \begin{pmatrix} 1 \\ 0 \\ 0 \end{pmatrix}, B = \begin{pmatrix} 0 \\ 1 \\ 0 \end{pmatrix}$ und $C = \begin{pmatrix} 0 \\ 0 \\ 1 \end{pmatrix}$ im $I\!R^3$.
Man bestimme die Gleichung der Ebene $E$ durch $A, B$ und $C$ in allen hier angegebenen

Darstellungen. Nach Lemma 2.1.30 wird $E$ durch $<\overrightarrow{OX}-\overrightarrow{OA}, \overrightarrow{AB}, \overrightarrow{AC}> = 0$ beschrieben; also gilt hier

$$\overrightarrow{OX}-\overrightarrow{OA} = \begin{pmatrix} x \\ y \\ z \end{pmatrix} - \begin{pmatrix} 1 \\ 0 \\ 0 \end{pmatrix} = \begin{pmatrix} x-1 \\ y \\ z \end{pmatrix} ,$$

$$\overrightarrow{AB} = \begin{pmatrix} -1 \\ 1 \\ 0 \end{pmatrix} ,$$

$$\overrightarrow{AC} = \begin{pmatrix} -1 \\ 0 \\ 1 \end{pmatrix} ,$$

$$\overrightarrow{AB} \times \overrightarrow{AC} = \begin{pmatrix} -1 \\ 1 \\ 0 \end{pmatrix} \times \begin{pmatrix} -1 \\ 0 \\ 1 \end{pmatrix} = \begin{pmatrix} 1 \\ 1 \\ 1 \end{pmatrix} =: \underline{\eta}$$

und

$$E = \begin{pmatrix} 1 \\ 1 \\ 1 \end{pmatrix} \cdot \begin{pmatrix} x-1 \\ y \\ z \end{pmatrix} = 0 ,$$

d.h.

$$x+y+z = 1 \text{ bzw. } \begin{pmatrix} x \\ y \\ z \end{pmatrix} \cdot \begin{pmatrix} 1 \\ 1 \\ 1 \end{pmatrix} = 1 =: d .$$

Dies ist bereits die Hesse-Form. Der Abstand zum Nullpunkt ist $\frac{|d|}{||\underline{\eta}||} = \frac{1}{\sqrt{3}}$. Die Punkt-Richtungsform gewinnt man aus dem Beweis zu Satz 2.1.28: wir setzen $\underline{a} := \begin{pmatrix} n_2 \cdot n_3 \\ n_1 \cdot n_3 \\ -2n_1 \cdot n_2 \end{pmatrix} = \begin{pmatrix} 1 \\ 1 \\ -2 \end{pmatrix}$, $\underline{b} := \underline{a} \times \underline{\eta} = \begin{pmatrix} 3 \\ -3 \\ 0 \end{pmatrix}$ und $\overrightarrow{OP} = \frac{d}{||\underline{\eta}||^2} \cdot \underline{\eta} = \frac{1}{3} \cdot \begin{pmatrix} 1 \\ 1 \\ 1 \end{pmatrix}$.

Damit folgt $E : \overrightarrow{OX} = \frac{1}{3} \cdot \begin{pmatrix} 1 \\ 1 \\ 1 \end{pmatrix} + t \cdot \begin{pmatrix} 1 \\ 1 \\ -2 \end{pmatrix} + s \cdot \begin{pmatrix} 3 \\ -3 \\ 0 \end{pmatrix}$.

Die Punkt-Richtungsform kann auch gemäß 2.1.21 konstruiert werden; zwei Richtungsvektoren sind dann etwa $\overrightarrow{AB}$ und $\overrightarrow{AC}$, die Ebene lautet

$$\overrightarrow{OX} = \begin{pmatrix} 1 \\ 0 \\ 0 \end{pmatrix} + \lambda \cdot \begin{pmatrix} -1 \\ 1 \\ 0 \end{pmatrix} + \mu \cdot \begin{pmatrix} -1 \\ 0 \\ 1 \end{pmatrix} .$$

Will man einsehen, daß beide Darstellungen dieselbe Ebene beschreiben, so muß es gelingen die Parameter $\mu, \lambda$ in Abhängigkeit von $t, s$ so zu wählen, daß die Darstellungen ineinander übergehen. Durch Vergleich der Komponenten von $\overrightarrow{OX}$ erhält man:

$$\begin{aligned} \frac{1}{3} + t + 3s &= 1 - \lambda - \mu \\ \frac{1}{3} + t - 3s &= \lambda \\ \frac{1}{3} - 2t &= \mu\,. \end{aligned}$$

Dieses Gleichungssystem hat als "Lösung" z.B. $\lambda = \frac{1}{3} + t - 3s$ und $\mu = \frac{1}{3} - 2t$, womit die zweite PR-Form in die erste überführt wird.
Mit der Lösung derartiger Gleichungssysteme werden wir uns im nächsten Abschnitt ausführlicher befassen!

■

Eine wichtige Identität für mehrfache Vektorprodukte liefert

**Satz 2.1.32 (Graßmannscher Entwicklungssatz):**

Seien $\underline{a}, \underline{b}, \underline{c} \in V^3$, so gilt

i) $\underline{a} \times (\underline{b} \times \underline{c}) = \underline{b} \cdot (\underline{a} \cdot \underline{c}) - \underline{c} \cdot (\underline{a} \cdot \underline{b})$.

ii) $(\underline{a} \times \underline{b}) \times \underline{c} = \underline{b} \cdot (\underline{a} \cdot \underline{c}) - \underline{a} \cdot (\underline{b} \cdot \underline{c})$.

Beweis:

zu i)

$$\begin{aligned} \underline{a} \times (\underline{b} \times \underline{c}) &= \begin{pmatrix} a_1 \\ a_2 \\ a_3 \end{pmatrix} \times \begin{pmatrix} b_2 \cdot c_3 - b_3 \cdot c_2 \\ -(b_1 \cdot c_3 - b_3 \cdot c_1) \\ b_1 \cdot c_2 - b_2 \cdot c_1 \end{pmatrix} \\ &= \begin{pmatrix} a_2 b_1 c_2 - a_2 b_2 c_1 + a_3 b_1 c_3 - a_3 b_3 c_1 \\ -a_1 b_1 c_2 + a_1 b_2 c_1 + a_3 b_2 c_3 - a_3 b_3 c_2 \\ -a_1 b_1 c_3 + a_1 b_3 c_1 - a_2 b_2 c_3 + a_2 b_3 c_2 \end{pmatrix}. \end{aligned}$$

Derselbe Vektor ergibt sich für $\underline{b} \cdot (\underline{a} \cdot \underline{c}) - \underline{c} \cdot (\underline{a} \cdot \underline{b})$.

zu ii) $(\underline{a} \times \underline{b}) \times \underline{c} = -\underline{c} \times (\underline{a} \times \underline{b}) = \underline{c} \times (\underline{b} \times \underline{a})$ nach 2.1.23. Letzteres ist nach Teil i) gleich $\underline{b} \cdot (\underline{c} \cdot \underline{a}) - \underline{a} \cdot (\underline{c} \cdot \underline{b}) = \underline{b} \cdot (\underline{a} \cdot \underline{c}) - \underline{a}(\underline{b} \cdot \underline{c})$.

■

Es folgt unmittelbar

**Bemerkung 2. 1. 33 (Identität von Lagrange):**

Für $\underline{a}, \underline{b}, \underline{c}, \underline{d} \in V^3$ ist $(\underline{a} \times \underline{b}) \cdot (\underline{c} \times \underline{d}) = (\underline{a} \cdot \underline{c}) \cdot (\underline{b} \cdot \underline{d}) - (\underline{a} \cdot \underline{d}) \cdot (\underline{b} \cdot \underline{c})$.
(Mit $\underline{a} = \underline{c}$ und $\underline{b} = \underline{d}$ hat man erneut Satz 2.1.24 ii).)

Beweis:

$(\underline{a} \times \underline{b}) \cdot (\underline{c} \times \underline{d}) = \langle \underline{a}, \underline{b}, \underline{c} \times \underline{d} \rangle = \underline{a} \cdot (\underline{b} \times (\underline{c} \times \underline{d})) = \underline{a} \cdot [\underline{c} \cdot (\underline{b} \cdot \underline{d}) - \underline{d} \cdot (\underline{b} \cdot \underline{c})]$ woraus die Behauptung folgt.

■

Als eine Anwendung geben wir zum Schluß dieses Abschnittes noch eine weitere Geradendarstellung im $\mathbb{R}^3$ an.

**Satz 2. 1. 34 (Plückersche Form):**

i) Es seien $\underline{a}, \underline{m} \in V^3, \underline{a} \neq \underline{0}$ und $\underline{a} \cdot \underline{m} = 0$, dann wird durch die Menge $\left\{X \in \mathbb{R}^3 \,\middle|\, \overrightarrow{OX} \times \underline{a} = \underline{m}\right\}$ eine Gerade $g$ in Richtung von $\underline{a}$ bestimmt.

ii) Sind zwei Ebenen $E_1: \overrightarrow{OX} \cdot \underline{\eta}_1 = d_1$ und $E_2: \overrightarrow{OX} \cdot \underline{\eta}_2 = d_2$ gegeben, für die $\underline{\eta}_1$ und $\underline{\eta}_2$ linear unabhängig sind (andernfalls nennt man $E_1$ und $E_2$ parallel), so ist die Schnittmenge $E_1 \cap E_2$ eine Gerade. Diese wird gegeben durch $g: \overrightarrow{OX} \times \underline{a} = \underline{m}$, wobei $\underline{a} := \underline{\eta}_1 \times \underline{\eta}_2 \neq 0$ und $\underline{m} := d_2 \cdot \underline{\eta}_1 - d_1 \cdot \underline{\eta}_2$ ist.

Beweis:

zu i) Wir behaupten, daß $\left\{X \in \mathbb{R}^3 \,\middle|\, \overrightarrow{OX} \times \underline{a} = \underline{m}\right\}$ die Gerade

$$g: \overrightarrow{OX} = -\frac{1}{||\underline{a}||^2} \cdot \underline{m} \times \underline{a} + t \cdot \underline{a}$$

darstellt. Sei zunächst $X \in g \Longrightarrow$

$$\begin{aligned}\overrightarrow{OX} \times \underline{a} &= -\frac{1}{||\underline{a}||^2} \cdot (\underline{m} \times \underline{a}) \times \underline{a} + t \cdot \underline{a} \times \underline{a} \\ &= -\frac{1}{||\underline{a}||^2} \cdot (\underline{m} \times \underline{a}) \times \underline{a} \\ &= -\frac{1}{||\underline{a}||^2} \cdot (\underline{a} \cdot (\underline{m} \cdot \underline{a}) - \underline{m} \cdot (\underline{a} \cdot \underline{a})) \\ &= -\frac{1}{||\underline{a}||^2} \cdot (-\underline{m} \cdot ||\underline{a}||^2) \\ &= \underline{m} ,\end{aligned}$$

d.h. $g \subseteq \left\{X \in I\!R^3 \,\middle|\, \overrightarrow{OX} \times \underline{a} = \underline{m}\right\}$.

Ist umgekehrt $\overrightarrow{OX} \times \underline{a} = \underline{m}$, so multipliziere man wieder vektoriell mit $\underline{a}$: $(\overrightarrow{OX} \times \underline{a}) \times \underline{a} = \underline{m} \times \underline{a}$.

Nach Satz 2.1.32 folgt $\underline{a} \cdot (\overrightarrow{OX} \cdot \underline{a}) - \overrightarrow{OX} \cdot (\underline{a} \cdot \underline{a}) = \underline{m} \times \underline{a}$

bzw. $\overrightarrow{OX} = -\frac{1}{||\underline{a}||^2} \cdot \underline{m} \times \underline{a} - \frac{\overrightarrow{OX} \cdot \underline{a}}{||\underline{a}||^2} \cdot \underline{a}$. Mit $t_0 := -\frac{\overrightarrow{OX} \cdot \underline{a}}{||\underline{a}||^2}$ folgt $X \in g$.

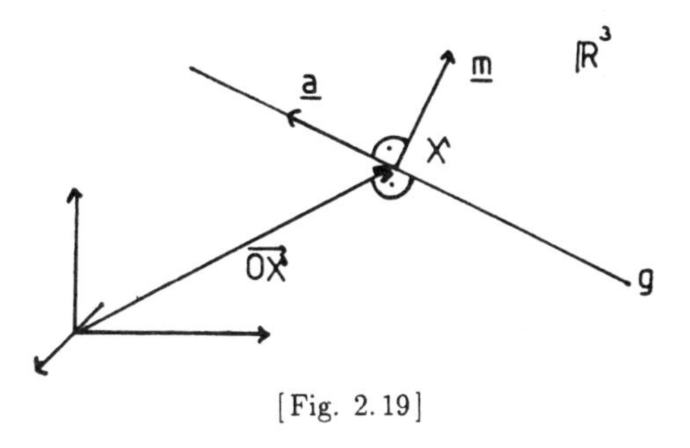


[Fig. 2.19]

zu ii) Sei $X \in E_1 \cap E_2$; wir setzen $\underline{a} := \underline{\eta}_1 \times \underline{\eta}_2 \neq \underline{0}$ (nach 2.1.29)

$\Longrightarrow$

$$\begin{aligned}\overrightarrow{OX} \times \underline{a} &= \overrightarrow{OX} \times (\underline{\eta}_1 \times \underline{\eta}_2) \\ &= (\overrightarrow{OX} \cdot \underline{\eta}_2) \cdot \underline{\eta}_1 - (\overrightarrow{OX} \cdot \underline{\eta}_1) \cdot \underline{\eta}_2 \\ &= d_2 \cdot \underline{\eta}_1 - d_1 \cdot \underline{\eta}_2 \\ &= \underline{m} .\end{aligned}$$

Also ist $X \in g$.

Ist umgekehrt $Z \in g$, d.h. $\overrightarrow{OZ} \times \underline{a} = \underline{m}$ bzw. wieder

$$(\overrightarrow{OZ} \cdot \underline{\eta}_2) \cdot \underline{\eta}_1 - (\overrightarrow{OZ} \cdot \underline{\eta}_1) \cdot \underline{\eta}_2 = d_2 \cdot \underline{\eta}_1 - d_1 \cdot \underline{\eta}_2 ,$$

so folgt aus der linearen Unabhängigkeit von $\underline{\eta}_1$ und $\underline{\eta}_2$ die Gleichheit der Koeffizienten (vgl. 2.1.19 v) ), d.h. $\overrightarrow{OZ} \cdot \underline{\eta}_2 = d_2$ und $\overrightarrow{OZ} \cdot \underline{\eta}_1 = d_1$.

Dies bedeutet $Z \in E_1 \cap E_2$.

Schließlich gilt $\underline{a} \cdot \underline{m} = (\underline{\eta}_1 \times \underline{\eta}_2) \cdot (d_2 \cdot \underline{\eta}_1 - d_1 \cdot \underline{\eta}_2) = 0$, $g$ stellt daher wirklich eine Gerade dar.

■

**Beispiel 2.1.35:**

Bestimme die Schnittgerade der Ebenen

$E_1 : 2x - y + 2z = 4$ und $E_2 : \overrightarrow{OX} = \begin{pmatrix} 0 \\ 1 \\ -1 \end{pmatrix} + \lambda \cdot \begin{pmatrix} 1 \\ 1 \\ 3 \end{pmatrix} + \mu \cdot \begin{pmatrix} 1 \\ 0 \\ 2 \end{pmatrix}$

in Punkt-Richtungsform.

Wir bringen dazu $E_1$ und $E_2$ zunächst in Normalenform:

für $E_1$ : $\begin{pmatrix} x \\ y \\ z \end{pmatrix} \cdot \begin{pmatrix} 2 \\ -1 \\ 2 \end{pmatrix} = 4$ folgt sofort $\underline{\eta}_1 := \begin{pmatrix} 2 \\ -1 \\ 2 \end{pmatrix}$ und $d_1 := 4$.

Für $E_2$ ist $\underline{\eta}_2 := \begin{pmatrix} 1 \\ 1 \\ 3 \end{pmatrix} \times \begin{pmatrix} 1 \\ 0 \\ 2 \end{pmatrix} = \begin{pmatrix} 2 \\ 1 \\ -1 \end{pmatrix}$ und $d_2 = \underline{\eta}_2 \cdot \begin{pmatrix} 0 \\ 1 \\ -1 \end{pmatrix} = 2$, also $E_2$ : $\begin{pmatrix} x \\ y \\ z \end{pmatrix} \cdot \begin{pmatrix} 2 \\ 1 \\ -1 \end{pmatrix} = 2.$

$\underline{\eta}_1$ und $\underline{\eta}_2$ sind linear unabhängig, also existiert eine Schnittgerade $g$; für deren Plückersche Form gilt:

$$\underline{a} := \underline{\eta}_1 \times \underline{\eta}_2 = \begin{pmatrix} 2 \\ -1 \\ 2 \end{pmatrix} \times \begin{pmatrix} 2 \\ 1 \\ -1 \end{pmatrix} = \begin{pmatrix} -1 \\ 6 \\ 4 \end{pmatrix},$$

$$\underline{m} := d_2 \cdot \underline{\eta}_1 - d_1 \cdot \underline{\eta}_2 = \begin{pmatrix} 4 \\ -2 \\ 4 \end{pmatrix} - \begin{pmatrix} 8 \\ 4 \\ -4 \end{pmatrix} = \begin{pmatrix} -4 \\ -6 \\ 8 \end{pmatrix}$$

$$\Longrightarrow g: \overrightarrow{OX} \times \begin{pmatrix} -1 \\ 6 \\ 4 \end{pmatrix} = \begin{pmatrix} -4 \\ -6 \\ 8 \end{pmatrix}.$$

Nach Satz 2.1.34 hat $g$ die Richtung $\underline{a} = \begin{pmatrix} -1 \\ 6 \\ 4 \end{pmatrix}$, ein Punkt auf $g$ ist

$$-\frac{1}{||\underline{a}||^2} \cdot \underline{m} \times \underline{a} = -\frac{1}{53} \cdot \begin{pmatrix} -72 \\ 8 \\ -30 \end{pmatrix},$$

also

$$g: \overrightarrow{OX} = \frac{1}{53} \cdot \begin{pmatrix} 72 \\ -8 \\ 30 \end{pmatrix} + \lambda \cdot \begin{pmatrix} -1 \\ 6 \\ 4 \end{pmatrix}.$$

■

Wir haben gesehen, daß im $I\!R^3$ durch die Gleichungen

i) $\overrightarrow{OX} \cdot \underline{\eta} = d$ eine Ebene und

ii) $\overrightarrow{OX} \times \underline{a} = \underline{m}$ (mit $\underline{a} \cdot \underline{m} = 0$ ) eine Gerade beschrieben werden.

Die Gleichung ii) ist also restriktiver, da jede Gerade als Teilmenge einer Ebene gedeutet werden kann. Der Grund dafür liegt in den linearen Gleichungen, die $\overrightarrow{OX} = \begin{pmatrix} x \\ y \\ z \end{pmatrix}$ erfüllen muß , um i) bzw. ii) zu genügen. Für i) muß $\begin{pmatrix} x \\ y \\ z \end{pmatrix}$ eine lineare Gleichung lösen (nämlich $x \cdot n_1 + y \cdot n_2 + z \cdot n_3 = d$). Für ii) muß $\begin{pmatrix} x \\ y \\ z \end{pmatrix}$ dagegen zwei lineare, voneinander unabhängige Gleichungen lösen.

So erklärt es sich, daß man bei i) zwei "Freiheitsgrade" für die Wahl von $\begin{pmatrix} x \\ y \\ z \end{pmatrix}$ zur Verfügung hat ($\rightarrow$ zwei Richtungsvektoren $\rightarrow$ Ebene), bei ii) aber nur einen ($\rightarrow$ ein Richtungsvektor $\rightarrow$ Gerade).

Im nächsten Abschnitt werden diese Zusammenhänge genauer untersucht.

# II. 2. Lineare Gleichungssyteme

Wir wollen vier Vektoren im $V^3$ vorgegeben haben

$$\underline{a} = \begin{pmatrix} a_1 \\ a_2 \\ a_3 \end{pmatrix}, \quad \underline{b} = \begin{pmatrix} b_1 \\ b_2 \\ b_3 \end{pmatrix}, \quad \underline{c} = \begin{pmatrix} c_1 \\ c_2 \\ c_3 \end{pmatrix}, \quad \underline{d} = \begin{pmatrix} d_1 \\ d_2 \\ d_3 \end{pmatrix},$$

und nach deren linearer Abhängigkeit oder Unabhängigkeit fragen. Dazu bilden wir zunächst den Gleichungsausdruck

$$x_1\underline{a} + x_2\underline{b} + x_3\underline{c} + x_4\underline{d} = \underline{0}$$

also die drei Einzelgleichungen

$$\begin{aligned} a_1x_1 + b_1x_2 + c_1x_3 + d_1x_4 &= 0 \\ a_2x_1 + b_2x_2 + c_2x_3 + d_2x_4 &= 0 \\ a_3x_1 + b_3x_2 + c_3x_3 + d_3x_4 &= 0 \,. \end{aligned}$$

Offensichtlich ist dabei $(x_1, x_2, x_3, x_4)$ mit $x_1 = x_2 = x_3 = x_4 = 0$ "Lösung". Interessant für uns ist aber die Frage, ob es noch andere Lösungen gibt.

**Definition 2.2.1:**

Vorgegeben seien $m \cdot n$ reelle (oder komplexe) Zahlen $a_{ij}$ $(i = 1, \dots, m\,;\ j = 1, \dots, n)$ und $m$ reelle (oder komplexe) Zahlen $b_1, \dots, b_m$. Dann heißt

$$\begin{aligned} a_{11}x_1 + a_{12}x_2 + \ldots + a_{1n}x_n &= b_1 \\ a_{21}x_1 + a_{22}x_2 + \ldots + a_{2n}x_n &= b_2 \\ \vdots \qquad \vdots \qquad \ddots \qquad \vdots \quad &\;\vdots \\ a_{m1}x_1 + a_{m2}x_2 + \ldots + a_{mn}x_n &= b_m \end{aligned}$$

ein lineares Gleichungssystem mit m Gleichungen und n Unbekannten. Es läßt sich auch in der Weise

$$(\mathcal{L}) \qquad \sum_{j=1}^{n} a_{ij}x_j = b_i\,, \qquad i = 1, \dots, m,$$

schreiben.

i) Die Zahlen $a_{ij}, b_i \in I\!R$ (bzw. $a_{ij}, b_i \in \mathbb{C}$) heißen **Koeffizienten** des Gleichungssystems.

ii) $\sum_{j=1}^{n} a_{ij}x_j = b_i$ heißt **i-te Gleichung** $(i = 1, \ldots, m)$.

iii) Gilt $b_1 = b_2 = \ldots = b_m = 0$, so heißt das Gleichungssystem **homogen**, sonst **inhomogen**.

iv) Existiert ein n-Tupel $(y_1, \ldots, y_n) \in I\!R^n$ (bzw. $(y_1, \ldots, y_n) \in \mathbb{C}^n$) derart, daß

$$\sum_{j=1}^{n} a_{ij}y_j = b_i \ , \quad i = 1, \ldots, m,$$

gilt, so heißt $(y_1, \ldots, y_n)$ **Lösung** des linearen Gleichungssystems.

v) Die (stets existierende) Lösung $(0, \ldots, 0)$ eines homogenen linearen Gleichungssystems heißt dessen **triviale Lösung**.

■

Typische Fragestellungen sind:

1) Wann ist das betrachtete System lösbar ?

2) Wann ist das betrachtete System eindeutig lösbar ?

3) Wie ist die Struktur der Lösungsmenge beschaffen, falls das betrachtete System nicht eindeutig lösbar ist ?

Wir wollen nun ein "Rechenverfahren" begrifflich vorbereiten, welches nicht nur eine Existenzaussage, sondern gleich ein einfaches konstruktives Vorgehen zur Gewinnung der Lösungen nahelegen wird.

**Definition 2.2.2:**

Ein lineares Gleichungssystem

$$(\mathcal{L}) \qquad \sum_{j=1}^{n} a_{ij}x_j = b_i \ , \qquad i = 1, \ldots, m,$$

heißt **einfach**, wenn es ein $r \in I\!N$ und eine bijektive Abbildung

$$\sigma \colon \{1, \ldots, n\} \to \{1, \ldots, n\}$$

so gibt, daß das System $(\mathcal{L})$ mit Gültigkeit von $a_{i\sigma(i)} \neq 0$, $i = 1, \ldots, r$, in der Form

$$\begin{array}{cccccccccccccc}
a_{1\sigma(1)}x_{\sigma(1)} & + a_{1\sigma(2)}x_{\sigma(2)} & + a_{1\sigma(3)}x_{\sigma(3)} & + \ldots + & a_{1\sigma(r)}x_{\sigma(r)} & + \ldots + & a_{1\sigma(n)}x_{\sigma(n)} & = & b_1 \\
0x_{\sigma(1)} & + a_{2\sigma(2)}x_{\sigma(2)} & + a_{2\sigma(3)}x_{\sigma(3)} & + \ldots + & a_{2\sigma(r)}x_{\sigma(r)} & + \ldots + & a_{2\sigma(n)}x_{\sigma(n)} & = & b_2 \\
0x_{\sigma(1)} & + \quad 0x_{\sigma(2)} & + a_{3\sigma(3)}x_{\sigma(3)} & + \ldots + & a_{3\sigma(r)}x_{\sigma(r)} & + \ldots + & a_{3\sigma(n)}x_{\sigma(n)} & = & b_3 \\
\vdots & \vdots & \vdots & \ddots & \vdots & \ddots & \vdots & & \vdots \\
0x_{\sigma(1)} & + \quad 0x_{\sigma(2)} & + \quad 0x_{\sigma(3)} & + \ldots + & a_{r\sigma(r)}x_{\sigma(r)} & + \ldots + & a_{r\sigma(n)}x_{\sigma(n)} & = & b_r \\
0x_{\sigma(1)} & + \quad 0x_{\sigma(2)} & + \quad 0x_{\sigma(3)} & + \ldots + & 0x_{\sigma(r)} & + \ldots + & 0x_{\sigma(n)} & = & b_{r+1} \\
\vdots & \vdots & \vdots & \ddots & \vdots & \ddots & \vdots & & \vdots \\
0x_{\sigma(1)} & + \quad 0x_{\sigma(2)} & + \quad 0x_{\sigma(3)} & + \ldots + & 0x_{\sigma(r)} & + \ldots + & 0x_{\sigma(n)} & = & b_m
\end{array}$$

geschrieben werden kann. In einem solchen Fall heißt $\boxed{r}$ der $\boxed{\text{Rang}}$ und $\boxed{d := n - r}$ der $\boxed{\text{Defekt}}$ des linearen Gleichungssystems $(\mathcal{L})$.

■

**Bemerkung 2.2.3:**

Es gilt $r \leq \min\{m, n\}$.

**Bemerkung 2.2.4:**

In Anlehnung an Definition 1.3.7 wollen wir die obige Funktion $\sigma$ eine $\boxed{\text{Permutation}}$ von $\{1, \ldots, n\}$ nennen. Wir wissen, daß die Menge $\boxed{S_n}$ der Permutationen von $\{1, \ldots, n\}$ genau $n!$ Elemente besitzt. Man nennt $\sigma$ $\boxed{\text{gerade}}$ ($\boxed{\text{ungerade}}$), je nachdem, ob eine gerade (bzw. ungerade) Anzahl von Paaren $(i, k)$ existiert, für die gilt:

$i > k$, aber $i$ geht $k$ in $\big(\sigma(1), \sigma(2), \ldots, \sigma(n)\big)$ voraus,

und definieren das $\boxed{\text{Signum}}$ von $\sigma$, kurz $\boxed{\text{sgn}(\sigma)}$,durch

$$\text{sgn}(\sigma) := \begin{cases} 1, & \text{falls } \sigma \text{ gerade ist} \\ -1, & \text{falls } \sigma \text{ ungerade ist.} \end{cases}$$

**Lemma 2.2.5:**

Das einfache Gleichungssystem $(\mathcal{L})$ ist genau dann lösbar, wenn jede der folgenden Gleichungen erfüllt ist:

$$b_{r+1} = b_{r+2} = \ldots = b_m = 0 .$$

Dabei ist r der Rang des Systems.

Beweis:

Wenn für ein $i \geq r+1$ der Koeffizient $b_i$ nicht verschwindet, dann ist das System widersprüchlich. Ist dagegen $b_{r+1} = \ldots = b_m = 0$, dann liegt in $(\mathcal{L})$ "Widerspruchsfreiheit" vor und man erhält alle Lösungen so, wie nun gezeigt wird. Wir setzen erst an

$$
\begin{aligned}
(1) \qquad x_{\sigma(r+1)} &:= t_1 =: \varphi_{r+1}(t_1), \\
x_{\sigma(r+2)} &:= t_2 =: \varphi_{r+2}(t_2), \\
&\vdots \\
x_{\sigma(n)} &:= t_d =: \varphi_n(t_d) \qquad \text{mit beliebigen } t_1, t_2, \ldots, t_d \in \mathbb{R}.
\end{aligned}
$$

Anschließend erfolgt damit die Berechnung :

$$
\begin{aligned}
(2) \qquad x_{\sigma(r)} &= \frac{1}{a_{r\sigma(r)}}[b_r - a_{r\sigma(r+1)}x_{\sigma(r+1)} - \ldots - a_{r\sigma(n)}x_{\sigma(n)}] \\
&= \frac{1}{a_{r\sigma(r)}}\left[b_r - a_{r\sigma(r+1)}t_1 - \ldots - a_{r\sigma(n)}t_d\right] \\
&=: \varphi_r(t_1, t_2, \ldots, t_d, b_r)
\end{aligned}
$$

(wobei wir zuletzt zur Vereinfachung die Abhängigkeit von den Koeffizienten $a_{ij}$ vernachlässigt haben), weiterhin mit Einstellung von $\varphi_{r+1}, \ldots, \varphi_n$, aber nun auch von $\varphi_r$, ebenso

$$
\begin{aligned}
x_{\sigma(r-1)} &=: \varphi_{r-1}(t_1, t_2, \ldots, t_d, b_{r-1}, b_r), \\
&\vdots \\
&\text{usw.} \\
&\vdots \\
x_{\sigma(1)} &=: \varphi_1(t_1, t_2, \ldots, t_d, b_1, b_2, \ldots, b_r) \, .
\end{aligned}
$$

∎

Damit ergibt sich auch die

**Bemerkung 2.2.6:**

Ist das einfache System lösbar, so sind die $d$ Unbekannten $x_{\sigma(r+1)}, \ldots, x_{\sigma(n)}$ frei wählbar; wir wollen sie Parameter nennen. Als Funktionen der Parameter sind dann die Unbekannten $x_{\sigma(1)}, \ldots, x_{\sigma(r)}$ bestimmt. Bei Vorgabe aller Zahlen $a_{ij}, b_i$ und erfolgter Vertauschung von $x_1, \ldots, x_n$ könnte man die angesprochenen Funktionen zusammengefaßt als Rückwärtseinsetzung (nämlich: von $n, n-1, \ldots, r+1$ ausgehend nach 1 zurückschreitend) bezeichnen.

**Beispiel 2.2.7:**

Das folgende System, für das wir auf die Anführung jedes verschwindenden Summanden $0x_j$ verzichten dürfen,

$$(\mathcal{L}) \qquad \begin{cases} x_1 + 2x_2 + 4x_3 & = b_1 \\ \qquad\qquad 6x_4 & = b_2 \\ \quad 3x_2 + \ x_3 & = b_3 \\ \qquad\qquad 0 & = b_4 \end{cases}$$

ist einfach, denn es kann auf die "vertauschte" Form

$$(\mathcal{L}_\sigma) \qquad \begin{cases} x_1 + 0x_4 + 4x_3 + 2x_2 & = b_1 \\ \quad 6x_4 + 0x_3 + 0x_2 & = b_2 \\ \qquad\quad x_3 + 3x_2 & = b_3 \\ \qquad\qquad 0 & = b_4 \end{cases}$$

umgeschrieben werden. Dabei ist $\sigma(1) = 1, \sigma(2) = 4, \sigma(3) = 3, \sigma(4) = 2$. Gilt $b_4 = 0$, so ist das System lösbar. Sein Rang lautet stets $r = 3$, sein Defekt $d = 1$. Es ist $x_2 = t$ beliebig wählbar. Für die anderen Unbekannten gilt dann

$$x_3 = b_3 - 3t, \; x_4 = \frac{1}{6}b_2, \; x_1 = b_1 - 2t - 4(b_3 - 3t) = b_1 - 4b_3 + 10t.$$

■

Nun wollen wir ein "elementares Verfahren" angeben, welches gestattet, jedes Gleichungssystem auf ein einfaches umzuformen, ohne daß dabei die Lösungsmenge verändert wird.

**Definition 2.2.8:**

Zwei lineare Gleichungssysteme $(\mathcal{L}_1), (\mathcal{L}_2)$ mit derselben Anzahl von Gleichungen, $m$, und Unbekannten, $n$, heißen $\boxed{\text{äquivalent}}$, kurz: $\boxed{(\mathcal{L}_1) \sim (\mathcal{L}_2)}$, wenn sie die gleiche Menge von Lösungen besitzen, d.h. wenn die nachgenannte Mengengleichheit im $\mathbb{R}^n$ (bzw. im $\mathbb{C}^n$) besteht:

$$\begin{aligned} \boxed{L} := & \{(x_1, \ldots, x_n) \,|\, (x_1, \ldots, x_n) \text{ ist Lösung von } (\mathcal{L}_1)\} \\ = & \{(x_1, \ldots, x_n) \,|\, (x_1, \ldots, x_n) \text{ ist Lösung von } (\mathcal{L}_2)\} . \end{aligned}$$

■

**Satz 2.2.9:**

Ein lineares Gleichungssystem wird in ein äquivalentes überführt, wenn man:

i) zwei Gleichungen vertauscht

oder ii) eine Gleichung mit einer Konstanten $c \neq 0$ multipliziert

oder iii) eine Gleichung zu einer anderen addiert.

Beweis:

Für die $i$-te Gleichung schreiben wir mit

$$g_i(x_1, \ldots, x_n) := \sum_{j=1}^{n} a_{ij} x_j - b_i$$

zur Abkürzung $g_i(x_1, \ldots, x_n) = 0 \qquad (i = 1, \ldots, m)$. Das umgeformte System werde mit

$$g_i^*(x_1, \ldots, x_n) = 0 \qquad (i = 1, \ldots, m)$$

abgekürzt. Da i) klar ist, wollen wir gleich ii) beweisen.
Es seien $k \in \{1, \ldots, m\}, c \neq 0$, sowie $g_i^* := g_i$ für $i = 1, \ldots, m$ mit $i \neq k$, $g_k^* := cg_k$. Wenn $(x_1, \ldots, x_n)$ eine Lösung von $g_i = 0$ $(i = 1, \ldots, m)$ ist, dann folgt definitionsgemäß daraus auch $g_i^*(x_1, \ldots, x_n) = 0$ für $i = 1, \ldots, m$. Wegen $c \neq 0$ gilt auch das Umgekehrte.

Wir kommen zu iii).

Es seien $k_1, k_2 \in \{1, \ldots, m\}$, $k_1 \neq k_2$ und $g_i^* := g_i$ für alle $i \neq k_1$ sowie $g_{k_1}^* := g_{k_1} + g_{k_2}$. Wenn $(x_1, \ldots, x_n)$ eine Lösung von $g_i = 0, i = 1, \ldots, m$, ist, so resultiert aus der Definition der Funktionen $g_i^*$ wieder $g_i^*(x_1, \ldots, x_n) = 0$, $(i = 1, \ldots, m)$.

Sei umgekehrt $g_i^* = 0$ für alle $i \neq k_1$ — d.h. sofort $g_i = 0$ für alle $i \neq k_1$ — und $g_{k_1}^* = g_{k_1} + g_{k_2} = 0$ jeweils an der Stelle $(x_1, \ldots, x_n)$ erfüllt. Dann muß wegen $g_{k_1}^*(x_1, \ldots, x_n) = g_{k_2}(x_1, \ldots, x_n) = 0$ schließlich auch $g_{k_1} = g_{k_1}^* - g_{k_2}$ für $(x_1, \ldots, x_n)$ verschwinden.

■

Eine systematische Anwendung des obigen Satzes liefert den Gaußschen Algorithmus:

**Satz 2.2.10:**

i) Durch die in Satz 2.2.9 angegebenen elementaren Zeilenumformungen kann jedes lineare Gleichungssystem

$$(\mathcal{L}) \qquad \sum_{j=1}^{n} a_{ij} x_j = b_i \qquad , \; i = 1, \ldots, m \; ,$$

auf ein äquivalentes einfaches lineares Gleichungssytem $(\mathcal{L}')$ (in endlich vielen Schritten) umgeformt werden.

ii) Der Rang (und der Defekt) aller einfachen Systeme, zu welchen man vermöge elementarer Zeilenumformungen (in endlich vielen Schritten) gelangt, hängt nur vom betrachteten Ausgangssystem $(\mathcal{L})$ ab.

**Definition 2.2.11:**

Der Rang bzw. der Defekt eines linearen Gleichungssystems wird definiert als der Rang bzw. der Defekt eines nach Satz 2.2.10 erzielten äquivalenten einfachen linearen Gleichungssystems.

Beweis des Satzes 2.2.10:

Wir dürfen o.B.d.A. annehmen, daß nicht alle $a_{ij}$ verschwinden.

1.Schritt:

Durch Vertauschung von Gleichungen (Zeilen) sei dieses System schon so angeschrieben, daß in der ersten Zeile nicht alle Koeffizienten gleich 0 sind. Wir setzen $a_{ij}^{(1)} := a_{ij}$ und $b_i^{(1)} := b_i$ $(i = 1, \ldots, m;\ j = 1, \ldots, n)$. Sei $a_{1\sigma(1)}^{(1)} \neq 0$; dann kann man durch Anwendung der Umformungen ii) und iii) aus Satz 2.2.9 ein äquivalentes lineares Gleichungssystem erzeugen, für welches die Koeffizienten vor der Unbekannten $x_{\sigma(1)}$ in der zweiten bis m-ten Gleichung alle 0 sind. Nämlich: wir addieren für alle $j \in \{2, \ldots, m\}$ gleich das $(-a_{j\sigma(1)}^{(1)}/a_{1\sigma(1)}^{(1)})$-fache der ersten Zeile zur j-ten Zeile.

2.Schritt:

Wir betrachten nur noch die $m-1$ verbliebenen Gleichungen, in denen $x_{\sigma(1)}$ nicht mehr vorkommt, und lassen die erste Zeile (bis auf nachträgliche Umstellung der Reihenfolge der Summanden - quasi eine "Spaltenvertauschung" - innerhalb dieses 2.Schrittes) unverändert. Nach eventueller Zeilenvertauschung sei in der obersten betrachteten (also zweiten) Gleichung unseres neuen Systems

$$\sum_{j=1}^{n} a_{i\sigma(j)}^{(2)} x_{\sigma(j)} = b_i^{(2)} , \qquad i = 1, \ldots, m ,$$

wieder ein Koeffizient $a_{2\sigma(2)}^{(2)}$ von 0 verschieden. Genau genommen nehmen wir hierzu ggf. eine geeignete Umstellung an zweien von den Werten $\sigma(j)$ $(j = 2, \ldots, n)$ der Permutation $\sigma$ des 1.Schrittes vor und nennen die neue Permutation erneut $\sigma$. Damit werden dann wieder alle Koeffizienten von $x_{\sigma(2)}$ in den anschließenden Gleichungen zu 0 gemacht. Folglich erhalten wir erneut ein äquivalentes System, welches wir im nächsten Schritt — der u.U. wiederum mit geeigneter Zeilenvertauschung einsetzt — danach

$$\sum_{j=1}^{n} a_{i\sigma(j)}^{(3)} x_{\sigma(j)} = b_i^{(3)} \quad , \ i = 1, \ldots, m,$$

nennen werden.

Dieses Verfahren kann man in der beschriebenen Weise bis zu einem <u>$r$-ten Schritt</u> ($r \leq m$) fortsetzen, in welchem sich nach Umformungen die folgende Situation ergibt. Die verbliebenen $m-r+1$ Gleichungen haben die Gestalt (mit aktualisierten Bezeichnungen)

$$
\begin{aligned}
0x_{\sigma(1)} + \ldots + 0x_{\sigma(r-1)} + a^{(r)}_{r\sigma(r)} x_{\sigma(r)} + \ldots + a^{(r)}_{r\sigma(n)} x_{\sigma(n)} &= b^{(r)}_r \\
0 &= b^{(r+1)}_{r+1} \\
&\vdots \\
0 &= b^{(r+1)}_m
\end{aligned}
$$

mit $a^{(r)}_{r\sigma(r)} \neq 0$. Ein $(r+1)$-ter Schritt ist dann nicht mehr durchführbar. Wir bemerken, daß während des $r$-ten Schrittes die Unbekannten $x_{\sigma(1)}, x_{\sigma(2)}, \ldots, x_{\sigma(r-1)}$ in der $r$-ten Zeile nicht mehr vorkommen, d.h. die zugehörigen Koeffizienten sind dort gleich 0. Entsprechendes gilt für die Unbekannten $x_{\sigma(1)}, \ldots, x_{\sigma(r-2)}$ in der $(r-1)$-ten Gleichung, usw.; in der zweiten Gleichung schließlich ist $x_{\sigma(1)}$ "eliminiert". Somit erhalten wir insgesamt letztlich ein Gleichungssystem $(\mathcal{L}')$, der Form

$$
(\mathcal{L}') \quad \left\{
\begin{array}{rl}
a^{(1)}_{1\sigma(1)} x_{\sigma(1)} + a^{(1)}_{1\sigma(2)} x_{\sigma(2)} + \ldots + a^{(1)}_{1\sigma(r)} x_{\sigma(r)} + \ldots + a^{(1)}_{1\sigma(n)} x_{\sigma(n)} & = b^{(1)}_1 \\
a^{(2)}_{2\sigma(2)} x_{\sigma(2)} + \ldots + a^{(2)}_{2\sigma(r)} x_{\sigma(2)} + \ldots + a^{(2)}_{2\sigma(n)} x_{\sigma(n)} & = b^{(2)}_2 \\
\ddots \qquad \vdots \qquad\qquad \vdots \quad & \quad \vdots \\
a^{(r)}_{r\sigma(r)} x_{\sigma(r)} + \ldots + a^{(r)}_{r\sigma(n)} x_{\sigma(n)} & = b^{(r)}_r \\
0 & = b^{(r+1)}_{r+1} \\
& \quad \vdots \\
0 & = b^{(r+1)}_m ,
\end{array}
\right.
$$

wobei die Koeffizienten $a^{(i)}_{i\sigma(i)}$, $i = 1, \ldots, r$, von 0 verschieden sind. Dieses System ist <u>einfach</u>. Da wir jeden Schritt unter ausschließlichem Gebrauch von Äquivalenzumformungen gemacht haben, ist $(\mathcal{L}')$ ferner <u>äquivalent</u> zum Ausgangssystem.

Die Aussage ii) von Satz 2.2.10 können wir erst zu einem späteren Zeitpunkt beweisen (siehe dann Korollar 3.1.17).

■

Der Gaußsche Algorithmus stellt für uns also eine Handlungsanweisung dar, ein gegebenes lineares Gleichungssystem ($\mathcal{L}$) unter Erhaltung der Lösungsmenge in ein einfaches System ($\mathcal{L}'$) zu überführen. Für dieses — und folglich auch für das Ausgangssystem ($\mathcal{L}$)! — wissen wir aber um seine einfache Lösbarkeit, sofern nur die Existenz einer Lösung gewährleistet ist, und wir machen die

**Bemerkung 2.2.12:**

Aus dem Beweis des Lemmas 2.2.5 und der Bemerkung 2.2.6 folgt aufgrund des vorigen Satzes für jedes lösbare Gleichungssystem eine Darstellung der Lösungen in folgender Form:

$$\underline{x} = \underline{x}_p + t_1\underline{x}_1 + t_2\underline{x}_2 + \ldots + t_d\underline{x}_d \quad (t_1, t_2, \ldots, t_d \in \mathbb{R}) ,$$

wobei $d$ der Defekt des Systems ist. Auf diesen Sachverhalt werden wir noch etwas genauer eingehen.

**Beispiel 2.2.13:**

Unser Interesse gelte dem System

$$\begin{array}{rcrcrl} x_1 & + & & & x_3 & = b_1 \\ 2x_1 & + & x_2 & + & x_3 & = b_2 \\ & - & x_2 & + & x_3 & = b_3 \,. \end{array}$$

Um Schreibarbeit zu sparen, wird der Gaußsche Algorithmus in Form von folgenden Tableaus (oder "erweiterten Koeffizientenmatrizen") durchgeführt:

$$\begin{array}{ccc|c} x_1 & x_2 & x_3 & b \\ \hline \end{array}$$

$$\left(\begin{array}{ccc|c} \textcircled{1} & 0 & 1 & b_1 \\ 2 & 1 & 1 & b_2 \\ 0 & -1 & 1 & b_3 \end{array}\right) \begin{array}{c} |\cdot(-2) \\ + \\ \phantom{0} \end{array} \sim \left(\begin{array}{ccc|c} 1 & 0 & 1 & b_1 \\ 0 & 1 & \textcircled{-1} & b_2 - 2b_1 \\ 0 & -1 & 1 & b_3 \end{array}\right) \begin{array}{c} \phantom{0} \\ |\cdot 1 \\ + \end{array}$$

Pivot

$$\sim \left(\begin{array}{ccc|c} 1 & 0 & 1 & b_1 \\ 0 & 1 & -1 & b_2 - 2b_1 \\ 0 & 0 & 0 & b_3 + b_2 - 2b_1 \end{array}\right) .$$

Es ist der Rang $r = 2$, der Defekt $d = n - r = 1$. Das System ist genau dann lösbar, wenn $b_3 + b_2 - 2b_1 = 0$ ist. Wenn aber Lösbarkeit besteht, dann ist $x_3 = t$ beliebig wählbar, und es folgt

$$x_2 = b_2 - 2b_1 + t \qquad \text{und} \qquad x_1 = b_1 - t.$$

**Beispiel 2.2.14:**

Betrachten wir nun den Schnitt dreier Ebenen

$$E_i: \quad \overrightarrow{OX} \cdot \underline{\eta}_i = d_i \qquad (i = 1, 2, 3)$$

im $I\!R^3$. D.h. es ist die Menge derjenigen Punkte des $I\!R^3$ zu bestimmen, die in drei vorgegebenen Ebenen $E_i$ enthalten sind. Dazu erhält man mit

$$\overrightarrow{OX} = \begin{pmatrix} x_1 \\ x_2 \\ x_3 \end{pmatrix}, \; \underline{\eta}_1 = \begin{pmatrix} n_{11} \\ n_{12} \\ n_{13} \end{pmatrix}, \underline{\eta}_2 = \begin{pmatrix} n_{21} \\ n_{22} \\ n_{23} \end{pmatrix}, \underline{\eta}_3 = \begin{pmatrix} n_{31} \\ n_{32} \\ n_{33} \end{pmatrix}$$

für unbekanntes $(x_1, x_2, x_3) \in E_1 \cap E_2 \cap E_3$ die Gleichungen

$$(\mathcal{L}_\mathcal{E}) \qquad \begin{cases} n_{11}x_1 + n_{12}x_2 + n_{13}x_3 &= d_1 \\ n_{21}x_1 + n_{22}x_2 + n_{23}x_3 &= d_2 \\ n_{31}x_1 + n_{32}x_2 + n_{33}x_3 &= d_3 \,. \end{cases}$$

Jetzt sei <u>vereinbart</u>, daß wir die **Lösungen** eines linearen Gleichungssystems — je nach Bedarf — als Punkte $X = (x_1, \ldots, x_n)$ im $I\!R^n$ oder als Vektoren $\underline{x} = \begin{pmatrix} x_1 \\ \vdots \\ x_n \end{pmatrix} = \overrightarrow{OX}$ im $V^n$ deuten. So dürfen wir einstweilen $\underline{x}$ auch in Zeilenform notieren. Bald werden $\underline{x}$ <u>und</u> $\underline{x}^T := X$ Vektoren heißen.

In unserem Beispiel ergeben sich die folgenden Möglichkeiten:

<u>Fall i)</u> $r = 3$, also $d = 3 - r = 0$

$\Rightarrow (\mathcal{L}_\mathcal{E})$ ist eindeutig lösbar ($\underline{x} = \underline{x}_p$). Dann haben unsere drei Ebenen nur einen Punkt gemeinsam, also $p \; : \; \underline{x} = \underline{x}_p$.

<u>Fall ii)</u> $r = 2$, also $d = 1$ (eine Unbekannte ist frei wählbar), d.h.

$$g \; : \; \underline{x} = \underline{x}_p + t\underline{x}_1.$$

Dann schneiden die drei Ebenen einander (i.S. von $E_1 \cap E_2 \cap E_3$) genau in der Geraden $g$.

Fall iii) $r = 1$, also $d = 2$ (zwei Unbekannte sind frei wählbar), d.h.

$$E \; : \; \underline{x} = \underline{x}_p + t_1 \underline{x}_1 + t_2 \underline{x}_2.$$

Dies ist die Gleichung einer Ebene; danach muß für unsere Ausgangsebenen

$$E_1 = E_2 = E_3 = E$$

gelten. (Wir werden noch zeigen, daß $\underline{x}_1$ und $\underline{x}_2$ linear unabhängig sind.)

■

**Bemerkung 2.2.15:**

Das im Beweis von Satz 2.2.10 dargestellte "elementare Verfahren" wird auch Gaußsches Eliminationsverfahren genannt. Wenn man aber bei dessem j-ten Schritt die erste bis (j-1)-te Zeile nicht unverändert läßt, sondern die beschriebene Elimination auch noch einmal "von unten nach oben" durchführt ($j = 2, \ldots, r$), dann besitzt letztlich $(\mathcal{L}')$ die besonders einfache Form:R

$$(\mathcal{L}') \left\{ \begin{array}{lllll} a^{(1)}_{1\sigma(1)} x_{\sigma(1)} & & + a^*_{1\sigma(r+1)} x_{\sigma(r+1)} + \ldots + a^*_{1\sigma(n)} x_{\sigma(n)} & = b^*_1 \\ \quad a^{(2)}_{2\sigma(2)} x_{\sigma(2)} & & + a^*_{2\sigma(r+1)} x_{\sigma(r+1)} + \ldots + a^*_{2\sigma(n)} x_{\sigma(n)} & = b^*_2 \\ \qquad \ddots & & \vdots \qquad\qquad \vdots & \vdots \\ & a^{(r)}_{r\sigma(r)} x_{\sigma(r)} & + a^*_{r\sigma(r+1)} x_{\sigma(r+1)} + \ldots + a^*_{r\sigma(n)} x_{\sigma(n)} & = b^*_r \\ & & 0 & = b^{(r+1)}_{r+1} \\ & & & \vdots \\ & & 0 & = b^{(r+1)}_m . \end{array} \right.$$

Dabei ist $b^*_r$ gerade $b^{(r)}_r$ und an die Stelle eines führenden Dreiecksystems ist durch den so verfeinerten Gaußschen Algorithmus eine führende Diagonale getreten.

Nun kommen wir tatsächlich direkt zu Aussagen über die "Struktur" der Lösungsmenge.

**Satz 2.2.16:**

Gegeben sei das homogene lineare Gleichungssystem

$$(\mathcal{L}_{\text{hom}}) \qquad \sum_{j=1}^{n} a_{ij}x_j = 0 \quad , \; i = 1, \ldots, m \; ,$$

mit Rang $r$ und Defekt $d = n - r$. Ist $\underline{d > 0}$, dann gibt es $d$ über $\mathbb{R}$ (bzw. $\mathbb{C}$) linear unabhängige Lösungen $\underline{x}_1, \ldots, \underline{x}_d \in \mathbb{R}^n$(bzw. $\underline{x}_1, \ldots, \underline{x}_d \in \mathbb{C}^n$) des Systems, aber es gibt keine Teilmenge des $\mathbb{R}^n$ (bzw. $\mathbb{C}^n$) mit mehr linear unabhängigen Lösung. Ein n-Tupel $\underline{x}$ aus $\mathbb{R}^n$ (bzw. $\mathbb{C}^n$) ist genau dann eine Lösung des Systems, wenn es reelle (bzw. komplexe) Zahlen $t_1, t_2, \ldots, t_d$ so gibt, daß

$$\underline{x} = t_1\underline{x}_1 + t_2\underline{x}_2 + \ldots + t_d\underline{x}_d$$

gilt. D.h. die Lösungsmenge L lautet

$$\boxed{L_{hom}} := \{t_1\underline{x}_1 + t_2\underline{x}_2 + \ldots + t_d\underline{x}_d \,|\, t_1, t_2, \ldots, t_d \in \mathbb{R}\}$$

$$(\text{bzw.} \boxed{L_{hom}} := \{t_1\underline{x}_1 + t_2\underline{x}_2 + \ldots + t_d\underline{x}_d \,|\, t_1, t_2, \ldots, t_d \in \mathbb{C}\})$$

Ist $\underline{d = 0}$, dann ist $\underline{x} = 0$ die einzige Lösung , d.h. $L_{\text{hom}} = \{0\}$.

■

**Definition 2.2.17:**

Ist der Defekt eines homogenen linearen Gleichungssystems $(\mathcal{L}_{\text{hom}})$ positiv, so nennt man eine Menge $\{\underline{x}_1, \ldots, \underline{x}_d\}$ linear unabhängiger Lösungen ein **Fundamentalsystem** von $(\mathcal{L}_{\text{hom}})$.

Beweis des Satzes 2.2.16:

Wir dürfen uns auf den Fall eines reellen Gleichungssystems $(\mathcal{L}_{\text{hom}})$ beschränken; im komplexen Fall sind die Argumentationen ganz analog. Durch die Umformungen des gemäß Bemerkung 2.2.15 verfeinerten Gauß-Algorithmus und durch anschließende Division

$$\alpha_{ik} := a^*_{i\sigma(k)}/a^*_{i\sigma(i)} \quad (i = 1, \ldots, r \; ; \; k = r+1, \ldots, n)$$

überführen wir $(\mathcal{L}_{\text{hom}})$ in die Form

$$(\mathcal{L}'_{\text{hom}}) \left\{ \begin{array}{llllll} x_{\sigma(1)} & & +\alpha_{1\;r+1}x_{\sigma(r+1)}+ & \dots & +\alpha_{1\;n}x_{\sigma(n)} & = 0 \\ & x_{\sigma(2)} & +\alpha_{2\;r+1}x_{\sigma(r+1)}+ & \dots & +\alpha_{2\;n}x_{\sigma(n)} & = 0 \\ & \ddots & \vdots & & \vdots & \\ & x_{\sigma(r)} & +\alpha_{r\;r+1}x_{\sigma(r+1)}+ & \dots & +\alpha_{r\;n}x_{\sigma(n)} & = 0 \\ & & & & 0 & = 0 \\ & & & & & \vdots \\ & & & & 0 & = 0 \end{array} \right. \quad \left.\begin{array}{l} \\ \\ \\ \end{array}\right\} m-r.$$

Setzen wir nun in $(\mathcal{L}'_{\text{hom}})$ $x_{\sigma(r+1)} := t_1$ , $x_{\sigma(r+2)} := t_2, \dots, x_{\sigma(n)} := t_d$, so erhalten wir die "allgemeine Lösung " (parametrisch)

$$\begin{aligned} x_{\sigma(1)} &= -(\alpha_{1\;r+1}t_1 + \dots + \alpha_{1\;n}t_d) \\ x_{\sigma(2)} &= -(\alpha_{2\;r+1}t_1 + \dots + \alpha_{2\;n}t_d) \\ &\vdots \\ x_{\sigma(r)} &= -(\alpha_{r\;r+1}t_1 + \dots + \alpha_{r\;n}t_d) \\ x_{\sigma(r+1)} &= t_1 \\ &\vdots \\ x_{\sigma(n)} &= t_d. \end{aligned}$$

Bezeichnen wir die "Zeile" $(x_{\sigma(1)}, x_{\sigma(2)}, \dots, x_{\sigma(n)})$ mit $\underline{x}_\sigma$ und setzen wir

$$t_1 = 1 \ , \qquad t_2 = t_3 = \dots = t_d = 0 \ ,$$

so erhalten wir als eine erste Lösung $\underline{x}_\sigma = \underline{x}_\sigma^{(1)}$, nämlich (unparametrisch!)

$$\underline{x}_\sigma^{(1)} = (-\alpha_{1\;r+1}, -\alpha_{2\;r+2}, \dots, -\alpha_{r\;r+1}, \overbrace{1, 0, \dots, 0}^{d}) \ .$$

Wenn man $t_2 = 1$ und die restlichen Parameter 0 setzt, dann gelangt man zu einer zweiten Lösung $\underline{x}_\sigma = \underline{x}_\sigma^{(2)}$:

$$\underline{x}_\sigma^{(2)} = (-\alpha_{1\;r+2}, -\alpha_{2\;r+2}, \dots, -\alpha_{r\;r+2}, 0, 1, \dots, 0),$$

usw., bis man auf entsprechende Weise schließlich eine $d$-te Lösung $\underline{x}_\sigma = \underline{x}_\sigma^{(d)}$ ermittelt, nämlich den "Vektor"

$$\underline{x}_\sigma^{(d)} = (-\alpha_{1\;n}, -\alpha_{2\;n}, \dots, -\alpha_{r\;n}, 0, 0, \dots, 1).$$

Ein Blick auf die jeweils letzten $d$ Komponenten dieser Vektoren zeigt an, daß $\underline{x}_\sigma^{(k)}$ , $k = 1, \ldots, d$, linear unabhängig sind. Somit erhält man durch Rückvertauschung der $n$ Komponenten $x_{\sigma(j)}$ , $j = 1, \ldots, n$, die weiterhin linear unabhängigen Lösungstupel $\underline{x}_1, \ldots, \underline{x}_d$ und jede weitere Lösung muß dann von $\underline{x}_1, \ldots, \underline{x}_d$ linear abhängen. Ist $\underline{x}$ eine solche, die wir gleich auf die Form $\underline{x}_\sigma = (\ldots * \ldots, c_1, c_2, \ldots, c_d)$ bringen, so gilt nämlich gemäß der Gestalt der allgemeinen Lösung

$$\underline{x}_\sigma = c_1 \underline{x}_\sigma^{(1)} + c_2 \underline{x}_\sigma^{(2)} + \ldots + c_d \underline{x}_d^{(d)}.$$

Damit ergibt sich durch nochmalige Vertauschung der Komponenten rasch die behauptete Darstellbarkeit jeder Lösung

$$\underline{x} = c_1 \underline{x}_1 + c_2 \underline{x}_2 + \ldots + c_d \underline{x}_d \ ;$$

im Spezialfall $d = 0$ könnte man den einzigen Lösungsvektor $\underline{0}$ auch direkt aus $(\mathcal{L}'_{\text{hom}})$ ablesen.

Der zu $d > 0$ noch ausstehende Beweis der Umkehrrichtung erfolgt etwa durch Einsetzung von $t_1 \underline{x}_1 + t_2 \underline{x}_2 + \ldots + t_d \underline{x}_d$ (für beliebige $t_1, t_2, \ldots, t_d \in I\!R$) in $(\mathcal{L}_{\text{hom}})$. So ergibt sich mit $\underline{x}_k =: (x_{k\,1}, \ldots, x_{k\,n})$ $(k = 1, \ldots, d)$ tatsächlich

$$\sum_{j=1}^{n} a_{ij} \Big(\sum_{k=1}^{d} t_k x_{kj}\Big) = \sum_{k=1}^{d} \Big(\sum_{j=1}^{n} a_{ij} x_{kj}\Big) t_k = \sum_{k=1}^{d} 0 t_k = 0 \ , \ i = 1, \ldots, m.$$

■

**Satz 2.2.18:**

Gegeben sei das inhomogene lineare Gleichungssystem

$$(\mathcal{L}) \qquad \sum_{j=1}^{n} a_{ij} x_j = b_i \quad , \ i = 1, \ldots, m \ ,$$

mit Rang $r$ und Defekt $d = n - r$. Habe $(\mathcal{L})$ eine (partikuläre) Lösung $\underline{x}_p$ und sei zunächst $d > 0$ und $\{\underline{x}_1, \ldots, \underline{x}_d\}$ ein Fundamentalsystem des zu $(\mathcal{L})$ gehörigen homogenen Systems

$(\mathcal{L}_{\text{hom}})$. Ein $n$-Tupel $\underline{x}$ aus $\mathbb{R}^n$(bzw. $\mathbb{C}^n$) ist genau dann eine Lösung von $(\mathcal{L})$, wenn es reelle (bzw. komplexe) Zahlen $t_1, t_2, \ldots, t_d$ so gibt, daß

$$\underline{x} = \underline{x}_p + t_1\underline{x}_1 + t_2\underline{x}_2 + \ldots + t_d\underline{x}_d$$

gilt. D.h. die Lösungsmenge lautet $L = \{\underline{x}_p + \underline{y} \,|\, \underline{y} \in L_{\text{hom}}\} =: \{\underline{x}_p\} + L_{\text{hom}}$
Ist $\underline{d = 0}$, dann ist $\underline{x}_p$ die einzige Lösung , d.h. $L = \{\underline{x}_p\} =: \{\underline{x}_p\} + L_{\text{hom}}$.

∎

Beweis:

Wenn außer $\underline{x}_p$ auch noch $\underline{x}$ Lösung von $(\mathcal{L})$ ist, so ist $\underline{x} - \underline{x}_p =: (x_1 - x_{p\,1}, \ldots, x_n - x_{p\,n})$ Lösung des zugehörigen homogenen Systems:

$$\sum_{j=1}^{n} a_{ij}(x_j - x_{p\,j}) = \sum_{j=1}^{n} a_{ij}x_j - \sum_{j=1}^{n} a_{ij}x_{p\,j} = b_i - b_i = 0 \ , \ i = 1, \ldots, m.$$

Damit ist alles Behauptete zurückgeführt auf Satz 2.2.16 .

∎

**Bemerkung 2.2.19:**

Für homogene lineare Gleichungssysteme kann man stets $\underline{x}_p = 0$ wählen und erhält somit als für Spezialfälle von $(\mathcal{L})$ $L = \{\underline{x}_p\} + L_{\text{hom}} = L_{\text{hom}}$. Diese Menge ist jeweils ein $d$-dimensionaler Vektorraum $(d = n - r)$. Sei für ein homogenes System bereits der Gaußsche Algorithmus bis zum Erreichen eines äquivalenten einfachen Systems durchgeführt worden. Anstelle der Rückwärtseinsetzung mit $d$ Parametern (vgl. Bemerkung 2.2.6) kann man zur expliziten Ermittlung von $L_{\text{hom}}$ auch in der Weise, welche der Beweis von Satz 2.2.16 verrät, zunächst der Reihe nach $\underline{x}_i, i = 1, \ldots, d$, auffinden und dann $L_{\text{hom}} = \{t_1\underline{x}_1 + \ldots + t_d\underline{x}_d \,|\, t_1, \ldots, t_d \in \mathbb{R}\}$ angeben. Nämlich: wir setzen $(x_{\sigma(r+1)}, \ldots, x_{\sigma(n)}) := (0, \ldots, 0, \underbrace{1}_{\uparrow i}, 0, \ldots, 0)$ in das hergeleitete einfache System ein und vollziehen dann eine Rückwärtseinsetzung (zur Bestimmung von $x_{\sigma(1)}, \ldots, x_{\sigma(r)}$) ohne Parameter. Nach einer Rückvertauschung der Komponenten ergibt sich somit das

$i$-te Element unseres Fundamentalsystems.

Um eine partikuläre Lösung eines inhomogenen linearen Systems aufzufinden, empfiehlt es sich häufig, eine Rückwärtseinsetzung mit $(x_{\sigma(r+1)}, \ldots, x_{\sigma(n)}) = (0, \ldots, 0)$ und anschließend wieder eine Rückvertauschung vorzunehmen.

**Beispiel 2.2.20:**

Der Gaußsche Algorithmus mag uns zum einfachen System $(\mathcal{L})$ aus Beispiel 2.2.7 geführt haben. Wäre das Anfangsproblem homogen gewesen, so stünde in $(\mathcal{L})$ der 0-Vektor als $\underline{b} \Rightarrow L_{\text{hom}} = \{(x_1, x_2, x_3, x_4) \,|\, x_1 = t, x_2 = t, x_3 = -3t, x_4 = 0\}$, also $L_{\text{hom}} = \{t\underline{x}_1 \,|\, t \in \mathbb{R}\}$ mit $\underline{x}_1 = (1, 1, -3, 0)$. Sei nun jedoch $\underline{b} \neq 0$, aber $b_4 = 0$. Dann ist $(\mathcal{L})$ lösbar und wir erhalten eine partikuläre Lösung $\underline{x}_p$, indem wir in $(\mathcal{L}_\sigma)$ (vgl. Beispiel 2.2.7) nun $x_2 := 0$ (anstelle $x_2 := t$) setzen $\Rightarrow \underline{x}_p = (b_1 - 4b_3, 0, b_3, \frac{1}{6}b_2)$. Es folgt dann

$$\begin{aligned} L &= \{\underline{x}_p\} + L_{\text{hom}} \\ &= \left\{(b_1 - 4b_3, 0, b_3, \frac{1}{6}b_2) + (y_1, y_2, y_3, y_4) \,\middle|\, y_1 = t, y_2 = t, y_3 = -3t, y_4 = 0\right\}, \end{aligned}$$

also erneut $L = \left\{(b_1 - 4b_3 + 10t, t, b_3 - 3t, \frac{1}{6}b_2) \,\middle|\, t \in \mathbb{R}\right\}$.

# III. Matrizen, Determinanten und Eigenwerte

## III. 1. Matrixalgebra

Wie wir schon bemerkt haben, kann man ein vorgelegtes lineares Gleichungssystem ($\mathcal{L}$) als System Hessescher Formen von Ebenen deuten. Dadurch kann ($\mathcal{L}$), bestehend aus betrachteten $m$ Gleichungen, in der Form

$$\underline{a}_i \cdot \underline{x} = b_i \ , \qquad i = 1, \ldots, m \ ,$$

notiert werden. Wir wollen hier eine noch kompaktere Schreibweise einführen.

<u>**Definition 3.1.1:**</u>

Man nennt eine Abbildung $A\colon \{1, \ldots, m\} \times \{1, \ldots, n\} \to \mathbb{R}$ (bzw. $A\colon \{1, \ldots, m\} \times \{1, \ldots, n\} \to \mathbb{C}$) eine reelle (bzw. komplexe) $\boxed{(m,n)\text{-Matrix}}$ und schreibt $a_{ij} := A(i,j) \quad (i = 1, \ldots, m \ , \quad j = 1, \ldots, n)$.
Die Zahlen $\boxed{a_{ij}}$ heißen $\boxed{\text{Einträge}}$ (oder $\boxed{\text{Komponenten}}$) der Matrix, und sie werden zusammengefaßt gemäß

$$A = \begin{pmatrix} a_{11} & a_{12} & \cdots & a_{1n} \\ a_{21} & a_{22} & \cdots & a_{2n} \\ \vdots & \vdots & & \vdots \\ a_{m1} & a_{m2} & \cdots & a_{mn} \end{pmatrix} = \left(a_{ij}\right)_{\substack{i=1,\ldots,m \\ j=1,\ldots,n}} = \left(a_{ij}\right) .$$

Die Zahl $i$ heißt $\boxed{\text{Zeilenindex}}$ von $A$, und die Zahl $j$ heißt $\boxed{\text{Spaltenindex}}$ von $A$ $(i = 1, \ldots, m \, , \ j = 1, \ldots, n)$. Eine $(1,n)$-Matrix heißt $\boxed{\text{Zeilenvektor}}$ der $\boxed{\text{Dimension}}$ $n$ (oder $n$-dimensionaler Zeilenvektor). Eine $(m,1)$-Matrix heißt $\boxed{\text{Spaltenvektor}}$ der $\boxed{\text{Dimension}}$ $m$ (oder $m$-dimensionaler Spaltenvektor).

■

Nun werden wir — ähnlich wie bei Vektoren — eine Summe von Matrizen und die Multiplikation einer Matrix mit einer Zahl erklären.

**Definition 3.1.2:**

Es seien $A, B$ $(m,n)$-Matrizen und $\alpha \in \mathbb{R}$ (bzw. $\alpha \in \mathbb{C}$). Dann definieren wir $\boxed{A+B}$ und $\boxed{\alpha A}$ durch

i) $A + B = (a_{ij}) + (b_{ij}) := (a_{ij} + b_{ij})$

bzw. ii) $\alpha A = \alpha(a_{ij}) := (\alpha a_{ij})$ .

**Bemerkung 3.1.3:**

Mit dieser Setzung erfüllen die $(m,n)$-Matrizen die Punkte i)–vii) aus Satz 2.1.4. Deshalb bilden nach Definition 2.1.6 die $(m,n)$-Matrizen einen Vektorraum. Insbesondere beschreiben alle Zeilen- bzw. alle Spaltenvektoren gleicher Dimension einen Vektorraum.

**Definition 3.1.4:**

Es sei $A = (a_{ij})$ eine $(m,n)$-Matrix. Dann heißt die $(n,m)$-Matrix $(b_{ij})$ mit $b_{ij} := a_{ji}$ $(i = 1,\dots,m\,,\ j = 1,\dots,n)$ die zu $A$ $\boxed{\text{transponierte Matrix}}$, in Zeichen: $\boxed{A^T}$. Wenn $m = n$ gilt, so heißt $A$ eine $\boxed{\text{quadratische Matrix}}$.
Ist zusätzlich für die $(n,n)$-Matrix $A$

i) $A^T = A$ erfüllt, so heißt $A$ $\boxed{\text{symmetrisch}}$,

bzw. ii) $A^T = -A$ erfüllt, so heißt $A$ $\boxed{\text{antisymmetrisch}}$.

Beispiele:

a) Es ist $(a)$ mit $a \in \mathbb{R}$ (bzw. $a \in \mathbb{C}$) eine $(1,1)$-Matrix. Man sieht leicht, daß für $(1,1)$-Matrizen die gleichen Rechengesetze wie für Zahlen gelten, also braucht man zwischen Zahlen und $(1,1)$-Matrizen nicht zu unterscheiden. Dies gilt insbesondere auch für die später zu definierende Multiplikation zwischen Matrizen.

b) $\left(\frac{1}{2}, 2, 4, 0\right)$ : (1,4)-Matrix, d.h. 4-dimensionaler Zeilenvektor;

$\begin{pmatrix} 0 & 1 \\ -1 & 0 \end{pmatrix}$ : (2,2)-Matrix oder 2-zeilige quadratische Matrix.

c) $A = (1, 2, i, 0)$ ; $A^T = \begin{pmatrix} 1 \\ 2 \\ i \\ 0 \end{pmatrix}$ : 4-dimensionaler Spaltenvektor.

d)
$$A = \begin{pmatrix} 1 & 0 & 1 \\ 0 & 2 & 0 \\ 1 & 0 & 3 \end{pmatrix} : \qquad \text{es gilt } A^T = \begin{pmatrix} 1 & 0 & 1 \\ 0 & 2 & 0 \\ 1 & 0 & 3 \end{pmatrix} ,$$
also ist $A$ symmetrisch;
$$B = \begin{pmatrix} 0 & 0 & -1 \\ 0 & 0 & 0 \\ 1 & 0 & 0 \end{pmatrix} : \qquad \text{es gilt } B^T = \begin{pmatrix} 0 & 0 & 1 \\ 0 & 0 & 0 \\ -1 & 0 & 0 \end{pmatrix} ,$$
also ist $B$ antisymmetrisch.

e)
$$\underbrace{\begin{pmatrix} 1 & 0 & 2 \\ 2 & 1 & 3 \end{pmatrix}}_{(2,3)-\text{Matrix}} + \underbrace{\begin{pmatrix} 0 & 2 & 1 \\ 1 & 0 & -1 \end{pmatrix}}_{(2,3)-\text{Matrix}} = \underbrace{\begin{pmatrix} 1 & 2 & 3 \\ 3 & 1 & 2 \end{pmatrix}}_{(2,3)-\text{Matrix}} ;$$
$$\underbrace{2}_{\alpha} \underbrace{\begin{pmatrix} 1 & 0 & 2 \\ 2 & 1 & 3 \end{pmatrix}}_{(2,3)-\text{Matrix}} = \underbrace{\begin{pmatrix} 2 & 0 & 4 \\ 4 & 2 & 6 \end{pmatrix}}_{(2,3)-\text{Matrix}} ,$$

**Korollar 3.1.5:**

i) Seien $A, B$ $(m,n)$-Matrizen, sowie ein $\alpha \in \mathbb{R}$ (bzw. $\alpha \in \mathbb{C}$) vorgegeben. Dann gilt:
$$(A^T)^T = A \quad ,$$
$$(\alpha A)^T = \alpha A^T \quad \text{und}$$
$$(A + B)^T = A^T + B^T .$$

ii) Ist $M$ eine $(n,n)$-Matrix, dann gibt es $(n,n)$-Matrizen $S_M$ und $A_M$ so, daß gilt:
$$M = S_M + A_M , \qquad S_M^T = S_M , \qquad A_M^T = -A_M .$$

Beweis:

Zu i): Der Beweis ist eine leichte Übung. Wir benutzen i) sogleich

zu ii): Man setze: $S_M := \frac{1}{2}(M + M^T)$ , $A_M := \frac{1}{2}(M - M^T)$. Damit gilt $M = S_M + A_M$ , ferner

$$\begin{aligned} S_M^T &= \frac{1}{2}(M + M^T)^T = \frac{1}{2}(M^T + (M^T)^T) \\ &= \frac{1}{2}(M^T + M) = S_M \end{aligned}$$

und

$$\begin{aligned} A_M^T &= \frac{1}{2}(M - M^T)^T = \frac{1}{2}(M^T + (-M^T)^T) \\ &= \frac{1}{2}(M^T - (M^T)^T) = \frac{1}{2}(M^T - M) = -A_M \quad . \end{aligned}$$

■

Wir wollen jetzt auch zwischen Matrizen von genügender "Verträglichkeit" ein Produkt definieren. Dieses soll durch eine motivierende Betrachtung eingeführt werden. Wir denken uns zwei Betriebe $A$ und $B$, wovon $A$ aus den Rohstoffen $R_1, R_2, R_3$ die Zwischenprodukte $Z_1$ und $Z_2$ herstellt. Der andere Betrieb $B$ benutzt diese Zwischenprodukte zur Erzeugung der Endprodukte $E_1$ und $E_2$.

Schematische Darstellung:

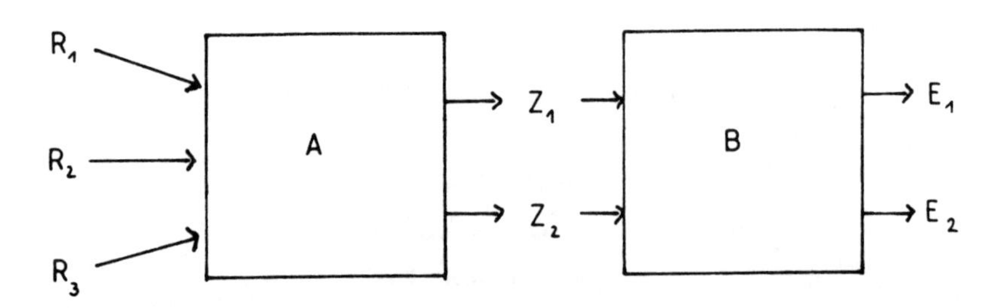


[Fig. 3.1]

Als "Rezepte" kennen wir:

| | | | | | | | |
|---|---|---|---|---|---|---|---|
| 1 kg $Z_1$ benötigt | $a_{11}$ | kg | $R_1$ | 1 kg $E_1$ benötigt | $b_{11}$ | kg | $Z_1$ |
| | $a_{21}$ | kg | $R_2$ | | $b_{21}$ | kg | $Z_2$ |
| | $a_{31}$ | kg | $R_3$ | | | | |
| 1 kg $Z_2$ benötigt | $a_{12}$ | kg | $R_1$ | 1 kg $E_2$ benötigt | $b_{12}$ | kg | $Z_1$ |
| | $a_{22}$ | kg | $R_2$ | | $b_{22}$ | kg | $Z_2$ . |
| | $a_{32}$ | kg | $R_3$ | | | | |

Eine vereinfachte Schreibweise wäre etwa die Angabe eines Produktionstableaus oder einer Produktionsmatrix in der folgenden Form:

| $A$ | $Z_1$ | $Z_2$ |
|---|---|---|
| $R_1$ | $a_{11}$ | $a_{12}$ |
| $R_2$ | $a_{21}$ | $a_{22}$ |
| $R_3$ | $a_{31}$ | $a_{32}$ |

| $B$ | $E_1$ | $E_2$ |
|---|---|---|
| $Z_1$ | $b_{11}$ | $b_{12}$ |
| $Z_2$ | $b_{21}$ | $b_{22}$. |

Bezeichnen wir nun mit $r_1, r_2, r_3$ bzw. $z_1, z_2$ und $e_1, e_2$ die Gesamtmengen der Rohstoffe bzw. Produkte, so gelten — weiterhin im produktions- und lagerungsmäßigen Idealfall — die nachgenannten "Erhaltungsgleichungen" (Bilanz):

$$R_1 : \quad r_1 = \underbrace{a_{11}z_1}_{\text{kg-Zahl von } R_1 \text{ zur Erzeugung von } z_1 \text{ kg von } Z_1} + \underbrace{a_{12}z_2}_{\text{kg-Zahl von } R_2 \text{ zur Erzeugung von } z_2 \text{ kg von } Z_2}$$

$$R_2 : \quad r_2 = a_{21}z_1 + a_{22}z_2$$

$$R_3 : \quad r_3 = a_{31}z_1 + a_{32}z_2 \, .$$

Ebenso gilt für $B$:

$$Z_1 : \quad z_1 = b_{11}e_1 + b_{12}e_2$$

$$Z_2 : \quad z_2 = b_{21}e_1 + b_{22}e_2 \, .$$

Sind jetzt $e_1, e_2$ fest bestellte (in kg-Zahlen wiedergegebene) Mengen von Endprodukten, so erhebt sich die Frage:

Wieviele kg der Rohstoffe $R_1, R_2, R_3$ wird der Betrieb $A$ zu beschaffen haben, um der Nachfrage seitens des Betriebs $B$ zu genügen?

Dazu rechnet man folgendermaßen:

$$\begin{aligned} r_1 &= a_{11}(b_{11}e_1 + b_{12}e_2) + a_{12}(b_{21}e_1 + b_{22}e_2) \\ &= (a_{11}b_{11} + a_{12}b_{21})e_1 + (a_{11}b_{12} + a_{12}b_{22})e_2 \end{aligned}$$

und analog

$$\begin{aligned} r_2 &= (a_{21}b_{11} + a_{22}b_{21})e_1 + (a_{21}b_{12} + a_{22}b_{22})e_2 \\ r_3 &= (a_{31}b_{11} + a_{32}b_{21})e_1 + (a_{31}b_{12} + a_{32}b_{22})e_2 \ . \end{aligned}$$

Denken wir uns ferner $A$ und $B$ zu einem Geamtbetrieb $C$ zusammengeschaltet, nämlich gemäß

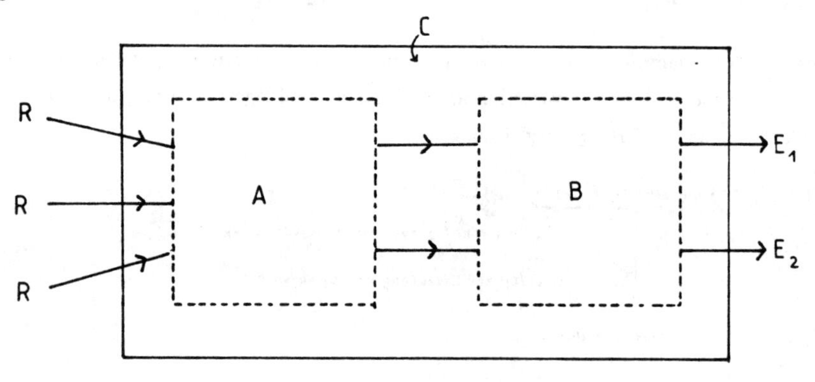


[Fig. 3.2]

und mit der Produktionsmatrix

| $C$ | $E_1$ | $E_2$ |
|---|---|---|
| $R_1$ | $c_{11}$ | $c_{12}$ |
| $R_2$ | $c_{21}$ | $c_{22}$ |
| $R_3$ | $c_{31}$ | $c_{32}$ , |

so ergibt sich wiederum ein System von Bilanzgleichungen:

$$
\begin{aligned}
r_1 &= c_{11}e_1 + c_{12}e_2 \\
r_2 &= c_{21}e_1 + c_{22}e_2 \\
r_3 &= c_{31}e_1 + c_{32}e_2 \ .
\end{aligned}
$$

Setzen wir in den beiden letzten Bilanzsystemen zum einen $e_1 = 1$ und $e_2 = 0$, so ergibt sich

$$
\begin{aligned}
c_{11} &= a_{11}b_{11} + a_{12}b_{21} \\
c_{21} &= a_{21}b_{11} + a_{22}b_{21} \\
c_{31} &= a_{31}b_{11} + a_{32}b_{21}
\end{aligned}
$$

Zum anderen resultiert mit $e_1 = 0$ und $e_2 = 1$ :

$$
\begin{aligned}
c_{12} &= a_{11}b_{12} + a_{12}b_{22} \\
c_{22} &= a_{21}b_{12} + a_{22}b_{22} \\
c_{32} &= a_{31}b_{12} + a_{32}b_{22} \ .
\end{aligned}
$$

Schematisch erhält man also folgende Tabelle:

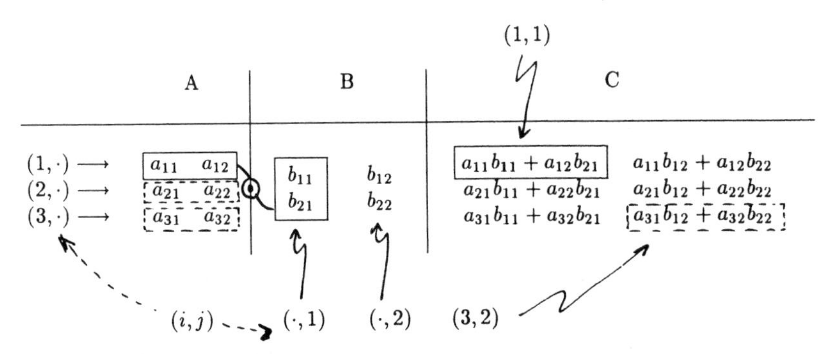


Diesen Sachverhalt benutzen wir jetzt zur Erklärung eines Produktes zweier Matrizen.

**Definition 3.1.6:**

i) Sei $A$ eine $(m,n)$-Matrix und $B$ eine $(p,q)$-Matrix. Dann sagt man $\boxed{A \text{ ist mit } B \text{ verkettet}}$, falls $n = p$ gilt (d.h. falls die Anzahl der "Ausgänge" von $A$ gleich der Anzahl der "Eingänge" von $B$ ist).

ii) Ist $A$ mit $B$ verkettet, so definieren wir zur $(m,p)$-Matrix $A$ und zur $(p,n)$-Matrix $B$ die $(m,n)$-Matrix $\boxed{AB}$. vermöge $C =: AB$ mit

$$c_{ij} := \sum_{l=1}^{p} a_{il} b_{lj} \,, \qquad i = 1, \ldots, m \,, \; j = 1, \ldots, n \,.$$

■

Beispiele:

1) Seien etwa $A$ irgendeine $(3,5)$-Matrix und $B$ irgendeine $(5,2)$-Matrix. Dann ist zwar $A$ mit $B$ verkettet, nicht aber $B$ mit $A$. Demnach ist "verkettet sein mit" nicht allgemein eine symmetrische Relation.

2) Seien

$$A = \begin{pmatrix} 1 & 0 & 2 \\ 2 & 1 & 0 \end{pmatrix} \qquad \text{und} \qquad B = \begin{pmatrix} 0 & 1 \\ 0 & -1 \\ 2 & 0 \end{pmatrix} .$$

Es ist $A$ mit $B$ verkettet und

$$\begin{aligned} AB &= \begin{pmatrix} 1 & 0 & 2 \\ 2 & 1 & 0 \end{pmatrix} \begin{pmatrix} 0 & 1 \\ 0 & -1 \\ 2 & 0 \end{pmatrix} = \begin{pmatrix} 1\cdot 0 + 0 \cdot 0 + 2 \cdot 2 & 1 \cdot 1 + 0 \cdot (-1) + 2 \cdot 0 \\ 2 \cdot 0 + 1 \cdot 0 + 0 \cdot 2 & 2 \cdot 1 + 1 \cdot (-1) + 0 \cdot 0 \end{pmatrix} \\ &= \begin{pmatrix} 4 & 1 \\ 0 & 1 \end{pmatrix} \quad : \quad (2,2)\text{-Matrix;} \end{aligned}$$

es ist $B$ mit $A$ verkettet und

$$BA = \begin{pmatrix} 0 & 1 \\ 0 & -1 \\ 2 & 0 \end{pmatrix} \begin{pmatrix} 1 & 0 & 2 \\ 2 & 1 & 0 \end{pmatrix} = \begin{pmatrix} 2 & 1 & 0 \\ -2 & -1 & 0 \\ 2 & 0 & 4 \end{pmatrix} \; : \; (3,3)\text{-Matrix}.$$

Also sind für unsere speziellen Matrizen $A, B$ die Produkte $AB$ und $BA$ zwar wohldefiniert, doch handelt es sich bei letzteren um ganz verschiedene Objekte.

3) Seien

$$\underline{a} = \begin{pmatrix} a_1 \\ a_2 \\ a_3 \end{pmatrix} \qquad \text{und} \qquad \underline{b} = \begin{pmatrix} b_1 \\ b_2 \\ b_3 \end{pmatrix} .$$

Dann ist

$$\begin{aligned} \underline{a} \cdot \underline{b} &= (\underline{a})^T \underline{b} \\ &= (\, a_1 \quad a_2 \quad a_3 \,) \begin{pmatrix} b_1 \\ b_2 \\ b_3 \end{pmatrix} \\ &= (a_1 b_1 + a_2 b_2 + a_3 b_3) \\ &= a_1 b_1 + a_2 b_2 + a_3 b_3 \; . \end{aligned}$$

Man könnte auch

$$\underline{a}\,\underline{b}^T = \begin{pmatrix} a_1 \\ a_2 \\ a_3 \end{pmatrix} (\, b_1 \quad b_2 \quad b_3 \,)$$

bilden. Dies ist das sogenannte dyadische Produkt zweier Vektoren. Das Ergebnis ist eine $(3,3)$-Matrix

$$\underline{a}\,\underline{b}^T = \begin{pmatrix} a_1 b_1 & a_1 b_2 & a_1 b_3 \\ a_2 b_1 & a_2 b_2 & a_2 b_3 \\ a_3 b_1 & a_3 b_2 & a_3 b_3 \end{pmatrix} .$$

Wir merken noch an, daß sich für alle $n \in \mathbb{N}$ das mit $(n,1)$-Zeilenvektoren erklärte Matrizenprodukt $\underline{a}^T \underline{b}$ gerade als das in Definition 2.1.8 eingeführte Skalarprodukt $\underline{a} \cdot \underline{b}$ herausstellt.

4) Lineare Gleichungssysteme: Seien $A$ eine $(m,n)$-Matrix, $\underline{x} = (x_1, \ldots, x_n)^T$ ein $n$-dimensionaler Spaltenvektor (unbekannt) und $\underline{b} = (b_1, \ldots, b_m)^T$ ein $m$-dimensionaler Spaltenvektor. Dann kann das lineare Gleichungssystem

$$\sum_{j=1}^{n} a_{ij} x_j = b_i \qquad , \; i = 1, \ldots, m \; ,$$

in der kurzen Form

$$\underbrace{A}_{(m,n)} \underbrace{\underline{x}}_{(n,1)} = \underbrace{\underline{b}}_{(m,1)}$$

geschrieben werden.

In gewissen Fällen kann man ein lineares Gleichungssystem in der Matrizenrechnung sehr leicht auflösen. Doch führen wir zunächst einige Begriffe ein.

**Definition 3.1.7:**

Die $(n,n)$-Matrix $(\delta_{ij})$ mit dem $\boxed{\text{Kroneckerschen Symbol}}$ $\boxed{\delta_{ij}}$, definiert durch

$$\delta ij := \begin{Bmatrix} 1 & , \text{ für } i = j \\ 0 & , \text{ für } i \neq j \end{Bmatrix} \quad (i,j = 1,\ldots,n)\ ,$$

heißt $\boxed{\text{n-te Einheitsmatrix}}$, in Zeichen: $\boxed{E_n}$ oder $\boxed{E}$.

**Definition 3.1.8:**

Existiert zu einer $(n,n)$-Matrix $A$ eine $(n,n)$-Matrix $B$ derart, daß

$$AB = BA = E_n$$

gilt, dann heißt $B$ die zu $A$ $\boxed{\text{inverse Matrix}}$, in Zeichen: $\boxed{A^{-1}}$. Existiert zu $A$ die inverse Matrix $A^{-1}$, dann heißt $A$ $\boxed{\text{invertierbar}}$, andernfalls $\boxed{\text{nichtinvertierbar}}$.

**Beispiel 3.1.9:**

$A = \begin{pmatrix} a & b \\ c & d \end{pmatrix}$ mit $ad - bc \neq 0$ ist invertierbar, denn $B := \dfrac{1}{ad-bc}\begin{pmatrix} d & -b \\ -c & a \end{pmatrix}$ erfüllt $AB = BA = \begin{pmatrix} 1 & 0 \\ 0 & 1 \end{pmatrix} = E_2$. Also gilt $B = A^{-1}$. In Satz 3.2.12 werden wir eine allgemeinere Formel für die inverse Matrix kennenlernen.

**Beispiel 3.1.10:**

Wir wenden uns der Auflösung eines linearen Gleichungssystems

$$(\mathcal{L}) \qquad A\underline{x} = \underline{b}$$

zu. Existiert $A^{-1}$, so gilt $A^{-1}A\underline{x} = A^{-1}\underline{b}$ und resultiert damit wegen $A^{-1}A = E_n$ und $E_n\underline{x} = \underline{x}$ die Gleichung $\underline{x} = A^{-1}\underline{b}$, welche die eindeutige Lösbarkeit von $\mathcal{L}$ anzeigt und die Lösung nennt. Ist $\underline{b} = \boxed{\underline{0}_m} := (\underbrace{0,\ldots,0}_{m})^T$, dann folgt $\underline{x} = \underline{0}_n$.

**Bemerkung 3.1.11:**

Existiert $A^{-1}$, so muß wegen der eindeutigen Lösbarkeit der Rang des Gleichungssystems $A\underline{x} = \underline{b}$ gleich der Spaltenzahl $n = m$ sein.

Nun wollen wir einige Rechenregeln zusammenstellen.

**Satz 3.1.12:**

i) Seien A mit B verkettet und B mit C verkettet. Dann ist zum einen A mit BC, sowie zum anderen AB mit C verkettet, und es gilt
A(BC) = (AB)C (assoziativ) .

ii) Sind A,B (m,n)-Matrizen und sind A und B mit einer weiteren Matrix C verkettet bzw. ist eine weitere Matrix D mit A und mit B verkettet, so gilt

$$\left.\begin{array}{rcl}(A+B)C & = & AC+BC \quad \text{bzw.} \\ D(A+B) & = & DA+DB\end{array}\right\} \quad \text{(distributiv)} .$$

iii) Ist A eine (m,n)-Matrix , so gilt
$E_m A = A E_n = A$ .

iv) $(AB)^T = B^T A^T$ , sofern A eine mit der Matrix B verkettete Matrix ist.

v) Wenn A eine invertierbare (n,n)-Matrix ist, dann folgt
$(A^T)^{-1} = (A^{-1})^T$ .

vi) Sei A eine invertierbare (n,n)-Matrix , B eine (m,n)- und C eine (n,m)-Matrix . Dann gibt es genau eine (m,n)-Matrix X und genau eine (n,m)-Matrix Y so, daß gilt:
XA = B bzw. AY=C .

Beweis:

zu i): Daß die angegebenen Matrizen verkettet sind, ist leicht zu sehen. Seien etwa A eine (m,n)-Matrix , B eine (n,p)-Matrix und C eine (p,q)-Matrix . Wir rechnen:
(A(BC))$(i,k)$ =

$$\begin{array}{rl} = & a_{i1}[b_{11}c_{1k} + b_{12}c_{2k} + \dots + b_{1p}c_{pk}] + \\ + & a_{i2}[b_{21}c_{1k} + b_{22}c_{2k} + \dots + b_{2p}c_{pk}] + \\ \vdots & \\ + & a_{in}[b_{n1}c_{1k} + b_{n2}c_{2k} + \dots + b_{np}c_{pk}] = \\ = & [a_{i1}b_{11} + a_{i2}b_{21} + \dots + a_{in}b_{n1}]c_{1k} + \\ \vdots & \\ + & [a_{i1}b_{1p} + a_{i2}b_{2p} + \dots + a_{in}b_{np}]c_{pk} = \end{array}$$

$$= ((AB)C)(i,k) \; (i = 1,\dots,m \; ; \; k = 1,\dots,q).$$

zu ii): Beweis durch einfaches Ausrechnen.

zu iii): Es gilt für alle Indizes $i = 1, \dots, m$ und $j = 1, \dots, n$:

$$(\mathrm{AE}_n)(i,j) = \sum_{k=1}^{n} a_{ik}\delta_{kj} = a_{ij}, \; (\mathrm{E}_m \mathrm{A})(i,j) = \sum_{k=1}^{m} \delta_{ik}a_{kj} = a_{ij} .$$

zu iv): Seien A und B wie zu i). Dann ist $\mathrm{B}^T$ eine (p,n)-Matrix und $\mathrm{A}^T$ eine (n,m)-Matrix . Also ist $\mathrm{B}^T$ mit $\mathrm{A}^T$ verkettet und gilt mit $\mathrm{A}^T =: (\alpha_{ij})$ und $\mathrm{B}^T =: (\beta_{ij})$ eintragsweise

$$(\mathrm{B}^T \mathrm{A}^T)(i,j) = \sum_{l=1}^{n} \beta_{il}\alpha_{lj} = \sum_{l=1}^{n} b_{li}a_{jl} = \sum_{l=1}^{n} a_{jl}b_{li} = (\mathrm{AB})^T(i,j).$$

zu v): Mit Benutzung von iv) erkennt man : $\mathrm{A}^T(\mathrm{A}^{-1})^T = (\mathrm{A}^{-1}\mathrm{A})^T = \mathrm{E}_n^T = \mathrm{E}_n$ und ebenso $(\mathrm{A}^{-1})^T \mathrm{A}^T = \mathrm{E}_n$.

zu vi): Es sind

$$\mathrm{X} = \mathrm{BA}^{-1} \quad \text{und} \quad \mathrm{Y} = \mathrm{A}^{-1}\mathrm{C}$$

die jeweils eindeutigen gesuchten Lösungen .

■

**Bemerkung 3.1.13:**

Wenn wir später (kurz) mit dem Konjugiert-Komplexen $\boxed{\overline{\mathrm{C}}}$ einer komplexen (m,n)-Matrix $\mathrm{C}=(c_{ij})$ arbeiten, so werden wir $\overline{\mathrm{C}} := (\overline{c_{ij}})$ meinen und somit in einfacher Weise anfallende Rechnungen über das Matrizenkalkül komponentenweise auf Satz 1.4.5 zurückführen können. Zum Beispiel (Übung) gilt für zwei komplexe Matrizen A und B, für die A mit B verkettet sei,

$$\overline{\mathrm{AB}} = \overline{\mathrm{A}}\,\overline{\mathrm{B}} .$$

■

Wie wir gesehen haben, kann man lineare Gleichungssysteme sehr prägnant in Matrixschreibweise formulieren. Noch allgemeiner ist das "Divisionsproblem"

$$\underbrace{\mathrm{A}}_{(m,p)\nearrow} \quad \underbrace{\mathrm{X}}_{\uparrow(p,n)} = \underbrace{\mathrm{B}}_{\nwarrow(m,n)} ,$$

wobei A,B gegeben sind und X gesucht wird.
Der Spezialfall n=1 liefert dann die Gleichungssysteme. Gilt p=m=n und gilt B=$E_n$, so ist dies die Gleichung für $A^{-1}$, falls die inverse Matrix existiert (Lösbarkeit!).
Um das obige Divisionsproblem zu studieren, definieren wir den Rang einer Matrix :

**Definition 3.1.14:**

Es sei A eine (m,n)-Matrix . Den Rang des homogenen Gleichungssystems

$$A\underline{x} = \underline{0}$$

nennt man **Rang** der Matrix A, kurz **$r(A)$** . Unter dem **Zeilenrang** (**Spaltenrang**) von A versteht man die Maximalzahl der linear unabhängigen Zeilenvektoren (bzw. Spaltenvektoren) von A.

**Bemerkung 3.1.15:**

Es gilt wiederum $r(A) \leq \min\{m, n\}$ (vgl. Bemerkung 2.2.3).

**Satz 3.1.16:**

Sei A eine (m,n)-Matrix . Dann gilt:
i) Der Zeilenrang von A ist gleich $r(A)$.
ii) Der Spaltenrang von A ist gleich $r(A)$.

**Korollar 3.1.17:**

Aus Satz 3.1.16 – zusammen mit Definition 3.1.14 – folgt nun, daß der Rang eines gemäß Gauß-Algorithmus erzeugten einfachen Gleichungssystems unabhängig von der speziellen Durchführung des Algorithmus ist, da er nur von der Maximalzahl der linear unabhängigen Zeilenvektoren bestimmt wird. (Somit wäre auch Satz 2.2.10 ii) endgültig verifiziert.)

■

Wir wollen in der Tat als Nächstes die elementaren Umformungen des Gaußschen Algorithmus für den Beweis von Satz 3.1.16 vorbereitend wiedereinführen.

**Hilfssatz :**

Die nachfolgenden Operationen ändern den Zeilenrang einer Matrix nicht :

i) Vertauschen von Zeilenvektoren ,

i') Vertauschen von Spaltenvektoren ,

ii) Multiplikation einer Zeile mit einer Konstante $c \neq 0$ ,

iii) Addition eines Vielfachen einer Zeile zu einer anderen.

Beweis:

zu i): Übung.

Es seien nun A eine (m,n)-Matrix und $a^{(1)}, \ldots, a^{(m)}$ die Zeilenvektoren von A.

zu i'): Wir betrachten das Gleichungssystem

$$\sum_{j=1}^{m} \alpha_j a^{(j)} = 0 \ ,$$

oder ausgeschrieben

$$(\mathcal{L}') \qquad \begin{cases} a_1^{(1)}\alpha_1 & + & a_1^{(2)}\alpha_2 & + & \ldots & + & a_1^{(m)}\alpha_m & = & 0 \\ \vdots & & \vdots & & & & \vdots & & \vdots \\ a_n^{(1)}\alpha_1 & + & a_n^{(2)}\alpha_2 & + & \ldots & + & a_n^{(m)}\alpha_m & = & 0 \end{cases} .$$

Dieses kann man folgendermaßen abkürzen :

$$A'\underline{\alpha} = \underline{0} \quad ,$$

wobei $A' := A^T$ und $\underline{\alpha} = (\alpha_1, \ldots, \alpha_n)^T$ seien.

Vertauscht man jetzt zwei Spalten in A, so vertauschen sich zwei Gleichungen im Gleichungssystem ($\mathcal{L}'$). Dabei ändert sich die Lösungsmenge von ($\mathcal{L}'$) nicht!
Wir bezeichnen die Spaltenvektoren in der vertauschten Matrix mit $\hat{a}^{(i)}$ , $i = 1, \ldots, m$.
Sind die Zeilenvektoren $a^{(1)}, \ldots, a^{(m)}$ von A linear unabhängig , so hat das System ($\mathcal{L}'$) nur die triviale Lösung $\underline{\alpha} = \underline{0}$. Dann aber hat auch das System $\sum_{j=1}^{m} \beta_j \hat{a}^{(j)} = 0$ nur die triviale Lösung und sind $\hat{a}^{(i)}$ , $i = 1, \ldots, m$, linear unabhängig.
Sind andererseits die Zeilenvektoren $a^{(1)}, \ldots, a^{(m)}$ von A linear abhängig, so hat das System ($\mathcal{L}'$) eine Lösung $\underline{\alpha} = \underline{\beta}$ mit $\underline{\beta} \neq \underline{0}$. Wie bemerkt löst $\underline{\beta} = (\beta_1, \ldots, \beta_m)^T$ auch das System $\sum_{j=1}^{m} \beta_j \hat{a}^{(j)} = 0$ und somit sind auch $\hat{a}^{(i)}$ , $i = 1, \ldots, m$, linear abhängig.
Die vorausgegangenen Überlegungen bleiben richtig, wenn man sich auf irgendein Teilsystem $\{a^{(j_1)}, a^{(j_2)}, \ldots, a^{(j_k)}\}$ $(1 \leq j_1 < j_2 < \ldots < j_k \leq m)$ von Zeilen bezieht und so A durch die Matrix

$$\begin{pmatrix} a^{(j_1)} \\ a^{(j_2)} \\ \vdots \\ a^{(j_k)} \end{pmatrix}$$

ersetzt. Insgesamt gesehen ändert sich also bei Vertauschung von Spalten der Matrix A die Maximalzahl linear unabhängiger Zeilenvektoren – d.h. der Zeilenrang von A – nicht.

zu ii): Angenommen, die Behauptung wäre falsch. Dann dürfen wir ohne Einschränkung annehmen, daß es ein $c \neq 0$ und ein $k \in \{1, \ldots, m\}$ mit linearer Unabhängigkeit von $a^{(1)}, \ldots, a^{(k-1)}, c \cdot a^{(k)}$, aber linearer Abhängigkeit von $a^{(1)}, \ldots, a^{(k-1)}, a^{(k)}$ gibt.

Demnach folgt einerseits aus $\sum_{j=1}^{k-1} \beta_j a^{(j)} + \beta_k \cdot c a^{(k)} = 0$ stets $\beta_1 = \ldots = \beta_k = 0$;

andererseits gibt es $\alpha_1, \ldots, \alpha_k$, nicht alle 0, mit $\sum_{j=1}^{k} \alpha_j a^{(j)} = 0$. Also sind auch

$\beta_1 := \alpha_1, \ldots, \beta_{k-1} := \alpha_{k-1}, \beta_k := \dfrac{\alpha_k}{c}$ nicht alle 0; Widerspruch!

zu iii): Wir dürfen annehmen, daß eine Menge linear unabhängiger Zeilenvektoren maximaler Anzahl $\rho \leq m$ $\{a^{(1)}, \ldots, a^{(\rho)}\}$ lautet. Nun werde o.B.d.A. für ein $k \in \{2, \ldots, m\}$ und ein $c \neq 0$ der Vektor $ca^{(k)}$ zu $a^{(1)}$ addiert.

1.Fall : $2 \leq k \leq \rho$ : Dann sind $a^{(1)} + ca^{(k)}, a^{(2)}, \ldots, a^{(\rho)}$ linear unabhängig, denn aus

$$\alpha_1[a^{(1)} + ca^{(k)}] + \alpha_2 a^{(2)} + \ldots + \alpha_k a^{(k)} + \alpha_\rho a^{(\rho)} = 0$$

folgt $\alpha_1 = 0, \alpha_2 = 0, \ldots, \alpha_k + c\alpha_1 = 0, \ldots, \alpha_\rho = 0$ und damit auch $\alpha_k = 0$.

2.Fall : $\rho < k \leq m$ : Es sind $a^{(1)}, a^{(2)}, \ldots, a^{(\rho)}, a^{(k)}$ linear abhängig; mit geeigneten Koeffizienten, die nicht alle verschwinden, heißt das

$\alpha_1 a^{(1)} + \ldots + \alpha_\rho a^{(\rho)} = \alpha_k a^{(k)}$. Wäre $\alpha_k = 0$, so wären $a^{(1)}, \ldots, a^{(\rho)}$ linear abhängig. Dies kann nicht sein, also ist $\alpha_k \neq 0$. Deshalb gilt

$$(*) \qquad a^{(k)} = \frac{1}{\alpha_k}[\alpha_1 a^{(1)} + \ldots + \alpha_\rho a^{(\rho)}].$$

Gilt nun $\beta_1(a^{(1)} + ca^{(k)}) + \beta_2 a^{(2)} + \ldots + \beta_\rho a^{(\rho)} = 0$, so folgt mit (*):

$(\beta_1 + \beta_1 c\frac{\alpha_1}{\alpha_k})a^{(1)} + \ldots + (\beta_\rho + \beta_1 c\frac{\alpha_\rho}{\alpha_k})a^{(\rho)} = 0$

$\Rightarrow \beta_1 + \beta_1 c\frac{\alpha_1}{\alpha_k} = 0 \Rightarrow \beta_1 = 0$ oder $1 + c\frac{\alpha_1}{\alpha_k} = 0$.

1.) Wäre $1 + c\frac{\alpha_1}{\alpha_k} = 0$ und $\beta_1 \neq 0$, so wären $a^{(2)}, \ldots, a^{(\rho)}, a^{(k)}$ linear unabhängig, denn aus $\gamma_2 a^{(2)} + \ldots + \gamma_\rho a^{(\rho)} + \gamma_k \frac{1}{\alpha_k}[\sum_{i=1}^{\rho} \alpha_i a^{(i)}] = 0$ folgt $0 = \gamma_k \frac{\alpha_1}{\alpha_k} = -\frac{\gamma_k}{c}$, damit $\gamma_k = 0$ und folglich $\gamma_2 = \gamma_3 = \ldots = \gamma_\rho = 0$. Also gibt es in der neuen Matrix wieder wenigstens $\rho$ linear unabhängige Zeilenvektoren.

2.) Ist $\beta_1 = 0$, so folgt sofort $\beta_2 = \ldots = \beta_\rho = 0$, womit erneut wenigstens $\rho$ linear unabhängige Zeilenvektoren vorhanden sind.

Damit ist gezeigt, daß die neue Matrix mindestens ebensoviele linear unabhängige Zeilenvektoren wie die alte Matrix hat.

Umgekehrt führen alle Wahlen von $\rho + 1$ verschiedenen Zeilen (aus der neuen Matrix ) zur Feststellung von deren linearer Abhängigkeit. Dazu betrachten wir ohne Einschränkung das System $a^{(1)} + ca^{(k)}, a^{(2)}, \ldots, a^{(\rho+1)}$ und mit diesem die Gleichung

$$\binom{*}{*} \qquad \alpha_1(a^{(1)} + ca^{(k)}) + \alpha_2 a^{(2)} + \ldots + \alpha_{\rho+1} a^{(\rho+1)} = 0.$$

1.Fall : $2 \leq k \leq \rho+1$ : Dann gilt $\alpha_1 a^{(1)}+\ldots+(\alpha_k+\alpha_1 c)a^{(k)}+\ldots+\alpha_{\rho+1}a^{(\rho+1)}=0$ mit $\alpha_i \neq 0$ für wenigstens ein $i \neq k$ oder mit $\alpha_k+\alpha_1 c \neq 0$. Wäre dabei aber zwar selbst noch kein $\alpha_i, i \neq k$, nichtverschwindend, so folgte $\alpha_k + \alpha_1 c \neq 0$ und schließlich doch $\alpha_k \neq 0$. Die betrachteten Vektoren sind damit stets linear abhängig.

2.Fall : $\rho+1 < k \leq m$ : Dann schreiben wir $\binom{*}{*}$ in der Weise

$$(\,{}^{*}_{*}*) \qquad \alpha_1 a^{(1)} + \alpha_2 a^{(2)} + \ldots + \alpha_{\rho+1}a^{(\rho+1)} + \alpha_1 c a^{(k)} = 0.$$

Wegen der linearen Abhängigkeit von $a^{(1)},\ldots,a^{(\rho+1)}$ gilt o.B.d.A.

$$a^{(1)} = \beta_2 a^{(2)} + \ldots + \beta_{\rho+1}a^{(\rho+1)}.$$

Dies in $(\,{}^{*}_{*}*)$ eingesetzt ergibt

$$(\alpha_2+\alpha_1\beta_2)a^{(2)} + \ldots + (\alpha_{\rho+1}+\alpha_1\beta_{\rho+1})a^{(\rho+1)} + \alpha_1 c a^{(k)} = 0,$$

wobei $\alpha_1 \neq 0$ oder für wenigstens ein $i \in \{2,\ldots,\rho+1\}$ die Beziehung $\alpha_i + \alpha_1\beta_i \neq 0$ zutreffen muß. Ist $\alpha_1 \neq 0$, so liefert $\binom{*}{*}$ die lineare Abhängigkeit des neuen Systems.
Ist $\alpha_1 = 0$, so gilt für wenigstens ein $i \neq 1$ die Beziehung $\alpha_i \neq 0$, womit aus $\binom{*}{*}$ wieder die lineare Abhängigkeit des neuen Systems folgt.
Also kann über eine Addition des $c$-fachen einer Zeile zu einer anderen Zeile die maximale Anzahl linear unabhängiger Zeilenvektoren von A auch nicht gesteigert werden ($c \neq 0$).

Insgesamt gesehen hat jene Operation den Zeilenrang von A nicht verändert (für diese Feststellung dürfen wir selbstverständlich $c = 0$ wiederzulassen).

■

Nach dieser Vorbereitung kommen wir nun zum

Beweis von Satz 3.1.16:

Wir beweisen nur i) (es kann analog ii) gezeigt werden). Mit unserer (m,n)-Matrix A vollziehen wir den Übergang

$$A\underline{x} = \underline{0} \xrightarrow[\text{Algorithmus} \ldots\ (r := r(A))]{\text{verfeinerter Gaußscher}} B\underline{y} = \underline{0} \text{ mit } B = \left(\begin{array}{c|c} \overbrace{\begin{matrix} 1 & & 0 \\ & 1 & \\ & & \ddots \\ 0 & & 1 \end{matrix}}^{r} & * \\ \hline 0 & 0 \end{array}\right)$$

Sei nun $\rho(A)$ die Maximalzahl der linear unabhängigen Zeilenvektoren von A; dann ist wegen des Hilfssatzes $\rho(A) = \rho(B)$, wobei $\rho(B)$ die entsprechende Maximalzahl für B bezeichnet. Wir behaupten für unsere Rang- und Zeilengrößen:

$$\rho(A) = \rho(B) = r(A).$$

Um diese Gleichungen zu beweisen, betrachten wir die ersten $r$ Zeilen von B. Diese lauten

$$\begin{aligned} b^{(1)} &= (1, 0, \ldots, 0, \ldots * \ldots) \ , \\ b^{(2)} &= (0, 1, \ldots, 0, \ldots * \ldots) \ , \\ &\vdots \\ b^{(r)} &= (0, 0, \ldots, 1, \ldots * \ldots) \end{aligned}$$

und sind linear unabhängig , da aus $\alpha_1 b^{(1)} + \ldots + \alpha_r b^{(r)} = \underline{0}^T$ zunächst $(\alpha_1, \alpha_2, \ldots, \alpha_r, \ldots * \ldots) = \underline{0}^T$ und damit $\alpha_1 = \alpha_2 = \ldots = \alpha_r = 0$ folgt. Jeder weitere hinzugenommene Vektor ist der Nullvektor und mit ihm wird das System linear abhängig.

■

**Bemerkung 3.1.18:**

Für alle $m \in \mathbb{N}$ gilt: der Vektorraum aller geometrischen Vektoren im $\mathbb{R}^m, V^m$, -und damit $\mathbb{R}^m$ selbst- ist <u>$m$-dimensional</u>, d.h. es ist $m$ die Maximalzahl linear unabhängiger Elemente dieser Menge.

Beweis:

Da die $m$ Einheitsvektoren $\underline{e}^{(i)} = (0,\ldots,0,\overbrace{1}^{\downarrow i},0,\ldots,0)^T$ $(i = 1,\ldots,m)$ offenbar linear unabhängig sind, kommt es nur noch darauf an einzusehen, daß jede Teilmenge des $V^m$ mit mehr als $m$ Elementen linear abhängig ist. Seien irgendein $n \in I\!N$ mit $n > m$, sowie Vektoren $\underline{v}_1,\ldots,\underline{v}_n \in V^m$ hergenommen. Das lineare Gleichungssystem $\sum_{i=1}^{n} \alpha_i \underline{v}_i = \underline{0}$ in der Unbekannten $\underline{\alpha} := (\alpha_1,\ldots,\alpha_n)^T$ bedeutet mit A:=$(\underline{v}_1,\ldots,\underline{v}_n)$ gerade die Gleichung $A\underline{\alpha} = \underline{0}$. Für dessen Rang $r = r(A)$ muß nach Bemerkung 3.1.15 $r \leq \min\{m,n\}$ gelten, also wegen $m < n$ insbesondere $r(A) < n$. Da aber nach Satz 3.1.16 ii) $r(A)$ genau die Maximalzahl linear unabhängiger Spaltenvektoren von A ist, müssen $\underline{v}_1,\ldots,\underline{v}_n$ linear abhängig sein.

■

**Definition 3.1.19:**

Es sei A eine $(m,n)$-Matrix .
Ist $r(A) = m$ erfüllt, so heißt A zeilenregulär;
ist $r(A) = n$ erfüllt, so heißt A spaltenregulär.
Gilt $m = n$, so heißt A im Falle $r(A) = n$ regulär und im Falle $r(A) < n$ nichtregulär oder singulär.

**Bemerkung 3.1.20:**

Anstelle einer etwaigen Kennzeichnung unserer Matrix A durch die Begriffe zeilenregulär bzw. spaltenregulär bzw. regulär sagt man manchmal auch, A habe vollen Zeilenrang bzw. vollen Spaltenrang bzw. vollen Rang. Zu den ersten beiden Sprechweisen gibt uns Satz 3.1.16 die Berechtigung.

**Satz 3.1.21:**

Es seien A eine $(m,n)$-Matrix und $\underline{b}$ ein $(m,1)$-Spaltenvektor.

i) Ist A zeilenregulär, dann ist das lineare Gleichungssystem

$$(\mathcal{L}) \qquad A\underline{x} = \underline{b}$$

immer lösbar und sind $n - m$ Unbekannte frei wählbar.

ii) Ist A spaltenregulär, dann ist $(\mathcal{L})$ nicht im allgemeinen lösbar . Falls jedoch $A\underline{x} = \underline{b}$ für ein spezielles $\underline{b}$ lösbar ist, dann besteht eindeutige Lösbarkeit dieses linearen Gleichungssystems $(\mathcal{L})$.

iii) Ist A zeilen- und spaltenregulär, so besteht immer eindeutige Lösbarkeit des linearen Gleichungssystems $(\mathcal{L})$. Ferner gilt insbesondere $m = n$ und A ist invertierbar.

Beweis:

zu i): Sei A zeilenregulär. Nach Anwendung des Gaußschen Algorithmus erhalten wir ein (einfaches) lineares Gleichungssystem, welches nach eventueller Vertauschung der $x_j$ , $j = 1, \ldots, n$, die folgende Form hat:

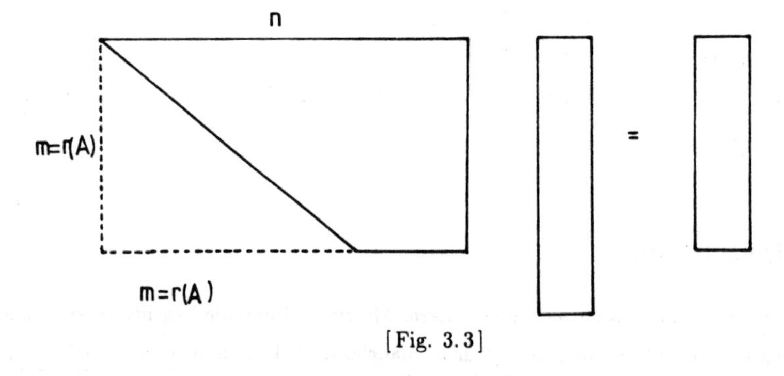


[Fig. 3.3]

Dieses ist lösbar und $n - m$ Unbekannte sind frei wählbar.

zu ii): Sei A spaltenregulär. Nach Anwendung des Gaußschen Algorithmus erhält das Gleichungssystem die Form:

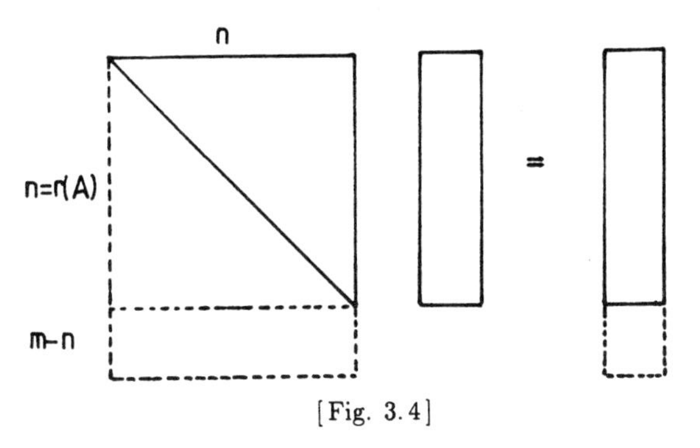


[Fig. 3.4]

Dieses System ist nur dann lösbar, wenn auf der rechten Seite zu den letzten $m-n$ Stellen Nulleinträge erscheinen. Dann ist die Lösung sogar eindeutig bestimmt.

zu iii): Sei A zeilen- und spaltenregulär; es läßt sich dann sogleich $m = n = r(A)$ vermerken. Wegen i) und ii) gibt es genau eine Lösung. Um zu zeigen, daß A invertierbar ist, beweisen wir die Existenz von $A^{-1}$ (vgl. Definition 3.1.18).

Das lineare Gleichungssystem $A\underline{x} = \underline{b}$ ist für jedes $\underline{b}$ eindeutig lösbar ; die Lösung bezeichnen wir jewils mit $\underline{x}_{\underline{b}}$. Schreiben wir wiederum $\underline{e}^{(i)}$ für $(0,0,\ldots,0,1\overbrace{\overset{\downarrow i}{1}},0,\ldots,0)^T$, so resultiert aus dem System $A\underline{x} = \underline{e}^{(i)}$ der Lösungsvektor $\underline{x} = \underline{x}_{\underline{e}^{(i)}}$ $(i = 1,\ldots,n)$. Jetzt bilden wir die Matrix

$$B := (\underline{x}_{\underline{e}^{(1)}}, \underline{x}_{\underline{e}^{(2)}}, \ldots, \underline{x}_{\underline{e}^{(n)}}).$$

Sie erfüllt

$$AB = (A\underline{x}_{\underline{e}^{(1)}}, \ldots, A\underline{x}_{\underline{e}^{(n)}}) = (\underline{e}^{(1)}, \ldots, \underline{e}^{(n)}) = E.$$

Um B als $A^{-1}$ zu erkennen, müssen wir nun noch BA=E einsehen. Wir setzen dazu für alle $i = 1,\ldots,n$ $\underline{y}^{(i)} := B\underline{a}^{(i)}$, wobei $\underline{a}^{(i)}$ der $i$-te Spaltenvektor von A sei. Es gilt dann jeweils

$$A\underline{y}^{(i)} = AB\underline{a}^{(i)} = \underline{a}^{(i)}$$

und folglich

$$(*) \qquad BA\underline{y}^{(i)} = B\underline{a}^{(i)} = \underline{y}^{(i)}.$$

Wir wollen je $i \in \{1, \ldots, n\}$ die Form von $\underline{y}^{(i)}$ noch genauer untersuchen. Wegen $A\underline{e}^{(i)} = \underline{a}^{(i)}$ und der eindeutigen Lösbarkeit ergibt sich die Präzisierung $\underline{y}^{(i)} = \underline{e}^{(i)}$ und damit aus (*)

$$(BA - E)\underline{e}^{(i)} = \underline{0} \quad , \ i = 1, \ldots, n.$$

Es folgt, daß jede Spalte von BA-E gleich $\underline{0}$ ist, insgesamt also BA-E= $\underbrace{(\underline{0}, \underline{0}, \ldots, \underline{0})}_{n} =: 0$ gilt, d.h. BA=E. Nunmehr dürfen wir aus AB=BA=$E_n$ zusammenfassend die Existenz von $A^{-1}$ und $A^{-1}$=B folgern. ∎

**Bemerkung 3.1.22:**

Aufgrund von Bemerkung 3.1.11 und Satz 3.1.21 iii) können wir für das Divisionsproblem

$$AX = E_n$$

feststellen, daß die Existenz von $A^{-1}$ und die Regularität von $A$ äquivalent sind. Schließlich gibt es im Falle der Regularität von $A$ für die Bestimmung von $A^{-1}$ einen Algorithmus, den wir in Beispiel 3.2.23 einmal durchführen wollen.

Beispiele:

1) $A = \begin{pmatrix} 1 & 0 & 1 \\ 0 & 1 & 0 \end{pmatrix}$ ist zeilenregulär, denn diese Matrix hat zwei linear unabhängige Zeilenvektoren. Ebenso hat A zwei linear unabhängige Spaltenvektoren, z.B. $\begin{pmatrix} 1 \\ 0 \end{pmatrix}$ , $\begin{pmatrix} 0 \\ 1 \end{pmatrix}$,und es gilt $r(A) = 2$. Das System $A\underline{x} = \underline{b}$ ist für alle (2,1)-Spaltenvektoren $\underline{b}$ lösbar . Genau eine Unbekannte ist frei wählbar.

2) $A = \begin{pmatrix} 1 & 0 \\ 0 & 1 \\ 1 & 0 \end{pmatrix}$ ist spaltenregulär. Wäre $A\underline{x} = \underline{b}$ mit $\underline{b} = \begin{pmatrix} 0 \\ 2 \\ 3 \end{pmatrix}$ lösbar , so gäbe es einen Lösungsvektor $\underline{x}$ mit $\left.\begin{matrix} x_1 & = & 0 \\ x_2 & = & 2 \\ x_1 & = & 3 \end{matrix}\right\}$ Widerspruch! Also ist das System nicht lösbar .

Mit $\underline{b} = \begin{pmatrix} 0 \\ 2 \\ 0 \end{pmatrix}$ ist $A\underline{x} = \underline{b}$ jedoch eindeutig lösbar : $\left.\begin{matrix} x_1 & = & 0 \\ x_2 & = & 2 \end{matrix}\right\}$.

**Beispiel 3.1.23:**

Die Matrix $A = \begin{pmatrix} 3 & 2 & -2 \\ -1 & 1 & 4 \\ 2 & -3 & 4 \end{pmatrix}$ ist regulär. Wir berechnen $A^{-1}$, indem wir den verfeinerten Gauß-Algorithmus so lange simultan in $\underline{b} = \underline{e}^{(1)}$ und $\underline{b} = \underline{e}^{(2)}$ und $\underline{b} = \underline{e}^{(3)}$ einschließlich Kürzen der (zuletzt) verbleibenden nichtverschwindenden Einträge $a^{(k)}_{i\sigma(i)}$ anwenden, bis wir die Vektoren $\underline{x}_{\underline{e}^{(1)}}, \underline{x}_{\underline{e}^{(2)}}, \underline{x}_{\underline{e}^{(3)}}$ ablesen können. Nämlich :

$$\left(\begin{array}{ccc|ccc} \overbrace{\begin{matrix} 3 & 2 & -2 \\ -1 & 1 & 4 \\ 2 & -3 & 4 \end{matrix}}^{A} & \overbrace{\begin{matrix} 1 & 0 & 0 \\ 0 & 1 & 0 \\ 0 & 0 & 1 \end{matrix}}^{E_3} \end{array}\right) \, | \cdot (-1)_{(\text{Kürzen})} \sim \left(\begin{array}{ccc|ccc} ① & -1 & -4 & 0 & -1 & 0 \\ 3 & 2 & -2 & 1 & 0 & 0 \\ 2 & -3 & 4 & 0 & 0 & 1 \end{array}\right) \begin{matrix} | \cdot (-3) \quad | \cdot (-2) \\ + \\ + \end{matrix}$$

$$\sim \left(\begin{array}{ccc|ccc} 1 & -1 & -4 & 0 & -1 & 0 \\ 0 & 5 & 10 & 1 & 3 & 0 \\ 0 & -1 & 12 & 0 & 2 & 1 \end{array}\right) | \cdot (-1)_{(\text{Kürzen})} \sim \left(\begin{array}{ccc|ccc} 1 & -1 & -4 & 0 & -1 & 0 \\ 0 & ① & -12 & 0 & -2 & -1 \\ 0 & 5 & 10 & 1 & 3 & 0 \end{array}\right) \begin{matrix} + \\ | \cdot (-5) \\ + \end{matrix}$$

$$\sim \left(\begin{array}{ccc|ccc} 1 & 0 & -16 & 0 & -3 & -1 \\ 0 & 1 & -12 & 0 & -2 & -1 \\ 0 & 0 & 70 & 1 & 13 & 5 \end{array}\right) | \cdot \frac{1}{70}_{(\text{Kürzen})} \sim \left(\begin{array}{ccc|ccc} 1 & 0 & -16 & 0 & -3 & -1 \\ 0 & 1 & -12 & 0 & -2 & -1 \\ 0 & 0 & ① & \frac{1}{70} & \frac{13}{70} & \frac{5}{70} \end{array}\right) \begin{matrix} + \\ + \\ | \cdot 12 \quad | \cdot 16 \end{matrix}$$

$$\sim \left(\begin{array}{ccc|ccc} \underbrace{\begin{matrix} 1 & 0 & 0 \\ 0 & 1 & 0 \\ 0 & 0 & 1 \end{matrix}}_{E_3} & \overbrace{\begin{matrix} \underbrace{\begin{matrix} \frac{16}{70} \\ \frac{12}{70} \\ \frac{1}{70} \end{matrix}}_{\underline{x}_{\underline{e}^{(1)}}} & \underbrace{\begin{matrix} -\frac{2}{70} \\ \frac{16}{70} \\ \frac{13}{70} \end{matrix}}_{\underline{x}_{\underline{e}^{(2)}}} & \underbrace{\begin{matrix} \frac{10}{70} \\ -\frac{10}{70} \\ \frac{5}{70} \end{matrix}}_{\underline{x}_{\underline{e}^{(3)}}} \end{matrix}}^{A^{-1}} \end{array}\right). \text{ Folglich gilt } A^{-1} = \frac{1}{70} \begin{pmatrix} 16 & -2 & 10 \\ 12 & 16 & -10 \\ 1 & 13 & 5 \end{pmatrix}.$$

■

Abschließend wollen wir uns nun mit der Lösung von **Matrizengleichungen** befassen. Im Falle der Regularität einer (n,n)-Matrix $A$ ist

$$((\mathcal{L})) \qquad AX = B$$

eindeutig lösbar und es ist $X = A^{-1}B$ die Lösung . Wenn $A$ allerdings nichtregulär ist, so gilt dies nicht mehr; dieser Fall soll jetzt in allgemeinerem Rahmen betrachtet werden.

**Definition 3. 1. 24:**

Es seien $A = (a_{ij})$ eine (m,n)-Matrix und $B = (b_{ij})$ eine (m,q)-Matrix . Dann heißt $\boxed{(A, B)}$ , definiert durch

$$(A, B) := \begin{pmatrix} a_{11} & \dots & a_{1n} & b_{11} & \dots & b_{1q} \\ \vdots & & \vdots & \vdots & & \vdots \\ a_{m1} & \dots & a_{mn} & b_{m1} & \dots & b_{mq} \end{pmatrix},$$

$\boxed{\text{die um } B \text{ erweiterte Matrix } A}$.

**Bemerkung 3. 1. 25:**

Wir können direkt oder mit vollständiger Induktion sogar für alle $k \in \mathbb{N}$ um Matrizen $A_1, \dots, A_k$ erweiterte Matrizen $A$ einführen: $\boxed{(A, A_1, \dots, A_k)}$. Gerade so hatten wir auch Matrizen aus Spaltenvektoren gebildet.

Nun können wir den folgenden Satz formulieren:

**Satz 3. 1. 26:**

Es seien $A$ eine (m,n)-Matrix und $B$ eine (m,q)-Matrix . Dann gilt:

i) Die Matrizengleichung

$$((\mathcal{L})) \qquad AX = B$$

ist genau dann lösbar , wenn die Ranggleichung $r(A) = r(A, B)$ erfüllt ist.

ii) Die Matrizengleichung $((\mathcal{L}))$ ist eindeutig lösbar , wenn die Gleichungen $r(A) = r(A, B) = n$ erfüllt sind. Insbesondere ist dann $A$ spaltenregulär.

Beweis:

zu i): Sei $((\mathcal{L}))$ lösbar und bezeichne je $l \in \{1, \dots, q\}$ $\underline{x}^{(l)}, \underline{b}^{(l)}$ den $l$-ten Spaltenvektor in $X$ bzw. in $B$. Dann ist für $l = 1, \dots, q$ das lineare Gleichungssystem $A\underline{x}^{(l)} = \underline{b}^{(l)}$ lösbar. Mit $A =: (\underline{a}^{(1)}, \dots, \underline{a}^{(n)})$ und $\underline{x}^{(l)} = (x_1^{(l)}, x_2^{(l)}, \dots, x_n^{(l)})$ heißt dies

$$\underline{a}^{(1)} x_1^{(l)} + \underline{a}^{(2)} x_2^{(l)} + \dots + \underline{a}^{(n)} x_n^{(l)} = \underline{b}^{(l)} ;$$

folglich sind für jedes betrachtete $i \in \{1, \dots, q\}$ die Vektoren $\underline{a}^{(1)}, \underline{a}^{(2)}, \dots, \underline{a}^{(n)}, \underline{b}^{(i)}$ linear abhängig. Damit ist die maximale Anzahl der linear unabhängigen Spaltenvektoren von $A$ und $(A, B)$ gleich und somit resultiert mit Satz 3.1.16 ii) $r(A) = r(A, B)$.

Gelte umgekehrt $r(A) = r(A, B) =: r$ für den Spaltenrang von $A$ bzw. $(A, B)$; so seien o.B.d.A. $\underline{a}^{(1)}, \dots, \underline{a}^{(r)}$ linear unabhängig . Sei $l \in \{1, \dots, q\}$. Dann sind $\underline{a}^{(1)}, \dots, \underline{a}^{(r)}, \underline{b}^{(l)}$ linear abhängig und man darf schreiben:

$$\underline{b}^{(l)} = x_1^{(l)}\underline{a}^{(1)} + x_2^{(l)}\underline{a}^{(2)} + \dots + x_r^{(l)}\underline{a}^{(r)} + 0\underline{a}^{(r+1)} + \dots + 0\underline{a}^{(q)}.$$

D.h. es gilt $\underline{b}^{(l)} = A\underline{x}^{(l)}$ mit $\underline{x}^{(l)} = (x_1^{(l)}, x_2^{(l)}, \dots, x_r^{(l)}, 0, \dots, 0)^T$. Da dies für alle $l = 1, \dots, q$ zutrifft, haben wir insgesamt

$$X = (\underline{x}^{(1)}, \underline{x}^{(2)}, \dots, \underline{x}^{(q)})$$

als eine Lösung von $AX = B$ erkannt.

zu ii): Aus $r(A) = r(A, B)$ ergibt sich nach i) die Lösbarkeit von $((\mathcal{L}))$. Da $A$ gemäß $r(A) = n$ spaltenregulär ist, muß jedes einzelne der Gleichungssysteme $A\underline{x}^{(l)} = \underline{b}^{(l)}$ $(l = 1, \dots, q)$ sogar Eindeutigkeit der Lösung aufweisen. Folglich muß auch die Lösung $X$ der gesamten Matrizengleichung eindeutig sein.

■

Beispiel:

Seien $A = \begin{pmatrix} 2 \\ 7 \end{pmatrix}$ und $B = \begin{pmatrix} 3 & 4 \\ 5 & 6 \end{pmatrix}$ ; $r(A) = 1$ , $r(A, B) = 2$, da zwei linear unabhängige Spaltenvektoren existieren. Damit ist $AX = B$ nicht lösbar .

**Beispiel 3.1.27:**

Seien $A = \begin{pmatrix} 1 & 7 & -1 \\ 3 & -2 & 20 \\ 1 & 0 & 6 \end{pmatrix}$ und $B = \begin{pmatrix} -13 & 21 \\ 30 & 17 \\ 8 & 7 \end{pmatrix}$. Wir wollen die Matrizengleichung $((\mathcal{L}))$ $AX = B$ untersuchen. Es ist $r(A) = 2$, denn gemäß

$\begin{pmatrix} 1 & 7 & -1 \\ 3 & -2 & 20 \\ 1 & 0 & 6 \end{pmatrix} \rightarrow \begin{pmatrix} 1 & 7 & -1 \\ 0 & -23 & 23 \\ 0 & -7 & 7 \end{pmatrix} \rightarrow \begin{pmatrix} 1 & 7 & -1 \\ 0 & 1 & -1 \\ 0 & 0 & 0 \end{pmatrix}$ gibt es zwei (maximal!) linear unabhängige Zeilenvektoren. Ferner ist $r(A,B) = 2$, denn man ermittelt auf erneut simultane Weise:

$$\left(\begin{array}{ccc|cc} ① & 7 & -1 & -13 & 21 \\ 3 & -2 & 20 & 30 & 17 \\ 1 & 0 & 6 & 8 & 7 \end{array}\right) \begin{array}{ll} |\cdot(-3) & |\cdot(-1) \\ \leftarrow|+ & | \\ \leftarrow & |+ \end{array} \sim \left(\begin{array}{ccc|cc} 1 & 7 & -1 & -13 & 21 \\ 0 & -23 & 23 & 69 & -46 \\ 0 & -7 & 7 & 21 & -14 \end{array}\right) \begin{array}{l} |\cdot(-\frac{1}{23}) \\ |\cdot(-\frac{1}{7}) \end{array}$$

$$\sim \left(\begin{array}{ccc|cc} 1 & 7 & -1 & -13 & 21 \\ 0 & ① & -1 & -3 & 2 \\ 0 & 1 & -1 & -3 & 2 \end{array}\right) \left.\begin{array}{l} \\ \\ \end{array}\right\} \begin{array}{l} \text{linear} \\ \text{abhängig} \end{array} \begin{array}{l} |\cdot(-1) \\ \leftarrow|+ \end{array} \sim \text{bzw.} \left(\begin{array}{ccc|cc} 1 & 7 & -1 & -13 & 21 \\ 0 & 1 & -1 & -3 & 2 \\ 0 & 0 & 0 & 0 & 0 \end{array}\right)$$

$$\longrightarrow \quad r(A,B) = 2 \ . \quad \longleftarrow$$

Das Gleichungssystem $((\mathcal{L}))$ ist also gemäß $r(A) = r(A,B)$ lösbar , aber nicht eindeutig lösbar , da $n = 3$ sich vom ermittelten Rang unterscheidet. Auf Grundlage des letzten Tableaus vollziehen wir jeweils eine Rückwärtseinsetztung zu

$$\begin{array}{rl} (\mathcal{L}_1) & A\underline{x}^{(1)} = \underline{b}^{(1)} \\ \text{und } (\mathcal{L}_2) & A\underline{x}^{(2)} = \underline{b}^{(2)}. \end{array}$$

zu $(\mathcal{L}_1)$: $x_3^{(1)} = s \rightarrow x_2^{(1)} = -3+s$, $x_1^{(1)} = -13-7(-3+s)+s = 8-6s$. Also lautet die (vektorielle) Lösungsmenge $L_1$ von $(\mathcal{L}_1)$:

$$L_1 = \left\{ \left.\begin{pmatrix} 8 \\ -3 \\ 0 \end{pmatrix} + s \begin{pmatrix} -6 \\ 1 \\ 1 \end{pmatrix} \right| s \in I\!R \right\}.$$

zu $(\mathcal{L}_2)$: $x_3^{(2)} = t \rightarrow x_2^{(2)} = 2+t$, $x_1^{(2)} = 21-7(2+t)+t = 7-6t$, sodaß

$$L_2 = \left\{ \left.\begin{pmatrix} 7 \\ 2 \\ 0 \end{pmatrix} + t \begin{pmatrix} -6 \\ 1 \\ 1 \end{pmatrix} \right| t \in I\!R \right\}$$ die zugehörige Lösungsmenge ist.

Damit lautet die (matrizielle) Lösungsmenge L zu $((\mathcal{L}))$:

$$\begin{aligned} L &= \{(\underline{x}^{(1)}, \underline{x}^{(2)}) \mid \underline{x}^{(l)} \in L_l, l = 1,2\} \\ &= \left\{ \left.\begin{pmatrix} 8 & 7 \\ -3 & 2 \\ 0 & 0 \end{pmatrix} + \begin{pmatrix} -6s & -6t \\ s & t \\ s & t \end{pmatrix} \right| s,t \in I\!R \right\} \\ &= \left\{ \left.\begin{pmatrix} 8 & 7 \\ -3 & 2 \\ 0 & 0 \end{pmatrix} + \begin{pmatrix} -6 \\ 1 \\ 1 \end{pmatrix} (s,t) \right| s,t \in I\!R \right\}. \end{aligned}$$

■

## III. 2. Determinanten

Als Ausgangspunkt wählen wir wieder lineare Gleichungssysteme.

Z.B.:

$$(\mathcal{L}^{(2)})\left\{\begin{array}{lllll} a_{11}x_1 & + & a_{12}x_2 & = & b_1 \qquad |\cdot a_{21} \\ a_{21}x_1 & + & a_{22}x_2 & = & b_2 \qquad |\cdot(-a_{11}) \end{array}\right\}+ \qquad (n=2)$$

liefert: $\underbrace{(a_{11}a_{21}-a_{21}a_{11})}_{=0}x_1+(a_{12}a_{21}-a_{22}a_{11})x_2=b_1a_{21}-b_2a_{11}$

$\Rightarrow x_2=\dfrac{b_1a_{21}-b_2a_{11}}{a_{12}a_{21}-a_{22}a_{11}}$, falls der Nenner nicht verschwindet.

Ebenso erhält man $x_1=\dfrac{b_1a_{22}-b_2a_{12}}{a_{11}a_{22}-a_{12}a_{21}}$.

Die Lösbarkeit ("Determiniertheit") ist also gesichert, falls $a_{11}a_{22}-a_{12}a_{21}\neq 0$ erfüllt ist.

Wir nennen deshalb

$$\begin{vmatrix} a_{11} & a_{12} \\ a_{21} & a_{22} \end{vmatrix} := a_{11}a_{22}-a_{12}a_{21}$$

die Determinante $\boxed{\det(A)}$ der (2,2)-Matrix $A$.

Die Lösungen des Gleichungssystems können nun im Falle $\det(A)\neq 0$ in der Form

$$x_1=\frac{\begin{vmatrix} b_1 & a_{12} \\ b_2 & a_{22} \end{vmatrix}}{\begin{vmatrix} a_{11} & a_{12} \\ a_{21} & a_{22} \end{vmatrix}} \quad , \quad x_2=\frac{\begin{vmatrix} a_{11} & b_1 \\ a_{21} & b_2 \end{vmatrix}}{\begin{vmatrix} a_{11} & a_{12} \\ a_{21} & a_{22} \end{vmatrix}}$$

geschrieben werden.

Für den Fall dreier Gleichungen nehmen wir Bezug auf

$$(\mathcal{L}^{(3)})\left\{\begin{array}{lllllll} a_{11}x_1 & + & a_{12}x_2 & + & a_{13}x_3 & = & b_1 \\ a_{21}x_1 & + & a_{22}x_2 & + & a_{23}x_3 & = & b_2 \\ a_{31}x_1 & + & a_{32}x_2 & + & a_{33}x_3 & = & b_3\,. \end{array}\right. \qquad (n=3)$$

Es werden nun die drei Konstanten

$$\begin{array}{lll} \alpha & := & a_{22}a_{33}-a_{23}a_{32} \\ \beta & := & -(a_{12}a_{33}-a_{13}a_{32}) \\ \gamma & := & a_{12}a_{23}-a_{13}a_{22} \end{array}$$

gerade so gewählt, daß

$$\begin{array}{lllllll} a_{12}\alpha & + & a_{22}\beta & + & a_{32}\gamma & = & 0 \qquad \text{und} \\ a_{13}\alpha & + & a_{23}\beta & + & a_{33}\gamma & = & 0 \qquad \text{gilt.} \end{array}$$

Addiert man alle drei Gleichungen von ($\mathcal{L}^{(3)}$), so erhält man

$$(a_{11}\alpha + a_{21}\beta + a_{31}\gamma)x_1 = b_1\alpha + b_2\beta + b_3\gamma.$$

Ist dabei der Faktor von $x_1$ nicht 0, dann folgt:

$$x_1 = \frac{b_1\alpha + b_2\beta + b_3\gamma}{a_{11}\alpha + a_{21}\beta + a_{31}\gamma} = \frac{b_1\begin{vmatrix} a_{22} & a_{23} \\ a_{32} & a_{33} \end{vmatrix} - b_2\begin{vmatrix} a_{12} & a_{13} \\ a_{32} & a_{33} \end{vmatrix} + b_3\begin{vmatrix} a_{12} & a_{13} \\ a_{22} & a_{23} \end{vmatrix}}{a_{11}\begin{vmatrix} a_{22} & a_{23} \\ a_{32} & a_{33} \end{vmatrix} - a_{21}\begin{vmatrix} a_{12} & a_{13} \\ a_{32} & a_{33} \end{vmatrix} + a_{31}\begin{vmatrix} a_{12} & a_{13} \\ a_{22} & a_{23} \end{vmatrix}} .$$

Deshalb definieren wir erneut

$$\det(A) = a_{11}\alpha + a_{21}\beta + a_{31}\gamma = a_{11}A_{11} + a_{21}A_{21} + a_{31}A_{31}$$

mit $\boxed{A_{ij}}$ als

(1,1)

$$A_{11} := (-1)^{1+1}\begin{vmatrix} a_{11} & a_{12} & a_{13} \\ a_{21} & a_{22} & a_{23} \\ a_{31} & a_{32} & a_{33} \end{vmatrix} = (-1)^{1+1}\begin{vmatrix} a_{22} & a_{23} \\ a_{32} & a_{33} \end{vmatrix} = \alpha ,$$

$$A_{21} := (-1)^{2+1}\begin{vmatrix} a_{11} & a_{12} & a_{13} \\ a_{21} & a_{22} & a_{23} \\ a_{31} & a_{32} & a_{33} \end{vmatrix} = (-1)^{2+1}\begin{vmatrix} a_{12} & a_{13} \\ a_{32} & a_{33} \end{vmatrix} = \beta ,$$

(2,1)

$$A_{31} := (-1)^{3+1}\begin{vmatrix} a_{11} & a_{12} & a_{13} \\ a_{21} & a_{22} & a_{23} \\ a_{31} & a_{32} & a_{33} \end{vmatrix} = (-1)^{3+1}\begin{vmatrix} a_{12} & a_{13} \\ a_{22} & a_{23} \end{vmatrix} = \gamma .$$

(3,1)

Die Zahl $\begin{vmatrix} a_{11} & a_{12} & a_{13} \\ a_{21} & a_{22} & a_{23} \\ a_{31} & a_{32} & a_{33} \end{vmatrix} := \sum_{i=1}^{3} a_{i1}A_{i1}$ wird wieder Determinante $\boxed{\det(A)}$ der Matrix $A$ genannt. Obige "Determinanten" $A_{ij}$ heißen Adjunkte zu $a_{ij}$. Sie sind immer um eine Stufe niedriger als die Determinante von $A$ selbst, d.h. sie beziehen sich jeweils auf eine (n-1,n-1)-Untermatrix $\boxed{B_{ij}}$. Wir erhalten Letztere durch Streichung der i-ten Zeile, sowie der j-ten Spalte ($i, j \in \{1, 2, \ldots, n\}; n \geq 2$). Damit ist es möglich, eine Determinante rekursiv zu definieren.

**Definition 3. 2. 1 :**

Sei $A = (a_{ij})$ eine (n,n)-Matrix .

i) Für $n = 1$ wird die **Determinante von $A$** erklärt durch $\det(A) = |A| = a_{11}$.

ii) Sei $n \geq 2$ und für jede (n-1,n-1)-Matrix $B$ sei $\det(B)$ erklärt.

Mit $B_{ij}$ als derjenigen Untermatrix, die durch Streichung der i-ten Zeile und j-ten Spalte von $A$ entsteht, heißt dann

$$A_{ij} := (-1)^{i+j} \det(B_{ij})$$

**Adjunkte zu $a_{ij}$** oder **Kofaktor zu $a_{ij}$** $(i,j \in \{1,2,\ldots,n\})$. Wir schreiben $\tilde{A} := (A_{ij})$ und nennen $\tilde{A}$ die **Adjunkte von $A$**.

Jetzt definieren wir die **Determinante von $A$** gemäß

$$\det(A) := \sum_{i=1}^{n} a_{i1} A_{i1}$$

und schreiben für sie auch kurz **$|A|$**.

**Bemerkung 3. 2. 2 :**

Für zwei gegebene Spaltenvektoren $\underline{a} = (a_1, a_2, a_3)^T$ und $\underline{b} = (b_1, b_2, b_3)^T$ erhalten wir in formaler Weise mit $\underline{e}^{(1)} = (1,0,0)^T$ , $\underline{e}^{(2)} = (0,1,0)^T$ und $\underline{e}^{(3)} = (0,0,1)^T$ :

$$\underline{a} \times \underline{b} = \det \begin{pmatrix} \underline{e}^{(1)} & a_1 & b_1 \\ \underline{e}^{(2)} & a_2 & b_2 \\ \underline{e}^{(3)} & a_3 & b_3 \end{pmatrix} .$$

Denn: $\underline{a} \times \underline{b} = (a_2 b_3 - a_3 b_2)\underline{e}^{(1)} - (a_1 b_3 - a_3 b_1)\underline{e}^{(2)} + (a_1 b_2 - a_2 b_1)\underline{e}^{(3)}$ .

**Bemerkung 3. 2. 3 :**

Unter Benutzung der in Bemerkung 2.2.4 eingeführten Notation kann man $\det(A)$ auch auf direktem Wege einführen. Es gilt nämlich $\det(A) = \sum_{\sigma \in S_n} \operatorname{sgn}(\sigma) \cdot a_{1\sigma(1)} a_{2\sigma(2)} \cdots a_{n\sigma(n)}$ .

■

Auf diese Bemerkung können wir den Laplaceschen Entwicklungssatz für Determinanten zurückführen. Mit $\delta_{ik}$ als dem Kroneckerschen Symbol (vgl. Definition 3.1.7) erläutert dieser Satz zugleich die Bezeichnungsweise für $A_{ij}$, Kofaktor zu $a_{ij}$ zu sein:

**Satz 3.2.4:**

Sei $A$ eine (n,n)-Matrix . Dann gilt für alle $i, k \in \{1, 2, \ldots, n\}$

i) $\delta_{ik} \det(A) = \sum_{j=1}^{n} a_{ij} A_{kj}$ (Entwicklung nach der i-ten Zeile)

ii) $\delta_{ik} \det(A) = \sum_{j=1}^{n} a_{ji} A_{jk}$ (Entwicklung nach der i-ten Spalte) ,

oder in zusammenfassender Matrixschreibweise

i) $(\det(A))E_n = A\tilde{A}^T$ bzw.

ii) $(\det(A))E_n = A^T\tilde{A}$ .

**Bemerkung 3.2.5:**

Für drei gegebene Spaltenvektoren $\underline{a} = (a_1, a_2, a_3)^T$ , $\underline{b} = (b_1, b_2, b_3)^T$ und $\underline{c} = (c_1, c_2, c_3)^T$, sowie mit $A = (\underline{a}, \underline{b}, \underline{c})$, erhalten wir für das Spatprodukt $< \underline{a}, \underline{b}, \underline{c} >$:

$$< \underline{a}, \underline{b}, \underline{c} > = \det \begin{pmatrix} a_1 & a_2 & a_3 \\ b_1 & b_2 & b_3 \\ c_1 & c_2 & c_3 \end{pmatrix} = \det(A).$$

Beweis:

Beginnend mit einer (Laplaceschen) Entwicklung nach der ersten Zeile rechnen wir aus:

$$\begin{aligned} \det(A) &= c_1 A_{31} + c_2 A_{32} + c_3 A_{33} \\ &= c_1(-1)^{3+1}(a_2 b_3 - a_3 b_2) + c_2(-1)^{3+2}(a_1 b_3 - a_3 b_1) + c_3(-1)^{3+3}(a_1 b_2 - a_2 b_1) \\ &= \underline{c} \cdot (\underline{a} \times \underline{b}) = (\underline{a} \times \underline{b}) \cdot \underline{c} = < \underline{a}, \underline{b}, \underline{c} >. \end{aligned}$$

Mit Hilfe von Satz 2.1.27 ist dann ersichtlich, daß $|\det(A)|$ die Deutung eines Volumens erlaubt.

■

**Bemerkung 3.2.6:**

Aufgrund der vorigen Bemerkung und einer systematischen Zusammenstellung der bei Ausrechnung von $< \underline{a}, \underline{b}, \underline{c} >$ sich ergebenden Summanden kann man die Determinante einer (3,3)-Matrix $A = (\underline{a}, \underline{b}, \underline{c})$ in einfacher Weise ermitteln. Es gilt nämlich die Regel von Sarrus:

$$|A| = \begin{vmatrix} a_1 & a_2 & a_3 \\ b_1 & b_2 & b_3 \\ c_1 & c_2 & c_3 \end{vmatrix} \begin{matrix} a_1 & a_2 \\ b_1 & \\ c_1 & c_2 \end{matrix}$$

$$= \underline{a_1 b_2 c_3 + a_2 b_3 c_1 + a_3 b_1 c_2} - c_1 b_2 a_3 - c_2 b_3 a_1 - c_3 b_1 a_2 \,.$$

**Beispiel 3.2.7:**

Sei $A = \begin{pmatrix} 2 & 0 & 4 \\ 7 & 1 & 5 \\ -3 & 1 & -6 \end{pmatrix}$. Mit der Regel von Sarrus erhält man

$$det(A) = \begin{vmatrix} 2 & 0 & 4 \\ 7 & 1 & 5 \\ -3 & 1 & -6 \end{vmatrix} \begin{matrix} 2 & 0 \\ 7 & \\ -3 & 1 \end{matrix} = 2{\cdot}1{\cdot}(-6) + 0{\cdot}5{\cdot}(-3) + 4{\cdot}7{\cdot}1 - (-3){\cdot}1{\cdot}4 - 1{\cdot}5{\cdot}2 - (-6){\cdot}7{\cdot}0 =$$

$$= -12 + 0 + 28 + 12 - 10 + 0 = 18 \,.$$

■

Zu einer unmittelbaren Anwendung des Laplaceschen Entwicklungssatzes betrachten wir das

**Beispiel 3.2.8:**

Für det $\begin{pmatrix} 1 & 2 & 3 \\ 0 & 1 & 2 \\ 2 & -1 & 0 \end{pmatrix}$ ermitteln wir durch Entwicklung nach der zweiten Zeile:

$$\rightarrow \begin{vmatrix} 1^+ & 2^- & 3^+ \\ 0^- & 1^+ & 2^- \\ 2^+ & -1^- & 0^+ \end{vmatrix} = -0 \cdot \begin{vmatrix} 2 & 3 \\ -1 & 0 \end{vmatrix} + 1 \cdot \begin{vmatrix} 1 & 3 \\ 2 & 0 \end{vmatrix} - 2 \cdot \begin{vmatrix} 1 & 2 \\ 2 & -1 \end{vmatrix} = -6 + 10 = 4$$

und etwa durch Entwicklung nach der dritten Spalte:

$$\begin{vmatrix} 1 & 2 & 3^+ \\ 0 & 1 & 2^- \\ 2 & -1 & 0^+ \end{vmatrix} = 3 \cdot \begin{vmatrix} 0 & 1 \\ 2 & -1 \end{vmatrix} - 2 \cdot \begin{vmatrix} 1 & 2 \\ 2 & -1 \end{vmatrix} + 0 \cdot \begin{vmatrix} 1 & 2 \\ 0 & 1 \end{vmatrix} = -6 + 10 = 4 \,.$$

■

Wir wollen -zunächst ohne Beweis- eine Anwendung der Determinantenrechnung zur Rangbestimmung machen:

**Satz 3.2.9:**

Sei $A$ eine (m,n)-Matrix und sei $r$ die höchste Ordnung aller derjenigen quadratischen Untermatrizen, welche durch Streichung von Zeilen und Spalten aus $A$ gebildet werden können und deren Determinante nicht verschwindet.
Dann gilt

$$r = r(A).$$

■

Anmerkung:

Wir wollen die Determinante einer durch gewisse Zeilen- und Spaltenstreichung aus $A$ gewonnenen quadratischen Untermatrix auch kurz eine Unterdeterminante von $A$ nennen.

Beispiel:

1) Für $A = \begin{pmatrix} 1 & 0 & 3 & 1 & 4 \\ 2 & 1 & 0 & 2 & 8 \end{pmatrix}$ können wir wegen $\begin{vmatrix} 1 & 0 \\ 2 & 1 \end{vmatrix} = 1 \neq 0$ zunächst $r(A) \geq 2$ feststellen und damit wegen $min\{m,n\} = 2$ und Bemerkung 3.1.15 folgern : $r(A) = 2$.

2) Sei $A = \begin{pmatrix} 1 & 2 & 0 \\ 1 & 0 & 3 \\ 1 & 4 & -3 \end{pmatrix}$. Die Ordnung 2 ist "in der Konkurrenz", wie die Wahl der Unterdeterminante $\begin{vmatrix} 1 & 0 \\ 1 & -3 \end{vmatrix} = -3 \neq 0$ zeigt. Dagegen liegt für die (einzige) dreizeilige Unterdeterminante $\det(A)$ der Wert 0 vor. Also folgt $r(A) = 2$.

Interessant ist auch noch die Nützlichkeit der Determinantenberechnung für die Ermittlung der inversen Matrix.

Wir schicken zunächst die Produktregel für Determinanten ohne Beweis vorraus:

**Satz 3.2.10:**

Seien $A$ und $B$ (n,n)-Matrizen. Dann gilt die Produktregel:

$$\det(AB) = \det(A) \cdot \det(B) .$$

**Bemerkung 3.2.11:**

Es gilt für alle $k \in I\!N$ , $k \geq 2$, unter Bezugnahme auf (n,n)-Matrizen $A_1, A_2, \ldots, A_k$ die allgemeine Produktregel:

$$\det(A_1 A_2 \cdots A_k) = \det(A_1) \cdot \det(A_2) \cdot \ldots \cdot \det(A_k)$$

(mit $A_1 A_2 \cdots A_k := ((\ldots((A_1 A_2)A_3)\ldots)A_{k-1})A_k$; Übung mit Produktregel).

**Satz 3.2.12:**

Sei $A$ eine (n,n)-Matrix .

i) Es ist $A$ genau dann regulär, wenn $\det(A) \neq 0$ erfüllt ist.

ii) Wenn $\det(A) \neq 0$ zutrifft, dann gilt die Darstellung

$$A^{-1} = \frac{1}{\det(A)} \tilde{A}^T .$$

iii) Es gilt $\det(A^T) = \det(A)$.

Beweis:

zu i): Wir nehmen zunächst die Existenz von $A^{-1}$ an. Aus der Definition der Determinante folgt rasch

$$\det(E_n) = 1$$

und deshalb mit Satz 3.2.10 $\det(A) \cdot \det(A^{-1}) = \det(AA^{-1}) = \det(E_n) = 1$, woraus nun $\det(A) \neq 0$ resultiert. Die Umkehrung ergibt sich aus ii).

zu ii) und iii): Es handelt sich um Folgerungen aus dem Laplaceschen Entwicklungssatz, wobei dieser für iii) in einem Induktionsschritt Anwendung findet (Übung).

■

Wie es sich bereits zu Beginn dieses Abschnittes 3.2 abzeichnete, kann die Determinantenrechnung auch zum Auflösen linearer Gleichungssysteme (quadratischen Formats) benutzt werden. So gilt die Cramersche Regel :

**Satz 3.2.13:**

Es seien $A$ eine (n,n)-Matrix mit $\det(A) \neq 0$ und $\underline{b}$ ein (n,1)-Spaltenvektor. Ferner seien $\mathcal{A}_j, j = 1, \ldots, n$, diejenigen Matrizen , die durch Ersetzung der j-ten Spalte von $A$ durch $\underline{b}$ entstehen. Dann ist die Lösung $\underline{x} = (x_1, \ldots, x_n)^T$ des linearen Gleichungssystems

$$A\underline{x} = \underline{b}$$

gegeben durch

$$x_j = \frac{\det(\mathcal{A}_j)}{\det(A)}\ ,\ j = 1, \ldots, n\ .$$

Beweis:

Für alle $j = 1, \ldots, n$ gilt zum einen nach Satz 3.2.12 ii)

$$x_j = \underline{x}(j,1) = (A^{-1}\underline{b})(j,1) = \frac{1}{\det(A)}(\tilde{A}^T\underline{b})(j,1) = \frac{1}{\det(A)}\sum_{i=1}^{n} b_i A_{ij}$$

und zum anderen $\det(\mathcal{A}_j) = \sum_{i=1}^{n} b_i A_{ij}$ (Entwicklung nach der j-ten Spalte). Die Behauptung folgt durch Zusammenfassen.

■

Zum Abschluß dieses Abschnitts wollen wir noch einige Rechenregeln angeben, mit denen die Berechnung größerer Determinanten noch übersichtlicher durchgeführt werden kann.

**Satz 3.2.14:**

Es seien $A$ eine (n,n)-Matrix und $c \in \mathbb{R}$ (bzw. $c \in \mathbb{C}$).

i) Wenn $A^*$ durch Vertauschung von benachbarten Zeilen oder Spalten aus $A$ entstanden ist, so gilt

$$\det(A^*) = -\det(A).$$

ii) Wenn $A^*$ durch Multiplikation entweder (genau) einer Zeile oder (genau) einer Spalte mit $c$ aus $A$ entstanden ist, so gilt

$$\det(A^*) = c \cdot \det(A).$$

iii) Wenn $A^*$ durch Addition einer Zeile oder Spalte zu einer anderen Zeile bzw. Spalte aus $A$ entstanden ist, so gilt

$$\det(A^*) = \det(A).$$

iv) Wenn $A$ eine obere (oder untere) Dreiecksmatrix ist,
d.h. $a_{ij} = 0$, falls $i > j$ (bzw. $a_{ij} = 0$, falls $i < j$), $i, j \in \{1, \ldots, n\}$, so gilt

$$\det(A) = a_{11} \cdot a_{22} \cdot \ldots \cdot a_{nn}.$$

**Bemerkung 3.2.15:**

Mit den elementaren Zeilenumformungen aus i)-iii) (ähnlich wie beim Gaußschen Algorithmus) und den elementaren Spaltenumformungen aus i)-iii) kann man die jeweils betrachtete Matrix zuerst auf eine (oder mehrere) Dreiecksform(-en) bringen und dann mit iv) die vorgelegte Determinante berechnen.

**Beispiel 3.2.16:**

$$\rightarrow \begin{vmatrix} 2 & 2 & 3 & 0 \\ 8 & 5 & 6 & -4 \\ 14 & 8 & 9 & -6 \\ 0 & 0 & 7^- & 1^+ \end{vmatrix} = -7 \begin{vmatrix} 2 & 2 & 0 \\ 8 & 5 & -4 \\ 14 & 8 & -6 \end{vmatrix} + \begin{vmatrix} 2 & 2 & 3 \\ \textcircled{8} & 5 & 6 \\ \textcircled{14} & 8 & 9 \end{vmatrix} \begin{matrix} \\ \leftarrow --- \\ \leftarrow --- \end{matrix}$$

$$= -(-7) \begin{vmatrix} -2 & 2 & 0 \\ -8 & 5 & -4 \\ -14 & 8 & -6 \end{vmatrix} + (-4)\cdot(-7) \begin{vmatrix} \textcircled{2} & 2 & 3 \\ -2 & -\frac{5}{4} & -\frac{6}{4} \\ -2 & -\frac{8}{7} & -\frac{9}{7} \end{vmatrix}$$

$$+$$

$$= 7 \begin{vmatrix} -2 & 0 & 0 \\ -8 & -3 & -4 \\ -14 & -6 & -6 \end{vmatrix} + 28 \begin{vmatrix} 2 & 2 & 3 \\ 0 & \frac{3}{4} & \frac{6}{4} \\ 0 & \frac{6}{7} & \frac{12}{7} \end{vmatrix} \begin{matrix} \\ \leftarrow -- \\ \leftarrow -- \end{matrix}$$

$$= (-1)\cdot(-1)\cdot 7 \begin{vmatrix} -2 & 0 & 0 \\ -14 & -6 & 6 \\ -8 & -3 & 4 \end{vmatrix} - 28 \cdot \frac{3}{4} \cdot \frac{6}{7} \begin{vmatrix} 2 & 2 & 3 \\ 0 & \textcircled{1} & 2 \\ 0 & -1 & -2 \end{vmatrix}$$

$$+$$

untere Dreiecksmatrix

$$= 7 \begin{vmatrix} -2 & 0 & 0 \\ -14 & -6 & 0 \\ -8 & -3 & 1 \end{vmatrix} - 18 \begin{vmatrix} 2 & 2 & 3 \\ 0 & 1 & 2 \\ 0 & 0 & 0 \end{vmatrix}$$

obere Dreiecksmatrix

$$= 7 \cdot ((-2)\cdot(-6)\cdot 1) - 18 \cdot (2 \cdot 1 \cdot 0) = 84.$$

■

**Bemerkung 3.2.17:**

Es sei zuletzt noch auf zwei "Fehlerquellen" hingewiesen. So ist in puncto ii) des Satzes 3.3.14 Vorsicht geboten: anders als beim Gaußschen Algorithmus darf man bei der Determinantenberechnung einen ausgeklammerten reellen (bzw. komplexen) Faktor niemals vernachlässigen. Ein Faktor kann ferner gemäß i) über Zeilen- oder Spaltenvertauschung erzwungen werden: in Abschnitt 3.1 gab es nichts Entsprechendes.

Nun, nachdem Satz 3.2.14 vorgestellt wurde, erweist sich jedoch auch Satz 3.2.9 als eine Folgerung.

■

# III. 3. Eigenwerte und Eigenvektoren

**Definition 3.3.1:**

Seien $A$ eine (n,n)-Matrix und $\lambda \in \mathbb{C}$. Falls ein (n,1)-Spaltenvektor $\underline{v} = (v_1, v_2, \dots, v_n)^T$ existiert mit $\underline{v} \neq \underline{0}$ , $v_i \in \mathbb{C}$ , $i = 1, \dots, n$, und

$$A\underline{v} = \lambda \underline{v} \quad ,$$

so heißt $\lambda$ $\boxed{\text{Eigenwert}}$ und $\underline{v}$ $\boxed{\text{Eigenvektor}}$ von $A$.

**Bemerkung 3.3.2:**

Offensichtlich ist mit $\underline{v}$ auch $\alpha\underline{v}$ , $\alpha \in \mathbb{C}\backslash\{0\}$, ein Eigenvektor zu demselben Eigenwert $\lambda$.

**Beispiel 3.3.3:**

Sei $A = \begin{pmatrix} 3 & 0 & 7 \\ 4 & 1 & 0 \\ 2i & -i & 0 \end{pmatrix}$. Dann ist $\underline{v} := \begin{pmatrix} 1 \\ 2 \\ 0 \end{pmatrix}$ Eigenvektor von $A$, nämlich zum Eigenwert $\lambda := 3$; denn es gilt tatsächlich

$$A\underline{v} = \begin{pmatrix} 3 & 0 & 7 \\ 4 & 1 & 0 \\ 2i & -i & 0 \end{pmatrix} \begin{pmatrix} 1 \\ 2 \\ 0 \end{pmatrix} = \begin{pmatrix} 3 \\ 6 \\ 0 \end{pmatrix} = 3 \cdot \begin{pmatrix} 1 \\ 2 \\ 0 \end{pmatrix} = \lambda\underline{v}.$$

**Lemma 3.3.4:**

Es sei $A$ eine (n,n)-Matrix . Dann ist $\lambda \in \mathbb{C}$ ein Eigenwert von $A$ genau dann, wenn $\det(A - \lambda E) = 0$ gilt.

Beweis:

Beachte zunächst: $A\underline{v} = \lambda\underline{v} \Leftrightarrow (A - \lambda E)\underline{v} = \underline{0}$. Letztere Gleichung hat eine Lösung $\underline{v} \neq \underline{0}$ genau dann, wenn $\det(A - \lambda E) = 0$ zutrifft.

■

**Bemerkung 3.3.5:**

Mit Hilfe des Laplaceschen Entwicklungssatzes für Determinanten ist es leicht einzusehen, daß der Ausdruck $p_A(\lambda) := \det(A - \lambda E)$ ein Polynom $\boxed{p_A}$ in $\lambda$ vom Grade n darstellt. Wir wollen es das $\boxed{\text{charakteristische Polynom von A}}$ nennen.

**Beispiel 3.3.6:**

Für $A = \begin{pmatrix} 2 & 0 & -1 \\ 0 & 3 & 1 \\ 1 & 0 & 2 \end{pmatrix}$ ermitteln wir $p_A(\lambda) = \begin{vmatrix} 2-\lambda & 0 & -1 \\ 0 & 3-\lambda & 1 \\ 1 & 0 & 2-\lambda \end{vmatrix}$
$= (2-\lambda)(3-\lambda)(2-\lambda) + (3-\lambda) = (3-\lambda)(\lambda^2 - 4\lambda + 5)$. Die Nullstellen $\lambda_1 = 3$, $\lambda_2 = 2+i$ und $\lambda_3 = 2-i$ von $p_A(\lambda)$ sind zugleich die Eigenwerte von $A$. Um etwa die Menge $E^{(\lambda_2)}$ aller Eigenvektoren von $A$ zum Eigenwert $\lambda_2$ zu ermitteln, berechnen wir die Lösungsmenge $L_2$ des linearen Gleichungssystems $(A - \lambda_2 E_3)\underline{x} = \underline{0}$ und entfernen anschließend aus $L_2$ den Vektor $\underline{0} = \underline{0}_n$, der ja stets (triviale) Lösung eines homogenen Gleichungssystems ist. Unser System führt zum Tableau $\left(\begin{array}{ccc|c} \circled{-i} & 0 & -1 & 0 \\ 0 & 1-i & 1 & 0 \\ 1 & 0 & -i & 0 \end{array}\right) \begin{array}{c} |\cdot(-i) \\ | \\ \leftarrow| \end{array} \sim$
$\left(\begin{array}{ccc|c} -i & 0 & -1 & 0 \\ 0 & 1-i & 1 & 0 \\ 0 & 0 & 0 & 0 \end{array}\right)$. Aus der Parametrisierung $x_3 := t$ resultiert $x_1 = -\frac{1}{i}t = it$ und
$x_2 = \frac{1}{i-1}t = -\frac{i+1}{2}t \Rightarrow$
$L_2 = \{t(i, -\frac{i+1}{2}, 1)^T \mid t \in \mathbb{C}\} \Rightarrow E^{(\lambda_2)} = \{\alpha(i, -\frac{i+1}{2}, 1)^T \mid \alpha \in \mathbb{C}\backslash\{0\}\}$.

■

Aus Beispiel 3.3.6 ist ersichtlich, daß eine reelle Matrix durchaus nichtreelle Eigenwerte (und Eigenvektoren) haben kann. Es gibt allerdings eine wichtige Klasse von reellen Matrizen, die ausschließlich reelle Eigenwerte haben. Dies sind die reellen symmetrischen Matrizen.

**Satz 3.3.7:**

Sei $A$ eine reelle symmetrische (n,n)-Matrix. Dann sind alle zugehörigen Eigenwerte reell.

Beweis:

Es sei $\lambda \in \mathbb{C}$ ein Eigenwert von $A$ mit Eigenvektor $\underline{v}$; Komplex-Konjugieren liefert $\bar{\lambda}$ bzw. $\underline{\bar{v}} = (\bar{v}_1, \ldots, \bar{v}_n)^T$. Damit folgt einerseits aus $A\underline{v} = \lambda\underline{v}$ die Umformung $\underline{\bar{v}}^T A\underline{v} = \lambda\underline{\bar{v}}^T\underline{v} =$
$= \lambda \sum\limits_{j=1}^{n} |v_j|^2$. Es ist andererseits $\underline{\bar{v}}^T A\underline{v} = (\underline{\bar{v}}^T A)\underline{v} = \underline{v}^T(\underline{\bar{v}}^T A)^T = \underline{v}^T A^T \underline{\bar{v}} = \underline{v}^T A \underline{\bar{v}} =$
$= \underline{v}^T \bar{A}\underline{\bar{v}} = \underline{v}^T \overline{A\underline{v}} = \underline{v}^T \overline{\lambda\underline{v}} = \underline{v}^T \bar{\lambda}\underline{\bar{v}} = \bar{\lambda} \sum\limits_{j=1}^{n} |v_j|^2$.

Insgesamt erhalten wir $\lambda \sum\limits_{j=1}^{n} |v_j|^2 = \bar{\lambda} \sum\limits_{j=1}^{n} |v_j|^2$ und damit $\lambda = \bar{\lambda}$, d.h. $\lambda \in \mathbb{R}$.

■

**Bemerkung 3.3.8:**

Es seien $A$ eine reelle (n,n)-Matrix und $\lambda \in \mathbb{R}$ ein Eigenwert von $A$. Dann kann man alle Eigenvektoren zu $\lambda$ auch reell "garantieren", denn ein Eigenvektor $\underline{v} = (v_1, \ldots, v_n)^T$ ist nichts anderes als eine nichttriviale Lösung des reellen Gleichungssystems $(A - \lambda E)\underline{v} = \underline{0}$.

**Beispiel 3.3.9:**

Sei $A = \begin{pmatrix} 0 & 3 \\ 3 & 8 \end{pmatrix}$ : $p_A(\lambda) = \begin{vmatrix} -\lambda & 3 \\ 3 & 8-\lambda \end{vmatrix} = \lambda^2 - 8\lambda - 9 = 0 \Leftrightarrow \lambda = 4 \pm \sqrt{25}$, d.h. $\lambda = \lambda_1 = 9$ bzw. $\lambda = \lambda_2 = -1$.

zu $\lambda_1$: $(A - \lambda_1 E)\underline{x} = \underline{0}$ bedeutet
$\left.\begin{matrix} -9x_1 + 3x_2 = 0 \\ 3x_1 - \ x_2 = 0 \end{matrix}\right\} \Leftrightarrow x_2 = 3x_1$, also $L_1 = L_1^{\mathbb{C}} := \{t(1,3)^T \,|\, t \in \mathbb{C}\}$ oder
-im einschränkenden Sinne von Bemerkung 3.3.8- $L_1 = L_1^{\mathbb{R}} := \{t(1,3)^T \,|\, t \in \mathbb{R}\}$.
zu $\lambda_2$: $(A - \lambda_2 E)\underline{x} = \underline{0}$ bedeutet $\left\{\begin{matrix} x_1 + 3x_2 = 0 \\ 3x_1 + 9x_2 = 0 \end{matrix}\right\}$, d.h. $x_1 = -3x_2$; also:
$L_2^{\mathbb{R}} = \{t(-3,1)^T \,|\, t \in \mathbb{R}\}$. Jeder (reelle) Eigenvektor $\underline{v}^1$ zum Eigenwert $\lambda_1$ läßt sich mit einem reellen $s \neq 0$ schreiben gemäß $\underline{v}^1 = s(1,3)^T$, jeder (reelle) Eigenvektor $\underline{v}^2$ zum Eigenwert $\lambda_2$ mit einem reellen $t \neq 0$ gemäß $\underline{v}^2 = t(-3,1)^T$.

Für das Skalarprodukt stellen wir fest: $\underline{v}^1 \cdot \underline{v}^2 = s \cdot t(1 \cdot (-3) + 3 \cdot 1) = 0$.

■

Tatsächlich gilt sogar

**Satz 3.3.10:**

Es seien $A$ eine reelle symmetrische (n,n)-Matrix und $\underline{v}, \underline{w}$ Eigenvektoren zu den Eigenwerten $\lambda$ bzw. $\mu$. Falls $\lambda \neq \mu$ gilt, so sind $\underline{v}, \underline{w}$ orthogonal, d.h. $\underline{v} \cdot \underline{w} = 0$.

Beweis:

Wir formen mit Beachtung von $A\underline{v} = \lambda\underline{v}$ und $A\underline{w} = \mu\underline{w}$ um: $\lambda\underline{w}^T\underline{v} = \underline{w}^T A\underline{v} = \underline{v}^T A^T \underline{w} =$ $= \underline{v}^T(A\underline{w}) = \mu\underline{v}^T\underline{w} = \mu\underline{w}^T\underline{v}$. Somit ist $(\lambda - \mu)\underline{w}^T\underline{v} = 0$, sodaß im Falle $\lambda \neq \mu$ folgt: $\underline{w}^T\underline{v} = 0$, also $\underline{w} \cdot \underline{v} = 0$. Das ist aber die behauptete Orthogonalität.

■

Ohne Beweis notieren wir den folgenden wichtigen Satz:

**Satz 3.3.11:**

Es seien $A$ eine reelle symmetrische (n,n)-Matrix und $\lambda$ ein Eigenwert von $A$. Dann gibt es zu $\lambda$ m, aber nicht mehr, linear unabhängige Eigenvektoren $\underline{v}^1, \underline{v}^2, \ldots, \underline{v}^m$, wobei m gleich der Vielfachheit von $\lambda$ als Nullstelle des Polynoms $\det(A - xE_n)$ ist.

**Beispiel 3.3.12:**

Für nichtsymmetrische Matrizen trifft dies i.a. nicht zu, wie $A = \begin{pmatrix} 0 & 1 \\ 0 & 0 \end{pmatrix}$ zeigt: $\lambda = 0$ ist doppelte Nullstelle von $p_A(x) = \det(A - xE_2) = x^2$ und wegen $(A - \lambda E)\underline{x} = A\underline{x} = \underline{0}$ $\Leftrightarrow x_2 = 0 \Leftrightarrow \underline{x} = (x_1, 0)^T$ gibt es keine zwei linear unabhängigen Eigenvektoren zum Eigenwert $\lambda$.

**Bemerkung 3.3.13:**

Es seien m linear unabhängige Vektoren $\underline{v}^1, \ldots, \underline{v}^m$ vorgegeben. Dann kann man aus diesen Vektoren neuen Vektoren $\underline{w}^1, \ldots, \underline{w}^m$ bilden mit der Eigenschaft, daß $\underline{w}^i \cdot \underline{w}^j = \delta_{ij}$ für alle $i, j$ gilt (orthonormales System).

Beweisidee:

Zunächst setzen wir $\underline{u}^1 := \underline{v}^1$, $\underline{w}^1 := \underline{u}^1/\|\underline{u}^1\|$. Den Vektor $\underline{w}^2$ bilden wir mittels $\underline{w}^1$ und $\underline{v}^2$;

Ansatz: $\underline{u}^2 = \underline{v}^2 - \alpha\underline{w}^1$. Wähle $\alpha$ so, daß $\underline{u}^2 \perp \underline{w}^1$ erfüllt ist. Somit muß $0 = \underline{w}^1 \cdot \underline{u}^2 = \underline{w}^1 \cdot \underline{v}^2 - \alpha\underline{w}^1 \cdot \underline{w}^1$ (eine Gleichung für $\alpha$), also gilt $\alpha = \underline{w}^1 \cdot \underline{v}^2$. Setze anschließend $\underline{w}^2 := \underline{u}^2/\|\underline{u}^2\|$.

Nächster Ansatz: $\underline{u}^3 = \underline{v}^3 - \alpha\underline{w}^1 - \beta\underline{w}^2$. Wähle $\alpha$ und $\beta$ so, daß die Beziehungen $\underline{u}^3 \perp \underline{w}^1$ und $\underline{u}^3 \perp \underline{w}^2$ erfüllt sind. Dies ergibt zwei Gleichungen für $\alpha, \beta$. Löse diese und setze mit $\alpha, \beta$ an: $\underline{w}^3 := \underline{u}^3/\|\underline{u}^3\|$, usw.

Diese Abfolge von Handlungsschritten heißt das

Gram-Schmidtsche Orthogonalisierungsverfahren.

**Definition 3.3.14:**

Eine reelle (n,n)-Matrix $Q$ heißt orthogonal, falls $Q^T Q = E$ gilt, d.h. falls die Spalten von $Q$ die Länge 1 haben und paarweise senkrecht aufeinander stehen.

Eine (n,n)-Matrix $\Lambda$ heißt Diagonalmatrix, falls sie die Form $\Lambda = \begin{pmatrix} \lambda_1 & & 0 \\ & \ddots & \\ 0 & & \lambda_n \end{pmatrix}$ hat, d.h. falls $\Lambda(i,j) = 0$ für alle $i, j \in \{1, \ldots, n\}$ mit $i \neq j$ gilt; wir schreiben in diesem Falle auch $\Lambda = diag(\lambda_1, \ldots, \lambda_n)$.

■

Der folgende sogenannte Spektralsatz spielt eine entscheidende Rolle bei der "Entkoppelung" von komplizierten Systemen.

**Satz 3.3.15:**

Es sei $A$ eine reelle symmetrische (n,n)-Matrix . Dann gibt es eine orthogonale Matrix $Q$ und eine Diagonalmatrix $\Lambda$ so, daß

$$AQ = Q\Lambda \quad \text{, oder} \quad Q^T AQ = \Lambda \text{ ,} \quad \text{oder} \quad A = Q\Lambda Q^T \text{ ,}$$

gilt.

■

Beweis:

Seien $\lambda_1, \lambda_2, \dots, \lambda_r$ die (verschiedenen) Eigenwerte von $A$; $\lambda_i$ habe die Vielfachheit $m_i$ als Nullstelle des Polynoms $\det(A - xE)$ $(i = 1, \dots, r)$. Dann ist nach dem Fundamentalsatz der Algebra $\sum_{i=1}^{r} m_i = n$. Es seien für alle $i = 1, \dots, r$ $\underline{v}^{i,1}, \dots, \underline{v}^{i,m_i}$ linear unabhängige Eigenvektoren zum Eigenwert $\lambda_i$ (vgl. Satz 3.3.11) und o.B.d.A. haben diese die Länge 1 und stehen paarweise senkrecht aufeinander (vgl. Bemerkung 3.3.13). Setze

$$\begin{array}{lll} Q & := & (\underline{v}^{1,1}, \dots, \underline{v}^{1,m_1} , \underline{v}^{2,1}, \dots, \underline{v}^{2,m_2} , \dots , \underline{v}^{r,1}, \dots, \underline{v}^{r,m_r} ) , \\ \Lambda & := & diag(\underbrace{\lambda_1, \dots, \lambda_1}_{m_1} , \underbrace{\lambda_2, \dots, \lambda_2}_{m_2} , \dots , \underbrace{\lambda_r, \dots, \lambda_r}_{m_r} ) . \end{array}$$

Es folgt die gewünschte Darstellung.

■

Als Anwendung des Satzes 3.3.15 erhalten wir:

**Definition 3.3.16:**

Eine reelle symmetrische (n,n)-Matrix $A$ heißt positiv definit (bzw. positiv semidefinit ), falls für alle reellen (n,1)-Spaltenvektoren $\underline{x}$ mit $\underline{x} \neq \underline{0}$ die Beziehung

$$\underline{x}^T A \underline{x} > 0$$

gilt (bzw. falls für alle reellen (n,1)-Spaltenvektoren $\underline{x}$ die Beziehung

$$\underline{x}^T A \underline{x} \geq 0$$

gilt).

**Satz 3.3.17:**

Eine reelle symmetrische (n,n)-Matrix $A$ ist genau dann positiv definit (bzw. positiv semidefinit), wenn alle Eigenwerte positiv (bzw. nichtnegativ) sind.

Beweis:

Aufgrund der Darstellbarkeit von $A$ in der Form $Q\Lambda Q^T$, nämlich mit orthogonalem $Q$ und einer Diagonalmatrix $\Lambda$, können wir für $\underline{x}^T A\underline{x}$ mit $\underline{y} := Q^T\underline{x}$ stets $\underline{y}^T\Lambda\underline{y}$ schreiben. Man kann dann auch stets $\underline{x} = (Q^T)^{-1}\underline{y} = Q\underline{y}$ rückbestimmen. Sei also o.B.d.A. $A = diag(\lambda_1, \ldots, \lambda_n)$ und somit $\underline{x}^T A\underline{x} = \sum_{j=1}^{n} \lambda_j x_j^2$. Ist diese Zahl für alle $\underline{x} \neq \underline{0}$ positiv, so zeigt die Wahl von $\underline{x}$ als $\underline{e}^{(i)} = (0, \ldots, 0, \overbrace{1}^{\downarrow i}, 0, \ldots, 0)^T$ an, daß $\lambda_i$ positiv ist $(i = 1, \ldots, n)$. Sind alle $\lambda_i$ größer als 0, so auch $\sum_{j=1}^{n} \lambda_j x_j^2$ für alle $\underline{x} \neq \underline{0}$, d.h. wir haben auch die Umkehrrichtung eingesehen und somit die erste behauptete Charakterisierung.

In sehr ähnlicher Weise verifiziert man die Charakterisierung der positiven Semidefinitheit.

■

# IV. Folgen und Reihen

## IV. 1. Reelle und komplexe Folgen und Folgen von Vektoren

Zahlenfolgen ergeben sich in der Mathematik häufig bei Approximationsprozessen:

**Beispiel 4.1.1:**

i) Annäherung des Flächeninhalts eines Kreises

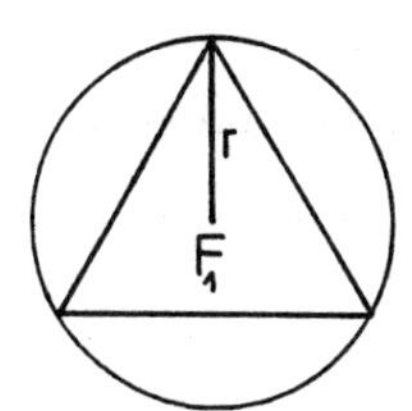

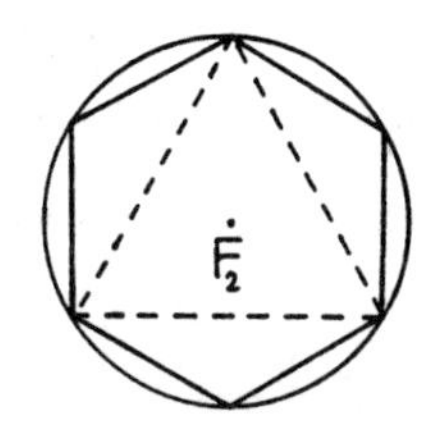

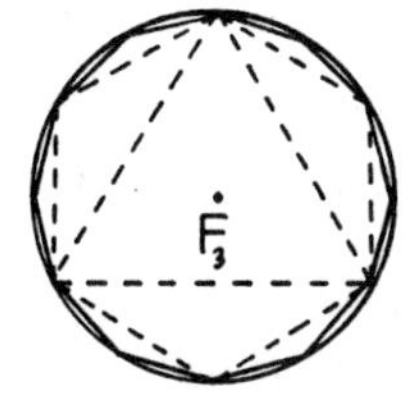


[Fig. 4.1]

Wir beschreiben dem Kreis regelmäßige n-Ecke ein, wobei die Zahl der Ecken wächst; dabei ergibt sich für die Flächeninhalte die Beziehung

$$\text{Inhalt } F_1 < \text{Inhalt } F_2 < \text{Inhalt } F_3 < \ldots < \text{Inhalt } Kreis .$$

Intuitiv "nähert" sich also der Inhalt der folgenden Vielecke immer mehr der Kreisfläche.

ii) In Beispiel 1.1.2 haben wir versucht, die Zahl $\sqrt{2}$ durch rationale Zahlen anzunähern:

$1;\ 1{,}4;\ 1{,}41;\ \ldots \quad \rightarrow \sqrt{2}.$

Jede folgende Zahl liegt "näher" an $\sqrt{2}$ als die vorangegangene.

Diese Gedanken werden jetzt formalisiert.

**Definition 4.1.2:**

Ordnet man jeder natürlichen Zahl $k \in \mathbb{N}$ eine reelle (komplexe) Zahl $a_k$ bzw. einen Vektor $\underline{a}_k$ aus $V^n$ zu, so bezeichnet man die $a_k$, $k \in \mathbb{N}$, als **reelle (komplexe)** Folge bzw. die $\underline{a}_k$, $k \in \mathbb{N}$, als **Folge von Vektoren**.

Man schreibt $\boxed{(a_k)_{k \in \mathbb{N}}}$ oder $\boxed{(a_1, a_2, a_3, \ldots)}$ (oder $\boxed{(a_k)}$)

bzw. $\boxed{(\underline{a}_k)_{k \in \mathbb{N}}}$ oder $\boxed{(\underline{a}_1, \underline{a}_2, \underline{a}_3, \ldots)}$ (oder $\boxed{(\underline{a}_k)}$).

$a_k$ bzw. $\underline{a}_k$ heißt **$k$-tes Glied der Folge**. Sei $A \subseteq \mathbb{R}(\mathbb{C})$ bzw. $A \subseteq V^n$

Gilt $a_k \in A$ für alle $k \in \mathbb{N}$ ($\underline{a}_k \in A$ für alle $k \in \mathbb{N}$), so schreiben wir $\boxed{(a_k)_{k \in \mathbb{N}} \subseteq A}$ bzw. $\boxed{(\underline{a}_k)_{k \in \mathbb{N}} \subseteq A}$.

**Beispiel 4.1.3:**

1) $(a_k) := (\frac{1}{k})_{k \in \mathbb{N}}$, also $(1, \frac{1}{2}, \frac{1}{3}, \frac{1}{4}, \ldots)$ reelle Folge;

2) $(b_k)_{k \in \mathbb{N}}$, definiert durch

$$b_k := \begin{cases} 0, & k \quad \text{gerade} \\ 1, & k \quad \text{ungerade}, \end{cases}$$

also $(1, 0, 1, 0, 1, \ldots)$ also eine reelle Folge;

3) für $z \in \mathbb{C}$ sei $(c_k)_{k \in \mathbb{N}} := (z, z^2, z^3, z^4, \ldots)$: eine komplexe Folge;

4) $(\underline{d}_k)_{k \in \mathbb{N}} \subseteq V^3$, definiert durch $d_k := \begin{pmatrix} \frac{1}{k} \\ 1 \\ x^k \end{pmatrix}$ für $x \in \mathbb{R}$, also

$$\left( \begin{pmatrix} 1 \\ 1 \\ x \end{pmatrix}, \begin{pmatrix} \frac{1}{2} \\ 1 \\ x^2 \end{pmatrix}, \begin{pmatrix} \frac{1}{3} \\ 1 \\ x^3 \end{pmatrix}, \ldots \right) : \quad \text{Folge von Vektoren.}$$

**Definition 4.1.4:**

Eine Folge $(a'_k)_{k \in \mathbb{N}}$ heißt **Teilfolge** einer Folge $(a_k)_{k \in \mathbb{N}}$, wenn sie aus $(a_k)_{k \in \mathbb{N}}$ durch Streichen von Gliedern — unter Beibehaltung der Reihenfolge— entsteht; d.h. für $(a'_k)_{k \in \mathbb{N}}$ existiert eine Folge $(n_k)_{k \in \mathbb{N}}$ natürlicher Zahlen mit

$n_1 < n_2 < \ldots$ und $a'_k = a_{n_k} \quad \forall\, k \in \mathbb{N}$.

Analog definiert man Teilfolgen von Vektorfolgen .

Beachte : für jedes Glied der Folge $(n_k)_{k \in \mathbb{N}}$ gilt $n_k \geq k$.

**Beispiel 4.1.5:**

Teilfolgen der Folgen aus Beispiel 4.1.3 sind etwa :

1) $n_k := 2k \implies a'_k := a_{n_k} = a_{2k}$, also $(a'_k)_{k \in \mathbb{N}} = (\frac{1}{2}, \frac{1}{4}, \frac{1}{6}, \ldots)$.

2) i) $n_k := 2k - 1 \implies b'_k := b_{n_k} = b_{2k-1}$, also $(b'_k)_{k \in \mathbb{N}} = (1, 1, 1, \ldots)$;

ii) $m_k := 3k \implies b''_k := b_{m_k} = b_{3k}$, also $(b''_k)_{k \in \mathbb{N}} = (1, 0, 1, 0, 1, \ldots)$,

d.h. diese Teilfolge ist identisch mit der Folge selbst.

3) $n_k := k + 1 \implies c'_k := c_{n_k} = c_{k+1}$, also $(c'_k)_{k \in \mathbb{N}} = (z^2, z^3, z^4, \ldots)$,

d.h. die Folge $(c_k)_{k \in \mathbb{N}}$ wird gewissermaßen um eine Stelle nach links gerückt (unter Fortlassung des ersten Gliedes).

4) $n_k := k^2 \implies \underline{d}_k := \underline{d}_{n_k} = \underline{d}_{k^2}$ , also

$$(\underline{d}'_k)_{k \in \mathbb{N}} = \left( \begin{pmatrix} 1 \\ 1 \\ x \end{pmatrix}, \begin{pmatrix} \frac{1}{4} \\ 1 \\ x^4 \end{pmatrix}, \begin{pmatrix} \frac{1}{9} \\ 1 \\ x^9 \end{pmatrix}, \ldots \right).$$

■

Die einleitenden Idee von der Approximation durch Folgen führt zur nächsten Definition; dies liefert die für unseren Rahmen wichtigste Klasse von Folgen, nämlich die konvergenten Folgen.

**Definition 4.1.6:**

Eine Folge $(a_k)_{k \in \mathbb{N}}$ reeller (komplexer) Zahlen **konvergiert**, wenn es ein $a \in \mathbb{R}$ $(a \in \mathbb{C})$

so gibt, daß für jedes $\varepsilon > 0$ ein $N(\varepsilon) \in I\!R$ existiert mit

$$|a_k - a| \leq \varepsilon \qquad \text{für alle } k \in I\!N \text{ mit } k \geq N(\varepsilon).$$

Eine Folge $(\underline{a}_k)_{k \in I\!N}$ von Vektoren des $V^n$ $\boxed{\text{konvergiert}}$, wenn es ein $\underline{a} \in V^n$ so gibt, daß für jedes $\varepsilon > 0$ ein $N(\varepsilon) \in I\!R$ existiert mit

$$||\underline{a}_k - \underline{a}|| \leq \varepsilon \qquad \text{für alle } k \in I\!N \text{ mit } k \geq N(\varepsilon).$$

Konvergiert eine Folge, so heißt sie $\boxed{\text{konvergent}}$ und $a$ bzw. $\underline{a}$ heißt $\boxed{\text{Grenzwert}}$ bzw. $\boxed{\text{Grenzvektor}}$. Man schreibt $\boxed{a_k \to a}$ oder $\boxed{\lim\limits_{k \to \infty} a_k = a}$ (analog für Vektoren).

Eine nicht konvergente Folge heißt $\boxed{\text{divergent}}$ .

**Bemerkung 4.1.7:**

i) Es ist leicht einzusehen,daß eine Folge $(\underline{a}_k)_{k \in I\!N} = (a_k^{(1)}, a_k^{(2)}, \ldots, a_k^{(n)})_{k \in I\!N}$ von Vektoren aus $V^n$ genau dann konvergiert, wenn jede der Folgen $(a_k^{(1)})_{k \in I\!N}$ bis $(a_k^{(n)})_{k \in I\!N}$ für sich konvergieren .
(Denn: $\lim\limits_{k \to \infty} \underline{a}_k = \underline{a} \iff \lim\limits_{k \to \infty} ||\underline{a}_k - \underline{a}|| = 0$ und dies ist nach Definition 2.1.8 äquivalent dazu, daß jede "Komponentenfolge"von $\underline{a}_k$ gegen die entsprechende Komponente von $\underline{a}$ konvergiert.)

ii) In den meisten Fällen kann man eine komplexe Zahl $z \in \mathbb{C}$ als Vektor aus $V^2$ betrachten, und zwar unter der Identität $z = (\text{Re } z, \text{Im } z)^T$. Eine Folge $(z_k)_{k \in I\!N}$ komplexer Zahlen konvergiert also nach i) genau dann, wenn die reellen Folgen $(\text{Re } z_k)_{k \in I\!N}$ und $(\text{Im } z_k)_{k \in I\!N}$ konvergieren.

iii) Anstelle von "für alle $k \in I\!N$ mit $k \geq N(\varepsilon)$" (vgl. Definition 4.1.6) sagt man manchmal auch $\boxed{\text{für schließlich alle } k \in I\!N}$.

**Definition 4.1.8:**

Eine divergente Folge reeller Zahlen heißt $\boxed{\text{bestimmt divergent}}$, wenn es zu jedem $M \in I\!R_+ \backslash \{0\}$ ein $N(M) \in I\!R$ so gibt, daß für alle $k \geq N(M)$ $a_k \geq M$ (oder $a_k \leq -M$) gilt. Man schreibt kurz $\boxed{a_k \to \infty}$ (oder $\boxed{a_k \to -\infty}$) bzw. $\boxed{\lim\limits_{k \to \infty} a_k = \infty}$ (oder $\boxed{\lim\limits_{k \to \infty} a_k = -\infty}$).

**Beispiel 4.1.9 :**

1) Die Folge $(\frac{1}{k})_{k \in \mathbb{N}}$ ist konvergent und hat den Grenzwert 0.

Denn: Sei $\varepsilon > 0$ beliebig vorgegeben, so setze $N(\varepsilon) := \frac{1}{\varepsilon}$ ; damit folgt für $k \geq N(\varepsilon)$ :

$$\left|\frac{1}{k} - 0\right| = \frac{1}{k} \leq \frac{1}{N(\varepsilon)} = \varepsilon .$$

2) Die Folge $((-1)^k)_{k \in \mathbb{N}}$ ist divergent, aber nicht bestimmt divergent.

Denn: betrachte zunächst $|(-1)^k - (-1)^{k+1}| = |(-1)^k| \cdot |1 - (-1)^1| = 2$.

Wäre nun $\alpha$ ein Grenzwert der Folge, dann müßte es z.B. für $\varepsilon = \frac{1}{2}$ ein $N(\varepsilon) \in \mathbb{R}$ geben mit $|(-1)^k - \alpha| \leq \frac{1}{2}$ und $|(-1)^{k+1} - \alpha| \leq \frac{1}{2}$ für $k \geq N$.

Damit erhalten wir

$$2 = |(-1)^k - (-1)^{k+1}| = |(-1)^k - \alpha - (-1)^{k+1} + \alpha| \leq |(-1)^k - \alpha| + |(-1)^{k+1} - \alpha|$$
$$\leq \frac{1}{2} + \frac{1}{2} = 1 ,$$

also einen Widerspruch. Die Folge konvergiert nicht bestimmt, da jedes Folgenglied den Betrag 1 hat.

3) Ist $(a_k)_{k \in \mathbb{N}}$ eine gegen $\alpha$ konvergente Folge reeller (komplexer) Zahlen, so konvergiert auch jede Teilfolge $(a'_k)_{k \in \mathbb{N}} := (a_{n_k})_{k \in \mathbb{N}}$ gegen $\alpha$ (analog für Vektorfolgen).

Ist nämlich $\varepsilon > 0$ beliebig vorgegeben und $N(\varepsilon) \in \mathbb{R}$ die zugehörige reelle Zahl aus Definition 4.1.6, so gilt für alle $k \geq N(\varepsilon)$:

$$|a'_k - \alpha| = |a_{n_k} - \alpha| \leq \varepsilon ,$$

denn nach Definition 4.1.4 ist $n_k \geq k \geq N(\varepsilon)$.

Nicht konvergente Folge können sowohl divergente als auch konvergente Teilfolgen besitzen (siehe Beispiel 4.1.5 2): die Teilfolge i) konvergiert, die Teilfolge ii) divergiert).

4) Die Vektorfolge $(\underline{d}_k)_{k \in \mathbb{N}}$ aus Beispiel 4.1.3 konvergiert genau dann, wenn ihre drei Komponentenfolge konvergieren. Für $\left(\frac{1}{k}\right)_{k \in \mathbb{N}}$ gilt dies nach 1), die konstante Folge $(1)_{k \in \mathbb{N}}$ konvergiert gegen 1, also konvergiert $(\underline{d}_k)_{k \in \mathbb{N}}$ genau dann, wenn die Folge $(x^k)_{k \in \mathbb{N}}$, $x \in \mathbb{R}$, konvergiert (vgl. hierzu Beispiel 4.1.12).

**Definition 4.1.10:**

i) Eine Folge $(a_k)_{k \in \mathbb{N}}$ reeller (komplexer) Zahlen heißt $\boxed{\text{beschränkt}}$, wenn es ein $M \in \mathbb{R}_+$ so gibt, daß für alle $k \in \mathbb{N}$ $|a_k| \leq M$ gilt.

ii) $(a_k)_{k \in \mathbb{N}}$ heißt $\boxed{\text{nach oben (unten) beschränkt}}$, wenn es eine reelle Zahl $M$ (bzw. $m$) so gibt, daß $a_k \leq M$ $(a_k \geq m)$ für alle $k \in \mathbb{N}$ gilt.

iii) Eine Vektorfolge $(\underline{a}_k)_{k \in \mathbb{N}}$ aus $V^n$ heißt $\boxed{\text{beschränkt}}$, falls die Folge $(||a_k||)_{k \in \mathbb{N}}$ beschränkt ist. (Letzteres ist wiederum genau dann der Fall, wenn jede Komponentenfolge beschränkt ist.)

**Bemerkung:**

Eine reelle Folge ist beschränkt genau dann, wenn sie nach oben und nach unten beschränkt ist.

**Satz 4.1.11:**

Es sei $(a_k)_{k \in \mathbb{N}}$ eine konvergente reelle (komplexe) Folge bzw. $(\underline{a}_k)_{k \in \mathbb{N}}$ eine konvergente Folge von Vektoren aus $V^n$. Dann gilt:

i) $(a_k)_{k \in \mathbb{N}}$ und $(\underline{a}_k)_{k \in \mathbb{N}}$ sind beschränkt

ii) $\lim\limits_{k \to \infty} a_k = a$ und $\lim\limits_{k \to \infty} \underline{a}_k = \underline{a}$ sind eindeutig bestimmt.

Beweis:

Wegen Bemerkung 4.1.7 genügt es, sich auf reelle Folgen zu beschränken.

zu i):

Sei daher $\lim\limits_{k \to \infty} a_k = a$ und $\varepsilon > 0$ beliebig, fest; dann gibt es ein $N(\varepsilon) \in \mathbb{R}$ so, daß für alle $k \geq N(\varepsilon)$ $|a_k - a| < \varepsilon$ gilt, also nach der Dreiecksungleichung ebenfalls $|a_k| - |a| \leq |a_k - a| \leq \varepsilon$. Hieraus folgt $|a_k| \leq \varepsilon + |a|$ $\forall\, k \geq N(\varepsilon)$.

Sei nun $M_1$ das Maximum der Menge $\{|a_k| \mid 1 \leq k < N(\varepsilon)\}$ (vgl. 1.2.15) und setze $M := \max\{M_1, \varepsilon + |a|\}$, dann gilt $\forall\, k \in \mathbb{N}$ $|a_k| \leq M$, woraus i) folgt.

zu ii):

Angenommen, $b \neq a$ ist ein weiterer Grenzwert der Folge; dann wählen wir $\varepsilon := \frac{|b-a|}{4} > 0$. Ferner gibt es $N_1(\varepsilon)$ und $N_2(\varepsilon) \in I\!R$ mit $|a_k - a| \leq \varepsilon \quad \forall\, k \geq N_1(\varepsilon)$, sowie $|a_k - b| \geq (\varepsilon) \quad \forall\, k \leq N_2(\varepsilon)$.

Wir setzen $N := \max\{N_1, N_2\}$ und erhalten für alle $k \geq N$ :

$4 \cdot \varepsilon = |a-b| = |a - a_k + a_k - b| \leq |a - a_k| + |b - a_k| \leq 2\varepsilon$, was einen Widerspruch bedeutet. Also muß $b = a$ gelten.

**Beispiel 4.1.12:**

1) Für $z \in \mathbb{C}$ betrachten wir die Folge $(z, z^2, z^3, \ldots)$ (vgl. Beispiel 4.1.3 und 4.1.9, 4)).

i) Sei $z = 0 \implies z^k = 0^k = 0 \implies \lim\limits_{k\to\infty} z^k = 0$ für $z = 0$.

ii) Sei $z \neq 0$, $|z| < 1$. Wir behaupten $\lim\limits_{k\to\infty} z^k = 0$.

Zunächst ist wegen $|z| < 1$ der Term $\frac{1}{|z|}$ größer 1, also $\exists t > 0$ mit $\frac{1}{|z|} = 1 + t$.

Ferner gilt

$(\frac{1}{|z|})^k = (1+t)^k \geq 1 + k \cdot t$ (Bernoullische Ungleichung, 1.3.4), woraus $|z|^k \leq \frac{1}{1 + k \cdot t}$ folgt .

Ist nun $\varepsilon > 0$ vorgegeben, so gilt für alle $k \geq \frac{1}{t \cdot \varepsilon} =: N(\varepsilon)$.

$$|z^k - 0| = |z^k| = |z|^k \leq \frac{1}{1 + k \cdot t} \leq \frac{1}{k \cdot t} \leq \varepsilon \, .$$

Damit ist für $|z| < 1$ $\lim\limits_{k\to\infty} z^k = 0$ bewiesen.

iii) Sei $|z| > 1$. In diesem Fall $\exists$ ein $t > 0$ mit $|z| = 1 + t$. Ist $M \geq 0$ beliebig vorgegeben, so gilt für alle $k > \frac{M}{t}$ :

$$|z^k| = |z|^k = (1+t)^k \geq 1 + k \cdot t \geq k \cdot t > M \, ;$$

die Folge ist also nicht beschränkt und deswegen gemäß Satz 4.1.11 i) nicht konvergent .

Ist $z \in \mathbb{R}$ und $z > 1$, so ist sie bestimmt divergent (wie oben hat man dann ja $z^k \geq k \cdot t > M$).

iv) Gelte schließlich $|z| = 1$. Nach 1.4.10 hat $z$ dann die Gestalt

$z = \text{cis}(\rho)$ mit $0 \leq \rho < 2\pi$.

Für $\rho = 0$ ist $z = 1, z^k = 1 \ \forall \ k$ und somit $\lim\limits_{k\to\infty} z^k = 1$ konvergent .

Für $0 < \rho < 2\pi$ dagegen ist $(z^k)_{k \in \mathbb{N}}$ divergent, denn:

Wir nehmen an, $(z^k)_{k \in \mathbb{N}}$ konvergiert gegen $\alpha \in \mathbb{C}$ ; für $k \in \mathbb{N}$ gilt dann zunächst

$$|z^k - z^{k+1}| = |z^k| \cdot |1 - z| = 1 \cdot |1 - \text{cis}(\rho)| = \sqrt{(1 - \cos\rho)^2 + \sin\rho^2} =: \delta$$

und $\delta > 0$ wegen $\rho \in (0, 2\pi)$. Wegen der angenommenen Konvergenz muß es dann zu diesem $\delta$ ein $N(\delta)$ so geben, daß

$$|z^k - \alpha| \leq \frac{\delta}{4} \text{ und } |z^{k+1} - \alpha| \leq \frac{\delta}{4} \text{ für } k > N(\delta)$$

gilt. Daraus folgt

$$\delta = |z^k - z^{k+1}| \leq |z^k - \alpha| + |z^{k+1} - \alpha| \leq \frac{\delta}{4} + \frac{\delta}{4} = \frac{\delta}{2} \, ,$$

im Widerspruch zu $\delta > 0$.

Ist insbesondere $\rho = \pi$, also $z = \text{cis}(\rho) = -1$, so folgt (nochmals) die Divergenz der Folge $\left((-1)^k\right)$, die wir ja schon in Beispiel 4.1.9 gezeigt hatten.

2) Sei wiederum $z \in \mathbb{C}$. Für die Folge $(\frac{z^k}{k!})_{k \in \mathbb{N}}$ gilt

$\lim\limits_{k\to\infty} \frac{z^k}{k!} = 0$.

Beweis:

Aus dem Archimedischen Axiom folgt die Existenz eines $k_0 \in \mathbb{N}$ mit $|a| < k_0$. Für $k > k_0$ betrachten wir

$$\left|\frac{z^k}{k!} - 0\right| = \frac{|z|^k}{k!} = \frac{|z|^{k_0} \cdot |z|^{k-k_0-1} \cdot |z|}{k_0! \cdot (k_0+1) \cdot (k_0+2) \ldots (k-1) \cdot k} \, .$$

Hieraus folgt wegen $\dfrac{|z|}{k_0+1} < 1, \dfrac{|z|}{k_0+2} < 1, \ldots, \dfrac{|z|}{k-1} < 1$ weiter

$$\frac{|z^k|}{k!} < \frac{|z|^{k_0}}{k_0!} \cdot \frac{|z|}{k} = \frac{c}{k} \text{ mit } c := \frac{|z|^{k_0+1}}{k_0!}$$

($c$ ist also unabhängig von $k$).

Ist jetzt $\varepsilon > 0$ beliebig gegeben, so gilt für alle $k \geq N(\varepsilon) := \dfrac{c}{\varepsilon}$ : $\dfrac{|z|^k}{k!} \leq \varepsilon$.

■

Beachte: Beispiel 2) besagt, daß Fakultäten schneller als die Potenzen einer noch so großen Zahl $z$ wachsen.

3) Es seien $N$ Bakterien zur Zeit $t = 0$ vorhanden. Wir fragen uns, wieviele Bakterien zur Zeit $t = 1$ vorhanden sind, wenn die Vermehrung der Bakterien in jedem Zeitpunkt proportional zur vorhandenen Bakterienzahl ist ?
Wir modellieren diese Situation, indem wir das Intervall $[0, 1]$ in $n$ gleiche Zeitintervall der Länge $\dfrac{1}{n}$ unterteilen und annehmen, daß die Bakterienzahl in diesen Teilintervallen konstant ist. Diese Annahme wird umso besser erfüllt sein, je kleiner diese Intervalle sind, d.h. wir untersuchen den Fall $n \to \infty$.

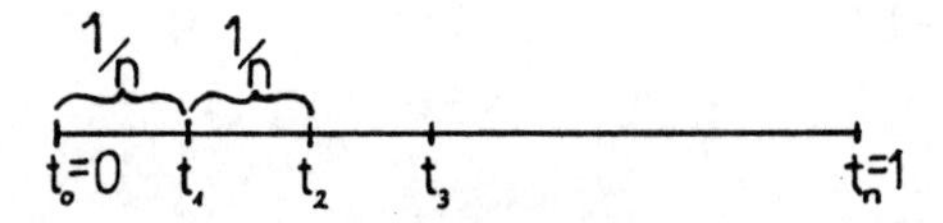


[Fig. 4.2]

Man erhält dann:

Zum Zeitpunkt $t_0$ $N$ Bakterien

Zum Zeitpunkt $t_1$ $N + \frac{1}{n} \cdot N = N \cdot (1 + \frac{1}{n})$ Bakterien

Zum Zeitpunkt $t_2$ $N(1 + \frac{1}{n}) + \frac{1}{n} \cdot N \cdot (1 + \frac{1}{n}) = N \cdot (1 + \frac{1}{n})^2$ Bakterien

$\vdots \quad \vdots$

Zum Zeitpunkt $t_n$ $N \cdot (1 + \frac{1}{n})^n$ Bakterien.

Es entsteht also die Frage, ob die Folge $N \cdot \left(1 + \frac{1}{n}\right)^n$ bzw. $\left(1 + \frac{1}{n}\right)^n$ für $n \to \infty$ konvergiert.

Zur Beantwortung dieser Frage reichen die bisherigen Mittel nicht aus.

Wir werden daher jetzt Kriterien untersuchen, die die Konvergenz einer Folge sichern – ohne z.B. den Grenzwert zu kennen.

**Definition 4.1.13:**

Eine reelle Folge $(a_k)_{k \in \mathbb{N}}$ heißt **monoton wachsend (monoton fallend)**, falls für alle $k \in \mathbb{N}$ gilt:

$$a_{k+1} \geq a_k \qquad (a_{k+1} \leq a_k)\ .$$

Sie heißt **streng monoton wachsend (streng monoton fallend )**, falls für alle $k \in \mathbb{N}$ gilt:

$$a_{k+1} > a_k \qquad (a_{k+1} < a_k)\ .$$

**Lemma 4.1.14:**

Die Folge $(a_k) := \left(\left(1 + \frac{1}{k}\right)^k\right)$ ist monoton wachsend und nach oben beschränkt.

Beweis:

i) Wir beweisen $\frac{a_{k+1}}{a_k} \geq 1$ (beachte: $a_k \neq 0 \; \forall \; k$); dazu:

$$\begin{aligned}
\frac{a_{k+1}}{a_k} &= \frac{(1+\frac{1}{k+1})^{k+1}}{(1+\frac{1}{k})^k} \\
&= \frac{(k+2)^{k+1} \cdot k^k}{(k+1)^{k+1} \cdot (k+1)^k} \\
&= \frac{(k+2)^{k+1} \cdot k^{k+1}}{(k+1)^{k+1} \cdot (k+1)^{k+1}} \cdot \frac{k+1}{k} \\
&= \left[\frac{(k+1+1)\cdot(k+1-1)}{(k+1)^2}\right]^{k+1} \cdot \frac{k+1}{k} \\
&= \left[\frac{(k+1)^2-1}{(k+1)^2}\right]^{k+1} \cdot \frac{k+1}{k} \\
&= \left[1 - \frac{1}{(k+1)^2}\right]^{k+1} \cdot \frac{k+1}{k} \\
&\geq \left(1 - \frac{1}{k+1}\right) \cdot \frac{k+1}{k} \\
&= 1 .
\end{aligned}$$

(Die benutzte Ungleichung ergibt sich nach Bernoulli.)

ii) Durch eine zu i) analoge Rechnung erhält man, daß die Folge der $b_k = (1+\frac{1}{k-1})^k$ mit $k \geq 2$ monoton fallend ist; desweiteren gilt für $k \geq 2$:

$$0 < a_k = (1+\frac{1}{k})^k < (1+\frac{1}{k-1})^k = b_k \leq b_2 = 4 .$$

Mit $a_1 = 2$ folgt also $|a_k| \leq 4 \; \forall \; k \in \mathbb{N}$.

Die Konvergenz der Folge $\left(1+\frac{1}{k}\right)^k$ sichert nun der folgende wichtige Satz.

**Satz 4.1.15:**

i) Jede reelle Folge $(a_k)_{k \in \mathbb{N}}$, die monoton (wachsend oder fallend) und beschränkt ist, ist konvergent.

ii) Jede reelle Folge $(a_k)_{k \in \mathbb{N}}$, die monoton (wachsend oder fallend) und nicht beschränkt ist, ist bestimmt divergent. Wenn in diesem Fall $(a_k)_{k \in \mathbb{N}}$ monoton wachsend ist, dann gilt $\lim\limits_{k \to \infty} a_k = \infty$; ist $(a_k)_{k \in \mathbb{N}}$ monoton fallend, so gilt

$$\lim_{k \to \infty} a_k = -\infty .$$

Beweis:

Wir zeigen o.B.d.A beide Aussagen für den Fall, daß $(a_k)_{k \in \mathbb{N}}$ monoton wächst:

zu i) Es sei $A := \{x \in \mathbb{R} \mid x = a_k \text{ für ein } k \in \mathbb{N}\}$ die Wertemenge der Folge. Da die Folge beschränkt ist, ist A beschränkt, und es existiert nach Satz 1.2.12 das Supremum, etwa $\alpha := \sup A$.

Wir zeigen nun $\lim\limits_{k \to \infty} a_k = \alpha$.

Für jedes $\varepsilon > 0$ gibt es per Definition von $\alpha$ ein $N \in \mathbb{N}$ mit $a_N > \alpha - \varepsilon$. Wegen der Monotonie von $(a_k)_{k \in \mathbb{N}}$ (hier wachsend) gilt

$$\alpha - \varepsilon < a_N \leq a_{N+1} \leq a_{N+2} \leq \ldots \leq \alpha ,$$

also $\alpha - \varepsilon < a_k$ für alle $k \geq N$ und damit $|a_k - \alpha| = \alpha - a_k \leq \varepsilon \; \forall \; k \geq N$.

Dies beweist $\lim\limits_{k \to \infty} a_k = \alpha$.

Für monoton fallende Folgen verläuft der Beweis analog (ersetze das Supremum durch das Infimum von $A$).

zu ii) Da $(a_k)_{k \in \mathbb{N}}$ monoton wachsend und nicht beschränkt ist, ist $(a_k)_{k \in \mathbb{N}}$ nicht nach oben beschränkt. Zu einem beliebigen $M \in \mathbb{R} \; \exists$ daher ein $N(M) \in \mathbb{N}$ mit $a_k > M$, womit wegen der Monotonie $a_k > M$ für alle $k \geq N$ folgt $\Longrightarrow \quad \lim\limits_{k \to \infty} a_k = \infty$.

∎

**Bemerkung:**

Es sei nochmals darauf hingewiesen, daß Satz 4.1.15 die Konvergenz der Folge, aber nicht ihren Grenzwert mitteilt. Der Grund liegt darin, daß auch Axiom E in Verbindung mit Satz 1.2.12 nur die Existenz des Supremums und nicht seinen Wert liefert.

**Korollar und Definition 4.1.16:**

Die Folge $(a_k) := \left((1+\frac{1}{k})^k\right)$ ist konvergent. Ihr Grenzwert $\boxed{e} := \lim\limits_{k\to\infty}(1+\frac{1}{k})^k$ heißt $\boxed{\text{Eulersche Zahl}}$. $e$ ist näherungsweise $2,718\ldots$ und gehört nicht zu $\mathbb{Q}$.

Beweis: Lemma 4.1.14, Satz 4.1.15 . ■

Während Satz 4.1.15. nur ein hinreichendes Konvergenzkriterium darstellt, ist das folgende Kriterium notwendig und hinreichend. Es ist ebenfalls ohne Kenntnis des Grenzwertes anwendbar.

**Satz und Definition 4.1.17 (Konvergenzkriterium von Cauchy):**

Eine reelle (komplexe) Folge $(a_k)_{k\in\mathbb{N}}$ ist genau dann konvergent, wenn sie eine $\boxed{\text{Cauchy-Folge}}$ ist, d.h. wenn zu jedem $\varepsilon > 0$ eine Zahl $N(\varepsilon)\in\mathbb{R}$ existiert mit $|a_n - a_m| \leq \varepsilon$ für alle $n, m \geq N(\varepsilon)$.
Für Vektorfolgen gilt Entsprechendes mit $\|.\|$ statt $|.|$.

Beweis:

" $\Longrightarrow$ " Sei $(a_k)_{k\in\mathbb{N}}$ konvergent gegen $a$, $\varepsilon > 0$ beliebig und fest. Dann gibt es ein $N(\varepsilon)$ mit $|a_n - a| \leq \frac{\varepsilon}{2}$ und $|a_m - a| \leq \frac{\varepsilon}{2}$ für alle $n, m \geq N(\varepsilon)$. Für diese $n, m$ erhält man somit

$$|a_n - a_m| = |a_n - a + a - a_m| \leq |a_n - a| + |a_m - a| \leq \frac{\varepsilon}{2} + \frac{\varepsilon}{2} = \varepsilon\ ,$$

d.h. $(a_k)_{k\in\mathbb{N}}$ ist Cauchy-Folge.

" $\Longleftarrow$ ": Sei $(a_k)_{k\in\mathbb{N}}$ o.B.d.A eine reelle Folge, die Cauchy-Folge ist (siehe Bemerkung 4.1.7) und $A := \{x \in \mathbb{R} \mid a_k = x \text{ für ein } k \in \mathbb{N}\}$. Wir beweisen nacheinander

i) $A$ ist beschränkt

ii) es gibt eine Teilfolge $(a_{n_k})_{k\in\mathbb{N}}$ von $(a_k)_{k\in\mathbb{N}}$, die konvergent ist

iii) $\lim\limits_{k\to\infty} a_k$ existiert und ist gleich $\lim\limits_{k\to\infty} a_{n_k}$.

zu i):

Da $(a_k)_{k\in\mathbb{N}}$ Cauchy-Folge ist, gibt es z.B. für $\varepsilon = 1$ ein $N(\varepsilon) \in \mathbb{R}$ mit

$|a_n - a_m| \leq 1$, falls $n, m \geq N(\varepsilon)$. Insbesondere gilt also für ein festes $m_0 \in \mathbb{N}, m_0 \geq N(\varepsilon)$ $|a_n| - |a_{m_0}| \leq |a_n - a_{m_0}| \leq 1$ für alle $n \geq N(\varepsilon)$, d.h. $|a_n| \leq 1 + |a_{m_0}|$ $\forall$ $n \geq N(\varepsilon)$. Ist $M$ das Maximum der endlichen Menge $\{\,|a_k|\;|\;1 \leq k < N(\varepsilon)\,\}$, so ist $A$ durch die Zahl $\max\{M, 1 + |a_{m_0}|\}$ beschränkt.

zu ii): Es sind zwei Fälle zu unterscheiden:

1. Fall: $A$ ist endlich, so existiert mindestens ein $x \in A$ mit $x = a_j$ für unendlich viele $j$. Ordne diese $j$-Werte in aufsteigender Reihenfolge zu $n_1 < n_2 < n_3 < \ldots$, dann ist $(a_{n_k})_{k \in \mathbb{N}}$ die gesuchte konvergente Teilfolge (mit Grenzwert $x$).

2. Fall: $A$ ist unendlich; wir konstruieren eine konvergente Teilfolge mit dem sogenannten Prinzip der Intervallschachtelung.

Schritt 1: $A$ ist beschränkt, also $\exists$ $s_0$ und $t_0 \in \mathbb{R}$ mit $s_0 \leq x \leq t_0$ $\forall$ $x \in A$. Bezeichne das Intervall $[s_0, t_0]$ mit $Q_0$ (also $A \subseteq Q_0$). Nun teilen wir $Q_0$ in zwei gleich lange Teile $[s_0, \frac{s_0 + t_0}{2}]$ und $[\frac{s_0 + t_0}{2}, t_0]$. Mindestens eines dieser Teilintervalle enthält dann unendlich viele Elemente von $A$; bezeichne dieses mit $Q_1 := [s_1, t_1]$ und beachte, daß $Q_1 \subseteq Q_0$ gilt und $Q_1$ die Länge $\frac{t_0 - s_0}{2}$ hat.
Nun wird analog $Q_1$ halbiert und wiederum ein Teilintervall ausgewählt, das unendlich viele Elemente von $A$ enthält $\Longrightarrow$ erhalte $Q_2 = [s_2, t_2]$ mit $Q_2 \subseteq Q_1$ und die Länge von $Q_2$ ist $\frac{t_0 - s_0}{2^2}$. Wir wiederholen dieses Vorgehen und gelangen so zu einer Folge $Q_n = [s_n, t_n], n \in \mathbb{N}$, von Intervallen mit den Eigenschaften:

$$s_0 \leq s_1 \leq s_2 \ldots \leq s_n \leq s_{n+1} < t_{n+1} \leq t_n \ldots \leq t_0 \qquad (*),$$

die Länge des Intervalls $Q_n$ ist $\frac{t_0 - s_0}{2^n}$ und jedes Intervall $Q_n$ enthält unendlich viele Elemente von $A$.

Schritt 2: Aus $(*)$ und Satz 1.2.12 ergibt sich jetzt, daß die Menge $\{s_n | n \in \mathbb{N}\}$ ein Supremum y und die Menge $\{t_n | n \in \mathbb{N}\}$ ein Infimum $z$ besitzen. Ferner ist für alle $n \in \mathbb{N}$ $s_n \leq y \leq z \leq t_n$ (per Definition von

Supremum und Infimum) und somit $0 \leq z - y \leq t_n - s_n = \dfrac{t_0 - s_0}{2^n}$.
Gemäß Beispiel 4.1.12 konvergiert die Folge $\left(\left(\frac{1}{2}\right)^n\right)_{n \in \mathbb{N}}$ gegen 0, gleiches gilt dann auch für die Folge $(\frac{t_0 - s_0}{2^n})_{n \in \mathbb{N}}$. Hieraus folgt $z = y$ sowie $\lim\limits_{n\to\infty} s_n = \lim\limits_{n\to\infty} t_n = y$ (vgl. Satz 4.1.15).

Schritt 3: Die gesuchte Teilfolge wird nun so gebildet: es sei $a_{n_1}$ irgendeines der unendlich vielen Elemente aus $Q_1 \cap A$. Da auch $Q_2 \cap A$ unendlich ist, gibt es ein $n_2 \in \mathbb{N}$ mit $n_1 < n_2$ und $a_{n_2} \in Q_2 \cap A$. Analog gibt es ein $n_3 \in \mathbb{N}$ mit $n_2 < n_3$ und $a_{n_3} \in Q_3 \cap A$ usw. Wir erhalten eine Teilfolge $(a_{n_k})_{k \in \mathbb{N}}$ von $(a_k)_{k \in \mathbb{N}}$ mit $a_{n_k} \in Q_k \cap A \;\forall\, k \in \mathbb{N}$, insbesondere also $a_{n_k} \in [s_k, t_k] \;\forall\, k \in \mathbb{N}$. Aus Schritt 2 ergibt sich dann die Konvergenz von $(a_{n_k})_{k \in \mathbb{N}}$ sowie $\lim\limits_{k\to\infty} a_{n_k} = y$.

zu iii) Sei $\varepsilon > 0$ beliebig vorgegeben. Da $(a_k)_{k \in \mathbb{N}}$ eine Cauchy-Folge ist, gibt es ein $N_1(\varepsilon)$ mit

$$|a_n - a_m| \leq \varepsilon \quad \text{für alle } n, m \geq N_1(\varepsilon)\ .$$

Da die Teilfolge $(a_{n_k})_{k \in \mathbb{N}}$ gegen y konvergiert, gibt es ein $N_2(\varepsilon)$ mit

$$|a_{n_k} - y| \leq \varepsilon \quad \text{für alle} \quad k \geq N_2(\varepsilon)\ .$$

Für alle $k \geq N(\varepsilon) := \max\{N_1(\varepsilon), N_2(\varepsilon)\}$ folgt also

$$|a_k - y| \leq |a_k - a_{n_k}| + |a_{n_k} - y| \leq \varepsilon + \varepsilon = 2\varepsilon \implies \lim_{k\to\infty} a_k = y\ .$$

■

**Bemerkung 4.1.18:**

i) Der obige Beweis zeigt im Grunde den **Satz von Bolzano–Weierstraß** für Mengen: zu jeder beschränkten, unendlichen Teilmenge $A$ von $\mathbb{R}$ (bzw. $\mathbb{C}$) gibt es ein Element $x \in \mathbb{R}(\mathbb{C})$ und eine injektive Folge $(a_k)_{k \in \mathbb{N}}$ mit $a_k \in A \;\forall\, k \in \mathbb{N}$, die gegen $x$ konvergiert.

ii) Das Haupthilfsmittel im obigen Beweis war Satz 1.2.12, d.h. letztlich das Vollständigkeitsaxiom. Umgekehrt kann man axiomatisch fordern, daß jede Cauchy–Folge in $\mathbb{R}$ konvergent ist und dann das Vollständigkeitsaxiom beweisen. Zu beachten ist aber, daß Satz 4.1.17 im Gegensatz zum Vollständigkeitsaxiom nicht von der Ordnungsstruktur auf $\mathbb{R}$ abhängt.

**Beispiel 4.1.19:**

Auch wenn Satz 4.1.17 keine Aussage über den Grenzwert einer Cauchy–Folge macht, gelingt es manchmal doch, diesen mit Hilfe von 4.1.17 zu bestimmen. Wir betrachten dazu die rekursiv definierte Folge

$$a_1 := 7 \quad , \qquad a_{n+1} := \frac{7(1+a_n)}{7+a_n}, n \in \mathbb{N} \ ,$$

weisen deren Konvergenz nach und bestimmen ihren Grenzwert.

i) Zunächst gilt ${a_n}^2 > 7 \; \forall \, n \in \mathbb{N}$, denn: ${a_1}^2 = 49 \geq 7$; gelte nun ${a_n}^2 > 7$ für ein $n \in \mathbb{N}$, so folgt

$${a_{n+1}}^2 > 7 \quad \Longleftrightarrow \quad 49 \cdot (1 + 2a_n + {a_n}^2) > 7 \cdot (49 + 14a_n + {a_n}^2) \quad \Longleftrightarrow \quad {a_n}^2 > 7 \ ,$$

was nach Induktionsvoraussetzung richtig ist.

ii) Ebenfalls per Induktion sieht man sofort $a_n > 0 \; \forall \, n \in \mathbb{N}$.

iii) $(a_n)_{n \in \mathbb{N}}$ ist monoton fallend, denn

$$a_n - a_{n+1} = a_n - \frac{7+7a_n}{7+a_n} = \frac{7a_n + {a_n}^2 - 7 - 7a_n}{7+a_n} = \frac{{a_n}^2 - 7}{7+a_n} > 0 \ ,$$

wegen i) und ii). Insbesondere ist $(a_n)_{n \in \mathbb{N}}$ damit beschränkt, z.B. nach oben durch 7 und nach unten durch 0.

iv) Satz 4.1.15 liefert jetzt die Konvergenz von $(a_n)_{n \in \mathbb{N}}$, also ist $(a_n)$ Cauchy–Folge.

$\overset{(\text{Satz } 4.1.17)}{\Longrightarrow}$ zu $\varepsilon > 0$ gibt es ein $N(\varepsilon)$ mit $|a_n - a_{n+1}| \leq \varepsilon$ für $n \geq N(\varepsilon)$. Es folgt

$$0 \leq \frac{(a_n + \sqrt{7}) \cdot (a_n - \sqrt{7})}{14} = \frac{{a_n}^2 - 7}{14} \leq \frac{{a_n}^2 - 7}{7 + a_n} = |a_n - a_{n+1}| \leq \varepsilon \quad \forall \, n \geq N(\varepsilon) \ ,$$

also (wegen $a_n \geq 0$)

$$0 \leq a_n - \sqrt{7} \leq \frac{14\varepsilon}{a_n + \sqrt{7}} \leq \frac{14}{\sqrt{7}} \cdot \varepsilon \quad \forall\, n \geq N(\varepsilon)\ .$$

Dies bedeutet aber

$$\lim_{n\to\infty} a_n = \sqrt{7}\ .$$

Um später die Konvergenzuntersuchungen bei komplizierter aufgebauten Folgen auf einfachere zurückführen zu können, benötigen wir einige Rechenregeln. Dabei ist es sinnvoll, sofort die bestimmt divergenten Folgen mitzubehandeln.

**Satz 4.1.20:**

Es seien $(a_k)_{k\in\mathbb{N}}, (b_k)_{k\in\mathbb{N}}$ reelle oder komplexe Folgen mit $\lim\limits_{k\to\infty} a_k = a$, $\lim\limits_{k\to\infty} b_k = b$ und $(\alpha_k)_{k\in\mathbb{N}}$ bzw. $(\beta_k)_{k\in\mathbb{N}}$ reelle Folgen mit $\lim\limits_{k\to\infty} \alpha_k = \infty$ und $\lim\limits_{k\to\infty} \beta_k = \infty$; weiter seien $s \in \mathbb{R}$ und $c \in \mathbb{C}$. Dann gilt

i) $\lim\limits_{k\to\infty} (a_k + b_k) = a + b \qquad (= \lim\limits_{k\to\infty} a_k + \lim\limits_{k\to\infty} b_k)$
$\lim\limits_{k\to\infty} (\alpha_k + \beta_k) = \infty$
$\lim\limits_{k\to\infty} (a_k + \alpha_k) = \infty.$

ii) $\lim\limits_{k\to\infty} (c \cdot a_k) = c \cdot a (= c \cdot \lim\limits_{k\to\infty} a_k).$
Ist $s > 0$, so folgt $\lim\limits_{k\to\infty} (s \cdot \alpha_k) = \infty.$
Ist $s < 0$, so folgt $\lim\limits_{k\to\infty} (s \cdot \alpha_k) = -\infty.$

iii) $\lim\limits_{k\to\infty} (a_k \cdot b_k) = a \cdot b$ und $\lim\limits_{k\to\infty} (\alpha_k \cdot \beta_k) = \infty.$

iv) Ist $b_k \neq 0\ \forall\, k$ und $b \neq 0$, so folgt $\lim\limits_{k\to\infty} \dfrac{a_k}{b_k} = \dfrac{a}{b}.$
Ist $\beta_k \neq 0\ \forall\, k$, so folgt $\lim\limits_{k\to\infty} \dfrac{a_k}{\beta_k} = 0.$

Beweis:

Seien $\varepsilon > 0$ und $M > 0$ beliebig vorgegeben.

zu i) Für genügend große $k \in \mathbb{N}$ gilt:
$|a_k + b_k - (a+b)| \leq |a_k - a| + |b_k - b| \leq \varepsilon + \varepsilon = 2\varepsilon \implies a_k + b_k \to a + b\ ;$

$\alpha_k + \beta_k \geq M + M > M \qquad \Longrightarrow \alpha_k + \beta_k \to \infty$ ;

die Aussage $a_k + \alpha_k \to \infty$ folgt analog.

zu ii) Es ist $|c \cdot a_k - ca| = |c| \cdot |a_k - a| \leq |c| \cdot \varepsilon$ für genügend große $k$, woraus $ca_k \to ca$ folgt. Für die bestimmt divergente Folge $(\alpha_k)_{k \in \mathbb{N}}$ behandeln wir nur den Fall $s < 0$:

es gibt ein $N(\varepsilon)$ mit $\alpha_k > \dfrac{M}{|s|}\ \forall\ k > N(\varepsilon)$, also $s \cdot \alpha_k < s \cdot \dfrac{M}{|s|} = -M$, was $s \cdot \alpha_k \to -\infty$ impliziert.

zu iii) $|a_k \cdot b_k - a \cdot b| = |a_k \cdot b_k - a \cdot b_k + a \cdot b_k - ab| \leq |a_k - a| \cdot |b_k| + |a| \cdot |b_k - b|$.

Wegen der Konvergenz der Folge $(b_k)_{k \in \mathbb{N}}$ ist diese beschränkt,

etwa $|b_k| \geq B\ \forall\ k \in \mathbb{N}$. Ist außerdem $k$ so groß, daß $|a_k - a| \leq \dfrac{\varepsilon}{2 \cdot B}$ und $|b_k - b| \leq \dfrac{\varepsilon}{|a|}$ gilt (falls $a \neq 0$), so erhält man

$|a_k \cdot b_k - ab| \leq \varepsilon$, also $a_k \cdot b_k \to a \cdot b$.

Ist $a = 0$, so gilt $|a_k \cdot b_k - 0| = |b_k| \cdot |a_k| \leq B \cdot \varepsilon$ und daher $a_k \cdot b_k \to 0 = a \cdot b$.

Analog ergibt sich die Aussage für bestimmt divergente Folgen, da

$\alpha_k \cdot \beta_k \geq \sqrt{M} \cdot \sqrt{M} = M$ für genügend große $k$ gilt.

zu iv) $\left|\dfrac{a_k}{b_k} - \dfrac{a}{b}\right| = \left|\dfrac{a_k \cdot b - a \cdot b_k}{b_k \cdot b}\right| = \left|\dfrac{a_k \cdot b - a \cdot b + a \cdot b - a \cdot b_k}{b_k \cdot b}\right|$

$= \left|\dfrac{b \cdot (a_k - a) - a \cdot (b_k - b)}{b_k \cdot b}\right| = \dfrac{|b \cdot (a_k - a) - a \cdot (b_k - b)|}{|b_k| \cdot |b|}$

$\leq \dfrac{1}{|b_k| \cdot |b|} \cdot (|b| \cdot |a_k - a| + |a| \cdot |b_k - b|) = \dfrac{1}{|b_k|} \cdot |a_k - a| + \dfrac{|a|}{|b|} \cdot \dfrac{1}{|b_k|} \cdot |b_k - b|$.

Aus $b_k \to b \neq 0$ folgt, wiederum für genügend große $k$, zum einen $|b_k - b| \leq \varepsilon$ und hieraus zum anderen $|b_k| \geq |b| - \varepsilon =: \mu$ ; ist $\varepsilon$ klein genug gewählt, so ist $\mu > 0$. Somit erhält man

$$\left|\frac{a_k}{b_k} - \frac{a}{b}\right| \leq \frac{1}{\mu} \cdot |a_k - a| + \frac{|a|}{|b| \cdot \mu} \cdot |b_k - k| \leq \left(\frac{1}{\mu} + \frac{|a|}{|b| \cdot \mu}\right) \cdot \varepsilon$$

und schließlich $\dfrac{a_k}{b_k} \to \dfrac{a}{b}$. Auch die letzte Aussage folgt analog: $(a_k)_{k \in \mathbb{N}}$ ist als konvergente Folge beschränkt, etwa $|a_k| \leq A\ \forall\ k \in \mathbb{N}$. Zu $\dfrac{A}{\varepsilon}$ gibt es ein $N$ mit $\beta_k \geq \dfrac{A}{\varepsilon}\ \forall\ k \geq N$, also gilt für diese $k$:

$$\left|\frac{a_k}{\beta_k}\right| \leq \frac{A}{\beta_k} \leq \frac{A}{A} \cdot \varepsilon = \varepsilon\ ,$$

d.h. $\frac{\alpha_k}{\beta_k} \to 0$.

**Bemerkung 4.1.21:**

Satz 4.1.20 legt es nahe, die folgenden Rechenregeln für die Symbole $+\infty$ und $-\infty$ zu definieren:

i) $\infty + \infty = \infty$

ii) $\infty \cdot \infty = \infty$ und $(-\infty) \cdot \infty = -\infty$

iii) für $s \in I\!R$ sei $s + \infty = \infty$ sowie $s - \infty = -\infty$

iv) für $s \in I\!R$ und und $s > 0$ sei $s \cdot \infty = \infty$ sowie $s \cdot (-\infty) = -\infty$

v) für $s \in I\!R$ und $s < 0$ sei $s \cdot \infty = -\infty$ sowie $s \cdot (-\infty) = \infty$

vi) für $s \in I\!R$ sei $\frac{s}{\infty} = 0$.

Nicht sinnvoll dagegen sind die Ausdrücke $\infty - \infty$, $0 \cdot (\pm\infty)$ und $\frac{(\pm\infty)}{(\pm\infty)}$; hat man z.B. die Folgen $(a_k)_{k \in I\!N} = (\frac{1}{k^2})_{k \in I\!N}$ (Grenzwert 0), $(b_k)_{k \in I\!N} = (k)_{k \in I\!N}$ $(c_k)_{k \in I\!N} = (k^2)_{k \in I\!N}$ und $(d_k) = (k^2)_{k \in I\!N}$ (alle drei bestimmt divergent gegen $\infty$), so gilt $a_k \cdot b_k \to 0, a_k \cdot c_k \to 1$ und $a_k \cdot d_k \to \infty$, obwohl – rein formal – alle drei Produktfolgen zum Typ $0 \cdot \infty$ zählen. Dieser Ausdruck ist daher nicht sinnvoll zu definieren.

Wir benutzen nun Satz 4.1.20, um die Grenzwerte zusammengesetzter Folgen zu berechnen:

**Beispiel 4.1.22:**

1) Man bestimme

$$\lim_{n\to\infty} \frac{a_2 \cdot n^2 + a_1 \cdot n + a_0}{b_2 \cdot n^2 + b_1 \cdot n + b_0}$$

mit $a_i, b_j \in I\!R, b_2 \neq 0$ und $b_2 \cdot n^2 + b_1 \cdot n + b_0 \neq 0$. Es ist

$$\frac{a_2 \cdot n^2 + a_1 \cdot n + a_0}{b_2 \cdot n^2 + b_1 \cdot n + b_0} = \frac{n^2}{n^2} \cdot \frac{a_2 + a_1 \cdot \frac{1}{n} + a_0 \cdot \frac{1}{n^2}}{b_2 + b_1 \cdot \frac{1}{n} + b_0 \frac{1}{n^2}} = \frac{a_2 + a_1 \cdot \frac{1}{n} + a_0 \cdot \frac{1}{n^2}}{b_2 + b_1 \cdot \frac{1}{n} + b_0 \cdot \frac{1}{n^2}} .$$

Mit Satz 4.1.20 gilt jetzt (da die auftretenden Grenzwerte sämtlich existieren):

$$\begin{aligned}
\lim_{n\to\infty} \frac{a_2 \cdot n^2 + a_1 \cdot n + a_0}{b_2 \cdot n^2 + b_1 \cdot n + b_0} &= \frac{\lim\limits_{n\to\infty} (a_2 + a_1 \cdot \frac{1}{n} + a_0 \cdot \frac{1}{n^2})}{\lim\limits_{n\to\infty} (b_2 + b_1 \cdot \frac{1}{n} + b_0 \cdot \frac{1}{n^2})} \\
&= \frac{\lim\limits_{n\to\infty} a_2 + \lim\limits_{n\to\infty} (a_1 \cdot \frac{1}{n}) + \lim\limits_{n\to\infty} (a_0 \cdot \frac{1}{n^2})}{\lim\limits_{n\to\infty} b_2 + \lim\limits_{n\to\infty} (b_1 \cdot \frac{1}{n}) + \lim\limits_{n\to\infty} (b_0 \cdot \frac{1}{n^2})} \\
&= \frac{a_2 + 0 + 0}{b_2 + 0 + 0} \\
&= \frac{a_2}{b_2} \,.
\end{aligned}$$

2) Man bestimme $\lim\limits_{n\to\infty} (1 + \frac{2}{n})^n$ (vgl. 4.1.16). Es ist

$$\begin{aligned}
\lim_{n\to\infty} (1 + \frac{2}{n})^n &= \lim_{n\to\infty} \frac{(n+2)^n}{n^n} \\
&= \lim_{n\to\infty} \left( \frac{(n+1)^n}{n^n} \cdot \frac{(n+2)^n}{(n+1)^n} \right) \\
&= \left( \lim_{n\to\infty} \frac{(n+1)^n}{n^n} \right) \cdot \left( \lim_{n\to\infty} \frac{(n+2)^n}{(n+1)^n} \right) ,
\end{aligned}$$

falls diese beiden Grenzwerte existieren. Ferner:

$$\lim_{n\to\infty} \frac{(n+1)^n}{n^n} = \lim_{n\to\infty} \left(1 + \frac{1}{n}\right)^n = e$$

und

$$\begin{aligned}
\lim_{n\to\infty} \frac{(n+2)^n}{(n+1)^n} &= \lim_{n\to\infty} \left(1 + \frac{1}{n+1}\right)^n \\
&= \lim_{n\to\infty} \frac{\left(1 + \frac{1}{n+1}\right)^n \cdot \left(1 + \frac{1}{n+1}\right)}{1 + \frac{1}{n+1}} \\
&= \frac{\lim\limits_{n\to\infty} \left(1 + \frac{1}{n+1}\right)^{n+1}}{\lim\limits_{n\to\infty} \left(1 + \frac{1}{n+1}\right)} \\
&= \frac{e}{1} \\
&= e \,.
\end{aligned}$$

Insgesamt folgt also $\lim\limits_{n\to\infty} \left(1 + \frac{2}{n}\right)^n = e^2$.

3) Sei $m \in I\!N$, dann gilt $\lim\limits_{n\to\infty} \sqrt[n]{n^m} = \lim\limits_{n\to\infty} \sqrt[n]{\frac{1}{n^m}} = 1$.

Beweis:

Wir zeigen zunächst $\lim\limits_{n \to \infty} \sqrt[n]{n} = 1$. Sei dazu $y_n := \sqrt[n]{n} - 1$, dann gilt

$$n = (1 + y_n)^n = \sum_{k=0}^{n} \binom{n}{k} \cdot y_n^k \geq \binom{n}{2} \cdot y_n^2 = \frac{n \cdot (n-1)}{2} \cdot y_n^2 \geq 0 \, ,$$

also $\dfrac{2}{n-1} \geq y_n^2 \geq 0$.
Mit $\lim\limits_{n \to \infty} \dfrac{2}{n-1} = 0$ folgt $\lim\limits_{n \to \infty} y_n^2 = 0$, hieraus $\lim\limits_{n \to \infty} y_n = 0$, d.h. $\lim\limits_{n \to \infty} \sqrt[n]{n} = 1$.
Für $m \in I\!N$ gilt dann gemäß Satz 4.1.20

$$\lim_{n \to \infty} \sqrt[n]{n^m} = \left(\lim_{n \to \infty} \sqrt[n]{n}\right)^m = 1 \text{ und } \lim_{n \to \infty} \sqrt[n]{\frac{1}{n^m}} = \frac{1}{\lim\limits_{n \to \infty} \sqrt[n]{n^m}} = 1 \, .$$

Als weitere Beispiele von Folgen kann man unendliche Reihen auffassen, die wir im nächsten Abschnitt betrachten werden.

## IV. 2. Unendliche Reihen von reellen bzw. komplexen Zahlen

Wir beginnen mit einem Beispiel aus dem 5. Jahrhundert v. Chr., dem Problem des Zenon von Elea:

**Beispiel 4.2.1:**

Achilles befindet sich 1000 m hinter einer Schildkröte, läuft aber 1000 mal schneller als diese. Kann er sie einholen? Zenon behauptet: "nein" und argumentiert so: wenn Achilles den Kilometer durchlaufen hat, ist die Schildkröte 1 m weiter gekrochen; ist dieser Meter von Achilles gelaufen, dann hat die Schildkröte noch einen Vorsprung von $\frac{1}{1000}$ m und auch wenn Achilles diese Strecke aufgeholt hat, befindet sich das Tier $\frac{1}{1000^2}$ m vor Achilles. Und so fort ins Unendiche.
Die Aufklärung obiger Frage führt auf die Betrachtung von Reihen. Zenon hätte nur dann Recht, wenn die Schildkröte jede beliebige Strecke auf obige Weise durchlaufen könnte, d.h. wenn die Summation der Zahlen $1 + \frac{1}{1000} + \frac{1}{1000^2} + \frac{1}{1000^3} + \ldots$ jede Grenze überschreitet (vgl. Beispiel 4.2.14).
Man stößt also auf das Problem, einer unendlichen Folge von Zahlen eine "Summe" zuordnen zu wollen.

**Definition 4.2.2:**

Es sei $(a_k)_{k \in \mathbb{N}}$, $a_k \in \mathbb{C}$ gegeben: dann heißt $\boxed{\sum a_k} := (s_k)_{k \in \mathbb{N}}$ mit $s_k := \sum_{l=1}^{k} a_l$ $\boxed{\text{(unendliche) Reihe}}$. Die Zahl $s_k$ $(k \in \mathbb{N})$ heißt $\boxed{\text{k-te Partialsumme}}$ der Reihe $\sum a_k$.

**Definition 4.2.3:**

Eine Reihe $\sum a_k$ heißt **konvergent**, wenn die Folge $(s_k)_{k \in \mathbb{N}}$ der Partialsummen konvergiert, d.h. wenn es ein $s \in \mathbb{C}$ mit $\lim\limits_{k\to\infty} s_k = s$ gibt. In diesem Fall schreiben wir $\boxed{s = \sum\limits_{k=1}^{\infty} a_k}$ und nennen $s$ die **Summe** der Reihe.

Ist die Reihe $\sum a_k$ nicht konvergent, so heißt sie **divergent**.

**Bemerkung 4.2.4:**

i) In der Literatur wird meistens kein Unterschied zwischen den Symbolen $\sum a_k$ und $\sum\limits_{k=1}^{\infty} a_k$ gemacht; beide stehen einerseits für die Reihe, andererseits für ihren Wert, falls die Reihe konvergiert!

ii) Die Partialsummen $s_k$ müssen nicht zwingend beim Index $l = 1$ beginnen, sondern können allgemein die Gestalt $s_k = \sum\limits_{j=j_0}^{k} a_j$ $(j_0 \in \mathbb{Z})$ haben. Dies geht im Folgenden aber stets aus dem Kontext hervor.

iii) Nach Definition ist jede Reihe eine Folge. Umgekehrt kann aber auch jede Folge $(s_k)_{k \in \mathbb{N}}$ als Reihe gedeutet werden: dazu setzt man $a_1 := s_1$ und $a_n = s_n - s_{n-1}$ für $n > 1$. Es ist dann $\sum\limits_{l=1}^{k} a_l = s_1 + \sum\limits_{l=2}^{k} (s_l - s_{l-1}) = s_k$, also ist $(s_k)_{k \in \mathbb{N}}$ gerade die Folge der Partialsummen von $\sum a_k$.

Für das Rechnen mit konvergenten Reihen gilt:

**Satz 4.2.5 (vgl 4.1.20):**

Die Reihen $\sum a_k$ und $\sum b_k$, $a_k, b_k \in \mathbb{C}$ seien konvergent; $c$ sei eine beliebige komplexe Zahl. Dann konvergieren auch die Reihen $\sum (a_k + b_k)$ sowie $\sum c \cdot a_k$ und für ihre Werte gilt:

i) $\sum\limits_{k=1}^{\infty} (a_k + b_k) = \sum\limits_{k=1}^{\infty} a_k + \sum\limits_{k=1}^{\infty} b_k$

ii) $$\sum_{k=1}^{\infty} c \cdot a_k = c \cdot \sum_{k=1}^{\infty} a_k .$$

Beweis:

zu i) Seien $a := \sum_{k=1}^{\infty} a_k$, $b := \sum_{k=1}^{\infty} b_k$ und $\varepsilon > 0$ beliebig. Dann $\exists$ ein $N(\varepsilon)$ mit

$$\left|\sum_{k=1}^{n} a_k - a\right| \leq \frac{\varepsilon}{2} \text{ und } \left|\sum_{k=1}^{n} b_k - b\right| \leq \frac{\varepsilon}{2} \ \forall\, n \geq N(\varepsilon), \text{ also}$$

$$\left|\sum_{k=1}^{n}(a_k + b_k) - (a+b)\right| \leq \left|\sum_{k=1}^{n} a_k - a\right| + \left|\sum_{k=1}^{n} b_k - b\right| \leq \varepsilon .$$

zu ii) Analog gilt $\left|\sum_{k=1}^{n} c \cdot a_k - c \cdot a\right| = |c| \cdot \left|\sum_{k=1}^{n} a_k - a\right| \leq \varepsilon$ für genügend große $n \in \mathbb{N}$.

∎

**Bemerkung :**

Teil i) besagt, daß konvergente Reihen gliedweise addiert werden dürfen. Die Umkehrung hiervon gilt natürlich nicht, d.h. aus der Konvergenz von $\sum (a_k + b_k)$ kann nicht die Konvergenz von $\sum a_k$ und $\sum b_k$ gefolgert werden (z.B. $a_k = k, b_k = -k$).
Wohl aber folgt aus i): sind $\sum(a_k + b_k)$ und $\sum a_k$ konvergent, dann konvergiert auch $\sum b_k$.

Ein erstes Konvergenzkriterium für Reihen ergibt sich unmittelbar aus Satz 4.1.17.

**Satz 4.2.6 (Cauchy–Kriterium für Reihen) :**

Eine Reihe $\sum a_k$ konvergiert genau dann, wenn sie die Cauchy–Bedingung erfüllt:

$$\forall\, \varepsilon > 0 \ \exists\, N(\varepsilon) \in \mathbb{R} \text{ mit } \left|\sum_{l=n}^{m} a_l\right| \leq \varepsilon \text{ für alle } m, n \in \mathbb{N} \text{ mit } m \geq n \geq N(\varepsilon).$$

Beweis:

$\sum a_k$ konvergiert $\iff$ die Folge $(s_k)_{k \in \mathbb{N}}$ der Partialsummen konvergiert

$\iff (s_k)_{k \in \mathbb{N}}$ ist Cauchy–Folge, d.h. $\forall\, \varepsilon > 0\ \exists\ N(\varepsilon) \in \mathbb{R}$ mit
$\left(\left|\sum_{l=n}^{m} a_l\right| =\right) |s_n - s_m| \le \varepsilon\ \forall\, m,n \in \mathbb{N}$ mit $m \ge n \ge N(\varepsilon)$.

■

**Beispiel 4.2.7:**

i) Die harmonische Reihe $\sum \frac{1}{k}$ ist divergent.

Beweis:

Angenommen, $\sum \frac{1}{k}$ konvergiert. Zu $\varepsilon_0 = \frac{1}{4}\ \exists$ dann gemäß Satz 4.2.6 ein $N(\varepsilon)$ mit $\left|\sum_{l=n}^{2n} \frac{1}{k}\right| \le \frac{1}{4}$ für alle $n \ge N(\varepsilon)$. Es ist aber
$\left|\sum_{l=n}^{2n} \frac{1}{k}\right| = \sum_{l=n}^{2n} \frac{1}{k} \ge \sum_{l=n}^{2n} \frac{1}{2n} = \frac{1}{2n} \cdot (n+1) > \frac{n}{2n} = \frac{1}{2} > \frac{1}{4}$ und dies gilt für jedes $n \in \mathbb{N} \Longrightarrow$ die Cauchy–Bedingung ist verletzt $\Longrightarrow$ Behauptung.

ii) Die Reihe $\sum \frac{1}{k^2}$ konvergiert.

Beweis:

Sei $\varepsilon > 0$ und $N(\varepsilon) = \frac{1}{\varepsilon} + 1$. Dann gilt für $m \ge n \ge N(\varepsilon)$ (und o.B.d.A. $n \ge 2$):

$$
\begin{aligned}
\left|\sum_{k=n}^{m} \frac{1}{k^2}\right| &= \sum_{k=n}^{m} \frac{1}{k^2} \\
&\le \sum_{k=n}^{m} \frac{1}{k^2 - k} = \sum_{k=n}^{m} \frac{1}{(k-1)\cdot k} = \sum_{k=n}^{m} \left(\frac{1}{k-1} - \frac{1}{k}\right) \\
&= \left(\frac{1}{n-1} - \frac{1}{n} + \frac{1}{n} - \frac{1}{n+1} \pm \ldots + \frac{1}{m-1} - \frac{1}{m}\right) \\
&= \frac{1}{n-1} - \frac{1}{m} \le \frac{1}{n-1} \le \varepsilon,
\end{aligned}
$$

d.h. $\sum \frac{1}{k^2}$ erfüllt die Cauchy–Bedingung und konvergiert daher.

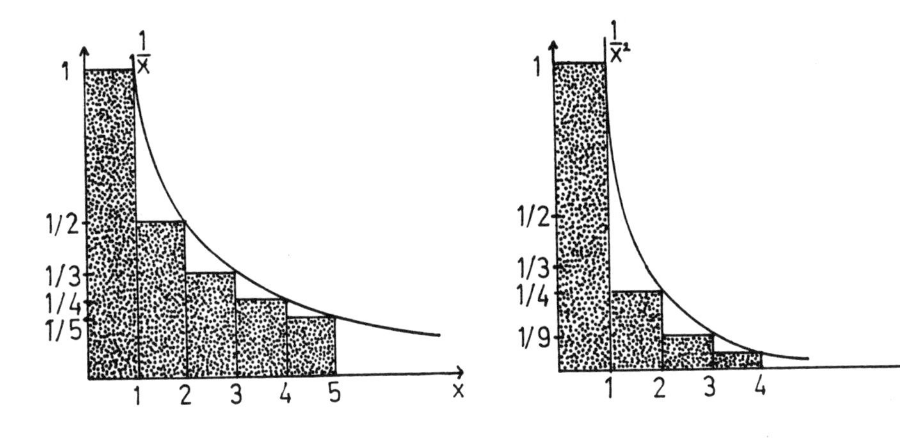


[Fig. 4.3]

$\sum \frac{1}{k}$ bzw. $\sum \frac{1}{k^2}$ können als "Flächeninhalte" der "Fläche" unter den Treppenkurven in Fig. 4.3. gedeutet werden. Die Beispiele besagen dann, daß die Fläche unter Kurve i) unendlich, die unter ii) endlich ist.

iii) Die Reihe $\sum (-1)^{k+1} \cdot \frac{1}{k}$ ist konvergent.

Beweis:

Wir prüfen wieder die Cauchy-Bedingung. Zu $\varepsilon > 0$ sei $N(\varepsilon) := \frac{1}{\varepsilon}$.

Für $m > n \geq N(\varepsilon)$ ergibt sich dann:

$$\begin{aligned}
\left|\sum_{k=n}^{m} (-1)^{(k+1)} \cdot \frac{1}{k}\right| &= \left|\frac{(-1)^{n+1}}{n} + \frac{(-1)^{n+2}}{n+1} + \ldots + \frac{(-1)^{m+1}}{m}\right| \\
&= \left|(-1)^{n+1} \cdot (\frac{1}{n} - \frac{1}{n+1} + \frac{1}{n+2} - \ldots + \frac{(-1)^{m-n}}{m})\right| \\
&= \left|\frac{1}{n} - \frac{1}{n+1} + \frac{1}{n+2} - \frac{1}{n+3} + \ldots + \frac{(-1)^{m-n}}{m}\right| \\
&= \frac{1}{n} - \frac{1}{n+1} + \frac{1}{n+2} - \frac{1}{n+3} + \ldots + \frac{(-1)^{m-n}}{n}
\end{aligned}$$

(der Betrag kann fortfallen, da $\frac{1}{n} - \frac{1}{n+1} > 0$, $\frac{1}{n+2} - \frac{1}{n+3} > 0$ usw.; das letzte Glied ist entweder positiv, wenn $m-n$ gerade ist, oder es wird mit $\frac{(-1)^{m-n-1}}{m-1} = \frac{1}{m-1}$ zusammengefaßt)

$$\leq \frac{1}{n}$$

(folgt aus $-\frac{1}{n+1}+\frac{1}{n+2}<0,\ -\frac{1}{n+3}+\frac{1}{n+4}<0$ usw.; das letzte Glied kann man analog zu oben behandeln). Wegen $n \geq N(\varepsilon)+\frac{1}{\varepsilon}$ folgt dann die Behauptung.

■

Das Cauchy–Kriterium liefert ein notwendiges Konvergenzkriterium für Reihen.

**Satz 4.2.8:**

Ist $\sum a_n$ konvergent, so gilt $\lim\limits_{n\to\infty} a_n = 0$.

Beweis:

$\sum a_n$ konvergent $\iff$ zu $\varepsilon > 0\ \exists\ N(\varepsilon)$ mit

$|a_n| = |\sum\limits_{l=n}^{n} a_l| \leq \varepsilon$ für $n > N(\varepsilon)$ (m=n in der Cauchy–Bedingung).

■

**Beispiel 4.2.9:**

i) Die Reihe $\sum \frac{n^2+n+1}{(n+1)^2}$ ist divergent, da nach Beispiel 4.1.22 gilt :
$\lim\limits_{n\to\infty} \frac{n^2+n+1}{(n+1)^2} = 1 \neq 0$.

ii) Die Bedingung $\lim\limits_{k\to\infty} a_k = 0$ ist aber keineswegs hinreichend für die Konvergenz von $\sum a_k$. So gilt etwa $\lim\limits_{k\to\infty} \frac{1}{k} = 0$, aber $\sum \frac{1}{k}$ ist nach Beispiel 4.2.7 divergent.

Wir betrachten nochmals Beispiel 4.2.7: die (divergente) Reihe $\sum \frac{1}{k}$ geht aus der (konvergenten) Reihe $\sum (-1)^{(k+1)} \cdot \frac{1}{k}$ hervor, indem man bei Letzterer den absoluten Betrag der Reihenglieder bildet. Allgemein kann also aus der Konvergenz einer Reihe $\sum a_k$ nicht die Konvergenz der Reihe $\sum |a_k|$ gefolgert werden.

**Definition 4.2.10:**

Eine Reihe $\sum a_k$ heißt $\boxed{\text{absolut konvergent}}$, wenn $\sum |a_k|$ konvergiert. Sie heißt $\boxed{\text{bedingt konvergent}}$, wenn sie konvergiert, aber nicht absolut konvergiert.

**Korollar 4.2.11:**

Jede absolut konvergente Reihe konvergiert.

Beweis:

Sei $\sum a_k$ absolut konvergent $\iff$ $\sum |a_k|$ konvergiert; also $\exists$ zu $\varepsilon > 0$ ein $N(\varepsilon)$ mit

$\sum\limits_{k=n}^{m} |a_k| \leq \varepsilon$ für $m \geq n \geq N(\varepsilon)$

$$\Longrightarrow \left|\sum_{k=n}^{m} a_k\right| \leq \sum_{k=n}^{m} |a_k| \leq \varepsilon.$$

Also erfüllt auch $\sum a_k$ die Cauchy-Bedingung und konvergiert somit.

■

Es folgen nun einige hinreichende Konvergenzkriterien, die in vielen Fällen angenehmer zu handhaben sind als das Cauchy-Kriterium.

**Satz 4.2.12 (Majoranten- und Minorantenkriterium):**

Es sei $\sum a_k$, $a_k \in \mathbb{C}$, eine beliebige Reihe.

i) Falls $\sum b_k$, $b_k \in \mathbb{R}$ mit $b_k \geq 0$ für alle $k$, eine konvergente (reelle) Reihe ist und falls ein $N_0 \in \mathbb{R}$ und ein $M > 0$ existieren mit $|a_k| \leq M \cdot b_k \;\forall\; k \geq N_0$, dann konvergiert $\sum a_k$ absolut.
Die Reihe $\sum b_k$ heißt auch $\boxed{\text{Majorantenreihe}}$ von $\sum a_k$.

ii) Falls $\sum c_k$, $c_k \in \mathbb{R}$ mit $c_k \geq 0$ für alle $k$, eine divergente (reelle) Reihe ist und falls ein $N_0 \in \mathbb{R}$ und ein $M > 0$ existieren mit $|a_k| \geq M \cdot c_k \;\forall k \geq N_0$, dann ist $\sum\limits_{k=1}^{\infty} |a_k|$ divergent (d.h. $\sum a_k$ konvergiert nicht absolut).
Die Reihe $\sum c_k$ heißt auch $\boxed{\text{Minorantenreihe}}$ von $\sum |a_k|$.

Beweis:

zu i) Nach Satz 4.2.6 gibt es zu $\varepsilon > 0$ ein $N(\varepsilon) \in I\!R$, o.B.d.A. $N(\varepsilon) \geq N_0$, mit $\sum_{k=n}^{m} b_k \leq \frac{\varepsilon}{M}$ für alle $m \geq n \geq N(\varepsilon)$. Also gilt für diese $m, n$:

$$\sum_{k=n}^{m} |a_k| \leq \sum_{k=n}^{m} M \cdot b_k = M \cdot \sum_{k=n}^{m} b_k \leq M \cdot \frac{\varepsilon}{M} = \varepsilon \Longrightarrow \text{Behauptung.}$$

zu ii) Angenommen $\sum |a_k|$ konvergiert. Wegen $c_k \leq \frac{1}{M} \cdot |a_k|$ (für alle $k \geq N_0$) ist dann $\sum \frac{1}{M}|a_k|$ eine konvergente Majorante von $\sum c_k$, d.h. $\sum c_k$ müßte nach Teil i) konvergieren $\Longrightarrow$ Widerspruch zur Voraussetzung $\Longrightarrow \sum |a_k|$ divergiert.

■

**Beispiel 4.2.13:**

1) $\sum_{k=1}^{\infty} \frac{(-i)^k}{k(k+1)}$ ist konvergent.

Als Vergleichsreihe betrachten wir $\sum \frac{1}{k^2}$ (siehe 4.2.7). Dann gilt

$$\left| \frac{(-i)^k}{k(k+1)} \right| = \frac{1}{k^2 + k} < \frac{1}{k^2} \text{ für } k \in I\!N,$$

woraus die Behauptung folgt.

2) $\sum_{k=1}^{\infty} \frac{1}{\sqrt{k}}$ ist divergent, denn es gilt $\frac{1}{\sqrt{k}} > \frac{1}{k}$ und $\sum \frac{1}{k}$ divergiert.

Die Anwendungsmöglichkeiten von Satz 4.2.12 sind natürlich umso größer, je mehr Reihen man im Hinblick auf ihr Konvergenzverhalten kennt. Eine besonders wichtige Vergleichsreihe ist die sogenannte geometrische Reihe, mit deren Hilfe anschließend Quotienten- und Wurzelkriterium bewiesen werden:

**Beispiel 4.2.14 (und Definition):**

Für $q \in \mathbb{C}$ heißt $\sum_{k=0}^{\infty} q^k$ geometrische Reihe. Für sie gilt:

i) ist $|q| < 1$, dann konvergiert $\sum_{k=0}^{\infty} q^k$ gegen $\frac{1}{1-q}$

ii) ist $|q| \geq 1$, dann divergiert $\sum_{k=0}^{\infty} q^k$.

Beweis:

Für $n \in \mathbb{N}$ sei $s_n := \sum_{k=0}^{n} q^k = 1 + q + q^2 + \ldots + q^n$.

zu i) Dann folgt $1 + q \cdot s_n = 1 + q + q^2 + \ldots + q^{n+1} = s_{n+1} = s_n + q$, also $s_n = \frac{q^{n+1} - 1}{q - 1}$ (beachte $q \neq 1$).
Nach Beispiel 4.1.12 ist $\lim_{n \to \infty} q^{n+1} = 0$ für $|q| < 1$, also $\lim_{n \to \infty} s_n = \frac{-1}{q-1} = \frac{1}{q-1}$.

zu ii) Wäre $\sum q^k$ konvergent, so müßte $(s_n)_{n \in \mathbb{N}}$ Cauchy- Folge sein
$\Longrightarrow$ zu $\varepsilon = \frac{1}{2}$ gäbe es ein $N(\frac{1}{2})$ mit $|s_m - s_n| \leq \frac{1}{2}$ für $m \geq n \geq N(\frac{1}{2})$,
insbesondere also für $n \geq N(\frac{1}{2})$ : $1 \leq |q| \leq |q|^{n+1} = |q^{n+1}| = |s_{n+1} - s_n| \leq \frac{1}{2}$,
woraus ein Widerspruch folgt.

■

**Bemerkung:**

Obiges Beispiel löst auch das Problem des Zenon (4.2.1):
die Argumentation von Zenon gilt lediglich für eine Strecke der Länge
$1m + \frac{1}{1000}m + \frac{1}{1000^2}m + \ldots = \sum_{k=0}^{\infty} q^k m$ mit $q = \frac{1}{1000}$. Diese Strecke ist aber endlich, nämlich $\frac{1}{1-q} = \frac{1000}{999}$ Meter; Achilles holt die Schildkröte also ein, wenn er $1000 + \frac{1000}{999}$ Meter gelaufen ist.

**Satz 4.2.15 (Quotientenkriterium):**

Sei $\sum a_k, a_k \in \mathbb{C}$, eine beliebige Reihe.

i) Gibt es ein $q \in (0,1)$ und ein $N \in \mathbb{N}$ mit $a_k \neq 0$ sowie $\left|\frac{a_{k+1}}{a_k}\right| \leq q$ für alle $k \geq N$, dann konvergiert $\sum a_k$ absolut.

ii) Gibt es ein $Q > 1$ und ein $N \in \mathbb{N}$ mit $a_k \neq 0$ sowie $\left|\frac{a_{k+1}}{a_k}\right| \geq Q$ für alle $k \in \mathbb{N}$, dann divergiert $\sum a_k$.

iii) Existiert $g = \lim\limits_{k\to\infty} \left|\frac{a_{k+1}}{a_k}\right|$, dann gilt:

a) $g < 1 \Longrightarrow \sum a_k$ konvergiert absolut

b) $g > 1 \Longrightarrow \sum a_k$ divergiert

c) $g = 1 \Longrightarrow$ es ist keine allgemeine Aussage über das Konvergenzverhalten möglich.

Beweis:

zu i) Für ein beliebiges $k \geq N$ gilt

$$\begin{aligned}
|a_k| &= \frac{|a_k|}{|a_{k-1}|} \cdot |a_{k-1}| \\
&\leq q \cdot |a_{k-1}| = q \cdot \frac{|a_{k-1}|}{|a_{k-2}|} \cdot |a_{k-2}| \\
&\leq q^2 \cdot |q_{k-2}| \leq \ldots \leq q^{k-N} \cdot |a_N| = \frac{|a_N|}{q^N} \cdot q^k.
\end{aligned}$$

Somit ist die Reihe $\sum M \cdot q^k$ mit $M := \frac{|a_N|}{q^N}$ eine Majorante von $\sum a_k$. Nach 4.2.14 und 4.2.5 ii) ist $\sum M \cdot q^k$ konvergent, also folgt die Behauptung mit dem Majorantenkriterium.

zu ii) Für $k \geq N$ gilt $\left|\frac{a_{k+1}}{a_k}\right| \geq Q > 1$, also $|a_{k+1}| > |a_k|$; analog folgt $|a_k| > |a_{k-1}| > |a_{k-2}| > \ldots > |a_N| > 0$, d.h. $(|a_k|)_{k \in \mathbb{N}}$ ist keine Nullfolge und daher ist auch $(a_k)_{k \in \mathbb{N}}$ keine Nullfolge $\Longrightarrow \sum a_k$ divergent, nämlich nach Satz 4.2.8.

zu iii) a) Ist $g = \lim\limits_{k\to\infty} \left|\frac{a_{k+1}}{a_k}\right| < 1$, so gibt es zu $\varepsilon := \frac{1-g}{2} > 0$ ein $N(\varepsilon)$ mit $\left|\left|\frac{a_{k+1}}{a_k}\right| - g\right| \leq \varepsilon \ \forall\, k \geq N(\varepsilon)$.

Wir setzen $q := \frac{1+g}{2}$, dann ist $g < q < 1$ und es folgt:

ist $\left|\frac{a_{k+1}}{a_k}\right| \leq g$, so auch $\left|\frac{a_{k+1}}{a_k}\right| < q$, und ist $\left|\frac{a_{k+1}}{a_k}\right| \geq g$, so ist $\left|\left|\frac{a_{k+1}}{a_k}\right| - g\right| = \left|\frac{a_{k+1}}{a_k}\right| - g \leq \varepsilon$, also $\left|\frac{a_{k+1}}{a_k}\right| \leq \varepsilon + g = q$.

Die Behauptung folgt dann aus Teil i).

b) folgt analog zu a) mit $\varepsilon := \frac{g-1}{2}$ und $Q := \frac{1+g}{2}$.

c) Wir geben eine konvergente und eine divergente Reihe mit $g = 1$ an:

$\sum a_k := \sum \frac{1}{k}$ ist nach 4.2.7 i) divergent und es ist $\lim\limits_{k\to\infty} \frac{a_{k+1}}{a_k} = \lim\limits_{k\to\infty} \frac{k}{k+1} = 1$.

$\sum b_k := \sum \frac{1}{k^2}$ ist nach 4.2.7 ii) konvergent und es ist

$\lim\limits_{k\to\infty} \frac{b_{k+1}}{b_k} = \lim\limits_{k\to\infty} \frac{k^2}{k^2+2k+1} = 1$ (vgl. Beispiel 4.1.22).

∎

**Beispiel 4.2.16:**

Für alle $z \in \mathbb{C}$ konvergiert die Reihe $\sum\limits_{k=0}^{\infty} \frac{z^k}{k!}$ absolut:

Sei $a_k := \frac{z^k}{k!}$ $(k \in \mathbb{Z}_+)$; dann ist

$$g := \lim_{k\to\infty} \left|\frac{a_{k+1}}{a_k}\right| = \lim_{k\to\infty} \frac{|z^{k+1}| \cdot k}{(k+1)! \cdot |z^k|} = \lim_{k\to\infty} \frac{|z|}{k} = 0 < 1,$$

also folgt die Behauptung mit dem Quotientenkriterium.

**Bemerkung:**

Die obige Reihe ist eng mit der Eulerschen Zahl $e$ verbunden (vgl. Kapitel VII); so gilt für $z = 1$ $\sum_{k=0}^{\infty} \frac{1}{k!} = e$.

Beweis:

Sei $a_n = (1 + \frac{1}{n})^n$ und $s_n = \sum_{k=0}^{n} \frac{1}{k!}$ $(n \in \mathbb{N})$. Wir zeigen $\forall\, n \in \mathbb{N}\ :\ a_n \leq s_n \leq e$. Dann folgt mit $e = \lim_{n\to\infty} a_n \leq \lim_{n\to\infty} s_n \leq e$ die Behauptung. Für $n \geq j$ gilt zunächst

$$\binom{n}{j} \cdot \frac{1}{n^j} = \frac{n!}{(n-j)! \cdot j!} \cdot \frac{1}{n^j} = \frac{1}{j!} \cdot \prod_{k=0}^{j-1} (\frac{n-k}{n}) = \frac{1}{j!} \cdot \prod_{k=0}^{j-1} (1 - \frac{k}{n}) \leq \frac{1}{j!}.$$

Der Binomische Lehrsatz (1.3.19) liefert jetzt

$$a_n = \sum_{j=0}^{n} \binom{n}{j} \cdot \frac{1}{n^j} \leq \sum_{j=0}^{n} \frac{1}{j!} = s_n.$$

Ferner ist für $m \geq n$ $a_m = \sum_{j=0}^{m} \binom{m}{j} \cdot \frac{1}{m^j} \geq \sum_{j=0}^{m} \binom{m}{j} \cdot \frac{1}{m^j}$ und analog wie oben

$$a_m \geq \sum_{j=0}^{n} \frac{1}{j!} \cdot \prod_{k=0}^{j-1} (1 - \frac{k}{m}).$$

Die rechte Seite konvergiert (bei festem $n$) für $m \to \infty$ gegen $s_n$, die linke Seite gegen $e$, also $e \geq s_n$.

■

**Satz 4.2.17 (Wurzelkriterium):**

Sei $\sum a_k$, $a_k \in \mathbb{C}$, eine beliebige Reihe.

i) Gibt es ein $q \in (0,1)$ und ein $N \in \mathbb{N}$ mit $\sqrt[k]{|a_k|} \leq q$ für alle $k \geq N$, dann ist $\sum a_k$ absolut konvergent.

ii) Gibt ein $Q \geq 1$ und ein $N \in \mathbb{N}$ mit $\sqrt[k]{|a_k|} \geq Q$ für alle $k \geq N$, dann ist $\sum a_k$ divergent.

iii) Existiert $g = \lim\limits_{k\to\infty} \sqrt[k]{|a_k|}$, dann gilt:

a) $g < 1 \Longrightarrow \sum a_k$ konvergiert absolut

b) $g > 1 \Longrightarrow \sum a_k$ divergiert

c) $g = 1 \Longrightarrow$ es ist keine allgemeine Aussage über das Konvergenzverhalten möglich.

<u>Beweis:</u>

zu i) Für $k \geq N$ ist $\sqrt[k]{|a_k|} \leq q$, also $|a_k| \leq q^k$. Mit der Konvergenz von $\sum q^k$ und dem Majorantenkriterium folgt die Behauptung.

zu ii) Für $k \geq N$ ist $\sqrt[k]{|a_k|} \geq Q$; also $|a_k| \geq Q^k > 1 \Longrightarrow (a_k)_{k \in \mathbb{N}}$ ist keine Nullfolge, also divergiert $\sum a_k$.

zu iii) a) und b) folgen analog zum Beweis von 4.2.15.
c) Wir wählen erneut $\sum a_k := \sum \frac{1}{k}$ und $\sum b_k := \sum \frac{1}{k^2}$.
Mit $\lim\limits_{k\to\infty} \sqrt[k]{\frac{1}{k}} = \lim\limits_{k\to\infty} \sqrt[k]{\frac{1}{k^2}} = 1$ (siehe Beispiel 4.1.22) folgt die Behauptung.

■

**<u>Beispiel 4.2.18:</u>**

1) Man untersuche das Konvergenzverhalten der Reihe $\sum\limits_{k=1}^{\infty} \frac{k^2}{2^k}$.

Es ist

$$\begin{aligned}
\lim_{k\to\infty} \sqrt[k]{|a_k|} &= \lim_{k\to\infty} \sqrt[k]{\frac{k^2}{2^k}} \\
&= \lim_{k\to\infty} \frac{\sqrt[k]{k^2}}{2} \\
&= \frac{1}{2} \cdot \lim_{k\to\infty} \sqrt[k]{k^2} \\
&= \frac{1}{2} < 1 \text{ (vgl. Beispiel 4.1.22).}
\end{aligned}$$

Also folgt mit dem Wurzelkriterium die absolute Konvergenz der Reihe.

2) Man untersuche die Reihe $\sum_{k=1}^{\infty} \frac{1}{2k-1} \cdot \left(\frac{x+2}{x}\right)$, $x \in \mathbb{R} \setminus \{0\}$, auf Konvergenz.

Es ist

$$\begin{aligned}\lim_{k\to\infty} \sqrt[k]{|a_k|} &= \lim_{k\to\infty} \sqrt[k]{\frac{1}{2k-1} \cdot \left|\frac{x+2}{x}\right|^k} \\ &= \left|\frac{x+2}{x}\right| \cdot \lim_{k\to\infty} \sqrt[k]{\frac{1}{2k-1}} \\ &= \left|\frac{x+2}{x}\right|.\end{aligned}$$

Also ergibt sich: - absolute Konvergenz für alle $x$ mit $\left|\frac{x+2}{x}\right| < 1$,
d.h. für alle $x < -1$.
- Divergenz für alle $x$ mit $\left|\frac{x+2}{x}\right| > 1$, d.h. für alle $x > -1$.

Das Wurzelkriterium liefert keine Aussage für $\left|\frac{x+2}{x}\right| = 1$, d.h. für $x = -1$.

Man erhält dann die Reihe $\sum_{k=1}^{\infty} \frac{(-1)^k}{2k-1}$, die mit unseren bisherigen Kriterien (außer natürlich dem Cauchy–Kriterium) nicht zu behandeln ist.

■

Für Reihen der letzteren Art werden wir jetzt ein weiteres Konvergenzkriterium beweisen, das von Leibniz (mehr zu diesem in Kapitel VI) stammt.

**Definition 4.2.19:**

Eine (reelle) Reihe vom Typ $\sum (-1)^k \cdot a_k$, mit $a_k > 0$ für alle $k$, heißt alternierend.

**Satz 4.2.20 (Konvergenzkriterium von Leibniz):**

Es sei $a_k \in \mathbb{R}, a_k > 0$ $(k \in \mathbb{N})$. Dann konvergiert die alternierende Reihe $\sum (-1)^k \cdot a_k$, falls gilt:

i) $a_{k+1} \leq a_k$ (d.h. $(a_k)$ fällt monoton) und

ii) $\lim_{k\to\infty} a_k = 0$.

Beweis:

Zur Folge der Partialsummen $(s_k)_{k \in \mathbb{N}}$ betrachten wir die beiden Teilfolgen $(s_{2k})_{k \in \mathbb{N}}$ und $(s_{2k+1})_{k \in \mathbb{N}}$ (vgl. Definition 4.1.4 ).

Dann gilt:

$$\begin{aligned} s_{2(k+1)} - s_{2k} &= \sum_{l=1}^{2(k+1)} (-1)^l \cdot a_l - \sum_{l=1}^{2k} (-1)^l \cdot a_l \\ &= (-1)^{2k+2} \cdot a_{2k+2} + (-1)^{2k+1} \cdot a_{2k+1} \\ &= a_{2k+2} - a_{2k+1} \leq 0 \end{aligned}$$

(wegen der Monotonie von $(a_k)_{k \in \mathbb{N}}$)

und analog $s_{2k+1} - s_{2k-1} = a_{2k} - a_{2k+1} \geq 0$.

Die Teilfolge $(s_{2k})_{k \in \mathbb{N}}$ ist also monoton fallend, die Teilfolge $(s_{2k+1})_{k \in \mathbb{N}}$ monoton steigend. Ferner ist $\forall\ k \in \mathbb{N}$

$$s_1 \leq s_{2k-1} < s_{2k-1} + (-1)^{2k} \cdot a_k = s_{2k} \leq s_2 \ ,$$

d.h. $(s_{2k})_{k \in \mathbb{N}}$ und $(s_{2k+1})_{k \in \mathbb{N}}$ sind zusätzlich beschränkt und somit nach Satz 4.1.15 konvergent.

Es sei dann etwa $\lim\limits_{k \to \infty} s_{2k} =: \overline{s}$ und $\lim\limits_{k \to \infty} s_{2k+1} =: \underline{s}$.

Mit $s_{2k+1} - s_{2k} = -a_{2k+1}$ folgt nun

$$\overline{s} - \underline{s} = \lim_{k \to \infty} (s_{2k+1} - s_{2k}) = - \lim_{k \to \infty} a_{2k+1} = 0, \text{ also } \overline{s} = \underline{s}.$$

Hieraus folgt die Konvergenz von $(s_k)_{k \in \mathbb{N}}$ gegen $\overline{s}$, weil jedes Glied $s_k$, $k \in \mathbb{N}$, in einer der beiden Teilfolgen vorkommt.

∎

Beachte: Das Leibnizkriterium sichert nur bedingte und nicht absolute Konvergenz der Reihe.

**Beispiel 4.2.21:**

1) Die Reihe $\sum\limits_{k=1}^{\infty} \dfrac{(-1)^k}{2k-1}$ konvergiert (bedingt).

Mit $a_k := \dfrac{1}{2k-1}$ ist $\sum (-1)^k a_k$ alternierend.

Aus $\frac{a_{k+1}}{a_k} = \frac{2k-1}{2k+1} < \frac{2k+1}{2k+1} = 1$ folgt, daß $(a_k)_{k \in \mathbb{N}}$ monoton fällt, ferner ist $\lim_{k\to\infty} a_k = 0 \implies \sum (-1)^k a_k$ ist nach dem Leibnizkriterium konvergent.

Die Reihe konvergiert nicht absolut, denn es ist $\frac{1}{2k-1} \geq \frac{1}{2k}$ und $\sum \frac{1}{2k}$ divergiert, also auch $\sum a_k$ nach dem Minorantenkriterium.

2) Wir kommen nochmals zur Reihe $\sum_{k=1}^{\infty} (-1)^{k+1} \cdot \frac{1}{k}$ (siehe Beispiel 4.2.7 iii)).

Mit dem Leibnizkriterium ergibt sich sofort deren Konvergenz, denn $(\frac{1}{k})_{k \in \mathbb{N}}$ ist eine monoton fallende Nullfolge.

(Beachte: der Faktor $(-1)^{k+1}$ statt $(-1)^k$ stört nicht für die Anwendung von 4.2.20, denn es ist $\sum (-1)^{k+1} \cdot a_k = -\sum (-1)^k \cdot a_k$.)

Zum Schluß dieses Kapitels wollen wir noch kurz auf Multiplikation von Reihen eingehen: Seien $\sum_{k=0}^{\infty} a_k$ und $\sum_{k=0}^{\infty} b_k$ konvergente Reihen (mit Wert $A$ bzw. $B$). Unser Ziel ist die Definition einer Reihe $\sum_{k=0}^{\infty} c_k$, die -unter geeigneten Voraussetzung- gegen $A \cdot B$ konvergiert.

Intuitiv würde man das Produkt gliedweise definieren, d.h.

$(a_0 + a_1 + a_2 + \ldots) \cdot (b_0 + b_1 + b_2 + \ldots) = a_0 b_0 + a_1 b_0 + a_2 b_0 + a_0 b_1 + a_1 b_1 + a_2 b_1 + \ldots$ .

Dabei ist es aber von Bedeutung, in welcher Reihenfolge man rechts die Summanden anordnet; eine zunächst konvergente Reihe kann nämlich divergent werden, wenn man ihre Glieder umordnet.

Wir benutzen daher für die Multiplikation zweier Reihen eine ganz spezielle Ordnung der Glieder:

**Definition 4.2.22:**

Gegeben seien zwei Reihen $\sum_{k=0}^{\infty} a_k$ und $\sum_{k=0}^{\infty} b_k$. Das $\boxed{\text{Cauchy–Produkt}}$ dieser Reihen ist definiert durch

$$\sum_{k=0}^{\infty} c_k \text{ mit } c_n := a_0 \cdot b_n + a_1 \cdot b_{n-1} + \ldots + a_n \cdot b_0 = \sum_{k=0}^{n} a_k \cdot b_{n-k}$$

■

Ohne Beweis zitieren wir noch den

**Satz 4.2.23 (Satz von Mertens):**

Ist $\sum_{k=0}^{\infty} a_k = A$ absolut konvergent und $\sum_{k=0}^{\infty} b_k = B$ konvergent, so konvergiert auch ihr Cauchy–Produkt mit dem Wert $A \cdot B$.

■

# V. Funktionen, Grenzwerte und Stetigkeit

Der Begriff einer Funktion $f : A \to B$ wurde schon in Abschnitt 0.3 erwähnt. Wir werden uns jetzt intensiv mit solchen Funktionen beschäftigen, bei denen die Mengen $A$ und $B$ Teilmengen von $\mathbb{R}$, $\mathbb{C}$ bzw. $\mathbb{R}^n$ $(n \in \mathbb{N})$ sind.

## V. 1. Einleitende Definitionen und Beispiele

Beispiele für die uns im Weiteren interessierenden Funktionen finden sich in versteckter Form bereits in den vorigen Kapiteln.

**Beispiel 5.1.1:**

1) Es sei $g : \begin{pmatrix} x \\ y \end{pmatrix} \cdot \begin{pmatrix} n_1 \\ n_2 \end{pmatrix} = d$ eine Gerade im $\mathbb{R}^2$ mit $n_2 \neq 0$ (vgl. 2.1.16).
Dann ergibt sich für $y$ die Gleichung $y = \frac{1}{n_2} \cdot (d - x \cdot n_1)$ .
Man kann nun $y$ als eine Funktion deuten, die jedem $x \in \mathbb{R}$ den Wert $y(x) := \frac{1}{n_2} \cdot (d - x \cdot n_1) \in \mathbb{R}$ zuordnet, sodaß $(x, y(x)) \in g$ ist.

2) Analog zu 1) ist es möglich, eine Ebene $E$: $\begin{pmatrix} x \\ y \\ z \end{pmatrix} \cdot \begin{pmatrix} n_1 \\ n_2 \\ n_3 \end{pmatrix} = d$ im $\mathbb{R}^3$ mit $n_3 \neq 0$ mit Hilfe einer Funktion $z = z(x, y)$ von $\mathbb{R}^2 \to \mathbb{R}$ darzustellen, die jedem Paar $(x, y) \in \mathbb{R}^2$ die reelle Zahl $\frac{1}{n_3} \cdot (d - x \cdot n_1 - y \cdot n_2)$ zugeordnet, sodaß $(x, y, z(x, y)) \in E$ ist.

3) Ist $A$ eine $m \times n$-Matrix komplexer Zahlen (siehe 3.1.1), so ist für jedes $\underline{x} = \begin{pmatrix} x_1 \\ \vdots \\ x_n \end{pmatrix}$ mit $x_i \in \mathbb{C}$ das Produkt $A\underline{x}$ als Element aus $\mathbb{C}^m$ erklärt. $A$ ist dann eine Funktion von $\mathbb{C}^n \to \mathbb{C}^m$, abhängig von den $n$ Veränderlichen $x_1, \ldots, x_n$.

Wir präzisieren nun, was für Funktionen im einzelnen untersucht werden. Den einfachsten Fall stellen Funktionen einer Veränderlichen dar:

**Definition 5.1.2:**

Es sei $A \subseteq \mathbb{R}$, dann heißt eine Abbildung $f\colon A \to \mathbb{R}$ eine
reellwertige Funktion einer (reellen) Veränderlichen.
Die Menge $G_f := \{(x,y) \in \mathbb{R}^2 \mid x \in A \text{ und } y = f(x)\}$ heißt der Graph von $f$.

Eine Möglichkeit der geometrischen Veranschaulichung einer solchen Funktion ist das Auftragen von $G_f$ in der $x-y$-Ebene:

**Beispiel 5.1.3:**

1) $f : \mathbb{R} \to \mathbb{R}$, definiert durch $f(x) = \frac{1}{4} \cdot x - \frac{1}{2}$; dann ist der Graph $G_f$ von $f$ eine Gerade im $\mathbb{R}^2$.

2) $f : A \to \mathbb{R}$, $A := \{x \in \mathbb{R} \mid x \geq 0\}$, definiert durch $f(x) = \sqrt{x}$ ;
beachte: da der Bildbereich von $f$ (nur) $\mathbb{R}$ ist, darf $A$ kein $x < 0$ enthalten.

3) $f : \mathbb{R} \to \mathbb{R}$, definiert durch $f(x) = |x|$ ;

4) $f : \mathbb{R} \to \mathbb{R}$, definiert durch $f(x) = \begin{cases} 1 & , x > 0 \\ \frac{x}{2} & , x \leq 0 \end{cases}$ :

1)

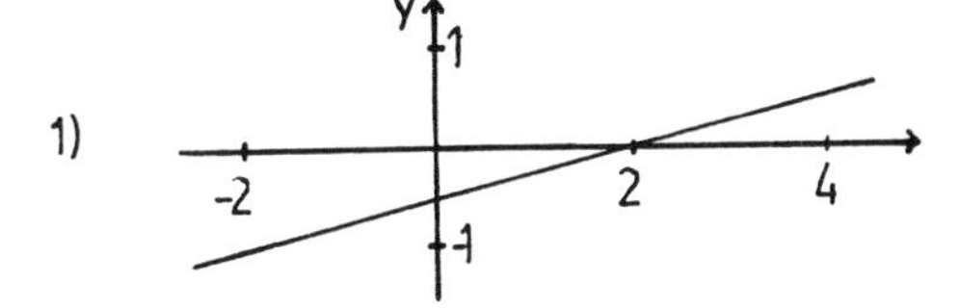


2)

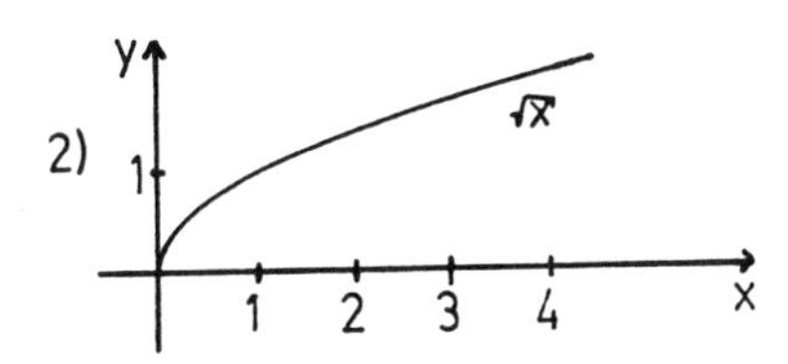


3)

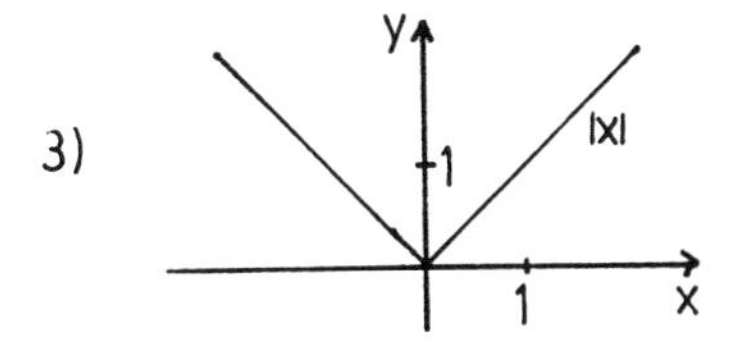


4)

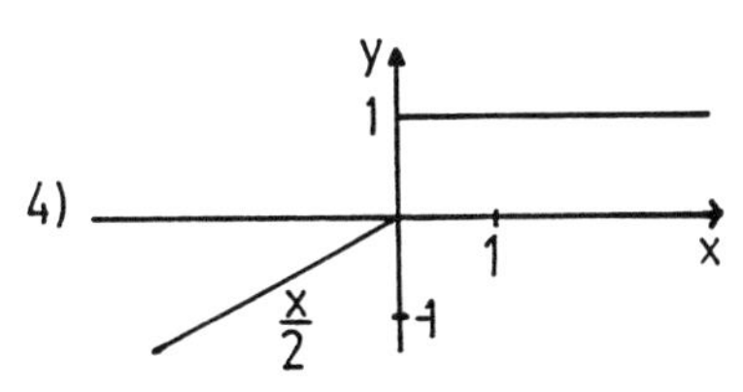


[Fig. 5.1]

Analog zum Fall $\mathbb{R}$ werden wir auch Funktionen in $\mathbb{C}$ betrachten.

**Definition 5.1.4:**

Es sei $A \subseteq \mathbb{C}$, dann heißt $f : A \to \mathbb{C}$ eine

komplexwertige Funktion einer (komplexen) Veränderlichen.

**Beispiel 5.1.5:**

1) Jedes Polynom $P(z) = a_0 + a_1 \cdot z + \ldots + a_n \cdot z^n$, $a_i \in \mathbb{C}$, ist eine komplexwertige Funktion einer komplexen Veränderlichen (vgl. 1.4.14).

2) $\sqrt[n]{z}$ ist für $n > 1$ und $z \in \mathbb{C}$ keine komplexwertige Funktion mehr, denn nach 1.4.12 werden jedem $z \neq 0$ genau $n$ Werte $z_1, \ldots, z_n$ zugeordnet.

Weiter wollen wir Funktionen von $n$ reellen Veränderlichen einführen. Dazu sei daran erinnert, daß wir ein Tupel $\begin{pmatrix} x_1 \\ \vdots \\ x_n \end{pmatrix}$ sowohl als Punkt $P$ des $\mathbb{R}^n$, als auch als Ortsvektor $\underline{x} = \overrightarrow{OP}$ gedeutet haben (vgl. Abschnitt 2.1). In diesem Sinne wollen wir jetzt nicht mehr zwischen Punkten und Vektoren unterscheiden.

**Definition 5.1.6:**

Es sei $A \subseteq \mathbb{R}^n$ $(n \geq 1)$. Dann heißt $f : A \to \mathbb{R}$ eine

reellwertige Funktion von $n$ (reellen) Veränderlichen. Die Menge

$G_f$ $:= \{ z \in \mathbb{R}^{n+1} \mid$ es gibt ein $(x_1, \ldots, x_n) \in A$ mit $z = (x_1, \ldots, x_n, f(x_1, \ldots, x_n)) \}$.

heißt Graph von $f$.

Für den Fall $n = 2$ ist eine geometrische Veranschaulichung möglich:

**Beispiel 5.1.7:**

1) Sei $f : A \to \mathbb{R}$ mit $A = [a_1, a_2] \times [b_1, b_2] \subseteq \mathbb{R}^2$. Für jeden Punkt $(x, y) \in A$ trägt man dann entlang einer dritten Achse den Funktionswert $z = f(x, y)$ auf.

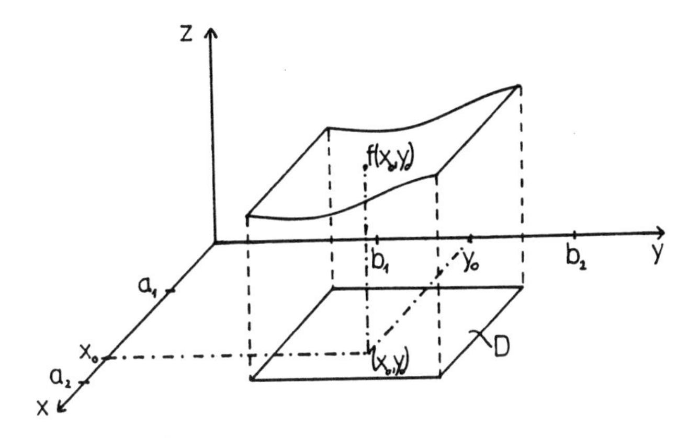


[Fig. 5.2]

Eine Funktion $f\colon \mathbb{R}^2 \to \mathbb{R}$ kann man sich auf diese Weise als "Fläche" im $\mathbb{R}^3$ vorstellen.

2) Sei $f\colon \mathbb{R}^2 \to \mathbb{R}$, $f(x,y) := \sqrt{x^2+y^2}$.

Um hier eine Vorstellung von der Gestalt von $G_f$ zu bekommen, untersucht man das Aussehen der Schnittmenge spezieller Ebenen mit $G_f$:

α) Für $d \geq 0, c \in \mathbb{R}$ sei $E_d$ die Ebene $z(x,y) = d$ konstant $\forall\ x,y \in \mathbb{R}$ (vgl. 5.1.1. : $E_d : \begin{pmatrix} x \\ y \\ z \end{pmatrix} \cdot \begin{pmatrix} 0 \\ 0 \\ 1 \end{pmatrix} = d$).

Dann ist $E_d \cap G_f = \left\{ (x,y,z) \mid z = d \text{ und } \sqrt{x^2+y^2} = d \right\}$. Dies sind Kreise mit Radius $d$.

β) Die $x-z$-Ebene hat die Gleichung $y = 0$; hieraus folgt $f(x,0) = |x|$.

Die $y-z$-Ebene hat die Gleichung $x = 0$. Hieraus folgt $f(0,y) = |y|$.

Es ergibt sich insgesamt eine sogenannte Kegelfläche.

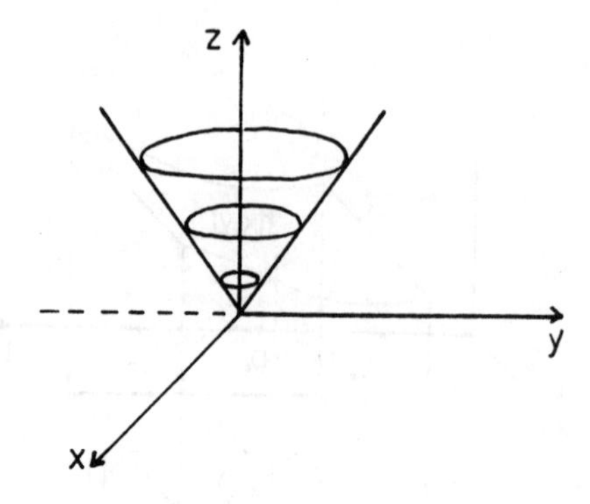


[Fig. 5.3]

3) Mit derselben Überlegung wie in 2) erhält man als Graph der Funktion $f\colon I\!R^2 \to I\!R, f(x,y) = x^2 + y^2$, ein sogenanntes drehsymmetrisches Paraboloid.

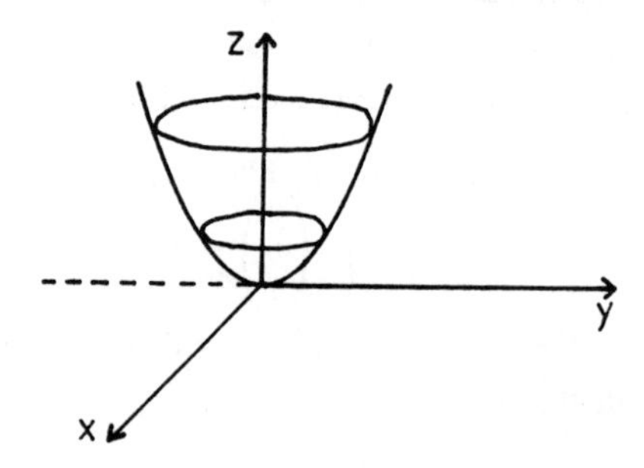


[Fig. 5.4]

Den allgemeinsten Fall für unsere Betrachtungen liefert schließlich

**Definition 5.1.8:**

Es seien $n, m \in \mathbb{N}$ und $A \subseteq \mathbb{R}^n$. Dann heißt $f \colon A \to \mathbb{R}^m$ eine

$\mathbb{R}^m$-wertige Funktion von $n$ (reellen) Veränderlichen.

Bemerkung: für ein $\underline{x} \in A$ ist $f(\underline{x})$ ein m-tupel reeller Zahlen. Man kann jede der $m$ Komponenten von $f(\underline{x})$ als Ergebnis einer reellwertigen Abbildung von $A$ nach $\mathbb{R}$ auffassen. Dann hat $f$ die Gestalt $f(\underline{x}) = (f_1(\underline{x}), \ldots, f_m(\underline{x}))$ mit $f_i \colon A \to \mathbb{R}$ für alle $1 \leq i \leq m$. In Kapitel VI werden wir ausdrücklich die vektorielle Schreibweise $\underline{f}$ wählen.

**Beispiel 5.1.9:**

1) Die Bewegung eines in die Luft geworfenen Balles in Abhängigkeit der seit dem Abwurf vergangenen Zeit kann durch eine $\mathbb{R}^3$-wertige Funktion einer Veränderlichen beschrieben werden: $t \mapsto f(t) = (f_1(t), f_2(t), f_3(t))$:

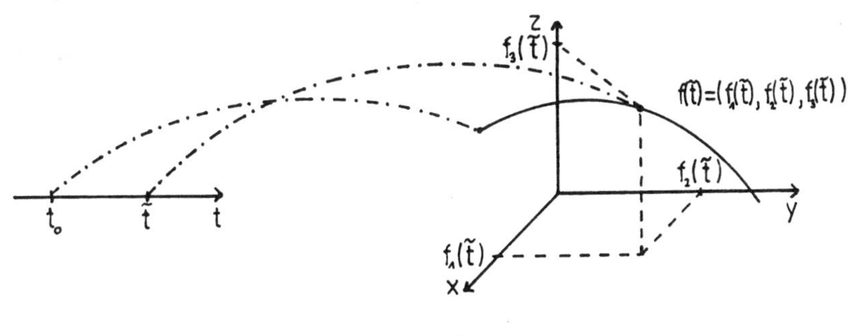


[Fig. 5.5]

2) Ebenengleichung im $\mathbb{R}^3$ in Punkt-Richtungsform:
für zwei linear unabhängige Vektoren $\underline{a}$ und $\underline{b} \in \mathbb{R}^3$ und ein $\underline{x_0} \in \mathbb{R}^3$ stellt das Bild der Funktion $f \colon \mathbb{R}^2 \to \mathbb{R}^3$, definiert durch $f(s,t) = \underline{x_0} + s \cdot \underline{a} + t \cdot \underline{b}$, eine Ebene im $\mathbb{R}^3$ dar.

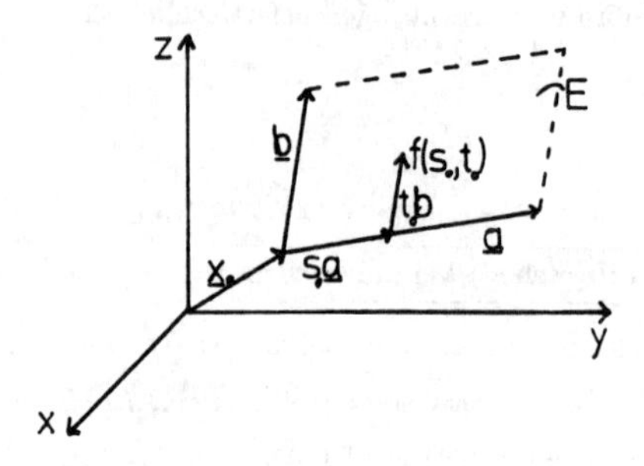


[Fig. 5.6]

Beachte: während in Beispiel 5.1.7, 2) der Graph $G_z$ eine Ebene darstellte, wird die Ebene hier durch die Bildmenge von $f$ beschrieben ($G_f$ ist im vorliegenden Fall eine Teilmenge des $\mathbb{R}^4$).

3) $f : \mathbb{R}^2 \to \mathbb{R}^2$, definiert durch $f(x,y)=\begin{pmatrix} \frac{y-2}{2} \\ -\frac{1}{2} \end{pmatrix}$. $f$ veranschaulicht man sich in der $x-y$-Ebene dadurch, daß man in ausgewählten Punkten $(x_0, y_0)$ den Vektor $f(x_0, y_0)$ abträgt.

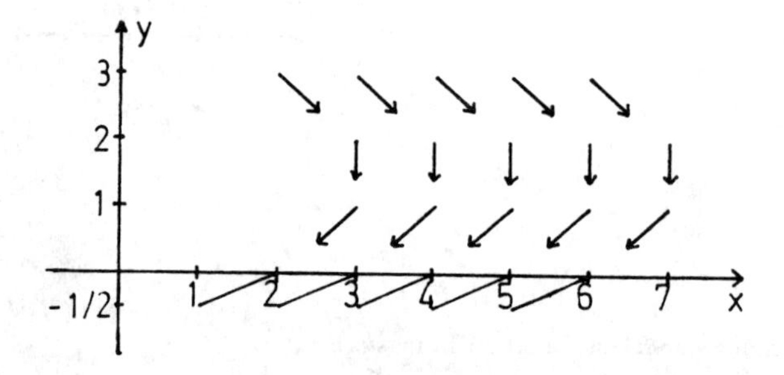


[Fig. 5.7]

## V. 2. Grenzwerte und Stetigkeit von Funktionen

Ein wichtiges Problem bei der Untersuchung von Naturvorgängen ist die Frage, ob sie kontinuierlich verlaufen oder nicht: nehmen wir an, $f$ sei eine Funktion, die einen solchen Naturvorgang beschreibt. Was geschieht dann mit dem Funktionswert $f(x)$, wenn man die Größe $x$ geringfügig verändert?
Dazu betrachten wir nochmals Beispiel 5.1.3, 4) und wählen $x_0 = 0$. Hier gilt $f(x_0) = 0$. Bewegt man sich jetzt ein wenig vom Nullpunkt nach links, d.h. betrachtet man $x_1 := -\varepsilon$ für ein kleines $\varepsilon > 0$, so liegt auch der Funktionswert $f(x_1) = -\frac{\varepsilon}{2}$ nahe bei $0 = f(0)$. Im Gegensatz dazu zeigt $f$ für positive $x$-Werte ein anderes Verhalten: ist etwa $x_2 := \varepsilon > 0$, so gilt stets $f(x_2) = 1$ und somit $f(x_2) - f(0) = 1$, wie klein $\varepsilon$ auch gewählt wird.
Anschaulich "springt" die Funktion $f$ im Nullpunkt.
Eine mathematisch präzise Formulierung solcher Phänomene führt auf den Begriff der Stetigkeit.

**Definition 5.2.1 (vgl. 4.1.6):**

Es seien $A \subseteq \mathbb{R}^n$ und $B \subseteq \mathbb{R}^m$ für $n, m \in \mathbb{N}$, $f\colon A \to B$ und $\underline{x}_0 \in \mathbb{R}^n$.
$f$ **besitzt an der Stelle $\underline{x}_0$ den Grenzwert $a \in \mathbb{R}^m$**, wenn es

i) eine Folge $(\underline{x}_n)_{n \in \mathbb{N}}$ mit $\underline{x}_n \in A \setminus \{\underline{x}_0\}$ $\forall\, n \in \mathbb{N}$ und $\lim\limits_{n\to\infty} \underline{x}_n = \underline{x}_0$ gibt

und

ii) für jede derartige Folge $\lim\limits_{n\to\infty} f(\underline{x}_n) = a$ gilt.

Man schreibt dann kurz: $\boxed{\lim\limits_{\underline{x}\to\underline{x}_0} f(\underline{x}) = a}$.
Analog definiert man den Grenzwert im Falle $A, B \subseteq \mathbb{C}$, $x_0 \in \mathbb{C}$ und $a \in \mathbb{C}$.

**Definition 5.2.2:**

Zu $A \subseteq \mathbb{R}^n$ heißt $A' := \left\{\underline{x}_0 \in \mathbb{R}^n \;\middle|\; \exists\, (\underline{x}_n)_{n \in \mathbb{N}} \subseteq A \setminus \{\underline{x}_0\} \text{ mit } \lim\limits_{n\to\infty} \underline{x}_n = \underline{x}_0\right\}$ die **Menge der Häufungspunkte von $A$** (analog für $A \subseteq \mathbb{C}$).

Bemerkung:

Ein $f : A \to B$ kann also per Definition nur an einem Häufungspunkt von $A$ einen Grenzwert besitzen.

Die Menge $A'$ kann Elemente enthalten, die nicht zu $A$ gehören (etwa $A := (0,1) \subseteq I\!R$ und $A' = [0,1]$ ), umgekehrt kann es auch Werte $x \in A \setminus A'$ geben (z.B. $A := [1,2] \cup \{0\}$ und $A' = [1,2]$). In diesem Fall nennt man $x$ einen isolierten Punkt von $A$.

**Beispiel 5.2.3:**

1) Die Funktion $f : \mathbb{C} \setminus \{0\} \to \mathbb{C}$, die jedem $z = r \cdot \text{cis}(\rho) \neq 0$ den Wert $f(z) = \text{cis}(\rho)$ zuordnet, besitzt im Punkt $z_0 = 0$ keinen Grenzwert. Wir betrachten dazu die beiden Folgen $z_n = \frac{1}{n}$ und $\tilde{z_n} = \frac{i}{n}$ $\forall\, n \in I\!N$. Dann gehören $z_n$ sowie $\tilde{z_n}$ zu $\mathbb{C} \setminus \{0\}$ (insbesondere also $\neq z_0$ ), ferner ist $\lim\limits_{n\to\infty} z_n = \lim\limits_{n\to\infty} \tilde{z_n} = 0$ und es gilt:

$$\lim_{n\to\infty} f(z_n) = \lim_{n\to\infty} f(\frac{1}{n} \cdot \text{cis}(0)) = \lim_{n\to\infty} \text{cis}(0) = 1$$

$$\lim_{n\to\infty} f(\tilde{z_n}) = \lim_{n\to\infty} f(\frac{1}{n} \cdot \text{cis}(\frac{\pi}{2})) = \lim_{n\to\infty} \text{cis}(\frac{\pi}{2}) = i.$$

Wegen $1 \neq i$ existiert also in $z_0 = 0$ kein Grenzwert von $f$.

2) $f : I\!R^2 \setminus \{0\} \to I\!R, f(x,y) := \frac{x \cdot y}{x^2 + y^2}$, hat in $(0,0)$ keinen Grenzwert. Denn für die Folgen $\underline{z}_n := (0, \frac{1}{n})$ und $\tilde{\underline{z}}_n := (\frac{1}{n}, \frac{1}{n})$ gilt

$$\lim_{n\to\infty} \underline{z}_n = \lim_{n\to\infty} \tilde{\underline{z}}_n = (0,0)$$

sowie

$$\lim_{n\to\infty} f(\underline{z}_n) = \lim_{n\to\infty} \frac{0 \cdot \frac{1}{n}}{\frac{1}{n^2}} = 0\,,$$

$$\lim_{n\to\infty} f(\tilde{\underline{z}}_n) = \frac{\frac{1}{n} \cdot \frac{1}{n}}{\frac{1}{n^2} + \frac{1}{n^2}} = \frac{1}{2} \neq 0.$$

3) Es sei $f : I\!R \to I\!R$ , $f(x) := \begin{cases} |x| & \text{für } x \neq 0 \\ 1 & \text{für } x = 1 \end{cases}$.

$f$ hat im Nullpunkt den Grenzwert $0$, denn sei $(x_n)_n$ eine beliebige Folge mit $x_n \in I\!R \setminus \{0\}$ und $\lim\limits_{n\to\infty} x_n = 0$. Dann gilt ebenfalls $0 = \lim\limits_{n\to\infty} |x_n| = \lim\limits_{n\to\infty} f(x_n)$.

**Bemerkung 5.2.4:**

i) Der Nachweis der Existenz eines Grenzwertes in $\underline{x}_0$ erfordert die Untersuchung aller Folgen $x_n$ mit $\lim\limits_{n\to\infty} \underline{x}_n = \underline{x}_0$. Für den Beweis der Nicht-Existenz muß man dagegen maximal zwei solche Folgen untersuchen; hier liegt dann die Schwierigkeit im Finden der geeigneten Folgen.

ii) Gemäß Bemerkung 4.1.7. hat eine Funktion $f : \mathbb{R}^n \to \mathbb{R}^m$ genau dann an einer Stelle $\underline{x}_0 \in \mathbb{R}^n$ den Grenzwert $(a_1, \ldots, a_m)$, wenn für die Funktionen $f_1, \ldots, f_m : \mathbb{R}^n \to \mathbb{R}$ mit $f(\underline{x}) := (f_1(\underline{x}), \ldots, f_m(\underline{x}))$ (vgl. Def. und Bem. 5.1.8) gilt:

$$\lim_{\underline{x}\to\underline{x}_0} f_i(\underline{x}) = a_i \quad 1 \leq i \leq m .$$

Es genügt daher, reellwertige Funktionen in $n$ Veränderlichen zu betrachten!

iii) Aus der Definition 4.1.6. des Grenzwertes von Folgen ergibt sich das Übertragungsprinzip für Grenzwerte von Funktionen:
Seien $A \subseteq \mathbb{R}^n$, $B \subseteq \mathbb{R}^m$, $f : A \to B$ und $\underline{x}_0 \in A'$. Dann folgt

$$\lim_{\underline{x}\to\underline{x}_0} f(\underline{x}) = \underline{a} \in \mathbb{R}^m \iff \begin{cases} \text{für alle } \varepsilon > 0 \ \exists \ \delta(\varepsilon, \underline{x}_0) \text{ mit } ||f(\underline{x}) - \underline{a}|| \leq \varepsilon \\ \text{falls } ||\underline{x} - \underline{x}_0|| \leq \delta(\varepsilon, \underline{x}_0) \text{ und } \underline{x} \in A \setminus \{x_0\} \end{cases}$$

(analog für $\mathbb{C}$).

Beweis:

"$\Longrightarrow$" Wir führen den Beweis indirekt. Dann gibt es ein $\varepsilon_0 > 0$ so, daß für jedes $\delta > 0$ mindestens ein $\underline{x} \in A \setminus \{x_0\}$ existiert, für das $(*)$ gilt: $||\underline{x} - \underline{x}_0|| \leq \delta$, aber $||f(\underline{x}) - \underline{a}|| > \varepsilon_0$. Betrachte $\delta_n = \frac{1}{n}$ und nenne das die Bedingung $(*)$ erfüllende Element $\underline{x}_n$. Es folgt $||\underline{x}_n - \underline{x}_0|| = \frac{1}{n}$, d.h. $\lim\limits_{n\to\infty} \underline{x}_n = x_0$ und $||f(\underline{x}_n) - \underline{a}|| > \varepsilon_0 \ \ \forall\, n$. Dies bedeutet aber $\lim\limits_{n\to\infty} f(\underline{x}_n) \neq \underline{a}$, im Widerspruch zur Voraussetzung.

"$\Longleftarrow$" Sei $(\underline{x}_n)_{n \in I\!N} \subseteq A \setminus \{\underline{x}_0\}$ eine gegen $\underline{x}_0$ konvergente Folge (eine solche $\exists$ wegen $\underline{x}_0 \in A'$) und $\varepsilon > 0$. Dann gibt es zunächst nach Voraussetzung ein $\delta(\varepsilon, \underline{x}_0) > 0$ mit $||f(\underline{x}) - \underline{a}|| \leq \varepsilon$ für $||\underline{x} - \underline{x}_0|| \leq \delta(\varepsilon, \underline{x}_0)$. Zu diesem $\delta(\varepsilon, \underline{x}_0)$ existiert wegen der Konvergenz von $\underline{x}_n$ ein $N(\delta)$ mit $||\underline{x}_n - \underline{x}_0|| \leq \delta$ für $n \geq N(\delta)$. Für diese $n$ ist also insbesondere $||f(\underline{x}_n) - \underline{a}|| \leq \varepsilon$, d.h. $\lim\limits_{n \to \infty} f(\underline{x}_n) = \underline{a}$, woraus die Behauptung folgt.

■

Im Falle einer reellwertigen Funktion einer Veränderlichen verfeinern wir den Begriff des Grenzwertes noch etwas. Dies gelingt mit Hilfe der Ordnungseigenschaften von $I\!R$.

**Definition 5.2.5:**

Es seien $A \subseteq I\!R$, $f: A \to I\!R$.

$f$ besitzt an der Stelle $x_0$ den linksseitigen (rechtsseitigen) Grenzwert $b(b') \in I\!R$, wenn es eine Folge $(x_n)_{n \in I\!N}$ mit $x_n \in A$ und $x_n < x_0$ $(x_n > x_0)$ gibt, für die $\lim\limits_{n \to \infty} x_n = x_0$ gilt, und wenn für jede derartige Folge $\lim\limits_{n \to \infty} f(x_n) = b$ (bzw. $b'$) gilt.

Man schreibt dafür: $\lim\limits_{\substack{x \to x_0 \\ x < x_0}} f(x) = \lim\limits_{x \to x_0^-} f(x) = b$

(bzw. $\lim\limits_{\substack{x \to x_0 \\ x > x_0}} f(x) = \lim\limits_{x \to x_0^+} f(x) = b'$).

**Bemerkung 5.2.6:**

i) Gibt es für $x_0$ zwei Folgen $(x_{1,n})_{n \in I\!N}$ und $(x_{2,n})_{n \in I\!N}$ aus $A$ mit $x_{1,n} < x_0$, $x_{2,n} > x_0$ und $\lim\limits_{n \to \infty} x_{1,n} = \lim\limits_{n \to \infty} x_{2,n} = x_0$, so gilt:

$$\lim_{x \to x_0} f(x) = b \iff \lim_{x \to x_0^-} f(x) = \lim_{x \to x_0^+} f(x) = b\,.$$

ii) $b$ und $b'$ können formal auch durch $\pm\infty$ ersetzt werden; dann spricht man von einem uneigentlichen links- bzw. rechtsseitigem Grenzwert. Ist in diesem Fall $b = b'$, so handelt es sich um einen uneigentlichen Grenzwert von $f$ in $x_0$.

iii) Ebenso kann man formal $x_0^-$ durch $+\infty$ und $x_0^+$ durch $-\infty$ ersetzen.

**Beispiel 5.2.7:**

1) $f : I\!R \to I\!R,\ f(x) = \begin{cases} 1 & , x > 0 \\ \frac{x}{2} & , x \le 0 \end{cases}$ , $x_0 = 0$ (siehe Beispiel 5.1.3, 4) ):
$\lim\limits_{x \to 0+} f(x) = \lim\limits_{x \to 0+} 1 = 1$; für die Bildung von $\lim\limits_{x \to 0^-} f(x)$ sei $(x_n)_{n \in I\!N}$ eine reelle Folge, $x_n < 0$ $(n \in I\!N)$, $\lim\limits_{n \to \infty} x_n = 0$. Dann folgt

$$\lim_{n \to \infty} f(x_n) = \lim_{n \to \infty} \frac{x_n}{2} = \frac{1}{2} \lim_{n \to \infty} x_n = 0,$$
$$\text{d.h.} \quad \lim_{x \to 0^-} f(x_n) = 0 \neq 1 .$$

$f$ besitzt also in 0 links- und rechtsseitigen Grenzwert, aber keinen Grenzwert.

2) $f : I\!R \setminus \{0\} \to I\!R,\ f(x) := \frac{1}{x},\ x_0 := 0$:
Sei $x_n > 0$ $(n \in I\!N)$ beliebige Folge mit $x_n \to 0$. Für $\varepsilon > 0$ und genügend große $n$ gilt dann $x_n < \varepsilon$ sowie $f(x_n) = \frac{1}{x_n} > \frac{1}{\varepsilon} =: M$.
Da man $\varepsilon$ beliebig klein und somit $M$ beliebig groß wählen kann, folgt $\lim\limits_{x \to 0+} f(x) = +\infty$.
Ebenso erhält man $\lim\limits_{x \to 0^-} f(x) = -\infty$.
Es existiert also kein Grenzwert in 0.

3) $f : I\!R \setminus \{0\} \to I\!R,\ f(x) := \frac{1}{x^2},\ x_0 := 0$:
Sei $\varepsilon > 0$. Ist $x_n < 0$ $(n \in I\!N)$ mit $\lim\limits_{n \to \infty} x_n = 0$, so gilt wieder für genügend große $n$
$-\varepsilon < x_n < 0$ sowie $f(x_n) = \frac{1}{x_n^2} > \frac{1}{\varepsilon^2} =: M$. Es folgt $\lim\limits_{x \to 0^-} f(x) = +\infty$ und analog $\lim\limits_{x \to 0+} f(x) = +\infty$. $f$ hat also in 0 den uneigentlichen Grenzwert $+\infty$.

Wir kommen zum zentralen Begriff dieses Kapitels, der Stetigkeit. In Beispiel 5.2.3, 3) hatten wir gesehen, daß die Funktion $f(x) := \begin{cases} |x| & , x \neq 0 \\ 1 & , x = 1 \end{cases}$ im Nullpunkt den Grenzwert 0 hat. Der Funktionswert in 0 selbst ist aber gleich 1, also ungleich dem Wert 0, den man aus dem Verhalten von $f$ nahe dem Nullpunkt "erwarten" würde. Bei stetigen Funktionen treten solche Fälle nicht auf:

**Definition 5.2.8:**

Es seien $A \subseteq \mathbb{R}^n$ und $B \subseteq \mathbb{R}^m$, $n, m \in \mathbb{N}$, $f : A \to B$ und $\underline{x}_0 \in A$.

i) Ist $\underline{x}_0$ zusätzlich Häufungspunkt von $A$ (also $\underline{x}_0 \in A'$), so heißt $f$ $\boxed{\text{stetig in } \underline{x}_0}$, wenn $\lim\limits_{\underline{x} \to \underline{x}_0} f(\underline{x}) = f(\underline{x}_0)$ ist.
Ist $\underline{x}_0$ ein isolierter Punkt von $A$, so sei $f$ in $\underline{x}_0$ per Definition stetig.

ii) Ist $f$ in jedem Punkt einer Teilmenge $\tilde{A} \subseteq A$ stetig, so heißt $f$ $\boxed{\text{stetig in } \tilde{A}}$.

iii) Ist $f$ in $A$ stetig, so heißt $f$ auch einfach $\boxed{\text{stetig}}$.

Analoge Sprechweisen gelten bei $A, B \subseteq \mathbb{C}$.

Bemerkung:

i) Im Gegensatz zum Grenzwert ist der Begriff "Stetigkeit" also nur in Punkten $\underline{x}_0$ des Definitionsbereichs von $f$ sinnvoll, da $f(\underline{x}_0)$ berechnet werden muß.

ii) Mit dem Übertragungsprinzip ergibt sich die folgende Beschreibung von Stetigkeit:

$$f : A \to B \text{ ist stetig in } \underline{x}_0 \in A \iff (*) \begin{cases} \forall\, \varepsilon > 0\ \exists\, \delta(\varepsilon, \underline{x}_0) \text{ mit } \|f(\underline{x}) - f(\underline{x}_0)\| \le \varepsilon \\ \text{falls } \|\underline{x} - \underline{x}_0\| \le \delta(\varepsilon, \underline{x}_0)\,. \end{cases}$$

Aufgrund der geometrischen Anschaulichkeit findet man Stetigkeit daher häufig auch über Bedingung $(*)$ definiert.

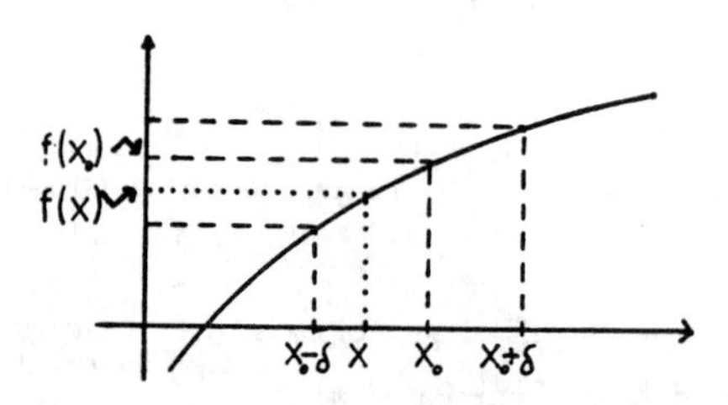


[Fig. 5.8]

**Beispiel 5.2.9:**

1) Obiges $f$ aus Beispiel 5.2.3, 3) ist in $x_0 = 0$ nicht stetig, da $f(0) = 1 \neq \lim_{x \to 0} f(x)$.

2) Seien $a \in \mathbb{C}$, $f : \mathbb{C} \to \mathbb{C}$ definiert durch $f(z) := a \cdot z$.
Dann ist $f$ stetig (in $\mathbb{C}$); sei dazu $z_0 \in \mathbb{C}$ beliebig und $(z_n)_{n \in \mathbb{N}} \subseteq \mathbb{C} \setminus \{z_0\}$ mit $z_n \to z_0 \Longrightarrow \lim_{n\to\infty} f(z_n) = \lim_{n\to\infty} a \cdot z = a \cdot \lim_{n\to\infty} z_n = a \cdot z_0 = f(z_0)$.

3) Die Funktion $f(x) = \begin{cases} 1 & , x > 0 \\ \frac{x}{2} & , x \leq 0 \end{cases}$ aus Beispiel 5.1.3, 4) ist in $x_0 = 0$ unstetig, denn es ist $\lim_{x\to 0^-} f(x) = 0 \neq 1 = \lim_{x \to 0^+} f(x)$ (siehe auch die einleitende Bemerkung zu diesem Abschnitt).

4) $f \colon \mathbb{R}^2 \to \mathbb{R}$, $f(x,y) = \begin{cases} \dfrac{x \cdot y}{x^2 + y^2} & \text{für } (x,y) \neq (0,0) \\ 0 & \text{für } (x,y) = (0,0) \end{cases}$.
Dann ist $f$ nach Beispiel 5.2.3, 2) in $x_0 = 0$ unstetig, denn es existiert nicht einmal der Grenzwert von $f$.

5) $f : \mathbb{R} \to \mathbb{R}^3, f(t) = (t,3,2t)$ ist stetig in $\mathbb{R}$, da jede der Funktionen $f_1(t) = t$, $f_2(t) = 3$ und $f_3(t) = 2t$ stetig in $\mathbb{R}$ ist (siehe Bemerkung 5.2.4, ii) ).

Es folgen erste grundlegende Eigenschaften stetiger Funktionen:

**Satz 5.2.10:**

Es seien $A \subseteq \mathbb{R}^n, n \in \mathbb{N}$ und $B \subseteq \mathbb{R}$. Ferner seien $f : A \to B$ und $g : A \to B$ stetig in $\underline{x}_0 \in A$. Dann gilt

i) $f+g, f \cdot g$ sowie $c \cdot f$ für $c \in \mathbb{R}$ sind stetig in $\underline{x}_0$. (Hierbei ist $(f \cdot g)(\underline{x}) := f(\underline{x}) \cdot g(\underline{x})$.)

ii) Gehört $\underline{x}_0$ zum Definitionsbereich der Funktion $\frac{f}{g}$ (das ist die Menge $\{\underline{x} \in A \mid g(\underline{x}) \neq 0\}$), dann ist $\frac{f}{g}$ stetig in $\underline{x}_0$. (Hierbei ist $(\frac{f}{g})(x) := \frac{f(x)}{g(x)}$.)

Beweis: Es ergibt sich alles unmittelbar aus Satz 4.1.21 für Folgen.

**Beispiel 5.2.11:**

1) $f : \mathbb{C} \to \mathbb{C}$, $f(z) := z^n$, ist stetig (in $\mathbb{C}$). Per Induktion gilt nämlich:
$n = 1$ : $f(z) = z$ ist stetig gemäß Beispiel 5.2.9, 2).
$n \to n+1$ : es ist $z^{n+1} = z \cdot z^n$ und $f(z) = z$ sowie $g(z) = z^n$ sind stetig, d.h. $(f \cdot g)(z) = z^{n+1}$ ist auch stetig.

2) Jedes Polynom $P : \mathbb{C} \to \mathbb{C}, P(z) = a_0 + a_1 \cdot z + \ldots + a_n \cdot z^n$ ist stetig (vgl. 1.4.14), denn mit $z \mapsto z^k$ ist auch $z \mapsto a_k \cdot z^k$ stetig und somit ebenfalls $P$ als Summe stetiger Funktionen.

3) Jede rationale Funktion $R : \mathbb{C} \to \mathbb{C}$, d.h. $R(z) = \dfrac{P(z)}{Q(z)}$ für Polynome $P$ und $Q$ (vgl. 1.4.14), ist auf $\mathbb{C} \setminus \{z \mid Q(z) = 0\}$ stetig, denn $P$ und $Q$ sind nach 2) stetig und dann auch $\dfrac{P}{Q}$ nach Satz 5.2.10.

4) Die Funktion $f\colon \mathbb{R}^2 \to \mathbb{R}$, $f(x,y) = \begin{cases} \dfrac{x \cdot y}{x^2 + y^2} & , (x,y) \neq (0,0) \\ 0 & , (x,y) = (0,0) \end{cases}$,
aus Beispiel 5.2.9, 4) ist auf $\mathbb{R}^2 \setminus \{(0,0)\}$ stetig, denn sei $((x_n, y_n))_{n \in \mathbb{N}}$ eine gegen $(x,y) \neq (0,0)$ konvergente Folge, dann folgt $\lim\limits_{n\to\infty} (x_n \cdot y_n) = x \cdot y$ sowie $\lim\limits_{n\to\infty} (x_n^2 + y_n^2) = x^2 + y^2$. Zähler und Nenner sind also stetige Funktionen von $\mathbb{R}^2$ nach $\mathbb{R}$ und somit auch $f$ in $\mathbb{R}^2 \setminus \{(0,0)\}$.

**Satz 5.2.12:**

Es seien $A \subseteq \mathbb{R}^n, B \subseteq \mathbb{R}^m$ und $C \subseteq \mathbb{R}^l$, $n, m, l \in \mathbb{N}$. Ferner sei $f : A \to B$ stetig in $\underline{x}_0 \in A$ und $g$ stetig in $f(\underline{x}_0) \in B$. Dann ist auch die Komposition $g \circ f : A \to C$ von $g$ und $f$ stetig in $\underline{x}_0$ (vgl. 0.3.2)
Analoges gilt für $A, B, C \subseteq \mathbb{C}$.

Beweis: Sei $(\underline{x}_n)$ beliebige Folge aus $A \setminus \{\underline{x}_0\}$ mit $\underline{x}_n \to \underline{x}_0$, dann ist $\lim\limits_{n\to\infty} f(\underline{x}_n) = f(\underline{x}_0)$ wegen der Stetigkeit von $f$ in $\underline{x}_0$ und $\lim\limits_{n\to\infty} g(f(\underline{x}_n)) = g(f(\underline{x}_0))$ wegen der Stetigkeit von $g$ in $f(\underline{x}_0)$.

∎

**Beispiel 5.2.13:**

Die Funktion $t \mapsto \left(\frac{2t^3-1}{t^2+4}, 3, 2\cdot\frac{2t^3-1}{t^2+4}\right)$ von $I\!R \to I\!R^3$ ist in $I\!R$ stetig, denn sie ist Komposition der stetigen Funktion $f(t) = (t, 3, 2t)$ (Beispiel 5.2.9, 5) ) mit der stetigen Funktion $g(t) = \frac{2t^3-1}{t^2+4}$.

Ist eine Funktion $f$ in einem Punkt $x_0$ nicht erklärt, hat sie dort aber einen Grenzwert, so liegt es nahe, $f$ auch in $x_0$ zu definieren und ihr dort den Wert $\lim\limits_{x \to x_0} f(x)$ zuzuschreiben.

**Definition 5.2.14:**

Seien $A \subseteq I\!R^n, B \subseteq I\!R^m$, $n, m \in I\!N$, sowie $f \colon A \to B$ stetig und $\underline{x}_0 \in A' \setminus A$. Existiert $\underline{g} := \lim\limits_{\underline{x} \to \underline{x}_0} f(\underline{x})$, so heißt die Funktion $f^* \colon A \cup \{\underline{x}_0\} \to B \cup \{\underline{g}\}$, definiert durch

$$f^*(\underline{x}) := \begin{cases} f(\underline{x}) & \text{für } \underline{x} \in A \\ \underline{g} & \text{für } \underline{x} = \underline{x}_0 \end{cases},$$

die **stetige Fortsetzung von $f$ auf $A \cup \{\underline{x}_0\}$**. Analoges sagen wir im komplexen Fall.

## V. 3. Wichtige Eigenschaften stetiger Funktionen

In diesem Abschnitt stellen wir die wichtigsten Sätze über stetige reellwertige Funktionen einer Veränderlichen zusammen, die in den folgenden Kapiteln immer wieder gebraucht werden.

**Definition 5. 3. 1 :**

Eine Teilmenge $A \subseteq \mathbb{R}^n, n \in \mathbb{N}$ heißt $\boxed{\text{abgeschlossen}}$, falls aus der Konvergenz einer Folge $(\underline{x}_n)_{n \in \mathbb{N}} \subseteq A$ stets folgt, daß der Grenzwert zu $A$ gehört, d.h.

$$\lim_{n \to \infty} \underline{x}_n = \underline{x}_0 \Longrightarrow \underline{x}_0 \in A$$

Analoges sagen wir für $\mathbb{C}$.

**Lemma 5. 3. 2 :**

Ein Intervall $[a, b] \subseteq \mathbb{R}$ ist abgeschlossen im Sinne von 5.3.1. (Dies rechtfertigt also die Definition 1.2.6.). Ebenso sind $(-\infty, b], [a, \infty)$ und $(-\infty, \infty)$ abgeschlossen.

Beweis : Wir beschränken uns auf den Fall $a < b$ mit $a, b \in \mathbb{R}$.
Sei $(x_n)_{n \in \mathbb{N}} \subseteq [a, b]$ konvergent gegen $x_0$. Angenommen $x_0 < a$, so wähle $\varepsilon := \frac{a - x_0}{4} > 0$.
Für genügend große $n$ gilt dann $|x_n - x_0| \leq \varepsilon$. Wir wählen ein solches fest.
Sollte $x_n \leq x_0$ sein, so folgt ein Widerspruch wegen $x_n \notin [a, b]$.
Ist $x_0 < x_n$, so ergibt sich ebenfalls: $x_n \leq \varepsilon + x_0 = \frac{a - x_0}{4} + x_0 = \frac{a + 3x_0}{4} < a$, also $x_n < a$ und somit ein Widerspruch. Daher muß $x_0 \geq a$ sein. Genauso folgt $x_0 \leq b$, woraus sich $x_0 \in [a, b]$ ergibt.

■

In Beispiel 5.2.7 3) hatten wir eine Funktion untersucht, die an einer Stelle den Grenzwert $+\infty$ hatte. So etwas kommt bei stetigen Funktionen auf beschränkten und abgeschlossenen Intervallen nicht vor :

**Satz 5.3.3:**

Sei $f\colon [a,b] \to I\!R$ stetig, wobei $a < b$, $a, b \in I\!R$.
Dann gibt es ein $M > 0$ mit $-M \le f(x) \le M \quad \forall\, x \in [a,b]$, d.h. die Bildmenge $f([a,b])$ von $f$ ist beschränkt.

Beweis: Angenommen, für alle $M > 0$ gibt es ein $x \in [a,b]$ mit $f(x) > M$. Speziell für jedes $n \in I\!N$ existiert dann ein $x_n$ mit $f(x_n) > M$. Die Folge $(x_n)_{n \in I\!N} \subseteq [a,b]$ besitzt eine Teilfolge $(x_{n_k})_{k \in I\!N}$, die konvergent ist (siehe Satz von Bolzano 4.1.18). Ihr Grenzwert $x_0$ liegt wegen Lemma 5.3.2 in $[a,b]$. Somit folgt:
$\lim\limits_{k\to\infty} x_{n_k} = x_0$, $\lim\limits_{k\to\infty} f(x_{n_k}) > \lim\limits_{k\to\infty} n_k = \infty$ im Widerspruch zur Stetigkeit von $f$, nach der $\lim\limits_{k\to\infty} f(x_{n_k}) = f(x_0) \neq \infty$ gelten müßte. Daher gibt es ein $M_1 > 0$ mit $f(x) \le M_1 \quad \forall\, x \in [a,b]$.
Ebenso folgt die Existenz eines $M_2 > 0$ mit $-M_2 \le f(x) \quad \forall\, x \in [a,b]$.
Setze dann $M := \max\{M_1, M_2\}$.

■

Bemerkung: Die Aussage von Satz 5.3.3 wird falsch, falls man eine stetige Funktion auf einem offenen Intervall, wie etwa $f(x) = \dfrac{1}{x}$ auf $(0,1)$, zuläßt oder wenn man $a$ durch $-\infty$ bzw. $b$ durch $+\infty$ ersetzt. Sie wird ebenfalls falsch, wenn $f$ auf $[a,b]$ nicht stetig ist; so ist z.B. $f(x) = \begin{cases} \dfrac{1}{x} & , x \in (0,1] \\ 0 & , x = 0 \end{cases}$ auf $[0,1]$ unbeschränkt.

Satz 5.3.3 liefert sofort die Existenz des Supremums und des Infimums für die Bildmenge von $f$. Es stellt sich die Frage, ob $f$ für gewisse $x$ aus $[a,b]$ Supremum oder Infimum auch als Funktionswerte annimmt.

**Satz 5.3.4 (Extremwertsatz von Weierstraß):**

Sei $f : [a,b] \to I\!R$ stetig, $a < b$, $a, b \in I\!R$. Dann gibt es $x_1$ und $x_2$ aus $[a,b]$ mit

$$f(x_1) \leq f(x) \leq f(x_2) \text{ für alle } x \in [a,b],$$

d.h.

$$f(x_2) = \sup\{f(x) \mid x \in [a,b]\} \text{ sowie } f(x_1) = \inf\{f(x) \mid x \in [a,b]\} .$$

In diesem Fall heißt $f(x_1)$ das **Minimum von $f$ auf $[a,b]$**,
$f(x_2)$ heißt das **Maximum von $f$ auf $[a,b]$**.

Beweis: Wir beweisen die Existenz von $x_2$:
Nach Satz 5.3.3 existiert $S := \sup\{f(x) \mid x \in [a,b]\}$. Gemäß der Definition des Supremums einer Menge gibt es dann eine Folge $(y_n)_{n \in I\!N} \subseteq [a,b]$ mit $\lim_{n \to \infty} f(y_n) = S$. Zu $(y_n)_{n \in I\!N}$ existiert nun wiederum eine konvergente Teilfolge $(y_{n_k})_{k \in I\!N} \subseteq [a,b]$ (Bolzano/Weierstraß), deren Grenzwert $x_2$ zu $[a,b]$ gehört ( $[a,b]$ ist abgeschlossen). Die Stetigkeit von $f$ liefert dann $S = \lim_{n \to \infty} f(y_n) = \lim_{k \to \infty} f(y_{n_k}) = f(x_2)$.
Man erhält $x_1$ analog.

■

Bemerkung:

i) Auch Satz 5.3.4 wird falsch, wenn man eine der Voraussetzungen fortläßt.

ii) Die Sätze 5.3.3 und 5.3.4 gelten ebenfalls für stetige Funktionen $f: A \subseteq I\!R^n \to I\!R^m$ bzw. $f: A \subseteq \mathbb{C} \to \mathbb{C}$, falls die Menge $A$ abgeschlossen (siehe Definition 5.3.1) und beschränkt ist.

Eine in manchen Beweisen benutzte Eigenschaft stetiger Funktionen liefert

**Lemma 5.3.5:**

Sei $f : A \subseteq I\!R \to I\!R$ stetig, $x_0 \in A$ und $f(x_0) > 0$.
Dann $\exists$ ein $\varepsilon > 0$ und ein $\delta > 0$ derart, daß $f(x) \geq \varepsilon$ für alle $x \in A$ mit $|x - x_0| \leq \delta$ gilt.
Ist $f(x_0) < 0$, so $\exists\, \varepsilon > 0$ und $\delta > 0$ mit $f(x) \leq -\varepsilon \;\; \forall\, x \in A$ mit $|x - x_0| \leq \delta$.

Beweis: Wir führen den Beweis indirekt: dann gibt es zu jedem $\varepsilon > 0$, etwa $\varepsilon = \frac{1}{n}$, und zu jedem $\delta > 0$, etwa $\delta = \frac{1}{n}$, ein $x_n \in A$ mit $f(x_n) < \varepsilon$ und $|x_0 - x_n| \leq \frac{1}{n}$. Hieraus folgt $\lim_{n\to\infty} x_n = x_0$ und $\lim_{n\to\infty} f(x_n) \leq \lim_{n\to\infty} \frac{1}{n} = 0 \neq f(x_0)$, also ein Widerspruch zur Stetigkeit von $f$.

∎

**Satz 5.3.6 (Zwischenwertsatz von Bolzano):**

i) Sei $f : [a,b] \to \mathbb{R}$ stetig, $a < b$, $a, b \in \mathbb{R}$. Ferner gelte $f(a) < 0$ und $f(b) > 0$ (bzw. $f(a) > 0$ und $f(b) < 0$). Dann gibt es (mindestens) ein $x_0 \in (a,b)$ mit $f(x_0) = 0$.

ii) Sei $f : [a,b] \to \mathbb{R}$ stetig, $a < b$, $a, b \in \mathbb{R}$, mit $m := \min\{f(x) \mid x \in [a,b]\}$ und $M := \max\{f(x) \mid x \in [a,b]\}$. Dann gibt es zu jedem $\mu \in \mathbb{R}$ mit $m \leq \mu \leq M$ (mindestens) ein $x_0 \in [a,b]$ mit $f(x_0) = \mu$.

Beweis:

zu i) O.B.d.A. sei $f(a) < 0$ und $f(b) > 0$, sonst nehme man statt $f$ die Funktion $-f$. Wir betrachten die Menge $A := \{x \in [a,b] \mid f(x) \leq 0\}$. $A$ ist nicht leer ($a \in A$), ferner beschränkt (z.B. durch $a$ und $b$); daher existiert das Supremum $x_0$ von $A$. Wäre $f(x_0) < 0$, so gelte zunächst $x_0 \neq b$, also $x_0 < b$. Gemäß Lemma 5.3.5 existierten dann ein $\varepsilon > 0$ und ein $\delta > 0$ mit $f(x) \leq -\varepsilon$ für alle $x \in [a,b]$ mit $|x - x_0| < \delta$. Insbesondere gäbe es also ein $x > x_0$ mit $f(x) \leq 0$. Dann wäre aber $x_0$ nicht das Supremum von $A$. Also ist $f(x_0) \geq 0$.
Analog folgt aus Lemma 5.3.5 ein Widerspruch aus der Annahme $f(x_0) > 0$. Insgesamt erhält man $f(x_0) = 0$.

zu ii) Seien $x_1$ und $x_2 \in [a,b]$ (o.B.d.A. $x_1 < x_2$) mit $m = f(x_1) \leq f(x) \leq f(x_2) = M$ $\forall\, x \in [a,b]$ (siehe Satz 5.3.4). Für $\mu \in \{m, M\}$ ist die Behauptung daher klar. Für $m < \mu < M$ definieren wir die Abbildung $g : [a,b] \to \mathbb{R}$ durch $g(x) := f(x) - \mu$. Dann ist $g$ stetig und es ist $g(x_1) = f(x_1) - \mu < 0$ sowie $g(x_2) = f(x_2) - \mu > 0$. Daher ist Teil i) auf $g$ und $[x_1, x_2]$ (statt $[a,b]$) anwendbar: es gibt also ein $x_0 \in (x_1, x_2)$ - also $x_0 \in (a,b)$ - mit $g(x_0) = 0$, d.h. $f(x_0) = \mu$.

∎

**Beispiel 5.3.7:**

1) Das Polynom $P(x) := x^7 + 7x^3 - 3$ hat in $[0,1]$ mindestens eine Nullstelle, denn $P$ ist in $[0,1]$ stetig und es ist $P(0) = -3 < 0$ sowie $P(1) = 5 > 0$.

2) (vgl. 1.4.14) Allgemeiner besitzt jedes Polynom $Q : I\!R \to I\!R$, das einen ungeraden Grad hat, mindestens eine reelle Nullstelle, denn:
sei $Q(x) = a_n \cdot x^n + a_{n-1} \cdot x^{n-1} + \ldots + a_1 \cdot x + a_0$, o.B.d.A. $a_n = +1$ (Division von $Q$ durch $a_n \neq 0$ ändert nichts an der Nullstellenmenge).
Sei $a := \max\{\,|a_j| \mid 0 \leq j \leq n-1\}$, dann gilt:

a) Ist $x > 1$ und $x > n \cdot a$, so ist

$$Q(x) \geq x^n - |a_{n-1}| \cdot x^{n-1} - \ldots - |a_1| \cdot x - |a_0| \geq x^n - n \cdot a \cdot x^{n-1} > 0\,.$$

Es gibt also ein $b > 0$ mit $Q(b) > 0$.

b) Ist $x < 1$ und $x < -n \cdot a$, so gilt zunächst $x^n = -|x|^n < 0$, da $n$ ungerade ist, und somit

$$\begin{aligned} Q(x) &= -|x|^n + a_{n-1} \cdot x^{n-1} + \cdots + a_0 \\ &\leq -|x|^n + |a_{n-1}| \cdot |x|^{n-1} + \cdots + |a_0| \\ &\leq -|x|^n + n \cdot a \cdot |x|^{n-1} \\ &< 0\,. \end{aligned}$$

Es gibt also ein $a < 0$ mit $Q(a) < 0$.

Der Zwischenwertsatz liefert dann die Existenz einer Nullstelle in $[a,b]$.

Mit Hilfe des Zwischenwertsatzes gelingt es, hinreichende Bedingungen für die Existenz einer Umkehrfunktion anzugeben.

**Definition 5.3.8:**

Seien $A \subseteq I\!R$ und $f : A \to I\!R$, $x_1, x_2 \in A$. $f$ heißt monoton steigend (monoton fallend), wenn aus $x_1 < x_2$ stets $f(x_1) \leq f(x_2)$ (bzw. $f(x_1) \geq f(x_2)$) folgt; gilt sogar $f(x_1) < f(x_2)$ (bzw. $f(x_1) > f(x_2)$), so heißt $f$ streng monoton steigend (streng monoton fallend).

**Satz 5.3.9:**

i) Es sei $I$ ein Intervall in $I\!R$ (vgl. 1.2.6) und $f : I \to I\!R$ stetig. Dann ist $f(I)$ ein Intervall in $I\!R$.

ii) Ist $f$ streng monoton steigend (bzw. streng monoton fallend), so existiert auf $f(I)$ die Umkehrfunktion $f^{-1} : f(I) \to I$ von $f$ (vgl. 0.3.4). $f^{-1}$ ist stetig und ebenfalls streng monoton steigend (bzw. streng monoton fallend).

Beweis:

zu i) Ist $I = [a, b]$ für $a, b \in I\!R$, so existieren $x_1$ und $x_2$ mit $f(x_1) \leq f(x) \leq f(x_2)$ $\forall\, x \in I$. Nach dem Zwischenwertsatz ist dann $f(I) = [f(x_1), f(x_2)]$. Ist $I$ nicht abgeschlossen oder nicht beschränkt, dann wählen wir monotone Folgen $\left(a_n\right)_{n \in I\!N}$ (fallend) und $\left(b_n\right)_{n \in I\!N}$ (steigend) mit $a_n \geq a$ und $b_n \leq b$. (Ist etwa $a \in I\!R$, so sei $a_n := a + \frac{1}{n}$ für genügend große $n$; ist $a = -\infty$, so sei $a_n := -n$; analog für $b$.)
Für $I_n := [a_n, b_n]$ gilt: $I_n \subset I$, $f(I_n)$ ist nach Obigem ein Intervall und $f(I_n) \subseteq f(I_{n+1})$ $\forall\, n \in I\!N$ (wegen der Monotonie von $(a_n)$ und $(b_n)$). Die Behauptung folgt dann aus $f(I) = \cup_{n=1}^{\infty} f(I_n)$.

zu ii) Sei $f$ streng monoton steigend (anderer Fall analog). Für $x_1, x_2 \in I$ mit $x_1 \neq x_2$, z.B. $x_1 < x_2$, gilt $f(x_1) < f(x_2)$, d.h. $f$ ist injektiv. Da außerdem $f$ als Abbildung von $I$ nach $f(I)$ per se surjektiv ist, ist $f : I \to f(I)$ bijektiv und es existiert $f^{-1}$.

Zur Monotonie von $f^{-1}$ :

Es seien $y_1, y_2 \in f(I)$ mit $y_1 < y_2$.

Wäre $f^{-1}(y_1) > f^{-1}(y_2)$, dann folgte aus der strengen Monotonie von $f$ :

$$y_1 = f \circ f^{-1}(y_1) > f \circ f^{-1}(y_2) = y_2 ,$$

also ein Widerspruch. Hieraus ergibt sich die strenge Monotonie (steigend) von $f^{-1}$.

Zur Stetigkeit von $f^{-1}$ :

a) Wir nehmen zunächst an, $I$ habe die Gestalt $[a, b]$, $a, b \in \mathbb{R}$.
Sei $y_0 \in f(I)$ und $(y_n)_{n \in \mathbb{N}} \subseteq f(I)$ konvergent gegen $y_0$, ferner $f(x_0) = y_0$ und $f(x_n) = y_n$. Dann besitzt die Folge $(x_n)_n$ eine konvergente Teilfolge $(x_{n_k})_k$ mit Grenzwert $\tilde{x} \in I$ und es ist $\lim\limits_{k \to \infty} f(x_{n_k}) = f(\tilde{x})$. Wegen der Stetigkeit von $f$ gilt ebenfalls $\lim\limits_{k \to \infty} f(x_{n_k}) = \lim\limits_{k \to \infty} y_{n_k} = y_0 = f(x_0)$, und hieraus folgt $x_0 = \tilde{x}$, da $f$ injektiv ist.
Genauso zeigt man, daß jede weitere konvergente Teilfolge von $(x_n)_n$ ebenfalls gegen $x_0$ konvergiert. Damit aber konvergiert auch $(x_n)_{n \in \mathbb{N}}$ selber gegen $x_0$ und man erhält $\lim\limits_{n \to \infty} f^{-1}(y_n) = \lim\limits_{n \to \infty} x_n = x_0 = f^{-1}(y_0)$, d.h. $f^{-1}$ ist stetig.

b) Ist nun $I$ ein beliebiges Intervall, etwa $I = (a, b)$, und $y_0 \in f(I)$, so existiert wieder ein eindeutiges $x_0 \in (a, b)$ und $f(x_0) = y_0$. Zu $x_0$ gibt es ferner ein Intervall $[c, d] \subset (a, b)$ mit $x_0 \in [c, d]$. Da $f^{-1}$ nach Obigem in $f([c, d])$ stetig ist, folgt die Behauptung.

■

**Bemerkung 5.3.10:**

Ist $A \subseteq \mathbb{R}$ und $f : A \to \mathbb{R}$ stetig, so kann man den Graphen der Umkehrfunktion $f^{-1}$ geometrisch veranschaulichen, indem man den Graphen von $f$ an der Geraden $y = x$ spiegelt:

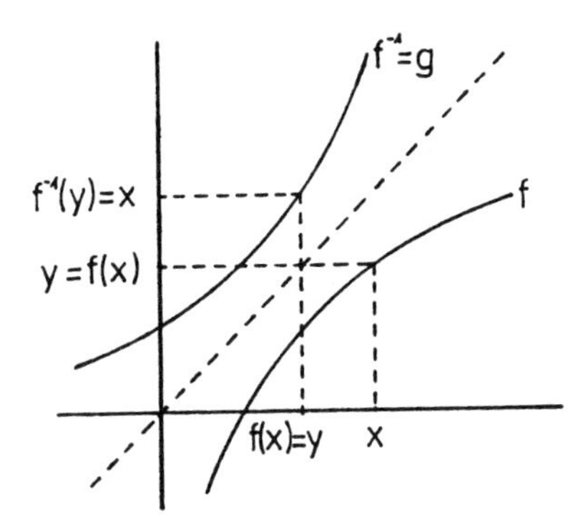


[Fig. 5.9]

Umkehrfunktion

Man liest in der Skizze unmittelbar $g(f(x)) = x$ bzw. $f(g(y)) = y$ ab.

**Beispiel 5.3.11:**

Für $n \in \mathbb{N}$ betrachten wir die Funktionen $x \mapsto x^n$.

1) Sei $n$ ungerade, etwa $n = 2k + 1$ für ein $k \in \mathbb{Z}_+$. Ist $0 \leq x_1 < x_2$, so folgt unmittelbar $x_1^n < x_2^n$; für $x_1 < x_2 < 0$ gilt zunächst $|x_1| > |x_2|$, also $x_1^{2k} > x_2^{2k}$ und damit $x_1^{2k+1} < x_2^{2k+1}$. Die Funktion $x \mapsto x^n$ ist also streng monoton wachsend und stetig auf $\mathbb{R}$ und besitzt dort eine ebenfalls streng monoton wachsende, stetige Umkehrfunktion, welche wir mit $\boxed{\sqrt[2k+1]{x}}$ bezeichnen (vgl. 1.4.12).

2) Sei $n$ gerade, etwa $n = 2k$ für $k \in \mathbb{N}$. Wir betrachten die beiden Funktionen $f_1 : [0,\infty) \to [0,\infty), f_1(x) = x^{2k}$, und $f_2 : (-\infty,0] \to [0,\infty), f_2(x) = x^{2k}$. Ist $0 \leq x_1 < x_2$, so folgt wieder $f_1(x_1) < f_1(x_2)$, also besitzt $f_1$ eine streng monoton wachsende, stetige Umkehrfunktion $f_1^{-1} : [0,\infty) \to [0,\infty)$, die mit $\boxed{\sqrt[2k]{x}}$ bezeichnet wird (beachte $x \geq 0$).
Ist $x_1 < x_2 \leq 0$, so folgt $f_2(x_1) > f_2(x_2)$ (siehe oben), also besitzt auch $f_2$ eine stetige Umkehrfunktion $f_2^{-1} : [0,\infty) \to (-\infty,0]$, die streng monoton fallend ist

und für die $f_2^{-1}(x) = -\sqrt[2k]{x}$ gilt (Beweis: für $x \geq 0$ ist $f_2(-\sqrt[2k]{x}) = (-1\sqrt[2k]{x})^{2k} = (-1)^{2k} \cdot x = x$, und für $x \leq 0$ ist $-\sqrt[2k]{f_2(x)} = -\sqrt[2k]{x^{2k}} = -|x| = x$).

Die Wurzelfunktionen $\sqrt[2k+1]{x}$ und $\sqrt[2k]{x}$ besitzen qualitativ folgende Graphen:

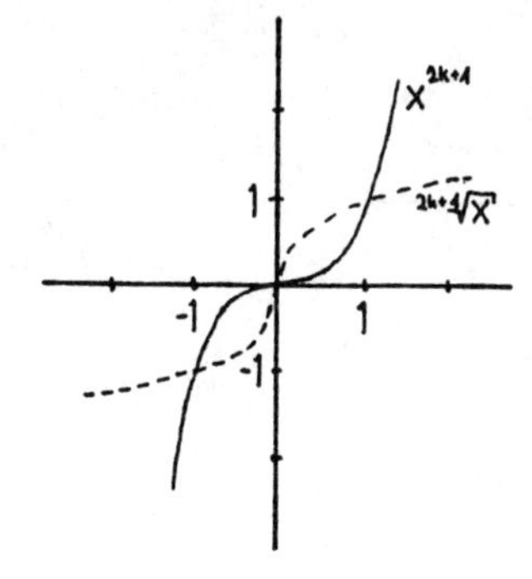


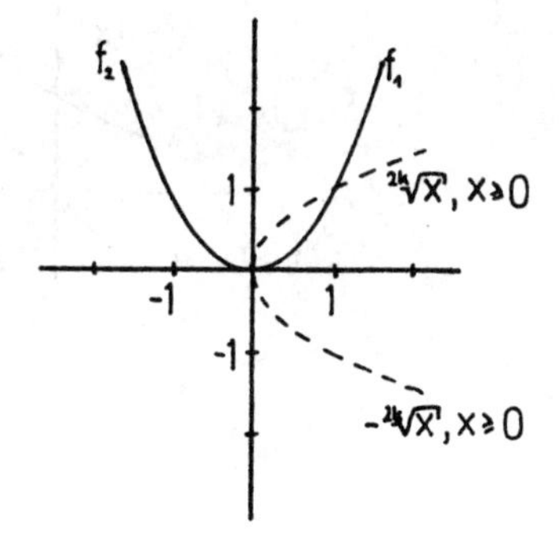


[Fig. 5.10]

**Wurzelfunktion**

## V. 4. Gleichmäßige Stetigkeit

Zum Schluß dieses Kapitels wollen wir noch kurz einen stärkeren Stetigkeitsbegriff als den bisher verwendeten untersuchen.

**Beispiel 5.4.1:**

Die Funktion $f(x) = \frac{1}{x}$ ist als rationale Funktion auf $(0,1]$ stetig! Nach Definition 5.2.8 und der anschließenden Bemerkung ii) gibt es also zu $x_0 \in (0,1]$ und jedem $\varepsilon > 0$ ein $\delta(\varepsilon, x_0)$ mit $|\frac{1}{x} - \frac{1}{x_0}| \leq \varepsilon$, falls $|x - x_0| \leq \delta(\varepsilon, x_0)$ ist $(*)$. Wir wollen etwas genauer untersuchen, wie die Wahl von $\delta(\varepsilon, x_0)$ durch die Lage von $x_0$ beeinflußt wird:
nach $(*)$ muß $\frac{1}{x_0 - \delta(\varepsilon, x_0)} - \frac{1}{x_0} \leq \varepsilon$ gelten, was aufgelöst nach $\delta(\varepsilon, x_0)$ die Ungleichung $0 \leq \delta(\varepsilon, x_0) \leq \frac{\varepsilon \cdot x_0^2}{1 + \varepsilon \cdot x_0}$ ergibt. Nun ist $\lim\limits_{x_0 \to 0+} \frac{\varepsilon \cdot x_0^2}{1 + \varepsilon \cdot x_0} = 0$, d.h. je näher man mit $x_0$ dem Nullpunkt kommt, desto kleiner muß $\delta(\varepsilon, x_0)$ gewählt werden, um $(*)$ zu erfüllen. Insbesondere gibt es also kein $\delta > 0$, das $(*)$ für alle $x \in (0,1]$ erfüllt.

**Definition 5.4.2:**

$f : A \subseteq \mathbb{R} \to \mathbb{R}$ heißt $\boxed{\text{gleichmäßig stetig auf } A}$, falls es $\forall\, \varepsilon > 0$ ein $\delta(\varepsilon) > 0$ so gibt, daß $\forall\, x_1, x_2 \in A$ mit $|x_1 - x_2| \leq \delta(\varepsilon)$ gilt : $|f(x_1) - f(x_2)| \leq \varepsilon$.
Analoges sagen wir im komplexen Fall.

Bemerkung:

i) Bei gegebenem $f$ und $A$ hängt $\delta(\varepsilon)$ also nur von $\varepsilon > 0$ und nicht von $x \in A$ ab. Gleichmäßige Stetigkeit ist eine globale Eigenschaft von $f$ bzgl. des Definitionsbereiches $A$, während die Stetigkeit von $f$ in $A$ eine lokale Eigenschaft von $f$ in jedem einzelnen Punkt $x \in A$ ist.

ii) Jede auf $A \subseteq \mathbb{R}$ gleichmäßig stetige Funktion ist dort offensichtlich auch stetig.

**Beispiel 5.4.3:**

1) $f(x) = \frac{1}{x}$ ist auf $(0,1]$ nicht gleichmäßig stetig (siehe 5.4.1), wohl aber auf $[c,\infty)$ für jedes beliebige $c > 0$.

Beweis:

Sei $\varepsilon > 0$ beliebig vorgegeben; setze $\delta(\varepsilon) := \varepsilon \cdot c^2$ ($\delta$ hängt nur vom Definitionsbereich und von $\varepsilon$ ab!).
Seien nun $x, y \in [c,\infty)$ mit $|x-y| \le \delta(\varepsilon)$ und o.B.d.A. $y > x$.
Dann gilt $|\frac{1}{x} - \frac{1}{y}| = \frac{1}{x} - \frac{1}{y} = \frac{y-x}{x\cdot y} \le \frac{y-x}{c^2} \le \frac{\delta}{c^2} = \varepsilon$, d.h. $f$ ist gleichmäßig stetig auf $[c,\infty)$.

2) $f(x) := x^2$ ist auf $[0,M]$ für jedes $M > 0$ gleichmäßig stetig, nicht aber auf $[0,\infty)$.

Beweis:

i) Seien $M > 0$, $\varepsilon > 0$ vorgegeben; setze $\delta(\varepsilon) := \frac{\varepsilon}{2M}$.
Sind wieder $x, y \in [0,M]$ mit $y > x$ und $y - x \le \delta(\varepsilon)$ gegeben, so gilt

$$|x^2 - y^2| = y^2 - x^2 = (y-x)\cdot(y+x) \le (y-x)\cdot(M+M) \le \delta\cdot 2M = \varepsilon$$

$\Longrightarrow f$ ist auf $[0,M]$ gleichmäßig stetig.

ii) Wir betrachten $f$ auf $[0,\infty)$ und nehmen an, zu $\varepsilon > 0$ gäbe es ein $\delta(\varepsilon)$ mit $|x^2 - y^2| \le \varepsilon$ für alle $x, y \ge 0$ mit $|x - y| \le \delta(\varepsilon)$. Wir wählen speziell $x := y - \delta$. Dann folgt $|y - x| \le \delta(\varepsilon)$ sowie $|y^2 - x^2| = |y^2 - (y-\delta)^2| = y^2 - y^2 + 2y\delta - \delta^2 = 2y\delta - \delta^2$. Dieser Term ist aber nicht gleichmäßig für alle $y \ge 0$ kleiner als $\varepsilon$ (für $y > \frac{\varepsilon + \delta^2}{2\delta}$ ist $2y\delta - \delta^2 > \varepsilon + \delta^2 - \delta^2 = \varepsilon$).
$f$ kann auf $[0,\infty)$ also nicht gleichmäßig stetig sein.

Die obigen Beispiele zeigen, wie sehr die Frage nach gleichmäßiger Stetigkeit einer Funktion von ihrem Definitionsbereich $A$ abhängt. Für spezielle $A$ jedoch hat man stets gleichmäßige Stetigkeit:

**Satz 5.4.4:**

Seien $A \subseteq I\!R$ abgeschlossen (siehe Definition 5.3.1), beschränkt und $f : A \to I\!R$ stetig. Dann ist $f$ auf $A$ gleichmäßig stetig.
(Insbesondere ist also jede stetige Funktion $f : [a,b] \to I\!R$ auch gleichmäßig stetig.)
Analoges gilt im komplexen Fall.

Beweis: Wir nehmen an, $f$ sei nicht gleichmäßig stetig.
Dann $\exists$ ein $\varepsilon_0 > 0$ so, daß es für jedes $\delta(\varepsilon_0) > 0$ Elemente $x$ und $y$ aus $A$ gibt, für die $|x - y| \le \delta(\varepsilon_0)$, aber $|f(x) - f(y)| > \varepsilon_0$ gilt.
Insbesondere für $\delta_n := \frac{1}{n}$ gibt es $x_n, y_n \in A$ mit $|x_n - y_n| \le \frac{1}{n}$ sowie $|f(x_n) - f(y_n)| > \varepsilon_0$.

Die Folge $(x_n)_{n \in I\!N}$ besitzt wegen der Beschränktheit von $A$ eine konvergente Teilfolge $(x_{n_k})_{k \in I\!N}$, deren Grenzwert $x_0$ wegen der Abgeschlossenheit von $A$ zu $A$ gehört (vgl. Satz von Bolzano-Weierstraß 4.1.18).
Da $|x_n - y_n| \le \frac{1}{n}$ gilt, ist $(x_n - y_n)_{n \in I\!N}$ eine Nullfolge und damit konvergiert $(y_{n_k})_{k \in I\!N} = (x_{n_k} - (x_{n_k} - y_{n_k}))_{k \in I\!N}$ ebenfalls gegen $x_0$.
Nun ist aber $f$ stetig, d.h. es ist $\lim\limits_{k\to\infty} f(x_{n_k}) = f(x_0) = \lim\limits_{k\to\infty} f(y_{n_k})$, was einen Widerspruch zu $|f(x_n) - f(y_n)| > \varepsilon_0 \;\; \forall\, n \in I\!N$ (also speziell für $n_k$) bedeutet.
$f$ muß daher gleichmäßig stetig auf $A$ sein.

■

# VI. Differentialrechnung

## VI. 1. Der Begriff der Ableitung für reellwertige Funktionen von einer reellen Veränderlichen

Wir betrachten das "Tangentenproblem":

Gegeben seien $f\colon [a,b] \to I\!R$ und ein Punkt $x_0 \in (a,b)$. Wie ändert sich in $x_0$ bei wachsender Veränderlicher $x \in [a,b]$ der Graph von $f$ in erster Näherung?

Man kann die interessierende Änderung durch Betrachtung der Tangente beschreiben. Gibt es aber überhaupt immer eine Tangente?

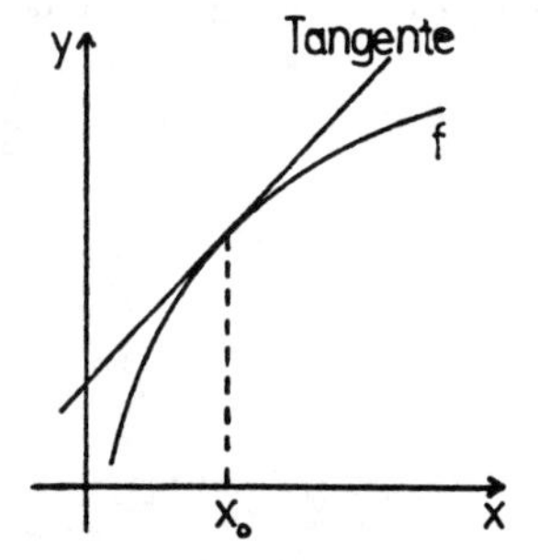


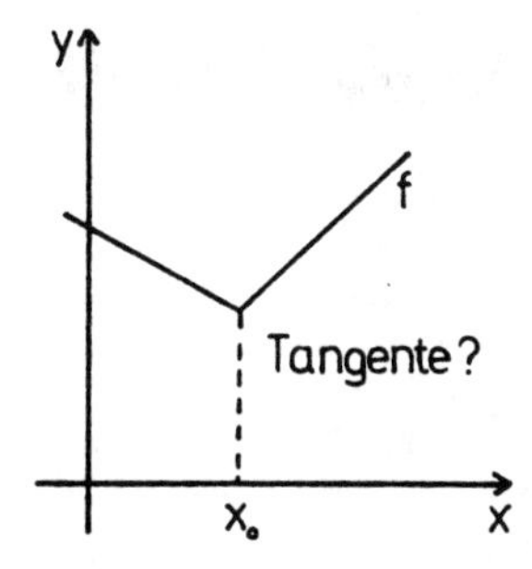


[Fig. 6.1]

Nach dem Mathematiker und Philosophen G.W. Leibniz betrachtet man ein genähertes Problem.

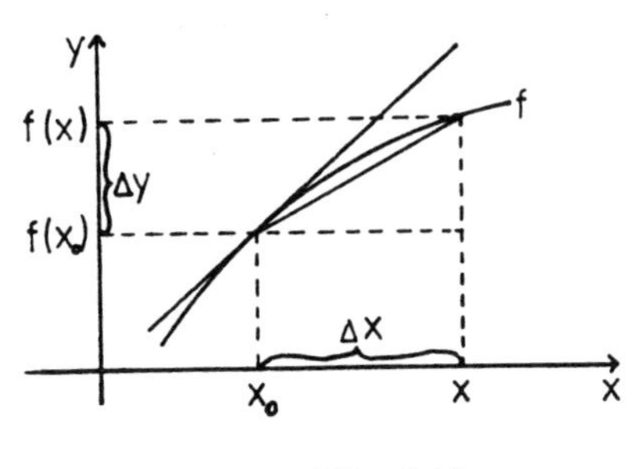


[Fig. 6.2]

Die Tangente soll nämlich für den von uns betrachteten Punkt $(x_0, f(x_0))$ durch die Steigung bestimmt sein. Eine Annäherung an die Steigung erfolgt durch die Steigung $\boxed{\Delta_f(x)}$ der "Sehne" (Sekante) zwischen den Punkten $(x_0, f(x_0))$ und $(x, f(x))$, also durch

$$\frac{\Delta y}{\Delta x} = \frac{f(x) - f(x_0)}{x - x_0} \qquad (\boxed{\text{Differenzenquotient}}).$$

Wenn $\lim\limits_{x \to x_0} \Delta_f(x)$ existiert, dann können wir diese Zahl

$$\alpha := \lim_{x \to x_0} \frac{f(x) - f(x_0)}{x - x_0}$$

als Steigung der Tangente ansehen. Eine Funktion, die in einem Punkt ihre Tangente besitzt, wollen wir in diesem Punkt differenzierbar nennen.

## Definition 6.1.1:

Es seien $D \subseteq \mathbb{R}$, $x_0 \in D$ und $f : D \to \mathbb{R}$ sowie $A \subseteq D$.

i) Die Funktion $f$ heißt $\boxed{\text{differenzierbar in } x_0}$, wenn es ein $\delta > 0$ mit $(x_0 - \delta, x_0 + \delta) \subseteq D$ gibt und die Funktion $\boxed{\Delta : D \setminus \{x_0\} \to \mathbb{R}}$, definiert durch $x \mapsto \Delta(x) := \dfrac{f(x) - f(x_0)}{x - x_0}$ $(x \in D\setminus\{x_0\})$, an der Stelle $x_0$ einen Grenzwert $a \in \mathbb{R}$ besitzt. Die Zahl $a = \lim\limits_{x \to x_0} \dfrac{f(x) - f(x_0)}{x - x_0}$ heißt dann $\boxed{\text{Ableitung an der Stelle } x_0}$. Man schreibt

$$\boxed{a =: f'(x_0) = \frac{df}{dx}(x_0) = \left.\frac{df}{dx}\right|_{x = x_0} = Df(x_0)}.$$

ii) Die Funktion $f$ heißt $\boxed{\text{linksseitig (rechtsseitig) differenzierbar in } x_0}$, wenn es ein $\delta > 0$ mit $(x_0 - \delta, x_0] \subseteq D$ (bzw. $[x_0, x_0 + \delta) \subseteq D$) gibt und die Funktion $\Delta$ aus i) einen linksseitigen (bzw. rechtsseitigen) Grenzwert $a \in I\!R$ besitzt, d.h. dann

$$a = \lim_{\substack{x \to x_0 \\ x < x_0}} \frac{f(x) - f(x_0)}{x - x_0}$$

$$\text{(bzw.} \qquad a = \lim_{\substack{x \to x_0 \\ x > x_0}} \frac{f(x) - f(x_0)}{x - x_0} \text{ ).}$$

iii) Die Funktion $f$ heißt $\boxed{\text{differenzierbar in } A}$, wenn für alle $x_0 \in A$ die Funktion $f$ differenzierbar in $x_0$ ist. Falls diese Bedingung erfüllt ist und $A = D$ gilt, so nennen wir $f$ $\boxed{\text{differenzierbar}}$.

iv) Wenn die Funktion $f$ differenzierbar ist, dann nennen wir die Funktion $\boxed{f' : D \to I\!R}$ , definiert durch

$$x \mapsto f'(x) \qquad (x \in D) \, ,$$

die $\boxed{\text{Ableitung von } f}$.

**Bemerkung 6.1.2:**

Wir wollen für $(x_0 - \delta, x_0 + \delta)$ $(\delta > 0)$ auch $\boxed{B(x_0, \delta)}$ schreiben und diese Notation für eine $\delta$-Kugel später höherdimensional verallgemeinern.

**Korollar 6.1.3:**

Es seien $D \subseteq I\!R$, $f : D \to I\!R$ und ein Punkt $x_0 \in D$ mit $B(x_0, \delta) \subseteq D$ für ein $\delta > 0$ gegeben. Dann ist $f$ differenzierbar in $x_0$ genau dann, wenn $f$ rechts- und linksseitig differenzierbar in $x_0$ ist und zusätzlich

$$\lim_{x \to x_0^+} \frac{f(x) - f(x_0)}{x - x_0} = \lim_{x \to x_0^-} \frac{f(x) - f(x_0)}{x - x_0}$$

gilt.

Beweis:

Wende die notwendige Überlegung zu Bemerkung 5.2.6 i) auf die stetige (bzw. rechts- und linksseitig-stetige) Ergänzung von $\Delta_f$ in $x_0$ an (Übung).

■

Es ist Differenzierbarkeit "stärker" als Stetigkeit, wie der nächste Satz zeigt.

**Satz 6.1.4:**

Seien $D \subseteq I\!R$, $f : D \to I\!R$ und $x_0 \in D$ gegeben. Wenn $f$ differenzierbar in $x_0$ ist, dann ist $f$ auch stetig in $x_0$ .

Beweis:

Seien $\varepsilon > 0$ und irgendeine Folge $(x_n)_{n \in I\!N}$ mit $x_n \in D\backslash\{x_0\}$ $(n \in I\!N)$ und $x_n \to x_0$ $(n \to \infty)$ gegeben; ferner sei $a := f'(x_0)$. Dann gibt es ein $N \in I\!N$ derart, daß

$$(*) \qquad |x_n - x_0| \leq \begin{cases} min\{1, \frac{\varepsilon}{2|a|}\} & \text{, falls } a \neq 0 \\ 1 & \text{, falls } a = 0 \end{cases}$$

und

$$(**) \qquad \left| \frac{f(x_n) - f(x_0)}{x_n - x_0} - a \right| \leq \frac{\varepsilon}{2}$$

für alle $n \in I\!N$ mit $n \geq N$ gilt. Beidseitige Multiplikation mit $|x_n - x_0|$ in (**) liefert vermöge (*) für diese $n$:

$$|f(x_n) - f(x_0) - a(x_n - x_0)| \leq \frac{\varepsilon}{2}|x_n - x_0| \leq \frac{\varepsilon}{2}.$$

Durch Anwendung der Dreiecksungleichung folgern wir weiter:

$$|f(x_n) - f(x_0)| - |a||x_n - x_0| \leq \frac{\varepsilon}{2},$$

also vermöge (*)

$$|f(x_n) - f(x_0)| \leq \frac{\varepsilon}{2} + |a||x_n - x_0| \leq \frac{\varepsilon}{2} + \frac{\varepsilon}{2} = \varepsilon \qquad (n \geq N).$$

Demnach ist aber unsere Funktion $f$ stetig in $x_0$ .

■

In der Praxis werden wir es häufig mit differenzierbaren Funktionen zu tun haben, da diese unter dem Gesichtspunkt ihrer Bedeutung in der Physik noch stärker ausgezeichnet sind als die nur stetigen Funktionen.

**Bemerkung 6.1.5:**

Man kann leicht durch Beispiele, wie etwa durch den zweiten Teil von Fig.6.1 veranschaulicht, sehen, daß die Umkehrung von Satz 6.1.4 nicht gilt. Ja, es gibt sogar stetige Funktionen, die in keinem Punkt differenzierbar sind.

**Bemerkung 6.1.6:**

Eine gewisse Verschärfung der Stetigkeit führt aber zur Gewißheit, daß wir für "sehr viele" $x \in D$ unser betrachtetes $f : D \to I\!R$ in $x$ differenzieren können. Für $D$ beschränken wir uns auf ein Intervall. Erfüllt die Funktion $f$ die sogenannte Lipschitz-Bedingung

$$|f(x) - f(y)| \leq L|x - y| \text{ für alle } x, y \in D$$

(mit geeigneter Konstante $L \geq 0$), so ist $f$ tatsächlich sogar (in einem wohldefinierten Sinne) fast überall in $D$ differenzierbar.

Nun wollen wir einige wichtige Differentiationsregeln betrachten.

**Satz 6.1.7:**

Es seien $D \subseteq I\!R$, $c \in I\!R$, $f : D \to I\!R$, $g : D \to I\!R$ und $x_0 \in D$ gegeben, sowie $f$ und $g$ differenzierbar in $x_0$.
Dann sind auch die Funktionen

$$c \cdot f \ , \ f + g \text{ und } f \cdot g$$

differenzierbar in $x_0$ und gilt:

$$\begin{array}{llcll} i) & (c\cdot f)'(x_0) & = & c\cdot f'(x_0) & , \\ ii) & (f+g)'(x_0) & = & f'(x_0)+g'(x_0) & \text{(Summenregel)} \quad , \\ iii) & (f\cdot g)'(x_0) & = & f'(x_0)\cdot g(x_0)+f(x_0)\cdot g'(x_0) & \text{(Produktregel)} \quad . \end{array}$$

Wenn außerdem $g(x_0) \neq 0$ erfüllt ist, dann ist auch die Funktion

$$\frac{f}{g}$$

differenzierbar in $x_0$ und gilt

$$iv) \quad \left(\frac{f}{g}\right)'(x_0) \quad = \quad \frac{f'(x_0)\cdot g(x_0) - f(x_0)\cdot g'(x_0)}{g^2(x_0)} \quad \text{(Quotientenregel)} \quad .$$

Beweis:

zu i) und ii): Es handelt sich hierbei um leichte Folgerungen aus den Rechenregeln für Folgen.

zu iii): Für $x \in D\backslash\{x_0\}$ gilt

$$(*) \qquad \Delta_{fg}(x) = \frac{f(x)g(x) - f(x_0)g(x_0)}{x - x_0} = g(x)\frac{f(x) - f(x_0)}{x - x_0} + f(x_0)\frac{g(x) - g(x_0)}{x - x_0}.$$

Wir kennen aufgrund von Satz 6.1.4 den Grenzübergang $g(x) \to g(x_0)$, daneben gemäß bestehender Differenzierbarkeitsvoraussetzungen $\Delta_f(x) \to f'(x_0)$ und $\Delta_g(x) \to g'(x_0)$ (jeweils bei $x \to x_0$). Also folgt mit $x \to x_0$ für (*) der Grenzübergang

$$\Delta_{fg}(x) \to g(x_0)f'(x_0) + f(x_0)g'(x_0) \ ,$$

sodaß die Differenzierbarkeit von $f \cdot g$ in $x_0$ samt Produktregel bewiesen ist.

zu iv): Da $g(x_0) \neq 0$ und die Stetigkeit von $g$ in $x_0$ gelten, gibt es gemäß Lemma 5.3.5 ein $\delta > 0$ so, daß $g(x)$ für alle $x \in D$ mit $|x - x_0| < \delta$ nicht verschwindet. Dabei sei $\delta$ bereits so klein, daß $B(x_0, \delta) \subseteq D$ gilt.
Nun betrachten wir auf $B(x_0,\delta)\backslash\{x_0\}$ die Funktion

$$x \mapsto \Delta_{\frac{f}{g}}(x) := \frac{\frac{f(x)}{g(x)} - \frac{f(x_0)}{g(x_0)}}{x - x_0} \quad .$$

Es gilt $\Delta_{\frac{f}{g}}(x) = \frac{1}{g(x)g(x_0)} \frac{f(x)g(x_0) - f(x_0)g(x)}{x - x_0}$

$$= \frac{1}{g(x)g(x_0)} \frac{f(x)g(x_0) - f(x_0)g(x_0) + f(x_0)g(x_0) - f(x_0)g(x)}{x - x_0}$$

$$= \underbrace{\frac{1}{g(x)}}_{\to \frac{1}{g(x_0)}} \underbrace{\Delta_f(x)}_{\to f'(x_0)} - \underbrace{\frac{f(x_0)}{g(x)g(x_0)}}_{\to \frac{f(x_0)}{g^2(x_0)}} \underbrace{\Delta_g(x)}_{\to g'(x_0)} \to \frac{f'(x_0)g(x_0) - f(x_0)g'(x_0)}{g^2(x_0)} .$$

∎

**Satz 6.1.8:**

Es seien $A, B \subseteq \mathbb{R}$ und $f : A \to B$, $g : B \to \mathbb{R}$, $x_0 \in A$ gegeben. Wenn $f$ in $x_0$ und $g$ in $f(x_0)$ differenzierbar sind, dann ist $g \circ f$ differenzierbar in $x_0$ und gilt

$$(g \circ f)'(x_0) = g'(f(x_0))f'(x_0) \quad \text{(Kettenregel)}.$$

Beweis:

Wir betrachten für $x \in A \backslash \{x_0\}$ den Differenzenquotienten

$$\Delta_{g \circ f}(x) = \frac{g(f(x)) - g(f(x_0))}{x - x_0} .$$

Sei nun $(x_n)_{n \in \mathbb{N}}$ eine Folge mit $x_n \neq x_0$, $x_n \in A$ $(n \in \mathbb{N})$ und $x_n \to x_0$ $(n \to \infty)$, dann unterscheiden wir zwei Fälle.

1.Fall: Es gibt ein $N \in \mathbb{N}$ so, daß für alle $n \in \mathbb{N}$ mit $n \geq N$ gilt

$$f(x_n) \neq f(x_0) .$$

Dann gilt für $n \geq N$

$$\begin{aligned} \Delta_{g \circ f}(x_n) = \frac{g(f(x_n)) - g(f(x_0))}{x_n - x_0} &= \frac{g(f(x_n)) - g(f(x_0))}{f(x_n) - f(x_0)} \cdot \frac{f(x_n) - f(x_0)}{x_n - x_0} \\ &= \Delta_g(y_n) \cdot \Delta_f(x_n) \quad \to g'(y_0) \cdot f'(x_0) ; \end{aligned}$$

dabei haben wir $y := f(x)$ abgekürzt und gemäß der Stetigkeit von $f$ in $x_0$ die Konvergenz $y_n := f(x_n) \to y_0 := f(x_0)$ $(n \to \infty)$ benutzt.
2.Fall: Zu jedem $N \in \mathbb{N}$ existiert ein $n \geq N$ so, daß

$$f(x_n) = f(x_0)$$

gilt. Sei nun $(x_{j_n})$ die Teilfolge von $(x_n)$, für die $(j_n)$ streng monoton steigend und $\{x_{j_n} \mid n \in \mathbb{N}\} = \{x_n \mid f(x_n) = f(x_0)\}$ gilt. Wir schreiben für sie auch $(\tilde{x}_n)$. Jetzt erhalten wir mit der Differenzierbarkeit von $f$ in $x_0$:

$$0 = \Delta_f(\tilde{x}_k) = \frac{f(\tilde{x}_k) - f(x_0)}{\tilde{x}_k - x_0} \to f'(x_0) \quad (k \to \infty) \ ,$$

also $f'(x_0) = 0$. Falls es keine Zahlen $N_1, N_2 \in \mathbb{N}$ mit

$$\{j_n \mid n \geq N_1\} = \{n \mid n \geq N_2\}$$

gibt, so zerlegen wir die Ausgangsfolge in zwei verschiedene Folgen, nämlich außer $(\tilde{x}_k)_{k \in \mathbb{N}}$ noch in eine weitere Teilfolge $(\tilde{\tilde{x}}_k)_{k \in \mathbb{N}}$:

$$\{x_n \mid n \in \mathbb{N}\} = \{\tilde{x}_n \mid n \in \mathbb{N}\} \cup \{\tilde{\tilde{x}}_n \mid n \in \mathbb{N}\} \ ,$$

mit

$$f(\tilde{x}_k) = f(x_0) \ \text{ bzw. } \ f(\tilde{\tilde{x}}_k) \neq f(x_0) \qquad (k \in \mathbb{N}).$$

Damit gilt für $k \to \infty$

$$\Delta_{g \circ f}(\tilde{x}_k) = \frac{g(f(\tilde{x}_k)) - g(f(x_0))}{\tilde{x}_k - x_0} = 0 \to 0$$

bzw.

$$\Delta_{g \circ f}(\tilde{\tilde{x}}_k) = \underbrace{\frac{g(f(\tilde{\tilde{x}}_k)) - g(f(x_0))}{f(\tilde{\tilde{x}}_k) - f(x_0)}}_{\to g'(f(x_0))} \cdot \underbrace{\frac{f(\tilde{\tilde{x}}_k) - f(x_0)}{\tilde{\tilde{x}}_k - x_0}}_{\to f'(x_0)=0} \to 0.$$

Wegen $f'(x_0) = 0$ liegt jeweils wieder der Grenzwert $g'(y_0) \cdot f'(x_0)$ vor.
Für beide Fälle gilt somit $\lim\limits_{x_n \to x_0} \Delta_{g \circ f}(x_n) = g'(y_0) \cdot f(x_0)$, sodaß die Behauptung resultiert.

∎

**Satz 6.1.9:**

Es seien $I \subseteq \mathbb{R}$ ein Intervall und $f : I \to \mathbb{R}$ eine stetige und streng monotone Funktion; sei eine Zahl $x_0 \in I$ vorgegeben. Wenn $f$ differenzierbar in $x_0$ ist und $f'(x_0) \neq 0$ gilt, dann ist die Umkehrfunktion $f^{-1}$ in $y_0 = f(x_0)$ differenzierbar und gilt

$$(f^{-1})'(y_0) = \frac{1}{f'(x_0)} = \frac{1}{f'(f^{-1}(y_0))} .$$

Beweis:

Nach Satz 5.3.9 existiert tatsächlich die Umkehrfunktion $f^{-1}$ und ist diese stetig. Sei o.B.d.A. $f$ streng monoton wachsend und sei $\delta > 0$ so, daß $(x_0 - \delta, x_0 + \delta) \subseteq I$ erfüllt ist. Dann folgt mit $\tilde{I} := f(I)$ sofort $y_0 = f(x_0) \in (f(x_0 - \frac{\delta}{2}), f(x_0 + \frac{\delta}{2})) \subseteq \tilde{I}$ und damit auch die Existenz eines $\tilde{\delta} > 0$ mit

$$(y_0 - \tilde{\delta}, y_0 + \tilde{\delta}) \subseteq \tilde{I} .$$

Seien im weiteren $y_n$ $(n \in \mathbb{N})$ im Bildintervall $\tilde{I}$ derart, daß $y_n \neq y_0$ $(n \in \mathbb{N})$ und $y_n \to y_0$ $(n \to \infty)$ gilt. Setzen wir $x_n := f^{-1}(y_n)$, so ist $x_n \neq x_0$ $(n \in \mathbb{N})$ und wegen der Stetigkeit von $f^{-1}$ gilt $x_n \to x_0$ $(n \to \infty)$ mit $f^{-1}(y_0) = x_0$.
Wir folgern jetzt bei $n \to \infty$:

$$(*) \qquad \frac{f^{-1}(y_n) - f^{-1}(y_0)}{y_n - y_0} = \frac{x_n - x_0}{f(x_n) - f(x_0)} = \frac{1}{\frac{f(x_n) - f(x_0)}{x_n - x_0}} \to \frac{1}{f'(x_0)} .$$

Damit ergibt sich

$$(f^{-1})'(y_0) = \frac{1}{f'(x_0)} = \frac{1}{f'(f^{-1}(y_0))} .$$

■

**Beispiele:**

1) $f(x) = c$ ist im gesamten Definitionsbereich $D := \mathbb{R}$ differenzierbar und es gilt $f' = 0$.

2) $f(x) = x$ ist in $D := \mathbb{R}$ differenzierbar mit $f' = 1_{\mathbb{R}}$ (d.h. $f'(x) = 1$ für alle $x \in \mathbb{R}$).

3) $f(x) = x^n$ $(n \in \mathbb{N})$ ist in $D := \mathbb{R}$ differenzierbar und es gilt

$$f'(x) = nx^{n-1} \ ,$$

wie wir nun durch vollständige Induktion zeigen wollen.

Induktionsanfang: Für $n = 1$ gilt $f(x) = x$ und somit gemäß 2) $f'(x) = 1$, also $f'(x) = x^0 = nx^{n-1}$ .

Induktionsvoraussetzung: Für ein $n \in \mathbb{N}$ gelte $(x^n)' = nx^{n-1}$ .

Induktionsbehauptung: Dann gilt für $f(x) = x^{n+1}$ : $f'(x) = (n+1)x^n$ .

Induktionsbeweis: $(x^{n+1})' = (x^n x)' = (x^n)' \cdot x + (x^n) \cdot 1 = nx^{n-1}x + x^n = (n+1)x^n$.

Mit dem Induktionsschluß ist der Gesamtbeweis beendet.

4) $f(x) = P_n(x) := \alpha_n x^n + \alpha_{n-1}x^{n-1} + \ldots + \alpha_1 x + \alpha_0$ $(n \in \mathbb{N})$ mit $\alpha_j \in \mathbb{R}$ $(j \in \{0, \ldots, n\})$, $\alpha_n \neq 0$ und $D := \mathbb{R}$ ist ein reelles Polynom vom Grad $n$; für dieses gilt

$$f'(x) = n\alpha_n x^{n-1} + (n-1)\alpha_{n-1}x^{n-2} + \ldots + 2\alpha_2 x + \alpha_1 \ .$$

5) $f(x) = R(x) := \dfrac{P_n(x)}{Q_m(x)}$ $(P_n, Q_m$ reelle Polynome) ist eine rationale Funktion und im gesamten Definitionsbereich differenzierbar; es gilt dort

$$f'(x) = (\frac{P_n}{Q_m})'(x) = \frac{P_n'(x)Q_m(x) - P_n(x)Q_m'(x)}{Q_m^2(x)} \ ,$$

$Q_m(x) \neq 0$. Es handelt sich also bei $f'$ erneut um eine rationale Funktion .

6) $f(x) = \sqrt[2k]{x}$ mit $x \in D := \mathbb{R}_+$ ist für jedes $k \in \mathbb{N}$ die Umkehrfunktion der differenzierbaren Funktion $g(x) := x^{2k}$ $(x \in D)$. Sei $x_0 \in D$ und zunächst $x_0 > 0$. Dann erhält man mit $y_0 := f(x_0)$ und Satz 6.1.9

$$f'(x_0) = \frac{1}{g'(y_0)} = \frac{1}{g'(f(x_0))} = \frac{1}{2k(f(x_0))^{2k-1}} = \frac{f(x_0)}{2k(f(x_0))^{2k}} = \frac{\sqrt[2k]{x_0}}{2kx_0} \ .$$

Für den Fall $x_0 = 0$ ist Satz 6.1.9 wegen der fehlenden Eigenschaft von 0, "innerer Punkt" von $D$ zu sein (bzw. wegen $g'(0) = 0$), nicht anwendbar. Vielmehr zeigt (*) aus dem Beweis jenes Satzes, daß es bei $x \to 0$ für $\Delta_f$ keinen

Grenzwert gibt und also $f$ noch nicht einmal bloß rechtsseitig differenzierbar im Nullpunkt ist.

In analoger Weise erhält man nach Restriktion des Definitionsbereiches für $f(x) := \sqrt[2k+1]{x}$ $(x \in D := \mathbb{R})$ Differenzierbarkeit, nämlich in der Vereinigungsmenge $\mathbb{R}\setminus\{0\}$ zweier Intervalle. Es gilt dann

$$f'(x) = \frac{\sqrt[2k+1]{x}}{(2k+1)x} \quad (x \neq 0)\ .$$

■

Wir stellen abschließend noch zwei weitere Sätze vor, mit welchen wir uns in der Vorlesung Höhere Mathematik II weitergehend beschäftigen wollen. Es gilt der Satz von Rolle:

**Satz 6.1.10:**

Seien $a, b \in \mathbb{R}$, $a < b$, und $f : [a, b] \to \mathbb{R}$ stetig, sowie in $(a, b)$ differenzierbar. Ferner sei $f(a) = f(b) = 0$ erfüllt.
Dann gibt es ein $\xi \in (a, b)$ mit $f'(\xi) = 0$.

Beweis:

Im Spezialfalle $f = 0 \cdot 1_{[a,b]}$ ist jedes $\xi \in (a, b)$ geeignet, da $f'$ auf $(a, b)$ wiederum die konstante Nullfunktion ist. Sei jetzt aber $f \neq 0 \cdot 1_{[a,b]}$. Wir dürfen annehmen, daß nicht für alle $x \in [a, b]$ die Beziehung $f(x) \leq 0$ gilt (sonst gehe von $f$ zu $-f$ über). Nach Satz 5.3.4 besitzt $f$ über $[a, b]$ einen Maximalwert; da er positiv sein muß, wird er in einem Punkt $\xi \in (a, b)$ angenommen. Für alle $x \in [a, b]$ gilt also $f(x) \leq f(\xi)$, folglich erhalten wir

$$\frac{f(x) - f(\xi)}{x - \xi} \left\{ \begin{array}{ll} \leq 0 & , \text{falls } x > \xi \\ \geq 0 & , \text{falls } x < \xi \end{array} \right\} \quad (x \in [a, b]\setminus\{\xi\}).$$

Der Grenzübergang $x \to \xi$ liefert dann $f'(\xi) = 0$ .

■

**Bemerkung 6.1.11:**

Für solche Zwischenstellen $\xi$ bietet sich manchmal auch eine Schreibweise

$$\xi = a + \vartheta(b-a) \quad ,$$

nämlich mit einem $\vartheta \in (0,1)$ , an.

Der nachfolgende sogenannte Mittelwertsatz spielt innerhalb der Differentialrechnung eine zentrale Rolle.

**Satz 6.1.12:**

Seien $a, b \in \mathbb{R}$, $a < b$, und $f : [a,b] \to \mathbb{R}$ stetig, sowie in $(a,b)$ differenzierbar. Dann gibt es ein $\xi \in (a,b)$ mit

$$\frac{f(b)-f(a)}{b-a} = f'(\xi) \ .$$

Beweis:

Wir überlegen uns zunächst, daß es eine Funktion $g(x) := f(x) - \alpha - \beta x$ ($x \in [a,b]$) mit geeigneten Zahlen $\alpha, \beta \in \mathbb{R}$ so gibt, daß die Voraussetzungen des Satzes von Rolle erfüllt sind. Für die Stetigkeits- und Differenzierbarkeitsvoraussetzungen ist dies klar. Man hat also nur noch $\alpha$ und $\beta$ so zu bestimmen, daß $g(a) = g(b) = 0$, also

$$(\mathcal{L}) \qquad \left\{\begin{array}{ccccc} \alpha & + & \beta a & = & f(a) \\ \alpha & + & \beta b & = & f(b) \end{array}\right\} \text{ , d.h. } \begin{pmatrix} 1 & a \\ 1 & b \end{pmatrix} \begin{pmatrix} \alpha \\ \beta \end{pmatrix} = \begin{pmatrix} f(a) \\ f(b) \end{pmatrix} \ ,$$

gilt. Wegen $det \begin{pmatrix} 1 & a \\ 1 & b \end{pmatrix} = b - a \neq 0$ ist dies möglich und wir berechnen

$$(*) \qquad \begin{array}{rcl} \beta & = & \dfrac{f(b)-f(a)}{b-a} \\ \alpha & = & f(a) - \dfrac{f(b)-f(a)}{b-a}\, a \ . \end{array}$$

Nach Satz 6.1.10 gibt es ein $\xi \in (a,b)$ mit $g'(\xi) = f'(\xi) - \beta = 0$, womit wegen (*) die Behauptung folgt.

■

**Korollar 6.1.13:**

Seien $I \subseteq \mathbb{R}$ ein Intervall und $f : I \to \mathbb{R}$ differenzierbar mit $f'(x) > 0$ (bzw. $f'(x) < 0$) für alle $x \in I$.

Dann ist $f$ eine streng monoton wachsende (bzw. streng monoton fallende) Funktion .

Beweis:

Seien $x_1, x_2 \in I$, $x_1 < x_2$. Gelte zunächst $f' > 0$ (punktweise verstanden). Gemäß dem Mittelwertsatz 6.1.12 gibt es aber damit ein $\xi \in (x_1, x_2)$ so, daß

$$f(x_2) - f(x_1) = \underbrace{f'(\xi)}_{>0} \cdot \underbrace{(x_2 - x_1)}_{>0} > 0$$

zutrifft. Also gilt $f(x_2) > f(x_1)$ und wir folgern streng monotones Wachsen von $f$. Wenn jedoch $f' < 0$ vorliegt, so ergibt sich für unsere Punkte $x_1, x_2$ mit $x_1 < x_2$ in analoger Weise $f(x_2) < f(x_1)$ und somit schließlich das streng monotone Fallen von $f$.

∎

# VI. 2. Der Ableitungsbegriff für reellwertige Funktionen von mehreren Veränderlichen und für vektorwertige Funktionen

In Abschnitt 6.1 haben wir die Ableitung einer $I\!R$-wertigen Abbildung mit motivierender Betrachtung eines Tangentenproblems eingeführt. Das Ziel bestand darin, eine gegebene Funktion in der Nähe eines Punktes $x_0$ durch eine "einfachere" –nämlich (affin) lineare– Funktion zu ersetzen. Wir hatten (mit anderen Worten) unser $f$ im Punkte $x_0$ differenzierbar genannt, wenn es eine Konstante $a$ und eine Funktion $\mathcal{E}$ so gibt, daß

$$f(x) = f(x_0) + a(x - x_0) + \mathcal{E}(x)$$

mit $\dfrac{\mathcal{E}(x)}{x - x_0} \to 0$ für $x \to x_0$ gilt. Die Zahl $a$ bezeichneten wir mit $f'(x_0)$.
Derselbe Ansatz wird sich nun im Prinzip auch für den allgemeinen Fall anbieten. Wäre beispielsweise $\underline{f}(\underline{x}) \in I\!R^m$, $\underline{x} - \underline{x}_0 \in I\!R^n$, so erwiese sich $a$ im Falle der Differenzierbarkeit der "vektorwertigen" Funktion $\underline{f}$ als eine (m,n)-Matrix .
Diesem allgemeinen Fall wollen wir uns nun schrittweise –dabei zuerst Spezialfälle untersuchend– annähern.

Erster Schritt: Sei $D \subseteq I\!R$ und sei $\underline{f} : D \to I\!R^m$ stetig. Gibt es ein Intervall $[a, b] \subseteq D$, so ist $\underline{f}\big|[a, b]$ eine Kurve, d.h. $\underline{f}$ beschreibt dann die Bewegung eines Punktes in einem endlichen Zeitintervall.

**Definition 6.2.1:**

Seien $D \subseteq I\!R$ und $x_0 \in D$. Eine Funktion $\underline{f} : D \to I\!R^m$, gegeben durch

$$\underline{f}(x) = (f_1(x), \ldots, f_m(x))^T \qquad (x \in D),$$

heißt differenzierbar in $x_0$, falls ein $\delta > 0$ mit $(x_0 - \delta, x_0 + \delta) \subseteq D$ sowie ein Vektor $\underline{a} \in I\!R^m$ und eine Funktion $\underline{\mathcal{E}} : D \to I\!R^m$ derart existieren, daß die Darstellung

$$\underline{f}(x) = \underline{f}(x_0) + \underline{a}(x - x_0) + \underline{\mathcal{E}}(x)$$

mit $\frac{1}{x - x_0}\underline{\mathcal{E}}(x) \to \underline{0}$ für $x \to x_0$ gilt.

Man schreibt dann $\boxed{\underline{a} = \underline{f}'(x_0)}$

oder $\boxed{\underline{a} = \dot{\underline{f}}(x_0)}$

und nennt $\underline{a}$ die $\boxed{\text{Ableitung von } \underline{f} \text{ in } x_0}$.

Wenn für alle $x \in D$ die Funktion $\underline{f}$ differenzierbar in $x$ ist, so heißt $\underline{f}$ $\boxed{\text{differenzierbar}}$ und die Funktion $\boxed{\underline{f}'}: D \to I\!R^m$, definiert durch

$$x \mapsto \underline{f}'(x) \qquad (x \in D),$$

die $\boxed{\text{Ableitung von } \underline{f}}$.

**Bemerkung 6.2.2:**

Da die Definition 6.2.1 in derselben Weise, wie $\underline{f} =: (f_1, \dots, f_m)^T$ eine Zusammenfassung von $m$ reellwertigen Funktionen ist, nämlich in Koordinatenweise $m$-mal den Ableitungsbegriff aus Abschnitt 6.1 beinhaltet, können wir für $\boxed{\underline{f}' =: (f_1', \dots, f_m')^T}$ die folgende Aussage treffen. Im Falle der Differenzierbarkeit von $\underline{f}$ in $x_0$ sind die Funktionen $f_1, \dots, f_m$ differenzierbar in $x_0$, und umgekehrt. Für diesen Fall gilt:

$$\underline{f}'(x_0) = \begin{pmatrix} f_1'(x_0) \\ \vdots \\ f_m'(x_0) \end{pmatrix}.$$

Unter dem Gesichtspunkt der Geometrie ist $\underline{f}'(x_0)$ ein Richtungsvektor der Tangente an die Kurve $\underline{f}$, nämlich im Punkte $(x_0, \underline{f}(x_0))$.

**Beispiele:**

1) Sei $\underline{f} : [-1, 1] \to I\!R^2$ definiert durch $\underline{f}(t) := \begin{pmatrix} t \\ t^2 \end{pmatrix}$ $(t \in [-1, 1])$. Dann gilt $\underline{f}'(t) = \begin{pmatrix} 1 \\ 2t \end{pmatrix}$ $(t \in (-1, 1))$ :

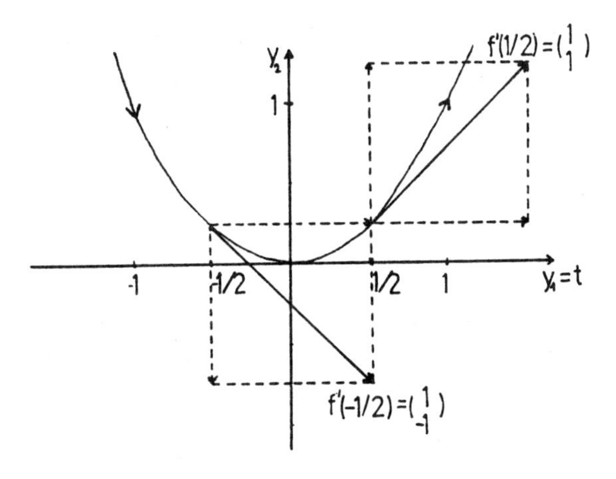


[Fig. 6.3]

2) Sei $\underline{f} : [-1,1] \to I\!R^2$ definiert durch $\underline{f}(t) := \begin{pmatrix} t^2 \\ t \end{pmatrix}$ $(t \in [-1,1])$. Dann gilt $\underline{f}'(t) = \begin{pmatrix} 2t \\ 1 \end{pmatrix}$ $(t \in (-1,1))$ :

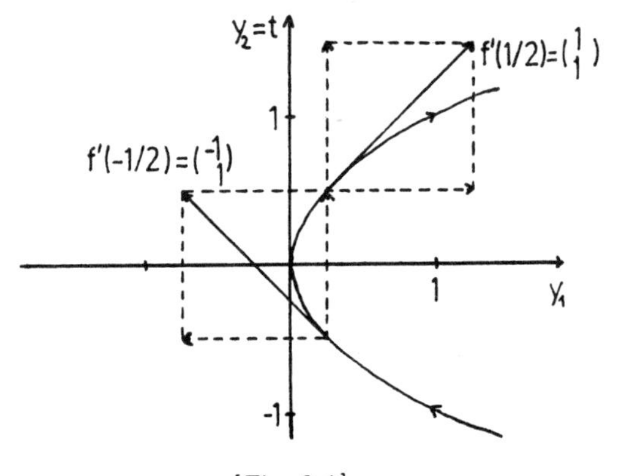


[Fig. 6.4]

Im zweiten Schritt wollen wir anstelle der gleich allgemeinen, d.h. in Bezug auf $\underline{x}$ volldimensionalen Differenzierbarkeit zunächst eine sogenannte "partielle" Differenzierbarkeit einführen.

**Definition 6.2.3:**

Es seien $D \subseteq I\!R^n$, $\underline{x}_0 \in D$ und $f : D \to I\!R$ gegeben. Seien ferner $j \in \{1, \ldots, n\}$, sowie $\underline{x}_0^j := (x_{01}, \ldots, x_{0j-1}, x_{0j+1}, \ldots, x_{0n})^T$ und
$D^{\underline{x}_0^j} := \{ x \in I\!R \mid x = x_j \text{ mit } (x_{01}, x_{02}, \ldots, x_{0j-1}, x_j, x_{0j+1}, \ldots, x_{0n})^T \in D \}$.
Dann heißt die Funktion $f$ **partiell nach der Veränderlichen $x_j$ differenzierbar in $\underline{x}_0$**, falls es ein $\delta > 0$ mit $(x_{0j} - \delta, x_{0j} + \delta) \subseteq D^{\underline{x}_0^j}$ gibt und die Funktion

$$x \mapsto f^{\underline{x}_0^j}(x) := f(x_{01}, x_{02}, \ldots, x_{0j-1}, x, x_{0j+1}, \ldots, x_{0n}) \ (x \in D^{\underline{x}_0^j})$$

differenzierbar in $x = x_{0j}$ ist.
Für die **partielle Ableitung nach der Veränderlichen $x_j$ in $\underline{x}_0$**, $(f^{\underline{x}_0^j})'(x_{0j})$, schreibt man:

$$\boxed{\frac{\partial f}{\partial x_j}(\underline{x}_0) = \frac{\partial f}{\partial x_j}\bigg|_{\underline{x}=\underline{x}_0} = f_{x_j}(\underline{x}_0) = D_j f(\underline{x}_0)}.$$

Wenn für alle $\underline{x} \in D$ die Funktion $f$ partiell nach der Veränderlichen $x_j$ differenzierbar in $\underline{x}$ ist, so heißt $f$ **partiell nach der Veränderlichen $x_j$ differenzierbar** und $\boxed{\frac{\partial f}{\partial x_j} = f_{x_j} = D_j f}$ die **partielle Ableitung von $f$ nach der Veränderlichen $x_j$**.

■

**Bemerkung 6.2.4:**

Innerhalb dieser Definition hätten wir –streng genommen– auf die explizite Nennung der Bedingung $(x_{oj} - \delta, x_{oj} + \delta) \subseteq D$ an $x_{oj}$, innerer Punkt von $D^{\underline{x}_0^j}$ zu sein, verzichten dürfen. Diese resultiert nämlich nun gemäß Definition 6.1.1 schon aufgrund der in Definition 6.2.3 angeführten Differenzierbarkeit nach einer reellen Veränderlichen.
Im Falle, daß die Funktion $f$ nach der Veränderlichen $x_j$ differenzierbar ist, so ist nicht unbedingt $D$, wohl aber $D^{\underline{x}_0^j}$, eine **offene Menge**, d.h. eine Vereinigung von (jeweils geeigneten) Kugeln um ihre Elemente.

Bevor wir uns einigen Rechenbeispielen zuwenden, wollen wir zunächst eine geometrische Veranschaulichung angeben. Wir betrachten den Fall $n = 2$ und denken uns $f(x_1, x_2)$ als Fläche im Raum.

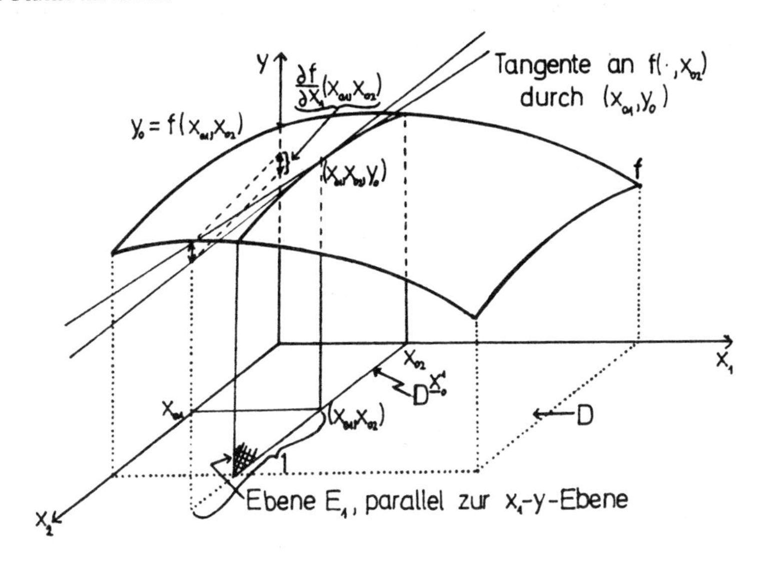


[Fig. 6.5]

$\left.\frac{\partial f}{\partial x_1}\right|_{\underline{x}=\underline{x}_0}$ gibt die Steigung der Tangente an die Schnittkurve der Fläche mit der Ebene $E_1 = \{(x_1, x_2, y) \mid x_2 = x_{02}\}$ an.

**Bemerkung 6.2.5:**

Aus Definition 6.2.3 ist zu ersehen, daß sich alle Rechenregeln über die Ableitung von Summen, Produkten und Quotienten von differenzierbaren Funktionen in einer Veränderlichen , wie sie in Satz 6.1.7 angegeben wurden, auf den Fall der partiellen Differentiation einer Funktion $f$ in mehreren Veränderlichen übertragen lassen.

■

Die Frage nach einer Kettenregel ist natürlich nur dann sinnvoll, wenn man die Funktion ineinander einsetzen kann. Darauf soll jedoch später noch eingegangen werden.

Wenn wir zur Vereinfachung etwa anstelle von $(x_1, x_2)$ auch $(x, y)$ schreiben, so können wir sicherlich eine Verwechslung dieses $y$ mit $y$ im Sinne von Fig 6.5 ausschließen.

**Beispiele :**

1) $f : I\!R^2 \to I\!R$, definiert durch $f(x,y) := x^2y + 2x + y^2$:

$$f_x(x,y) = \frac{\partial f}{\partial x}(x,y) = 2xy + 2$$
$$f_y(x,y) = \frac{\partial f}{\partial y}(x,y) = x^2 + 2y \ .$$

$f_x, f_y$ sind wieder partiell nach $x, y$ differenzierbar und es gilt

$f_{xx}(x,y) := (f_x)_x(x,y) = 2y$ , $f_{xy}(x,y) := (f_x)_y(x,y) = 2x$ ,

$f_{yx}(x,y) := (f_y)_x(x,y) = 2x$ , $f_{yy}(x,y) := (f_y)_y(x,y) = 2$ .

Bemerke: $f_{xy} = f_{yx}$ !

2) $f : I\!R^2 \backslash \{0\} \to I\!R$ , $f(x,y) := \dfrac{xy}{x^2 + y^2}$ :

$$f_x(x,y) = \frac{y(x^2+y^2) - 2x(xy)}{(x^2+y^2)^2} = \frac{y^3 - x^2y}{(x^2+y^2)^2} = \frac{y(y^2-x^2)}{(x^2+y^2)^2} \ ,$$
$$f_y(x,y) = \frac{x(x^2+y^2) - 2y(xy)}{(x^2+y^2)^2} = \frac{x^3 - xy^2}{(x^2+y^2)^2} = \frac{x(x^2-y^2)}{(x^2+y^2)^2}$$

(wie schon aus Symmetriegründen herauskommen mußte),

$$f_{xy}(x,y) = \frac{-x^4 + 6x^2y^2 - y^4}{(x^2+y^2)^3} = f_{yx}(x,y).$$

Bemerke: Es gilt wieder $f_{xy} = f_{yx}$. Daß diese Eigenschaft (zumindest bei genügend "glatten" Funktionen) allgemein gilt, wollen wir im nächsten Satz darlegen.

Zunächst benötigen wir die folgende rekursive Definition:

**Definition 6.2.6 :**

Es seien $D \subseteq I\!R^n$ und $f : D \to I\!R$ vorgegeben.

i) Die Funktion $f$ heißt (stetig) partiell differenzierbar, wenn $f$ nach allen

Veränderlichen $x_1, \ldots, x_n$ partiell differenzierbar ist (und die partiellen Ableitungen $f_{x_1}, \ldots, f_{x_n}$ stetig sind).

ii) Für jedes $k \in I\!N$ mit $k \geq 2$ heißt die Funktion $f$ k-fach (stetig) partiell differenzierbar, wenn für jede Auswahl $m_1, \ldots, m_{k-1} \in \{1, \ldots, n\}$

$$f_{x_{m_1} x_{m_2} \cdots x_{m_{k-1}}} : D \to I\!R$$

als eine wohldefinierte Funktion selbst (stetig) partiell differenzierbar ist mit partiellen Ableitungen, welche wir gemäß

$$\begin{aligned}(f_{x_{m_1} x_{m_2} \cdots x_{m_{k-1}}})_{x_{m_k}} &=: \boxed{f_{x_{m_1} x_{m_2} \cdots x_{m_{k-1}} x_{m_k}}} \\ &=: \boxed{\frac{\partial^k f}{\partial x_{m_k} \partial x_{m_{k-1}} \cdots \partial x_{m_2} \partial x_{m_1}}}\end{aligned}$$

$(m_k \in \{1, \ldots, n\})$ bezeichnen.

■

Wir geben nun den Satz von Schwarz (benannt nach dem Mathematiker Hermann Amandus Schwarz, siehe auch Satz 2.1.10) an der besagt, daß bei stetiger partieller Differenzierbarkeit die Reihenfolge des partiellen Ableitens beliebig gewählt werden darf.

**Satz 6.2.7:**

Seien $D \subseteq I\!R^n$, $k \in I\!N$ und sei $f : D \to I\!R$ k-fach stetig partiell differenzierbar. Für jedes $\underline{x} \in D$ gebe es ein $\delta > 0$ mit $\left\{ \underline{y} \in I\!R^n \mid \|\underline{y} - \underline{x}\| < \delta \right\} \subseteq D$. Dann gilt für jede Auswahl $\mu_1, \ldots, \mu_k \in \{1, \ldots, n\}$ und jede Permutation $(\sigma(1), \ldots, \sigma(k))$ von $\{1, \ldots, k\}$

$$f_{x_{\mu_{\sigma(1)}} \cdots x_{\mu_{\sigma(k)}}} = f_{x_{\mu_1} \cdots x_{\mu_k}}.$$

Beweisskizze:

Wir merken zunächst an, daß man jede Permutation durch sukzessive Nachbarvertauschung erzielt, sodaß es genügt, den Satz für den Spezialfall $k = 2$ zu beweisen. Natürlich darf man nun die Zahl $n$ der unabhängigen Veränderlichen auf 2 beschränken; wir behaupten deshalb

$$(*) \qquad f_{xy} = f_{yx} \quad .$$

Sei $(x_0, y_0) \in D$. Dann ist für $h, k \in \mathbb{R}$ von hinreichend kleinem Betrag $|h|$ bzw. $|k|$ auch $(x_0 + h, y_0)$ bzw. $(x_0, y_0 + k)$ in $D$ gelegen. Dasselbe gilt mit $(x + h, y), (x, y + k)$ für $(x, y)$ genügend nahe bei $(x_0, y_0)$. Wir wenden jetzt den Mittelwertsatz 6.1.12 auf die Funktionen $\varphi(y) := f(x_0 + h, y) - f(x_0, y)$ bzw. $\psi(x) := f(x, y_0 + k) - f(x, y_0)$ solcher $y$ bzw. $x$ an:

$$f(x_0 + h, y_0 + k) - f(x_0, y_0 + k) - f(x_0 + h, y_0) + f(x_0, y_0) =$$
$$= k(f_y(x_0 + h, y_0 + \vartheta_1 k) - f_y(x_0, y_0 + \vartheta_1 k)) \qquad \text{bzw.}$$
$$f(x_0 + h, y_0 + k) - f(x_0 + h, y_0) - f(x_0, y_0 + k) + f(x_0, y_0) =$$
$$= h(f_x(x_0 + \vartheta_2 h, y_0 + k) - f_x(x_0 + \vartheta_2 h, y_0)) \ , \ 0 < \vartheta_1 = \vartheta_1(h, k), \vartheta_2 = \vartheta_2(h, k) < 1 .$$

Die rechten Seiten werden nun nochmals gemäß dem Mittelwertsatz behandelt. Nach Division durch $hk$ ergibt sich dann:

$$\frac{1}{hk}(f(x_0 + h, y_0 + k) - f(x_0 + h, y_0) - f(x_0, y_0 + k) + f(x_0, y_0)) =$$
$$= f_{yx}(x_0 + \vartheta_3 h, y_0 + \vartheta_1 k) = f_{xy}(x_0 + \vartheta_2 h, y_0 + \vartheta_4 k) \ , 0 < \vartheta_3 = \vartheta_3(h, k), \vartheta_4 = \vartheta_4(h, k) < 1 .$$

Der Grenzübergang $(h, k) \to (0, 0)$ zeigt jetzt mit der Stetigkeit von $f_{xy}$ und $f_{yx}$ rasch die Gültigkeit von (*) in $(x_0, y_0)$.

■

**Bemerkung 6.2.8:**

Die partiellen Ableitungen einer vektorwertigen Funktion $\underline{f} = (f_1, \dots, f_m)^T$ werden -sofern $\frac{\partial}{\partial x_j} f_i$ $(i = 1, \dots, m; \ j = 1, \dots, n)$ existieren- komponentenweise erklärt. D.h. es sei für $\underline{f}: D \to I\!R^m$ mit $D \subseteq I\!R^n$:

$$\boxed{\frac{\partial}{\partial x_j}\underline{f}(\underline{x})} = \frac{\partial}{\partial x_j}\begin{pmatrix} f_1(\underline{x}) \\ f_2(\underline{x}) \\ \vdots \\ f_m(\underline{x}) \end{pmatrix} := \begin{pmatrix} \frac{\partial}{\partial x_j} f_1(\underline{x}) \\ \frac{\partial}{\partial x_j} f_2(\underline{x}) \\ \vdots \\ \frac{\partial}{\partial x_j} f_m(\underline{x}) \end{pmatrix} \qquad (j \in \{1, \ldots, n\}).$$

Im dritten Schritt wenden wir uns wieder der allgemeinen oder "totalen" Differenzierbarkeit zu.

**Definition 6.2.9:**

Es seien $D \subseteq I\!R^n$, $\underline{x}_0 \in D$ und $f: D \to I\!R$ vorgegeben. Dann heißt die Funktion $f$ $\boxed{\text{(total) differenzierbar in } \underline{x}_0}$, falls es ein $\delta > 0$
mit $\boxed{B(\underline{x}_0, \delta)} := \{\underline{x} \in I\!R^n \mid \|\underline{x} - \underline{x}_0\| < \delta\} \subseteq D$ gibt und ein Vektor $\underline{a} \in I\!R^n$ sowie eine Funktion $\mathcal{E}: D \to I\!R$ derart existieren, daß die Darstellung

$$f(\underline{x}) = f(\underline{x}_0) + \underline{a}^T(\underline{x} - \underline{x}_0) + \mathcal{E}(\underline{x})$$

mit $\frac{1}{\|\underline{x} - \underline{x}_0\|}\mathcal{E}(\underline{x}) \to 0$ für $\underline{x} \to \underline{x}_0$ gilt. Wir nennen dann $\underline{a}$ den $\boxed{\text{Gradienten von } f \text{ in } \underline{x}_0}$
und schreiben

$$\boxed{\underline{a} =: (\text{grad} f)(\underline{x}_0) = (\nabla f)(\underline{x}_0) = \nabla f\big|_{\underline{x}=\underline{x}_0} = f_{\underline{x}}^T(x_0) = (f'(\underline{x}_0))^T}$$

($\nabla f$ wird nabla f ausgesprochen). Den Vektor $\underline{a}^T$ deuten wir auch mit $\boxed{Df\big|_{\underline{x}=\underline{x}_0}}$ an, d.h. $\nabla f\big|_{\underline{x}=\underline{x}_0} = (Df(\underline{x}_0))^T =: \boxed{D^T f(\underline{x}_0)}$. Wenn $f$ für alle $\underline{x} \in D$ differenzierbar in $\underline{x}$ ist, so nennen wir $f$ $\boxed{\text{(total)differenzierbar}}$ und $\boxed{\text{grad} f = \nabla f = f_{\underline{x}}^T = (f')^T}$ bzw. $\boxed{D^T f}$ den $\boxed{\text{Gradienten von } f}$ oder das $\boxed{\text{Gradientenfeld von } f}$.

■

Beachte, daß der Gradient –obwohl von einer skalaren Funktion gebildet– doch seinerseits ein Vektor ist.

**Bemerkung 6.2.10:**

Setzt man in Definition 6.2.9 gemäß $\underline{x} = (x_{01}, \dots, x_{0j-1}, x_j, x_{0j+1}, \dots, x_{0n})^T$ an, dann erhält man

$$f(\underline{x}) - f(\underline{x}_0) = a_j(x_j - x_{0j}) + \mathcal{E}(\underline{x}) \quad ,$$

womit $a_j = f_{x_j}(\underline{x}_0)$ folgt $(j = 1, \dots, n)$. Deshalb dürfen wir speziell

$$(\text{grad} f)(\underline{x}_0) = \begin{pmatrix} f_{x_1}(\underline{x}_0) \\ f_{x_2}(\underline{x}_0) \\ \vdots \\ f_{x_n}(\underline{x}_0) \end{pmatrix}$$

und allgemein sogar

$$\text{grad} = \nabla = \begin{pmatrix} \dfrac{\partial}{\partial x_1} \\ \vdots \\ \dfrac{\partial}{\partial x_n} \end{pmatrix} = \sum_{j=1}^{n} \underline{e}_j \frac{\partial}{\partial x_j}$$

schreiben.

**Beispiel:**

$f(x, y) = x^2 y + 2x + y^2$ $((x, y) \in \mathbb{R}^2)$ liefert

$$(\text{grad} f)(x, y) = (\nabla f)(x, y) = \begin{pmatrix} 2xy + 2 \\ x^2 + 2y \end{pmatrix}.$$

**Beispiel 6.2.11:**

Es sei $f(x, y)$ differenzierbar in $(x_0, y_0)$. Dann existiert die **Tangentialebene** $E_T$ im $\mathbb{R}^3$ an die "Fläche" $z = f(x, y)$.

Tangentialebene: 1. Richtungsvektor $\underline{a} = \begin{pmatrix} 1 \\ 0 \\ f_x^0 \end{pmatrix}$ und

2. Richtungsvektor $\underline{b} = \begin{pmatrix} 0 \\ 1 \\ f_y^0 \end{pmatrix}$ ,

wobei wir zur Abkürzung $f_x^0 := f_x(x_0, y_0)$, $f_y^0 := f_y(x_0, y_0)$ notieren.

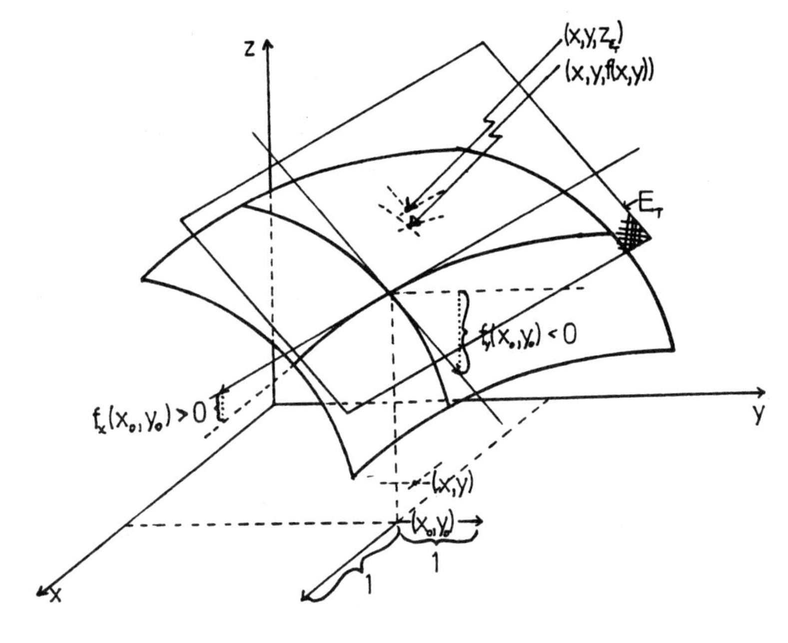


[Fig.6.6]

Damit ergibt sich für $E_T$ in Punkt-Richtungsform

$$\begin{pmatrix} x \\ y \\ z \end{pmatrix} = \begin{pmatrix} x_0 \\ y_0 \\ f(x_0, y_0) \end{pmatrix} + t \begin{pmatrix} 1 \\ 0 \\ f_x^0 \end{pmatrix} + s \begin{pmatrix} 0 \\ 1 \\ f_y^0 \end{pmatrix} ,$$

also $t = x - x_0$ , $s = y - y_0$ , und damit

$$z - f(x_0, y_0) = (x - x_0) f_x^0 + (y - y_0) f_y^0 .$$

Demnach lautet die Hessesche Normalform $E_T \ : (\overrightarrow{O(x,y,z)}, \underline{\eta}) = d$ :

$$z - f_x^0 x - f_y^0 y = f(x_0, y_0) - x_0 f_x^0 - y_0 f_y^0 =: d .$$

Der Normalenvektor ist dabei gerade $\underline{\eta} := \begin{pmatrix} -f_x^0 \\ -f_y^0 \\ 1 \end{pmatrix} = (\text{grad}F)(x_0, y_0, z_0)$ mit $F(x,y,z) := z - f(x,y)$ .

Vergleicht man $f(x,y)$ in der Nähe von $(x_0, y_0)$ mit $E_T$, so ergibt sich für $z_{E_T}$ mit $(x, y, z_{E_T})^T \in E_T$ die Approximation

$$\begin{aligned} z_{E_T} - f(x,y) &= f(x_0, y_0) + (x - x_0) f_x^0 + (y - y_0) f_y^0 - f(x,y) \\ &= -\mathcal{E}(x,y) \to 0 \text{ für } (x,y) \to (x_0, y_0) \, . \end{aligned}$$

■

Im <u>vierten</u> und letzten <u>Schritt</u> erklären wir noch die Differenzierbarkeit vektorwertiger Funktionen von $n$ Veränderlichen .

**<u>Definition 6.2.12:</u>**

Es seien $D \subseteq I\!R^n$ , $\underline{x}_0 \in D$ und $\underline{f} : D \to I\!R^m$ vorgegeben.
Dann heißt die Funktion $f$ $\boxed{\text{differenzierbar in } \underline{x}_0}$, falls es ein $\delta > 0$ mit $B(\underline{x}_0, \delta) \subseteq D$ gibt und eine (m,n)-Matrix $A$ sowie eine Funktion $\underline{\mathcal{E}} : D \to I\!R^m$ derart existieren, daß die Darstellung

$$\underline{f}(\underline{x}) = \underline{f}(\underline{x}_0) + A(\underline{x} - \underline{x}_0) + \underline{\mathcal{E}}(\underline{x})$$

mit $\dfrac{1}{\|\underline{x} - \underline{x}_0\|} \underline{\mathcal{E}}(\underline{x}) \to \underline{0}$ für $\underline{x} \to \underline{x}_0$ gilt.
Die Matrix $A$ heißt dann $\boxed{\text{Ableitung (Differential) von } \underline{f} \text{ in } \underline{x}_0}$. Man schreibt

$$\boxed{A =: D\underline{f}(\underline{x}_0) = D\underline{f}\Big|_{\underline{x}=\underline{x}_0} = \underline{f}_{\underline{x}}(\underline{x}_0) = \underline{f}'(\underline{x}_0)} .$$

Wenn $\underline{f}$ für alle $\underline{x} \in D$ differenzierbar in $\underline{x}$ ist, so heißt $\underline{f}$ $\boxed{\text{differenzierbar}}$ und $\boxed{D\underline{f} = \underline{f}_{\underline{x}} = \underline{f}'}$ die $\boxed{\text{Ableitung von } \underline{f}}$ (das $\boxed{\text{Differential von } \underline{f}}$).

■

**<u>Bemerkung und Definition 6.2.13:</u>**

i) In Definition 6.2.12 sind alle früheren Differenzierbarkeitsdefinitionen enthalten (durch geeignete Wahl von $n, m$):

($\alpha$) $n = 1, m = 1$ liefert Definition 6.1.1

($\beta$) $n = 1, m > 1$ liefert Definition 6.2.1

($\gamma$) $n > 1, m = 1$ liefert Definition 6.2.9 .

Die Matrix $A = D\underline{f}$ kann wiederum durch partielle Ableitungen dargestellt werden. Um diesen Sachverhalt zu erkennen, beziehen wir uns auf $\underline{f} = (f_1, \ldots, f_m)^T$. Diese Funktion sei differenzierbar in $\underline{x}_0$, sodaß wir uns auf die Einzeldarstellungen

$$f_i(\underline{x}) = f_i(\underline{x}_0) + \sum_{j=1}^{n} a_{ij}(x_j - x_{0j}) + \mathcal{E}_i(\underline{x}) \qquad (i \in \{1, \ldots, m\})$$

beziehen dürfen. Man wählt nun für jedes $j \in \{1, \ldots, n\}$ irgendeine Folge $(\underline{x}_j^{(k)})_{k \in \mathbb{N}}$ mit

$$\underline{x}_j^{(k)} := (x_{01}, \ldots, x_{0j-1}, x_j^{(k)}, x_{0j+1}, \ldots, x_{0n})^T ,$$

$x_j^{(k)} \neq x_{0j}$ $(k \in \mathbb{N})$ und $x_j^{(k)} \to x_{0j}$ $(k \to \infty)$ .

So ergibt sich zunächst je $k \in \mathbb{N}$

$$f_i(\underline{x}_j^{(k)}) - f_i(\underline{x}_0) = a_{ij}(x_j^{(k)} - x_{0j}) + \mathcal{E}_i(\underline{x}_j^{(k)}) \qquad (i \in \{1, \ldots, m\}),$$

woraus wegen $\dfrac{\mathcal{E}_i(\underline{x}_j^{(k)})}{x_j^{(k)} - x_{0j}} \to 0$ $(k \to \infty)$ und

$$f_i(\underline{x}_j^{(k)}) - f_i(\underline{x}_0) = f_i(x_{01}, \ldots, x_j^{(k)}, \ldots, x_{0n}) - f_i(x_{01}, \ldots, x_{0j}, \ldots, x_{0n}) \quad (k \in \mathbb{N})$$

dann sofort folgt:

$$a_{ij} = \lim_{k \to \infty} \frac{f_i(\underline{x}_j^{(k)}) - f_i(\underline{x}_0)}{x_j^{(k)} - x_{0j}} = (f^{\underline{x}_0^j})'(x_{0j}) = \frac{\partial f_i}{\partial x_j}(\underline{x}_0) \qquad (i \in \{1, \ldots, m\}).$$

Also gilt $a_{ij} = (f_i)_{x_j}(\underline{x}_0) =: f_{i\,x_j}(\underline{x}_0)$.

ii) Ist also $D \subseteq \mathbb{R}^n$, $\underline{x}_0 \in D$ und $\underline{f} : D \to \mathbb{R}^m$ differenzierbar in $\underline{x}_0$, so gilt die Darstellung

$$D\underline{f}(\underline{x}_0) = \begin{pmatrix} \dfrac{\partial f_1}{\partial x_1}(\underline{x}_0) & \dfrac{\partial f_1}{\partial x_2}(\underline{x}_0) & \cdots & \dfrac{\partial f_1}{\partial x_n}(\underline{x}_0) \\ \vdots & \vdots & & \vdots \\ \dfrac{\partial f_m}{\partial x_1}(\underline{x}_0) & \dfrac{\partial f_m}{\partial x_2}(\underline{x}_0) & \cdots & \dfrac{\partial f_m}{\partial x_n}(\underline{x}_0) \end{pmatrix}$$

und heißt diese (m,n)-Matrix **Funktionalmatrix von $\underline{f}$ in $\underline{x}_0$**.

iii) Falls $f : D \to \mathbb{R}$ <u>und</u> $D^T f : D \to \mathbb{R}^n$ (Gradientenfeld von $f$) differenzierbar sind, so schreiben wir für die Funktionalmatrix $D(D^T f)$ von $D^T f$ auch $\boxed{D^2 f}$, d.h.

$$D^2 f(\underline{x}_0) := \left.\begin{pmatrix} \frac{\partial^2 f}{\partial x_1 \partial x_1} & \frac{\partial^2 f}{\partial x_2 \partial x_1} & \cdots & \frac{\partial^2 f}{\partial x_n \partial x_1} \\ \vdots & \vdots & & \vdots \\ \frac{\partial^2 f}{\partial x_1 \partial x_n} & \frac{\partial^2 f}{\partial x_2 \partial x_n} & \cdots & \frac{\partial^2 f}{\partial x_n \partial x_n} \end{pmatrix}\right|_{\underline{x}=\underline{x}_0} \qquad (\underline{x}_0 \in D).$$

Wenn $f$ 2-fach stetig partiell differenzierbar ist, dann ist nach dem Satz von Schwarz die **Hessesche Matrix** $D^2 f(\underline{x}_0)$ symmetrisch.

■

**<u>Bemerkung 6.2.14:</u>**

Wenn $\underline{f}$ in $x_0$ differenzierbar ist, so ist $\underline{f}$ stetig in $x_0$.

<u>Beweis:</u>

$$\underline{f}(\underline{x}) - \underline{f}(\underline{x}_0) = D\underline{f}(\underline{x}_0)\underbrace{(\underline{x} - \underline{x}_0)}_{\to \underline{0}} + \underbrace{\underline{\mathcal{E}}(\underline{x})}_{\to \underline{0}} \to \underline{0} \text{ für } \underline{x} \to \underline{x}_0 \,.$$

■

Im Falle stetig differenzierbarer Funktionen wird $D\underline{f}$ später jeweils wesentlich dazu benutzt, um lokal Umkehrfunktionen bzw. implizit gegebene Funktionen zu bestimmen, d.h. letztlich um nichtlineare Gleichungen (und Gleichungssysteme) aufzulösen.

**<u>Beispiel 6.2.15:</u>**

Es sei $\underline{f}(\underline{x}) := A\underline{x} + \underline{b}$ mit der konstanten (m,n)-Matrix $A$ und mit $\underline{b} \in \mathbb{R}^m$. Dann ist $Df(\underline{x}_0) = A$, denn: für alle $i \in \{1, \ldots, m\}$ gilt

$$f_i(\underline{x}) = \sum_{j=1}^{n} a_{ij} x_j + b_i$$

und damit folgt bei $\tilde{x}_j(\underline{x}) := x_j$ $(j = 1, \ldots, n)$

$$\frac{\partial f_i}{\partial x_k}(\underline{x}) = \sum_{j=1}^{n} a_{ij} \frac{\partial \tilde{x}_j}{\partial x_k}(\underline{x}) = a_{ik} \text{ , da } \frac{\partial \tilde{x}_j}{\partial x_k} = \left\{ \begin{matrix} 0 & \text{, für } j \neq k \\ 1 & \text{, für } j = k \end{matrix} \right\} = \delta_{jk} \ .$$

**Beispiel 6.2.16:**

Es seien $\underline{a}, \underline{x}_0 \in I\!R^3$ und $\underline{f} : I\!R^3 \to I\!R^3$ gegeben durch

$$\underline{f}(\underline{x}) = \underline{a} \times \underline{x} = \begin{pmatrix} a_1 \\ a_2 \\ a_3 \end{pmatrix} \times \begin{pmatrix} x_1 \\ x_2 \\ x_3 \end{pmatrix} = \begin{pmatrix} a_2x_3 - a_3x_2 \\ a_3x_1 - a_1x_3 \\ a_1x_2 - a_2x_1 \end{pmatrix} \quad (\underline{x} \in I\!R^3).$$

Wir bestimmen $D\underline{f}$:

$$D\underline{f}(\underline{x}_0) = \begin{pmatrix} 0 & -a_3 & a_2 \\ a_3 & 0 & -a_1 \\ -a_2 & a_1 & 0 \end{pmatrix} \quad .$$

Es folgt

$$D\underline{f}(\underline{x}_0)\underline{x} = \begin{pmatrix} 0 & -a_3 & a_2 \\ a_3 & 0 & -a_1 \\ -a_2 & a_1 & 0 \end{pmatrix} \begin{pmatrix} x_1 \\ x_2 \\ x_3 \end{pmatrix} = \ldots = \underline{a} \times \underline{x} \quad ,$$

womit die konstante Ableitung $D\underline{f}$ eine Matrixdarstellung von $\underline{a} \times \bullet : \underline{x} \mapsto \underline{a} \times \underline{x}$ $(\underline{x} \in I\!R^3)$ ist.

Wir kommen zu Rechenregeln für das Differenzieren in seinem allgemeinsten vorgestellten Rahmen und beginnen dazu mit einfachen Regeln.

**Satz 6.2.17:**

Seien $D \subseteq I\!R^n$ , $\underline{x}_0 \in D$ , $c \in I\!R$ vorgegeben und seien $\underline{f}, \underline{g} : D \to I\!R^m$ differenzierbar in $\underline{x}_0$. Dann sind auch

$$\underline{f} + \underline{g} \quad \text{und} \quad c \cdot \underline{f} \text{ für } c \in I\!R$$

differenzierbar in $\underline{x}_0$ und es gilt

$$D(\underline{f} + \underline{g})(\underline{x}_0) = D\underline{f}(\underline{x}_0) + D\underline{g}(\underline{x}_0) \quad \text{(Summenregel)},$$
$$D(c \cdot \underline{f})(\underline{x}_0) = c \cdot D\underline{f}(\underline{x}_0) \quad .$$

Beweis:

Eine Rückführung vermöge Bemerkung und Definition 6.2.13 auf Satz 6.1.7 führt sofort zu den Behauptungen.

■

**Bemerkung 6.2.18:**

Eine Produktregel erfordert schon etwas mehr Aufwand. Für $m = 1$ ist es jedoch leicht,

$$\nabla(f \cdot g) = \begin{pmatrix} (f \cdot g)_{x_1} \\ \vdots \\ (f \cdot g)_{x_n} \end{pmatrix} = g \cdot \nabla f + f \cdot \nabla g$$

zu realisieren.

**Beispiel 6.2.19:**

Dem Fall $m = n$ gelte mit $A$ als einer symmetrischen (n,n)-Matrix die Betrachtung von $\underline{f}(\underline{x}) = \underline{x}$ und $\underline{g}(\underline{x}) = A\underline{x}$ ($\underline{x} \in \mathbb{R}^n$).

Es ist $(\underline{f}^T \underline{g})(\underline{x}) := (\underline{f}(\underline{x}))^T \underline{g}(\underline{x}) = \sum_{i,j=1}^{n} a_{ij} x_i x_j$

$$= \sum_{i=1}^{n} a_{ii} x_i^2 + 2 \sum_{\substack{i,j=1 \\ i<j}}^{n} a_{ij} x_i x_j \quad .$$

Somit berechnen wir für alle $i \in \{1, \ldots, n\}$, dabei zuerst mit der Summenregel:

$$(\underline{f}^T \underline{g})_{x_i}(\underline{x}) = 2a_{ii}x_i + 2 \sum_{\substack{j=1 \\ j \neq i}}^{n} a_{ij} x_j = 2 \sum_{j=1}^{n} a_{ij} x_j \quad .$$

Zusammenfassend folgt

$D(\underline{f}^T \underline{g})(\underline{x}) = 2(A\underline{x})^T$, d.h. $D^T(\underline{f}^T \underline{g})(\underline{x}) = 2A\underline{x}$

und deshalb gemäß Beispiel 6.2.15 sofort

$D^2(\underline{f}^T \underline{g})(\underline{x}) = DD^T(\underline{f}^T \underline{g})(\underline{x}) = 2A$ .

Wir haben also natürliche Verallgemeinerungen von $(ax^2)' = 2ax$ und $(ax^2)'' = 2a$ bewiesen.

■

Wir wollen noch die Kettenregel angeben.

**Satz 6.2.20:**

Es seien $C \subseteq \mathbb{R}^m$, $D \subseteq \mathbb{R}^n$, $\underline{x}_0 \in C$, $\underline{y}_0 \in D$ sowie $\underline{f} : C \to \mathbb{R}^n$, $\underline{g} : D \to \mathbb{R}^p$; es gelte ferner $\underline{f}(C) \subseteq D$, $\underline{y}_0 = \underline{f}(\underline{x}_0)$.
Wenn $\underline{f}$ differenzierbar in $\underline{x}_0$ und $\underline{g}$ differenzierbar in $\underline{y}_0$ ist, dann ist $\underline{g} \circ \underline{f} : D \to \mathbb{R}^p$ differenzierbar in $\underline{x}_0$ und gilt

$$(\underline{g} \circ \underline{f})_{\underline{x}}(\underline{x}_0) = \underline{g}_{\underline{y}}(\underline{f}(\underline{x}_0))\underline{f}_{\underline{x}}(\underline{x}_0) \qquad \text{(\underline{Kettenregel})}.$$

■

**Bemerkung 6.2.21:**

Diese Kettenregel ist die natürliche Verallgemeinerung der uns bekannten Kettenregel 6.1.8 zu reellwertigen Funktionen einer Veränderlichen , wobei jetzt $\underline{g}_{\underline{y}}$ und $\underline{f}_{\underline{x}}$ durch Matrizenmultiplikation verknüpft werden. Dabei ist $\underline{g}_{\underline{y}}$ eine (p,n)-Matrix und $\underline{f}_{\underline{x}}$ eine (n,m)-Matrix , sodaß sich aufgrund der Existenz der Zusammensetzung $\underline{g} \circ \underline{f}$ (vgl. Definition 0.3.2) von $\underline{g}$ und $\underline{f}$ mittels der Kettenregel die Existenz von $(\underline{g} \circ \underline{f})_{\underline{x}}$ in $\underline{x}_0$ und die Verkettung $\underline{g}_{\underline{y}}(\underline{f}(\underline{x}_0))\underline{f}_{\underline{x}}(\underline{x}_0)$ von $\underline{g}_{\underline{y}}(\underline{f}(\underline{x}_0))$ mit $\underline{f}_{\underline{x}}(\underline{x}_0)$ ergeben. Hierbei stellt sich $(\underline{g} \circ \underline{f})_{\underline{x}}(\underline{x}_0)$ als eine (p,m)-Matrix heraus.

■

Beweis von Satz 6.2.20:

Mit $\underline{y} = \underline{f}(\underline{x}) \in D$ ($\underline{y} \in C$) und den beiden Darstellungen im Sinne von Definition 6.2.12

$$\underline{f}(\underline{x}) = \underline{f}(\underline{x}_0) + \underline{f}_{\underline{x}}(\underline{x}_0)(\underline{x} - \underline{x}_0) + \underline{\mathcal{E}}_1(\underline{x}) \quad ,$$

$$\underline{g}(\underline{y}) = \underline{g}(\underline{y}_0) + \underline{g}_{\underline{y}}(\underline{y}_0)(\underline{y} - \underline{y}_0) + \underline{\mathcal{E}}_2(\underline{y}) \quad ,$$

resultiert:

$$\underline{g}(\underline{f}(\underline{x})) = \underline{g}(\underline{f}(\underline{x}_0)) + \underline{g}_{\underline{y}}(\underline{y}_0)\big(\underline{f}_{\underline{x}}(\underline{x}_0)(\underline{x} - \underline{x}_0) + \underline{\mathcal{E}}_1(\underline{x})\big) + \underline{\mathcal{E}}_2(\underline{f}(\underline{x})) \quad ,$$

also

$$(*) \qquad \underline{g}(\underline{f}(\underline{x})) = \underline{g}(\underline{f}(\underline{x}_0)) + \underline{g}_{\underline{y}}(\underline{y}_0)\underline{f}_{\underline{x}}(\underline{x}_0)(\underline{x} - \underline{x}_0) + \left(\underline{g}_{\underline{y}}(\underline{y}_0)\underline{\mathcal{E}}_1(\underline{x}) + \underline{\mathcal{E}}_2(\underline{f}(\underline{x}))\right) \quad .$$

Da $\dfrac{\underline{\mathcal{E}}_1(\underline{x})}{\|\underline{x} - \underline{x}_0\|} \to \underline{0}$ für $\underline{x} \to \underline{x}_0$ gilt, bleibt noch $\dfrac{\underline{\mathcal{E}}_2(\underline{f}(\underline{x}))}{\|\underline{x} - \underline{x}_0\|} \to \underline{0}$ für $\underline{x} \to \underline{x}_0$ zu beweisen; deswegen betrachten wir $\dfrac{\underline{\mathcal{E}}_2(\underline{f}(\underline{x}))\|\underline{f}(\underline{x}) - \underline{f}(\underline{x}_0)\|}{\|\underline{x} - \underline{x}_0\|\|\underline{f}(\underline{x}) - \underline{f}(\underline{x}_0)\|}$. Da $\dfrac{\underline{\mathcal{E}}_2(\underline{f}(\underline{x}))}{\|\underline{f}(\underline{x}) - \underline{f}(\underline{x}_0)\|} \to \underline{0}\ (\underline{x} \to \underline{x}_0)$ gilt, ist noch die Beschränktheit von $\dfrac{\|\underline{f}(\underline{x}) - \underline{f}(\underline{x}_0)\|}{\|\underline{x} - \underline{x}_0\|}$ zu beweisen. Es gilt aber tatsächlich:

$$\begin{aligned} \frac{\|\underline{f}(\underline{x}) - \underline{f}(\underline{x}_0)\|}{\|\underline{x} - \underline{x}_0\|} &\leq \frac{\|\underline{f}_{\underline{x}}(\underline{x}_0)(\underline{x} - \underline{x}_0)\|}{\|\underline{x} - \underline{x}_0\|} + \frac{\|\underline{\mathcal{E}}_1(\underline{x})\|}{\|\underline{x} - \underline{x}_0\|} \\ &\leq max\left\{\|\underline{f}_{\underline{x}}(\underline{x}_0)\underline{z}\| \,\middle|\, \underline{z} \in \mathbb{R}^m,\ \|\underline{z}\| = 1\right\} + 1 \ , \end{aligned}$$

falls $\underline{x} \in D\backslash\{\underline{x}_0\}$ nahe genug bei $\underline{x}_0$ liegt. Ein Vergleich mit Definition 6.2.12 zeigt nun, daß wir aus (*) die Behauptung entnehmen können.

■

**Beispiel 6. 2. 22 :**

Ein für uns wichtiger Spezialfall ist:

$\underline{f} : C \to \mathbb{R}^n,\ C \subseteq \mathbb{R}$ ; $g : D \to \mathbb{R},\ D \subseteq \mathbb{R}^n$ ; also $m = 1,\ p = 1$. Sind $\underline{f}$ und $g$ differenzierbar, so ermitteln wir

$$\underline{f}_x = \begin{pmatrix} f_1' \\ \vdots \\ f_n' \end{pmatrix} = \dot{\underline{f}} \text{ und } g_{\underline{y}} = (g_{y_1}, \ldots, g_{y_n}) \quad ,$$

(n,1)-Matrix (1,n)-Matrix

also $(g \circ \underline{f})' = \sum_{i=1}^{n} g_{y_i} f_i'$ .

■

# VII. Potenzreihen und elementare Funktionen

In Kapitel IV, Beispiel 4.2.14 wurde ausführlich die geometrische Reihe $\sum_{k=0}^{\infty} x^k$ untersucht und gezeigt, daß sie genau für alle $|x| < 1$ konvergiert. Daher kann man z.B. für alle $x \in (-1,1) \subseteq \mathbb{R}$ eine Funktion $f : (-1,1) \to \mathbb{R}$ durch $f(x) := \sum_{k=0}^{\infty} x^k$ definieren.

$f(x)$ stellt dann auf $(-1,1)$ gerade die Abbildung $\quad x \mapsto \dfrac{1}{1-x} \quad$ dar.

Im Folgenden wollen wir näher Funktionen betrachten, die über konvergente Reihen definiert sind.

## VII. 1. Potenzreihen

**Definition 7.1.1:**

i) Eine unendliche Reihe der Form $\sum a_n \cdot (z - z_0)^n$ mit $z, z_0$ und $a_k \in \mathbb{C}$ für $n = 0, 1, 2, \ldots$ heißt $\boxed{\text{Potenzreihe in } z \text{ um } z_0}$.
$z_0$ heißt der $\boxed{\text{Entwicklungspunkt}}$ und die $a_n$ heißen die $\boxed{\text{Koeffizienten}}$ der Potenzreihe.

ii) Für $x, x_0$ und $a_n \in \mathbb{R}$ $(n \geq 0)$ heißt $\sum a_n \cdot (x - x_0)^n$ $\boxed{\text{reelle Potenzreihe in } x \text{ um } x_0}$.

Besonderes Interesse gilt natürlich den Punkten, für die eine Potenzreihe konvergiert :

**Definition 7.1.2:**

i) Sei $\sum a_k \cdot (z - z_0)^n$ eine Potenzreihe ; die Menge
$\boxed{K_{\mathbb{C}}} := \{z \in \mathbb{C} | \sum a_n (z - z_0)^n \text{ist konvergent}\}$ heißt die

Menge der Konvergenzpunkte der Reihe ; die reelle oder unendliche Zahl

$$\boxed{R} := \begin{cases} \sup\{|z - z_0| \mid z \in K_{\mathbb{C}}\} & \text{, falls } K_{\mathbb{C}} \text{ beschränkt ist} \\ \infty & \text{, sonst} \end{cases}$$

heißt der **Konvergenzradius** und

$\boxed{K} := \{z \in \mathbb{C} \mid \ |z - z_0| < R\}$ der **Konvergenzkreis** der Potenzreihe.

ii) Ist $\sum a_n(x - x_0)^n$ eine reelle Potenzreihe mit Konvergenzradius $R$, so nennt man $\boxed{I} := \{x \in \mathbb{R} \mid |x - x_0| < R\}$ ihr **Konvergenzintervall**.

Zunächst wirken die Begriffe Konvergenzkreis und Konvergenzintervall etwas übereilt definiert, da sie die Konvergenz der Potenzreihe für jedes Element aus $K$ bzw. $I$ suggerieren. Dies ist aber tatsächlich der Fall:

**Satz 7.1.3:**

i) Sei $\sum a_n(z - z_0)^n$ eine Potenzreihe mit Konvergenzradius $R > 0$.
Dann konvergiert sie im gesamten Konvergenzkreis $K$ absolut und stellt dort eine komplexe Funktion $p : K \to \mathbb{C}$ mit $p(z) = \sum_{n=0}^{\infty} a_n(z - z_0)^n$ dar.
Ferner divergiert sie für alle $z \in \mathbb{C}$ mit $|z - z_0| > R$ ; für $z \in \mathbb{C}$ mit $|z - z_0| = R$ ist keine allgemeine Aussage möglich.

ii) Analog konvergiert die reelle Potenzreihe $\sum a_n(x - x_0)^n$ für $R > 0$ im gesamten Konvergenzintervall $I$ absolut und stellt dort eine reelle Funktion $p: I \to \mathbb{R}$ mit $p(x) = \sum_{n=0}^{\infty} a_n(x - x_0)^n$ dar.
Sie divergiert für alle $x \in \mathbb{R}$ mit $|x - x_0| > R$ ; für $x \in \mathbb{R}$ mit $|x - x_0| = R$ ist keine allgemeine Aussage möglich.

Beweis :

zu i) Sei $z \in K$ , d.h. $|z - z_0| < R$, dann gibt es nach Definition von $R$ ein $z_1 \in K_{\mathbb{C}}$ mit $|z - z_0| < |z_1 - z_0| < R$. Insbesondere konvergiert also $\sum a_n(z_1 - z_0)^n$, d.h. $\lim_{n\to\infty} a_n(z_1 - z_0)^n = 0$ und damit ist die Folge $(a_n \cdot (z_1 - z_0)^n)_{n \in \mathbb{N}}$ beschränkt, etwa $|a_n \cdot (z_1 - z_0)^n| \leq M \quad \forall n \in \mathbb{N}$.

Wir setzen $q := \left|\frac{z - z_0}{z_1 - z_0}\right| \le 1$ und erhalten :

$|a_n(z - z_0)^n| = |a_n \cdot (z_1 - z_0)^n| \cdot \left|\frac{z - z_0}{z_1 - z_0}\right|^n \le M \cdot q^n$.

Mit dem Majorantenkriterium und der Konvergenz der geometrischen Reihe folgt die erste Behauptung von i). Die Existenz von $p$ ist dann klar.

Ist $|z - z_0| > R$, so muß $\sum a_n(z - z_0)^n$ aufgrund der Definition von $R$ divergieren. Für Werte $z \in \mathbb{C}$ mit $|z - z_0| = R$ siehe das folgende Beispiel.

zu ii) analog

■

Bemerkung :

Falls $R = \infty$ ist, so konvergiert die Potenzreihe auf ganz $\mathbb{C}$ bzw. $\mathbb{R}$; für $R = 0$ konvergiert sie nur in $z_0$.

**Beispiel 7.1.4:**

1) (vgl. 4. 2. 14) Die geometrische Reihe $\sum_{n=0}^{\infty} z^n$ (also $a_n = 1\ \forall n$ und $z_0 = 0$) hat den Konvergenzradius $R = 1$. Sie divergiert für alle $z$ mit $|z| \ge R$ (insbesondere also falls $|z| = R$ ).

2) $\sum_{n=1}^{\infty} \frac{z^n}{n \cdot 2^n}$ (also $a_n = \frac{1}{n \cdot 2^n}\ \forall n \ge 1$ und $z_0 = 0$) hat den Konvergenzradius $R = 2$ (Quotientenkriterium). Für $z = -2$ konvergiert die Reihe bedingt nach Leibniz, für $z = +2$ divergiert sie (harmonische Reihe ).

3) Die Reihe $\sum_{n=1}^{\infty} \frac{(z-1)^n \cdot 3^n}{n^2}$ (also $a_n = \frac{3^n}{n^2}\ \forall n$ und $z_0 = 1$) hat den Konvergenzradius $\frac{1}{3}$, denn nach Quotientenkriterium gilt

$$\lim_{n\to\infty} \left|\frac{(z-1)^{n+1} \cdot 3^{n+1} \cdot n^2}{(n+1)^2 \cdot 3^n (z-1)^n}\right| = \lim_{n\to\infty} \frac{n^2}{(n+1)^2} \cdot 3 \cdot |z-1| = 3 \cdot |z-1|.$$

Die Reihe konvergiert also (absolut) für alle $z \in \mathbb{C}$ mit $|z - 1| < \frac{1}{3}$ und divergiert für die $z \in \mathbb{C}$ mit $|z - 1| > \frac{1}{3}$, d.h. $R = \frac{1}{3}$.

Für alle $z \in \mathbb{C}$ mit $|z - 1| = \frac{1}{3}$ liegt wegen $\frac{3^n \cdot |z-1|^n}{n^2} \le \frac{1}{n^2}$ ebenfalls absolute Konvergenz vor.

Die drei Beispiele zeigen also, daß für solche $z$ mit $|z - z_0| = R$ alle Fälle möglich sind: Divergenz für alle diese $z$, sowohl Divergenz als auch Konvergenz, und Konvergenz für alle diese $z$.

Die Definition des Konvergenzradius liefert keine Möglichkeit der praktischen Berechnung. Naheliegend ist es natürlich, Quotienten–bzw. Wurzelkriterium heranzuziehen (wie auch schon in 7.1.4 getan). Allgemein gilt :

**Satz 7.1.5:**

Sei $\sum a_n(z - z_0)^n$ eine Potenzreihe mit Konvergenzradius $R$. Dann gilt :

i) $$R = \frac{1}{\lim_{n\to\infty} \sqrt[n]{|a_n|}}$$
(wobei $R = \infty$ , falls $\lim\limits_{n\to\infty} \sqrt[n]{|a_n|} = 0$ , und $R = 0$ , falls $\lim\limits_{n\to\infty} \sqrt[n]{|a_n|} = \infty$)

bzw.

ii) $$R = \lim_{n\to\infty} \left|\frac{a_n}{a_{n+1}}\right|$$

falls die Grenzwerte eigentlich oder uneigentlich existieren (d.h. falls man Quotienten- bzw. Wurzelkriterium anwenden kann).

Beweis:

Beide Aussagen folgen sofort durch Anwendung des entsprechenden Kriteriums, etwa bei ii) : das Quotientenkriterium für $a_n \cdot (z - z_0)^n$ liefert :

$$\lim_{n\to\infty} \left|\frac{a_{n+1} \cdot (z - z_0)^{n+1}}{a_n \cdot (z - z_0)^n}\right|.$$

Die Reihe konvergiert für alle $z$ mit $|z - z_0| < \dfrac{1}{\lim_{n\to\infty} \left|\frac{a_{n+1}}{a_n}\right|} = \lim\limits_{n\to\infty} \left|\dfrac{a_n}{a_{n+1}}\right|$

und divergiert für $|z - z_0| > \lim\limits_{n\to\infty} \left|\dfrac{a_n}{a_{n+1}}\right|$,

d.h. $R = \lim\limits_{n\to\infty} \left|\dfrac{a_n}{a_{n+1}}\right|$ (analog, falls $\lim\limits_{n\to\infty} \left|\dfrac{a_{n+1}}{a_n}\right| \in \{0, \infty\}$).

∎

Die Rechenregeln für konvergente Potenzreihen ergeben sich unmittelbar aus den entsprechenden Regeln für konvergente Zahlenreihen:

**Satz 7.1.6:**

Es seien $f(z) := \sum a_n(z-z_0)^n$ und $g(z) := \sum b_n(z-z_0)^n$ in $|z-z_0| < R_1$ bzw. $|z-z_0| < R_2$ konvergente Potenzreihen. Dann gilt :

i) $f(z) + g(z) = \sum (a_n + b_n) \cdot (z-z_0)^n$ für $|z-z_0| < \min\{R_1, R_2\}$

ii) $c \cdot f(z) = \sum c \cdot a_n \cdot (z-z_0)^n$ für $|z-z_0| < R_1$

iii) $f(z) = g(z)$ $\forall z$ mit $|z-z_0| < \min\{R_1, R_2\}$ $\iff$ $a_n = b_n$ $\forall n$

Eindeutigkeit der Potenzreihe.

Beweis:

zu i, ii) : 4.2.5.

zu iii) " $\Longleftarrow$ ": ist $a_n = b_n$ $\forall n$, so ist natürlich $f(z) = g(z)$.

" $\Longrightarrow$ " : Wir setzen hier ohne Beweis voraus, daß jede Potenzreihe auf ihrem Konvergenzkreis eine stetige Funktion darstellt; d.h. $f$ bzw. $g$ sind stetig (der Beweis folgt in einem späteren Kapitel im Zusammenhang mit "Funktionenfolgen").
Nun ist nach Vor. $f(z) = g(z)$ , also speziell $a_0 = f(z_0) = g(z_0) = b_0$.
Somit gilt auch $f(z) - a_0 = g(z) - b_0$ bzw. $(z-z_0) \cdot (a_1 + a_2(z-z_0) + a_3(z-z_0)^2 + \ldots) = (z-z_0)(b_1 + b_2(z-z_0) + b_3(z-z_0)^2 + \ldots)$. (*)
Wir definieren $f_1(z) := a_1 + a_2(z-z_0) + \ldots$ sowie $g_1(z) := b_1 + b_2(z-z_0) + \ldots$.
$f_1$ und $g_1$ sind als konvergente Potenzreihen wieder stetig auf $\{z \mid |z-z_0| < \min\{R_1, R_2\}\}$ und gemäß (*) gilt für $z \neq z_0$ : $f_1(z) = g_1(z)$.
Wegen der Stetigkeit von $f_1$ und $g_1$ gilt dann ebenfalls $f_1(z_0) = g_1(z_0)$, d.h. $a_1 = b_1$.
Durch Induktion erhält man auf diese Weise $a_n = b_n$ $\forall n \in \mathbb{N}$.

# VII. 2. Exponentialfunktionen und Logarithmus

In Beispiel 4.2.16 wurde gezeigt, daß die Reihe $\sum_{k=0}^{\infty} \frac{z^k}{k!}$ für alle $z \in \mathbb{C}$ konvergiert. Daher ist die folgende Definition sinnvoll.

**Definition 7.2.1:**

i) Die Funktion $\exp : \mathbb{C} \longrightarrow \mathbb{C}$ mit $\exp(z) := \sum_{k=0}^{\infty} \frac{z^k}{k!}$ heißt **(komplexe) Exponentialfunktion**.

ii) Die Funktion $\exp : \mathbb{R} \longrightarrow \mathbb{R}$ mit $\exp(x) := \sum_{k=0}^{\infty} \frac{x^k}{k!}$ heißt **reelle Exponentialfunktion**.

Beachte :für $x \in \mathbb{R}$ ist natürlich $\exp(x)$ eine reelle Zahl, d.h. ii) ist sinnvoll !

Die Exponentialfunktion ist eine der zentralen Funktionen der Analysis.
Wir wollen nun ihre wichtigsten Eigenschaften untersuchen.

**Satz 7.2.2:**

i) Für alle $z, w \in \mathbb{C}$ gilt $\exp(z + w) = \exp(z) \cdot \exp(w)$.

ii) $\exp(1) = e$ und $\exp(0) = 1$.

iii) $\forall z \in \mathbb{C}$ ist $\exp(z) \neq 0$ und $\frac{1}{exp(z)} = exp(-z)$.

Beweis :

zu i) Seien $z, w \in \mathbb{C}$. Dann sind die Reihen $\exp(z)$ und $\exp(w)$ absolut konvergent und es folgt nach dem Satz von Mertens 4.2.23 :
die Reihe $\sum_{k=0}^{\infty} c_k$ mit $c_k := \sum_{j=0}^{k} \frac{z^j}{j!} \cdot \frac{w^{k-j}}{(k-j)!}$ konvergiert gegen $\exp(z) \cdot \exp(w)$.

Nun ist

$$\begin{aligned} c_k &= \sum_{j=0}^{k} \frac{1}{k!} \cdot z^j \cdot w^{k-j} \cdot \binom{k}{j} \\ &= \frac{1}{k!} \sum_{j=0}^{k} \binom{k}{j} z^j \cdot w^{k-j} \\ &= \frac{1}{k!} \cdot (z+w)^k , \end{aligned}$$

d.h. $\sum\limits_{k=0}^{\infty} c_k$ ist gerade $\sum\limits_{k=0}^{\infty} \frac{1}{k!} \cdot (z+w)^k = \exp(z+w)$.

zu ii) $\exp(0) = 1$ gilt per Definition, $\exp(1) = e$ wurde in 4.2.16 gezeigt.

zu iii) Angenommen, $\exists$ ein $z_0 \in \mathbb{C}$ mit $\exp(z_0) = 0$. Dann folgt nach i) und ii) $1 = \exp(0) = \exp(z_0 - z_0) = \exp(z_0) \cdot \exp(-z_0) = 0$, also ein Widerspruch. Ferner ist für ein beliebiges $z \in \mathbb{C}$ $1 = \exp(z) \cdot \exp(-z)$, also $\exp(-z) = \dfrac{1}{\exp(z)}$.

∎

**Bemerkung 7.2.3:**

Wir hatten früherer Stelle für ein beliebiges $w \in \mathbb{C}$ und $n = 0, 1, 2, \ldots$ die Potenzen $w^n$ und $w^{-n}$ definiert (siehe 1.2.12). Aus Satz 7.2.2 folgt nun speziell für $e$ die Beziehung $\exp(n) = e \cdot \exp(n-1) = e^2 \cdot \exp(n-2) = \ldots = e^{n-1} \cdot \exp(1) = e^n$ sowie $\exp(-n) = e^{-n}$. Daher ist es sinnvoll, die Exponentialfunktion auch in der Form $\boxed{z \mapsto e^z}$ zu schreiben und sie als Erweiterung von Def. 1.2.12 für beliebige Exponenten aufzufassen (zunächst bzgl. der Basis e, siehe aber später Bem. 7.2.9). I.a. wird nun diese Schreibweise benutzt werden !

**Satz 7.2.4:**

Für die reelle Exponentialfunktion $e^x = \sum\limits_{k=0}^{\infty} \frac{1}{k!} \cdot x^k$ gilt :

i) $e^x > 0$ für alle $x \in \mathbb{R}$ .

ii) $e^x$ ist in $\mathbb{R}$ streng monoton wachsend.

iii) $\lim\limits_{x \to \infty} e^x = \infty, \lim\limits_{x \to -\infty} e^x = 0$ .

iv) $e^{x_1+x_2} = e^{x_1} \cdot e^{x_2}$ für alle $x_1, x_2 \in I\!R$

v) $e^x$ ist in $I\!R$ differenzierbar und es gilt $\frac{d}{dx} e^x = e^x$.

Beweis:

zu i) Ist $x \geq 0$, so ist jeder Summand $\frac{x^k}{k!} > 0$, also auch $e^x$ ; ist $x \leq 0$, so ist $e^{-x} \geq 0$ und mit $e^x = \frac{1}{e^{-x}}$ folgt die Behauptung.

zu ii) folgt aus den Teilen i) , v) und 6.1.13

zu iii) Für $x \geq 0$ ist $e^x = \sum\limits_{k=0}^{\infty} \frac{x^k}{k!} \geq \sum\limits_{k=0}^{1} \frac{x^k}{k!} = 1 + x$,

also $\lim\limits_{x \to \infty} e^x \geq \lim\limits_{x \to \infty} (1 + x) = \infty$ ; hieraus ergibt sich $\lim\limits_{x \to -\infty} e^x = \lim\limits_{x \to +\infty} \frac{1}{e^x} = 0$.

zu iv) siehe Satz 7.2.2

zu v) Sei $x_0 \in I\!R$ ; für $x \neq x_0$ setzen wir $x = x_0 + h$ $(h \neq 0)$ und erhalten :
$\triangle(x) = \frac{e^x - e^{-x}}{x - x_0} = e^{x_0} \cdot \frac{[e^h - 1]}{h}$.
Wir müssen also $\lim\limits_{k \to 0} \frac{e^h - 1}{h} = 1$ beweisen ! Nach den Rechenregeln für konvergente Reihen ist

$$0 \leq \left| \frac{e^h - 1}{h} - 1 \right| = \left| \frac{e^h - 1 - h}{h} \right| = \left| \frac{1}{h} \cdot \sum_{k=2}^{\infty} \frac{h^k}{k!} \right| = |h| \cdot \left| \sum_{k=2}^{\infty} \frac{h^{k-2}}{k!} \right|$$
$$\leq |h| \cdot \sum_{k=2}^{\infty} \frac{|h|^{k-2}}{k!} \leq |h| \cdot \sum_{k=2}^{\infty} \frac{|h|^{k-2}}{(k-2)!} = |h| \cdot e^{|h|}.$$

Mit $\lim\limits_{h \to 0} |h| \cdot e^{|h|} = 0$ folgt die Behauptung.

■

Wegen Punkt v) ist $x \mapsto e^x$ eine stetige Abbildung, die streng monoton steigt (Punkt ii)) und die Bildmenge ist $(0, \infty)$ (Punkt iii)). Daher existiert nach Satz 5.3.9 eine Umkehrfunktion zu $e^x$ :

**Definition 7.2.5:**

Die Umkehrfunktion von $x \mapsto e^x$, definiert auf $(0,\infty)$, heißt natürlicher Logarithmus und wird mit $ln$ bezeichnet. Für $ln\colon (0,\infty) \to I\!R$ gilt daher : $e^{ln\,x} = x$, falls $x \in (0,\infty)$ und $ln\,e^x = x$, falls $x \in I\!R$.

**Satz 7.2.6:**

i) Für $x, y > 0$ gilt $ln(x \cdot y) = ln\,x + ln\,y$.

ii) $ln\,1 = 0$ und $ln\frac{1}{x} = -ln\,x$ für alle $x > 0$.

iii) $ln$ ist auf $(0,\infty)$ stetig und streng monoton wachsend.

iv) $\lim\limits_{x\to 0+} ln\,x = -\infty$, $\lim\limits_{x\to\infty} ln\,x = \infty$.

v) $ln$ ist in $(0,\infty)$ differenzierbar und es gilt $(ln\,x)' = \frac{1}{x}$.

vi) $1 - \frac{1}{x} \le ln\,x \le x - 1$ für alle $x > 0$.

Beweis:

zu i) Es ist $e^{ln\,x + ln\,y} = e^{ln\,x} \cdot e^{ln\,y} = x \cdot y = e^{ln(xy)}$. Da die Exponentialfunktion injektiv ist , folgt $ln\,x + ln\,y = ln(xy)$.

zu ii) $ln\,1 = ln\,e^0 = 0$ sowie mit i) :
$ln\,x + ln\frac{1}{x} = ln\,1 = 0$ , also $ln\frac{1}{x} = -ln\,x$.

zu iii) folgt aus den Sätzen 5.3.9 und 7.2.4 (oder auch aus 6.1.13 und Teil v)).

zu iv) Setzt man $x = e^{-y}$, so entspricht der Grenzübergang $x \to 0^+$ dem Übergang $y \to \infty$ (siehe 7.2.4 iii)). Dann folgt $\lim\limits_{x\to 0^+} ln\,x = \lim\limits_{y\to\infty} ln\,e^{-y} = \lim\limits_{y\to\infty}(-y) = -\infty$; analog ergibt sich $\lim\limits_{x\to\infty} ln\,x = \lim\limits_{y\to\infty} ln\,e^y = \lim\limits_{y\to\infty} y = \infty$ .

zu v) Nach 6.1.10 und 7.2.4 v) gilt

$$(ln\,x)' = \frac{1}{e^{ln\,x}} = \frac{1}{x}\,.$$

zu vi) Definiere $g : (0,\infty) \to I\!R$ durch $g(x) := \ln x - 1 + \frac{1}{x}$; dann ist $g$ differenzierbar und es ist $g'(x) = \frac{1}{x} - \frac{1}{x^2} = \frac{x-1}{x^2}$. Hieraus folgt $g'(x) \geq 0$ für $x \geq 1$ und $g'(x) < 0$ für $0 < x < 1$.

Somit ist $g$ auf $(0,1]$ monoton fallend und auf $[1,\infty)$ monoton steigend. Wegen $g(1) = 0$ heißt dies $g(x) \geq 0 \ \forall x > 0$, woraus die linke Ungleichung folgt. Die rechte Ungleichung folgt ebenso.

■

Eine graphische Darstellung der Exponential- und Logarithmusfunktion ist in Figur 7.1 gegeben:

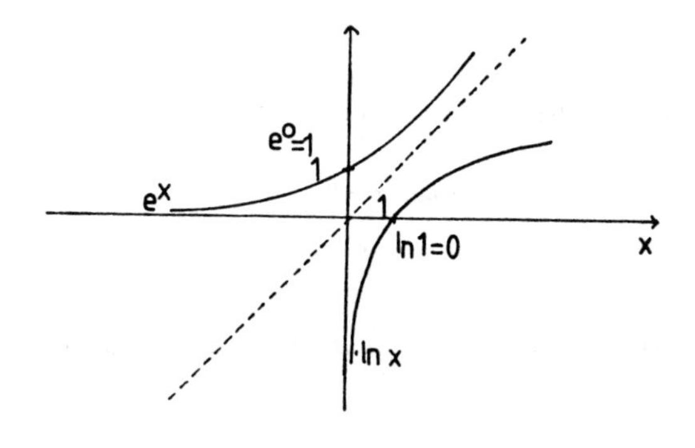


[Fig. 7.1]

**Die Exponential- und die Logarithmusfunktion**

Mit Hilfe der Exponentialfunktion $x \mapsto e^x$ gelingt uns nun ebenfalls die Einführung einer reellen Exponentialfunktion $x \mapsto a^x$ für eine beliebige Basis $a \in I\!R$, $a > 0$.

**Definition 7.2.7:**

Es sei $a > 0$. Die Funktion $\boxed{exp_a} : I\!R \to (0,\infty)$ mit $x \mapsto e^{x \cdot \ln a}$ heißt $\boxed{\text{Exponentialfunktion zur Basis } a}$ und wird auch mit $\boxed{x \mapsto a^x}$ bezeichnet.

**Satz 7.2.8:**

Für die Exponentialfunktion zur Basis $a$ mit $a > 0$ gilt

i) $a^{x_1} \cdot a^{x_2} = a^{x_1+x_2}$ für alle $x_1, x_2 \in I\!R$

ii) $\frac{a^{x_1}}{a^{x_2}} = a^{x_1-x_2}$ für alle $x_1, x_2 \in I\!R$

iii) $(a^{x_1})^{x_2} = a^{(x_1 \cdot x_2)} = (a^{x_2})^{x_1}$ für alle $x_1, x_2 \in I\!R$

iv) $a^0 = 1$

v) Für $a > 1$ ist $a^x$ streng monoton steigend.
Für $a = 1$ ist $a^x = 1$, konstant für alle $x \in I\!R$.
Für $a < 1$ ist $a^x$ streng monoton fallend.

vi) Für $a > 1$ gilt $\lim\limits_{x\to\infty} a^x = \infty$, $\lim\limits_{x\to-\infty} a^x = 0$.
Für $a < 1$ gilt $\lim\limits_{x\to\infty} a^x = 0$, $\lim\limits_{x\to-\infty} a^x = \infty$.

vii) $a^x$ ist in $I\!R$ differenzierbar und es gilt $(a^x)' = (ln\, a) \cdot a^x$.

Beweis:

zu i),ii):folgen aus 7.2.4

zu iii): Zunächst ist $\forall x_1 \in I\!R$ der Wert $a^{x_1} > 0$, d.h. $(a^{x_1})^{x_2}$ ist für $x_2 \in I\!R$ wohldefiniert.
Weiter gilt $(a^{x_1})^{x_2} = e^{x_2 \cdot ln(a^{x_1})} = e^{x_2 \cdot ln(e^{x_1 \cdot ln\, a})} = e^{x_1 \cdot x_2 \cdot ln\, a} = a^{x_2 \cdot x_1} = a^{x_1 \cdot x_2}$.

zu iv): $a^0 = e^0 = 1$

zu v): Für $a > 1$ ist $ln\, a > 0$, daher folgt für $x_1 < x_2$ : $(ln\, a) \cdot x_1 < (ln\, a) \cdot x_2$ und die Behauptung ergibt sich aus der Monotonie von $e^x$ (oder wieder aus 6.1.13 und vii)).
Genauso ergeben sich die Aussagen für $a = 1$ und $a < 1$.

zu vi): Für $a > 1$ geht mit $x \to \infty$ auch $ln\, a \cdot x \to \infty$, da $ln\, a > 0$ ist. Also folgt $\lim\limits_{x\to\infty} a^x = \lim\limits_{x\to\infty} e^{x \cdot ln\, a} = \infty$ (siehe 7.2.4).
Ebenso für $a < 1$.

zu vii): Mit der Kettenregel ist $(a^x)' = (e^{x \cdot ln\, a})' = ln\, a \cdot e^{x \cdot ln\, a} = ln\, a \cdot a^x$.

■

**Bemerkung 7.2.9:** (vgl. 7.2.3)

Für $n \in I\!N$ entspricht $a^n$ dem in 1.2.8 definierten Wert $\prod_{i=1}^{n} a$, denn es ist $a^n = e^{n \cdot ln\, a} = e^{ln\, a + ln\, a + \ldots + ln\, a} = a \cdot a \cdot \ldots \cdot a$ ($n$ Faktoren; analog für $a^{-n}$). Definition 7.2.7 kann also als Erweiterung von 1.1.12 auf eine reelle, positive Basis $a$ und einen beliebigen reellen Exponenten $x$ gedeutet werden!
Eine Diskussion allgemeiner Potenzen $w^z$ für komplexe $w$ und $z$ ist hier nicht möglich.

Wie schon bei $e^x$ benutzen wir die Monotonie von $a^x$ für $a \neq 1$ zur Definition von Logarithmen zur Basis $a$.

**Definition 7.2.10:**

Es sei $a > 0$, $a \neq 1$. Die Umkehrfunktion zu $x \mapsto a^x$, definiert auf $(0, \infty)$, heißt $\boxed{\text{Logarithmus zur Basis } a}$ und wird mit $\boxed{log_a}$ bezeichnet.
Für $log_a : (0, \infty) \to I\!R$ gilt daher : $a^{log_a(x)} = x$, falls $x \in (0, \infty)$ und $log_a(a^x) = x$, falls $x \in I\!R$.

Schließlich sei noch das Pendant zu Satz 7.2.6 erwähnt.

**Satz 7.2.11:**

Es seien $a > 0$, $a \neq 1$ und $x, y > 0$; dann gilt

i) $log_a(x \cdot y) = log_a\, x + log_a\, y$,

ii) $log_a(x^y) = y \cdot log_a\, x$ sowie $log_a\, x = \dfrac{ln\, x}{ln\, a}$,

iii) $log_a(1) = 0$,

iv) Für $a > 1$ ist $log_a\, x$ streng monoton steigend und stetig.
Für $a < 1$ ist $log_a\, x$ streng monoton fallend und stetig.

v) Für $a > 1$ ist $\lim\limits_{x \to \infty} log_a x = \infty$ und $\lim\limits_{x \to 0+} log_a x = -\infty$.
Für $a < 1$ ist $\lim\limits_{x \to \infty} log_a x = -\infty$ und $\lim\limits_{x \to 0+} log_a x = \infty$.

vi) $log_a x$ ist in $(0, \infty)$ differenzierbar mit $(log_a x)' = \dfrac{1}{(ln\, a) \cdot x}$.

Beweis:

Alle Punkte außer ii) beweist man genau wie Satz 7.2.6 (mit Hilfe von Satz 7.2.8).

zu ii) Nach 7.2.8 ist $a^{y \cdot log_a x} = (a^{log_a x})^y = x^y = a^{log_a(x^y)}$.
Nun ist die Exponentialfunktion zur Basis $a$ streng monoton, somit injektiv und es folgt $y \cdot log_a x = log_a(x^y)$.
Der zweite Teil ergibt sich so: es ist $a^{log_a x} = x \Rightarrow (e^{ln\, a})^{log_a x} = x \Rightarrow e^{ln\, a \cdot log_a x} = x \Rightarrow ln\, a \cdot log_a x = ln\, x \Rightarrow log_a x = \dfrac{ln\, x}{ln\, a}$ $(a \neq 1)$.

■

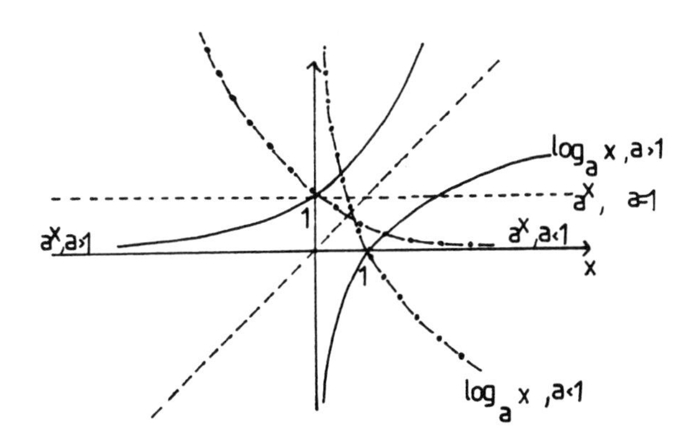


[Fig. 7.2]

## VII. 3. Trigonometrische Funktionen

Bereits in Kapitel II bedienten wir uns in elementargeometrischem Zusammenhange der Funktionen *sin* und *cos*. Diese Funktionen sollen nun aus einer anderen, nämlich analytischen Sicht gründlich neu eingeführt und studiert werden.

Zuerst brauchen wir das

**Lemma 7.3.1:**

Die Potenzreihen $\sum_{k=0}^{\infty} \frac{(-1)^k}{(2k+1)!} z^{2k+1}$ und $\sum_{k=0}^{\infty} \frac{(-1)^k}{(2k)!} z^{2k}$ $(z \in \mathbb{C})$ konvergieren in $\mathbb{C}$.

Beweis:

Mit den Partialsummen $s_n = \sum_{k=0}^{n} \frac{(-1)^k}{2k+1)!} z^{2k+1}$ $(n \in \mathbb{N})$ erhalten wir für jedes $\varepsilon > 0$ mit einem geeigneten $N(\varepsilon) \in \mathbb{N}$:

$$|s_n - s_m| = \left| \sum_{k=m+1}^{n} \frac{(-1)^k}{(2k+1)!} z^{2k+1} \right| \leq \sum_{k=m+1}^{n} \frac{|z|^{2k+1}}{(2k+1)!} \leq \sum_{l=2m+3}^{2n+1} \frac{|z|^l}{l!} < \varepsilon$$

für $m, n \in \mathbb{N}$ mit $n > m > N(\varepsilon)$, da die Reihe $\sum_{l=0}^{\infty} \frac{|z|^l}{l!}$ mit Grenzwert $e^{|z|}$ konvergiert. Analog ergibt sich die Konvergenz für die zweite Reihe.

■

**Definition 7.3.2:**

i) Die Abbildungen $\boxed{sin : \mathbb{C} \to \mathbb{C}}$, $\boxed{cos : \mathbb{C} \to \mathbb{C}}$, definiert durch

$$sin(z) := \sum_{k=0}^{\infty} \frac{(-1)^k z^{2k+1}}{(2k+1)!} \qquad \text{(kurz: } sin\, z) \quad \text{bzw.}$$

$$cos(z) := \sum_{k=0}^{\infty} \frac{(-1)^k z^{2k}}{(2k)!} \qquad \text{(kurz: } cos\, z) \quad (z \in \mathbb{C}),$$

heißen **Sinusfunktion** bzw. **Cosinusfunktion**.

ii) Die Abbildungen $\boxed{sin : I\!R \to I\!R}$ , $\boxed{cos : I\!R \to I\!R}$, definiert durch

$$x \mapsto sin\, x \quad (x \in I\!R) \quad , \quad x \mapsto cos\, x \quad (x \in I\!R) \quad ,$$

heißen **reelle Sinusfunktion** bzw. **reelle Cosinusfunktion**.

■

Wichtige (allgemeine) Eigenschaften dieser Funktionen sind:

**Satz 7.3.3:**

Für alle $z, \zeta \in \mathbb{C}$ gilt:

i) $cos(-z) = cos\, z$ , (gerade)

$sin(-z) = -sin\, z$ , (ungerade)

ii) $e^{iz} = cos\, z + i\, sin\, z$ ,

$sin\, z = \frac{1}{2i}(e^{iz} - e^{-iz})$ , $cos\, z = \frac{1}{2}(e^{iz} + e^{-iz})$,

$cos^2 z + sin^2 z = 1$ . (Pythagoras)

iii) $\left.\begin{aligned} sin(z+\zeta) &= sin\, z\, cos\, \zeta + cos\, z\, sin\, \zeta \\ cos(z+\zeta) &= cos\, z\, cos\, \zeta - sin\, z\, sin\, \zeta \end{aligned}\right\}$ . (Additionstheoreme)

iv) Für alle $n \in \mathbb{Z}$ besteht die Gleichung

$(cos\, z + i\, sin\, z)^n = cos\, nz + i\, sin\, nz$ . (Moivre)

Beweis:

zu i): $sin(-z) = \sum_{k=0}^{\infty} \frac{(-1)^k(-z)^{2k+1}}{(2k+1)!} = -\sum_{k=0}^{\infty} \frac{(-1)^k z^{2k+1}}{(2k+1)!} = -sin\, z$ ,

analog $cos(-z) = cos\, z$.

zu ii): Es ist $e^{iz} = \sum_{k=0}^{\infty} \frac{1}{k!}(iz)^k = 1 + \frac{iz}{1} + (-1)\frac{z^2}{2!} + (-i)\frac{z^3}{3!} + \frac{z^4}{4!} + i\frac{z^5}{5!} + \ldots$

$= 1 + (-1)^1\frac{z^2}{2!} + (-1)^2\frac{z^4}{4!} + \ldots + i(\frac{z}{1!} + (-1)^1\frac{z^3}{3!} + (-1)^2\frac{z^5}{5!} + \ldots)$

$= cos\, z + i\, sin\, z$.

Dann gilt, zuletzt mit i):

$e^{-iz} = cos(-z) + i\ sin(-z) = cos\, z - i\ sin\, z$, und somit auch
$e^{iz} = cos\, z + i\ sin\, z$ .
Damit erhält man
$e^{iz} + e^{-iz} = 2\, cos\, z$ und $e^{iz} - e^{-iz} = 2\, i\ sin\, z$ .
Außerdem läßt sich nun sogleich
$1 = e^{iz}\, e^{-iz} = (cos\, z + i\ sin\, z)(cos\, z - i\ sin\, z) = cos^2 z + sin^2 z$
feststellen.

zu iii): Es ist $cos(z+\zeta)+i\ sin(z+\zeta) = e^{i(z+\zeta)} = e^{iz}\, e^{i\zeta} = (cos\, z+i\ sin\, z)(cos\, \zeta+i\ sin\, \zeta)$.
Daraus folgt:

(1) $cos(z+\zeta)+i\ sin(z+\zeta) = cos\, z\ cos\, \zeta - sin\, z\ sin\, \zeta + i(cos\, z\ sin\, \zeta + sin\, z\ cos\, \zeta)$.

Wegen
$cos(z+\zeta) - i\ sin(z+\zeta) = e^{-i(z+\zeta)} = e^{-iz}\, e^{-i\zeta} = (cos\, z - i\ sin\, z)(cos\, \zeta - i\ sin\, \zeta)$
ergibt sich

(2) $cos(z+\zeta)-i\ sin(z+\zeta) = cos\, z\ cos\, \zeta - sin\, z\ sin\, \zeta - i(cos\, z\ sin\, \zeta + sin\, z\ cos\, \zeta)$.

Durch Subtraktion bzw. Addition von (1) und (2) erhält man dann die beiden behaupteten Aussagen.

zu iv): Für $n = 0$ gilt $(cos\, z + i\ sin\, z)^0 = 1 = cos\, 0 = cos\, 0z + i\ sin\, 0z$.
Es ist für jedes $n \in \mathbb{N}$
$(cos\, z + i\ sin\, z)^n = (e^{iz})^n = \underbrace{e^{iz}\, e^{iz} \cdot \ldots \cdot e^{iz}}_{n-mal} = e^{inz} = cos\, n\, z + i\ sin\, n\, z$.
Für $n \in \mathbb{Z}$, $n < 0$, erhält man

$$\begin{aligned}(e^{iz})^n &= \frac{1}{(e^{iz})^{-n}} = \frac{1}{e^{-inz}} = \frac{1}{cos(-nz) + i\ sin(-nz)} \\ &= \frac{1}{cos\, n\, z - i\ sin\, n\, z} = \frac{cos\, n\, z + i\ sin\, n\, z}{(cos\, n\, z - i\ sin\, n\, z)(cos\, n\, z + i\ sin\, n\, z)} \\ &= \frac{cos\, n\, z + i\ sin\, n\, z}{cos^2 n\, z + sin^2 n\, z}\ .\end{aligned}$$

■

**Satz 7.3.4:**

i) Für die reelle Sinusfunktion gilt $\sin x > 0$ für $x \in (0, \sqrt{6})$.

ii) Die Cosinusfunktion hat in $(0, \sqrt{6})$ wenigstens eine, aber höchstens endlich viele Nullstellen.

**Definition 7.3.5:**

Die kleinste Nullstelle der Cosinusfunktion $(0, \sqrt{6})$ wird $\boxed{\frac{\pi}{2}}$ genannt.

Beweis des Hilfssatzes:

Für alle $x \in \mathbb{R}$ gelten die Gleichungen

$$\begin{aligned} \sin x &= x - \frac{x^3}{3!} + \frac{x^5}{5!} - + \ldots = \sum_{k=0}^{\infty} (-1)^k \frac{x^{2k+1}}{(2k+1)!} \\ \text{und} \quad \cos x &= 1 - \frac{x^2}{2!} + \frac{x^4}{4!} - + \ldots = \sum_{k=0}^{\infty} (-1)^k \frac{x^{2k}}{(2k)!} \, . \end{aligned}$$

In allen Punkten $x > 0$ sind diese Reihen alternierend, also in der Form $\sum_{k=0}^{\infty} (-1)^k b_k$ $(b_k \in (0, \infty),\ k \in \mathbb{Z}_+)$ schreibbar. Wir wollen die Darstellung $\sum_{l=0}^{\infty} (b_{2l} - b_{2l+1})$ bevorzugen, sodaß wir im Falle $b_{2l} - b_{2l+1} > 0$ (für alle oder schließlich alle $l \in \mathbb{Z}_+$) den Wert der jeweiligen Reihe geeignet abschätzen können. Deshalb vergleichen wir zwei aufeinanderfolgende vorzeichenbereinigte Summanden $b_k$ und $b_{k+1}$.

zu i): $\frac{x^{2k+1}}{(2k+1)!} > \frac{x^{2k+3}}{(2k+3)!} \Leftrightarrow (2k+3)(2k+2) > x^2$.
Diese Ungleichung gilt für alle $k \in \mathbb{Z}_+$, falls $0 < x < \sqrt{6}$ vorliegt. Somit folgt dann $\sin x > 0$ für alle $x \in (0, \sqrt{6})$.

zu ii): Der Vergleich von $b_k$ und $b_{k+1}$ liefert für $x \in (0, \sqrt{6}]$, $k \in \mathbb{N}$:

$$\begin{aligned} \frac{x^{2k}}{(2k)!} - \frac{x^{2k+2}}{(2k+2)!} &= \frac{x^{2k}}{(2k)!}\left(1 - \frac{x^2}{(2k+2)(2k+1)}\right) \\ &\geq \frac{x^{2k}}{(2k)!}\left(1 - \frac{6}{(2k+2)(2k+1)}\right) > 0 \, . \end{aligned}$$

Damit erhalten wir für $x \in (0, \sqrt{6}]$

$$cos\,x - 1 + \frac{x^2}{2!} - \frac{x^4}{4!} = \underbrace{-\frac{x^6}{6!} + \frac{x^8}{8!}}_{<0} + \underbrace{\left(-\frac{x^{10}}{10!} + \frac{x^{12}}{12!}\right)}_{<0} + \ldots < 0$$

und speziell für $x = \sqrt{6}$ : $cos\sqrt{6} \; - 1 + 3 - \frac{36}{24} \; < \; 0$, also $cos\sqrt{6} < -\frac{1}{2}$. Andererseits ist $cos\,0 = 1$. Da $cos\,x$ auf $[0, \sqrt{6}]$ stetig ist, können wir also den Zwischenwertsatz anwenden und in $(0, \sqrt{6})$ die Existenz wenigstens einer Nullstelle von $cos$ folgern. Die Menge der Nullstellen der Cosinusfunktion in $(0, \sqrt{6})$ ist beschränkt. Deshalb existiert ihr (reelles) Infimum, dieses sei $\frac{\pi}{2}$ genannt, sodaß

$$\frac{\pi}{2} = inf\left\{x \in (0, \sqrt{6}) \mid cos\,x = 0\right\}$$

zutrifft. Dann gilt auch $cos\,\frac{\pi}{2} = 0$ gemäß der Stetigkeit von $cos$ (s Satz 7.3.7), weshalb vermöge $cos\,0$, $cos\sqrt{6} \neq 0$ das Minimum der Nullstellen existiert. Gäbe es in $(0, \sqrt{6})$ unendlich viele Nullstellen von $cos$, so müßte es einen Häufungspunkt $x_0 \in [0, \sqrt{6}]$ jener Nullstellenmenge geben, nämlich mit $cos\,x_0 = 0$, $x_0 \notin \{0, \sqrt{6}\}$. Nach i) (und Satz 7.3.7, s.u.) wissen wir: $cos'(x) = -sin\,x < 0 \; (x \in (0, \sqrt{6}))$, sodaß gemäß Korollar 6.1.13 die Funktion $cos$ für $x$ nahe $x_0$ streng monoton fällt. Somit folgt $cos\,x \neq 0$ für jedes dieser $x$ mit $x \neq x_0$, im Widerspruch zur Häufungspunkt-Eigenschaft von $x_0$. Demnach ist $\left\{x \in (0, \sqrt{6}) \mid cos\,x = 0\right\}$ endlich.

■

**Bemerkung :**

Wegen inf = min im obigen Beweis ist insbesondere auch Definition 7.3.5 gerechtfertigt.

**Satz 7.3.6 :**

Für $z \in \mathbb{C}$ gilt

$$\begin{array}{lllllll} sin(z + \frac{\pi}{2}) & = & cos\,z & , & cos(z + \frac{\pi}{2}) & = & -sin\,z \; , \\ sin(z + \pi) & = & -sin\,z & , & cos(z + \pi) & = & -cos\,z \; ; \\ sin(z + 2\pi) & = & sin\,z & , & cos(z + 2\pi) & = & cos\,z \; . \end{array}$$

(Periodizität $2\pi$)

Beweis:

Aus $sin^2\frac{\pi}{2} + cos^2\frac{\pi}{2} = 1$ und $cos\frac{\pi}{2} = 0$ resultiert $sin^2\frac{\pi}{2} = 1$ und wegen $sin\frac{\pi}{2} > 0$ (siehe Hilfssatz) daraus: $sin\frac{\pi}{2} = 1$. Nun läßt sich festhalten:

$sin(z + \frac{\pi}{2}) = cos\, z\; sin\frac{\pi}{2} + sin\, z\; cos\frac{\pi}{2} = cos\, z$.

Mit $\quad sin\,\pi = sin(\frac{\pi}{2} + \frac{\pi}{2}) = cos\frac{\pi}{2}\; sin\frac{\pi}{2} + cos\frac{\pi}{2}\; sin\frac{\pi}{2} = 0$ ,

$\quad cos\,\pi = cos(\frac{\pi}{2} + \frac{\pi}{2}) = cos\frac{\pi}{2}\; cos\frac{\pi}{2} - sin\frac{\pi}{2}\; sin\frac{\pi}{2} = -1$

und $\quad sin\, 2\pi = cos\,\pi\; sin\,\pi + cos\,\pi\; sin\,\pi = 0$ ,

$\quad cos\, 2\pi = 1$

ergeben sich aber vermöge der Additionstheoreme auch die weiteren Aussagen.

■

Nun wollen wir noch einige wichtige Eigenschaften der reellen Sinusfunktion und der reellen Cosinusfunktion angeben.

**Satz 7.3.7:**

i) Es gilt $cos\, 0 = sin\frac{\pi}{2} = 1$,

$$sin\, 0 = sin\,\pi = cos\frac{\pi}{2} = cos\frac{3\pi}{2} = 0,$$

$$cos\,\pi = sin\frac{3\pi}{2} = -1.$$

ii) Die Cosinusfunktion ist in $[0, \pi]$ streng monoton fallend und in $[\pi, 2\pi]$ streng monoton steigend.

iii) Die Sinusfunktion ist in $[\frac{\pi}{2}, \frac{3\pi}{2}]$ streng monoton fallend und in $[-\frac{\pi}{2}, \frac{\pi}{2}]$ streng monoton steigend.

iv) Die Aussagen i), ii), iii) gelten auch für solche $x$-Werte, die gegenüber den angegebenen Argumenten um $2k\pi$ ($k \in \mathbb{Z}$) verschoben sind.

v) Die Sinusfunktion und die Cosinusfunktion in $\mathbb{R}$ (bzw. in $\mathbb{C}$) sind differenzierbar und es gilt für diese in $\mathbb{R}$ (bzw. in $\mathbb{C}$)

$$sin' = cos \qquad \text{und} \qquad cos' = -sin\ .$$

Beweis:

zu i): Die behaupteten Gleichungen folgen sofort mittels Satz 7.3.6.

zu ii): Es seien zunächst $x, x^* \in (0, \frac{\pi}{2})$ und $x^* = x + \Delta$, $\Delta > 0$.
Dann ist $\Delta \in (0, \frac{\pi}{2})$ sowie
$cos\, x^* = cos(x + \Delta) = cos\, x\; cos\, \Delta - \underbrace{sin\, x}_{>0}\, \underbrace{sin\, \Delta}_{>0}$
und damit resultiert: $cos\, x^* < cos\, x\; cos\, \Delta$.
Es ist aber $cos\, 0 = 1$ und $0 < x < \frac{\pi}{2}$, womit $cos\, x > 0$ folgt. Andererseits gilt $cos^2 \Delta + sin^2 \Delta = 1$, also $cos^2 \Delta \le 1$, was wegen $cos\, \Delta > 0$ sofort $cos\, \Delta \le 1$ und damit $cos\, x^* < cos\, x$ zur Folge hat. Damit und nach einer Grenzbetrachtung je Intervallrandpunkt ist die Cosinusfunktion in $[0, \frac{\pi}{2}]$ streng monoton fallend.
Sei jetzt $x \in [\frac{\pi}{2}, \pi]$; so gilt mit $y := x - \frac{\pi}{2}$:

$$cos\, x = cos(y + \frac{\pi}{2}) = -sin\, y \;,\; y \in [0, \frac{\pi}{2}]\;.$$

Wir sind fertig, wenn wir zeigen können, daß $sin\, y$ in $[0, \frac{\pi}{2}]$ streng monoton steigend ist. Da für $x \in (0, \frac{\pi}{2})$ die Sinusfunktion positiv ist, besteht streng monotones Steigen für $sin$ genau dann, wenn $sin^2$ dieses aufweist. Nun gilt aber $sin^2 x = 1 - cos^2 x$. Wegen $cos\, x > 0$ und der Teilbetrachtung zu $cos$ über $(0, \frac{\pi}{2})$ ist $cos^2 x$ streng monoton fallend und damit $-cos^2 x$ streng monoton steigend, womit dann auch $sin^2 x$ streng monoton steigend ist. Also fällt die Cosinusfunktion insgesamt gesehen in $[0, \pi]$ streng.
Mit dieser Einsicht und mit $cos(x + \pi) = -cos\, x$ folgt jetzt, daß die Cosinusfunktion in $[\pi, 2\pi]$ streng monoton steigt.

zu iii): Analog erhält man die Aussagen für die Sinusfunktion.
(Für eine graphische Darstellung siehe Fig. 7.3 im Anschluß an den Beweis.)

zu iv): Die Behauptung ergibt sich sogleich unter Benutzung der $2\pi$-Periodizität von $cos$ und $sin$, d.h. offenbar von $cos(z + 2k\pi) = cos\, z$ und $sin(z + 2k\pi) = sin\, z$ $(z \in \mathbb{C},\; k \in \mathbb{Z})$.

zu v): Wir dürfen uns auf den reellen Fall konzentrieren; der komplexe Fall verhält sich ganz analog. Seien $x, x_0 \in \mathbb{R}$ und $x \neq x_0$, $h := x - x_0$; dann ist $B(x_0, \delta)$ für jedes $\delta > 0$ ganz im Definitionsbereich von $sin$ und $cos$ gelegen und

$$(*)\quad \begin{cases} \dfrac{\sin x - \sin x_0}{x - x_0} = \dfrac{\sin(x_0 + h) - \sin x_0}{h} = \dfrac{\sin x_0 \cos h + \cos x_0 \sin h - \sin x_0}{h} \\ \qquad = \sin x_0 \cdot \left(\dfrac{\cos h - 1}{h}\right) + \cos x_0 \cdot \dfrac{\sin h}{h} . \end{cases}$$

erfüllt. Anschließend werden die Grenzwerte $\lim\limits_{h \to 0} \dfrac{\cos h - 1}{h} = 0$ und $\lim\limits_{h \to 0} \dfrac{\sin h}{h} = 1$ nachgewiesen. Wir beginnen mit Letzterem:

$$\begin{aligned} \left|\frac{\sin h}{h} - 1\right| &= \left|\frac{h - \frac{h^3}{3!} + \frac{h^5}{5!} - \ldots}{h} - 1\right| = \left|-\frac{h^2}{3!} + \frac{h^4}{5!} - \ldots\right| \\ &\leq h^2 \left(\frac{1}{3!} + \frac{h^2}{5!} + \frac{h^4}{7!} + \ldots\right) \leq h^2 e^{h^2} \to 0 \cdot 1 = 0 \text{ für } h \to 0. \end{aligned}$$

Für den anderen Grenzwert erhält man wegen der Konvergenz

$$\frac{1 - \cos h}{h^2} = \frac{1 - \cos^2 \frac{h}{2} + \sin^2 \frac{h}{2}}{h^2} = \frac{2 \sin^2 \frac{h}{2}}{4(\frac{h}{2})^2} = \frac{1}{2}\left(\frac{\sin \frac{h}{2}}{\frac{h}{2}}\right)^2 \to \frac{1}{2}$$

$(h \to 0)$ die Feststellung

$$\frac{\cos h - 1}{h} = \underbrace{h}_{\to 0} \underbrace{\frac{\cos h - 1}{h^2}}_{\to -\frac{1}{2}} \to 0 \ (h \to 0) .$$

Jetzt läßt sich mit (*) die Gleichung $\sin'(x_0) = \cos x_0$ erschließen.

Für die Cosinusfunktion erhält man

$$\begin{aligned} \frac{\cos x - \cos x_0}{x - x_0} &= \frac{\cos x_0 \cos h - \sin x_0 \sin h - \cos x_0}{h} \\ &= \cos x_0 \cdot \frac{\cos h - 1}{h} - \sin x_0 \cdot \frac{\sin h}{h} , \end{aligned}$$

womit sofort $\cos'(x_0) = -\sin x_0$ folgt.

■

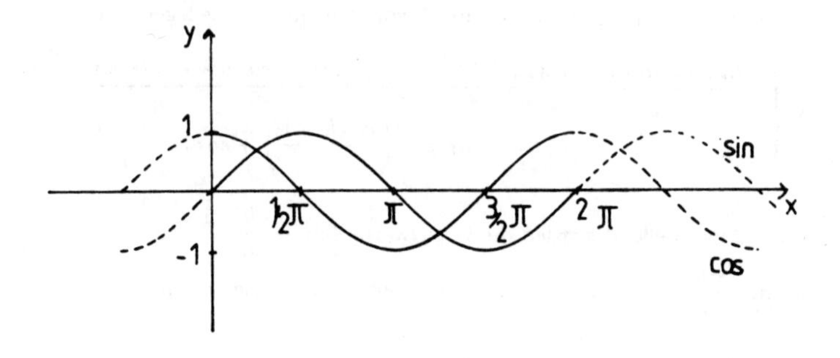


[Fig. 7.3]

Die Sinus- und die Cosinusfunktion

**Definition 7.3.8:**

Die Funktionen $\boxed{tan : \mathbb{R} \backslash \left\{ \frac{2n+1}{2}\pi \,\middle|\, n \in \mathbb{Z} \right\} \to \mathbb{R}}$ ,

$\boxed{cot : \mathbb{R} \backslash \{ n\pi \mid n \in \mathbb{Z} \} \to \mathbb{R}}$ ,

definiert durch $tan(x) := \frac{sin\, x}{cos\, x}$ $(x \neq \frac{2n+1}{2}\pi,\ n \in \mathbb{Z})$ (kurz: $tan\, x$) bzw.

$cot(x) := \frac{cos\, x}{sin\, x}$ $(x \neq n\pi,\ n \in \mathbb{Z})$ (kurz: $cot\, x$) ,

heißen (reelle) Tangensfunktion bzw. (reelle) Cotangensfunktion.

■

Wichtige Eigenschaften dieser Funktionen stellen wir im nächsten Satz zusammen.

**Satz 7.3.9:**

i) Die Funktionen *tan* und *cot* sind periodisch mit der Periode $\pi$, d.h es gilt: $tan(x+\pi) = tan\, x$ und $cot(x+\pi) = cot\, x$ für alle $x$ aus dem jeweiligen Definitionsbereich.

ii) Die Tangensfunktion ist in $(-\frac{\pi}{2}, \frac{\pi}{2})$ streng monoton steigend und die Cotangensfunktion ist in $(0, \pi)$ streng monoton fallend.

iii)
$$\lim_{x \to -\frac{\pi}{2}+} tan\, x = -\infty \quad , \quad \lim_{x \to \frac{\pi}{2}-} tan\, x = \infty \, ,$$
$$\lim_{x \to 0+} cot\, x = \infty \quad , \quad \lim_{x \to \pi^-} cot\, x = -\infty \, ;$$

iv)
$$tan(x + \frac{\pi}{2}) = -cot\, x \qquad (x \neq n\pi \, , \; n \in \mathbb{Z}) \, ,$$
$$cot(x + \frac{\pi}{2}) = -tan\, x \qquad (x \neq \frac{2n+1}{2}\pi \, , \; n \in \mathbb{Z}) \, ;$$

v)
$$tan(x + y) = \frac{tan\, x + tan\, y}{1 - tan\, x \cdot tan\, y} \qquad (y \neq -x + \frac{2n+1}{2}\pi \, , \; n \in \mathbb{Z}) ,$$
$$cot(x + y) = \frac{cot\, x \cdot cot\, y - 1}{cot\, x + cot\, y} \qquad (y \neq -x + n\pi \, , \; n \in \mathbb{Z}) ;$$

vi)
$$tan'(x) = \frac{1}{cos^2 x} \qquad (x \neq \frac{2n+1}{2}\pi \, , \; n \in \mathbb{Z}) \, ,$$
$$cot'(x) = -\frac{1}{sin^2 x} \qquad (x \neq n\pi \, , \; n \in \mathbb{Z}) \, .$$

Beweis:

zu i): $tan(x + \pi) = \frac{sin(x + \pi)}{cos(x + \pi)} = \frac{-sin\, x}{-cos\, x} = tan\, x$ und analog $cot(x + \pi) = cot\, x$, jeweils mit $x + \pi$ (bzw. $x$) aus dem Definitionsbereich.

zu ii): Seien $x, x^* \in [0, \frac{\pi}{2})$ und $x^* > x$. Dann gilt $tan\, x^* = \frac{sin\, x^*}{cos\, x} > \frac{sin\, x}{cos\, x^*} > tan\, x$ und das Analoge bzgl. $x \in (-\frac{\pi}{2}, 0]$ bzw. zuletzt auch für die Cotangensfunktion.

zu iii): $\lim_{x \to -\frac{\pi}{2}+} tan\, x = \lim_{x \to -\frac{\pi}{2}+} (sin\, x \cdot \frac{1}{cos\, x}) = (-1) \cdot \lim_{x \to -\frac{\pi}{2}+} \frac{1}{cos\, x} = (-1) \cdot \infty$, da $cos(-\frac{\pi}{2}) = 0$ und $cos\, x > 0$ in $(-\frac{\pi}{2}, 0)$. Analog ergeben sich die anderen Aussagen.

zu iv)-vi): Die Aussagen iv) und v) ergeben sich durch Anwendung der Additionstheoreme für $sin$ und $cos$ (und genaue Ermittlung der Nullstellenmenge der auftretenden Nenner). Die Aussage vi) erhält man durch Anwendung der Quotientenregel.

■

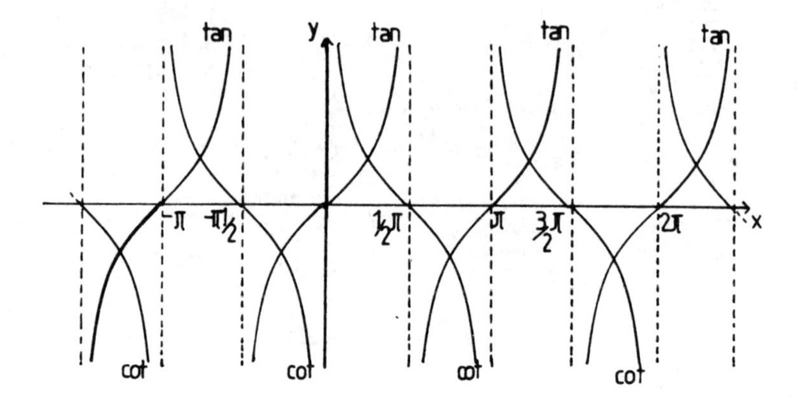


[Fig. 7.4]

Die Tangens- und die Cotangensfunktion

**Bemerkung 7.3.10:**

Wegen Satz 7.3.7 bzw. Satz 7.3.9 gilt:

$$sin\Big|\,[\frac{2n-1}{2}\pi, \frac{2n+1}{2}\pi] \;:\; [\frac{2n-1}{2}\pi, \frac{2n+1}{2}\pi] \to [-1,1] \quad ,$$

$$cos|\,[n\pi, (n+1)\pi] \;:\; [n\pi, (n+1)\pi] \to [-1,1] \quad ,$$

$$tan\Big|\,(\frac{2n-1}{2}\pi, \frac{2n+1}{2}\pi) \;:\; (\frac{2n-1}{2}\pi, \frac{2n+1}{2}\pi) \to (-\infty, \infty) \quad ,$$

$$cot|\,(n\pi, (n+1)\pi) \;:\; (n\pi, (n+1)\pi) \to (-\infty, \infty)$$

sind für jedes $n \in \mathbb{Z}$ stetige, streng monotone und surjektive "Funktionsteile" der trigonometrischen Funktionen *sin*, *cos*, *tan* bzw. *cot*. Deshalb existieren in den angegebenen Intervallen für jedes $n \in \mathbb{Z}$ die Umkehrfunktionen der entsprechenden trigonometrischen Funktion.

**Definition 7.3.11:**

i) Die Funktion

$$\boxed{arcsin_n : [-1,1] \to [\frac{2n-1}{2}\pi, \frac{2n+1}{2}\pi]} \quad (n \in \mathbb{Z})$$

mit $sin(arcsin_n\, y) = y \quad (y \in [-1,1])$ und

$arcsin_n(sin\, x) = x \quad (x \in [\frac{2n-1}{2}\pi, \frac{2n+1}{2}\pi])$

heißt $\boxed{n\text{-ter Zweig des Arcussinus}}$.

Die Funktion $\boxed{Arcsin(x) := arcsin_0(x)}$ heißt $\boxed{\text{Hauptzweig des Arcussinus}}$.

ii) Die Funktion

$$\boxed{arccos_n : [-1,1] \to [n\pi, (n+1)\pi]} \quad (n \in \mathbb{Z})$$

mit $cos(arccos_n\, y) = y \quad (y \in [-1,1])$ und

$arccos_n(cos\, x) = x \quad (x \in [n\pi, (n+1)\pi])$

heißt $\boxed{n\text{-ter Zweig des Arcuscosinus}}$.

Die Funktion $\boxed{Arccos(x) := arccos_0(x)}$ heißt $\boxed{\text{Hauptzweig des Arcuscosinus}}$.

iii) Die Funktion

$$\boxed{arctan_n : (-\infty, \infty) \to (\frac{2n-1}{2}\pi, \frac{2n+1}{2}\pi)} \quad (n \in \mathbb{Z})$$

mit $tan(arctan_n\, y) = y \quad (y \in (-\infty, \infty))$ und

$arctan_n(tan\, x) = x \quad (x \in (\frac{2n-1}{2}\pi, \frac{2n+1}{2}\pi))$

heißt $\boxed{n\text{-ter Zweig des Arcustangens}}$.

Die Funktion $\boxed{Arctan(x) := arctan_0(x)}$ heißt $\boxed{\text{Hauptzweig des Arcustangens}}$.

iv) Die Funktion

$$\boxed{arccot_n : (-\infty, \infty) \to (n\pi, (n+1)\pi)} \quad (n \in \mathbb{Z})$$

mit $cot(arccot_n\, y) = y \quad (y \in (-\infty, \infty))$ und

$arccot(cot\, x) = x \quad (x \in (n\pi, (n+1)\pi)$

heißt $\boxed{n\text{-ter Zweig des Arcuscotangens}}$.

Die Funktion $\boxed{Arccot(x) := arccot_0(x)}$ heißt $\boxed{\text{Hauptzweig des Arcuscotangens}}$.

**Bemerkung :**

Wir schreiben tatsächlich wieder kurz : $arcsin_n\,x$, $Arcsin\,x, arccos_n\,x$, $Arccos\,x$ und $arctan_n\,x$, $Arctan\,x$, $arccot_n\,x$, $Arccot\,x$ (wohlverstanden).

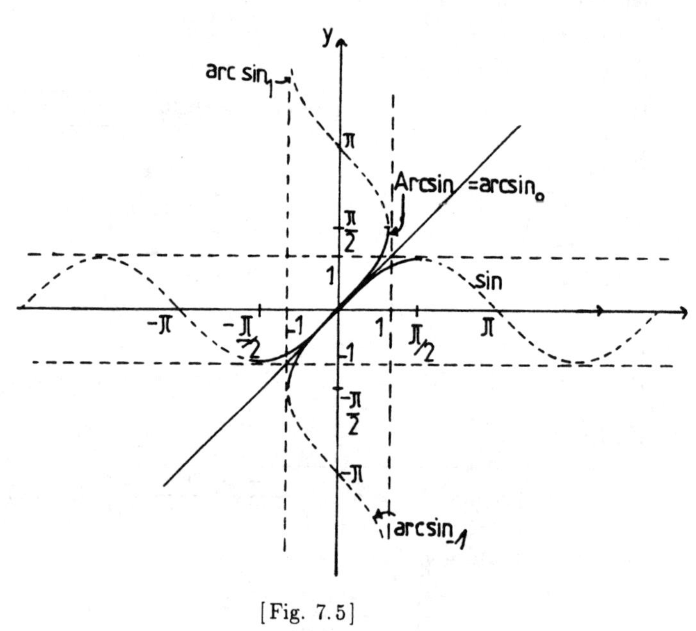


[Fig. 7.5]

Umkehrfunktion der Sinusfunktion

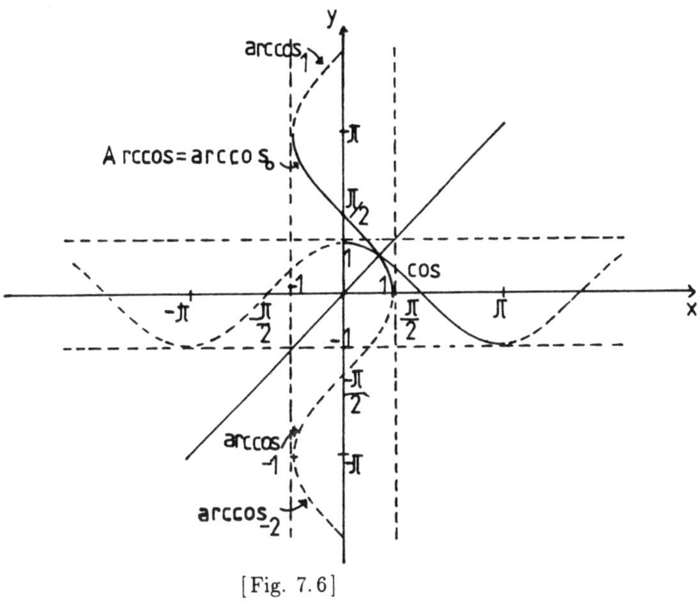


[Fig. 7.6]

Umkehrfunktion der Cosinusfunktion

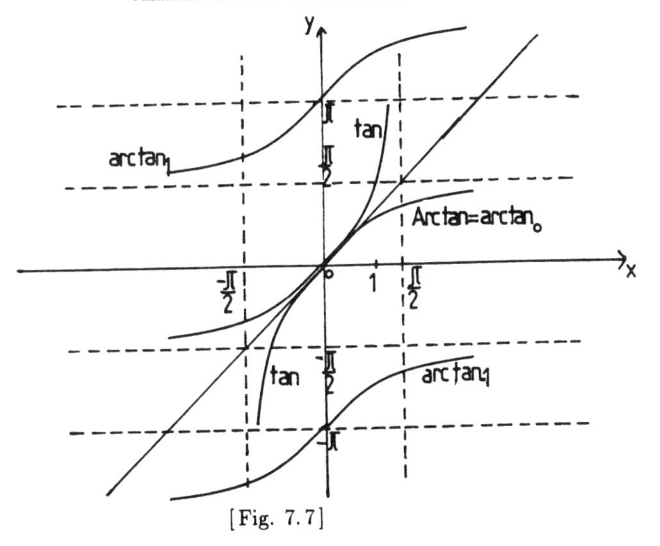


[Fig. 7.7]

Umkehrfunktion der Tangensfunktion

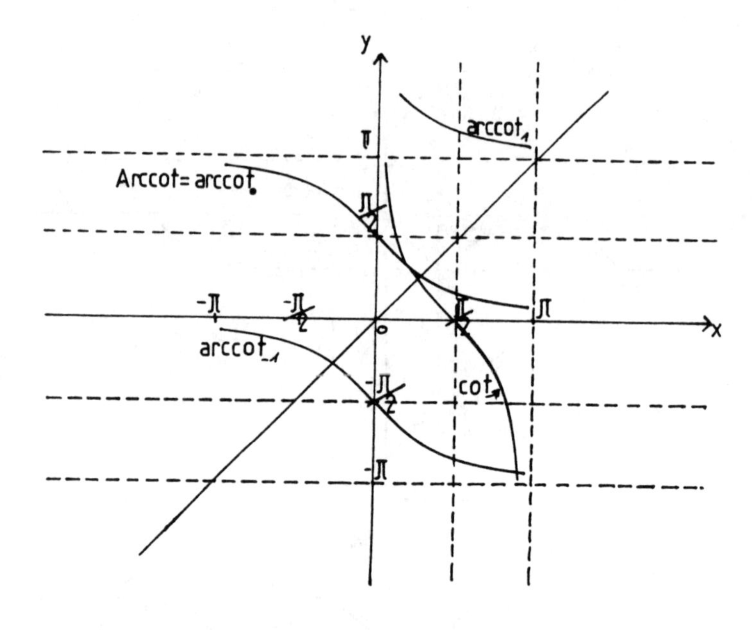


[Fig. 7.8]

Umkehrfunktion der Cotangensfunktion

Nun wollen wir noch einige Eigenschaften der inversen trigonometrischen Funktionen angeben.

**Satz 7.3.12:**

Für alle $n \in \mathbb{Z}$ und alle $x \in [-1,1]$ gilt:

$i)\quad Arcsin\, x = -Arcsin(-x)$ ,

$ii)\quad arcsin_{2n}\, x = Arcsin\, x + 2n\pi$ ,

$iii)\quad arcsin_{2n+1}\, x = -Arcsin\, x + (2n+1)\pi$ ,

$iv)\quad Arccos\, x = -Arccos(-x) + \pi$ ,

$v)\quad arccos_n\, x = arcsin_{n+1}\, x - \frac{\pi}{2}$ .

Für alle $n \in \mathbb{Z}$ und alle $x \in (-\infty, \infty)$ gilt:

$vi)\quad arctan_n\, x = Arctan\, x + n\pi$ ,

$vii)\quad arccot_n\, x = Arccot\, x + n\pi$ .

Beweis:

zu i): Es gilt: $x = sin(Arcsin\,x) = -sin(-Arcsin\,x)$. Daraus folgt zunächst : $-x = sin(-Arcsin\,x)$, also $-Arcsin\,x = arcsin_l(-x)$. Wegen $-Arcsin\,x \in [-\frac{\pi}{2}, \frac{\pi}{2}]$ folgt danach $l = 0$, also die Behauptung.

zu ii): Es gilt: $x = sin(Arcsin\,x) = sin(Arcsin\,x + 2n\pi)$ und damit $arcsin_l\,x = Arcsin\,x + 2n\pi \in [\frac{4n-1}{2}\pi, \frac{4n+1}{2}\pi]$, womit $l = 2n$ folgt.

zu iii): Es gilt: $sin(-Arcsin\,x + 2n\pi + \pi) = -sin(-Arcsin\,x + 2n\pi) = -sin(-Arcsin\,x) = x$ und damit $arcsin_l\,x = -Arcsin\,x + (2n+1)\pi \in [\frac{4n+1}{2}\pi, \frac{4n+3}{2}\pi]$, woraus sogleich $l = 2n+1$ resultiert.

zu iv): Es gilt: $cos(\pi - Arccos(-x)) = -cos(-Arccos(-x)) = -cos(Arccos(-x)) = x$, also $arccos_l\,x = \pi - Arccos(-x) \in [0, \pi]$, womit $l = 0$ folgt.

zu v): Es gilt: $cos(arcsin_{n+1}\,x - \frac{\pi}{2}) = cos(\frac{\pi}{2} - arcsin_{n+1}\,x) = -sin(-arcsin_{n+1}\,x) = x$, womit $arccos_l\,x = arcsin_{n+1}\,x - \frac{\pi}{2} \in [n\pi, (n+1)\pi]$, also $l = n$ folgt.

zu vi): Es gilt: $tan(Arctan\,x + n\pi) = tan(Arctan\,x) = x$, also $arctan_l\,x = \; = Arctan\,x + n\pi \in (\frac{2n-1}{2}\pi, \frac{2n+1}{2}\pi)$, womit $l = n$ folgt.

zu vii): Man argumentiert wie zu vi), nur mit $(n\pi, (n+1)\pi)$ anstelle von $(\frac{2n-1}{2}\pi, \frac{2n+1}{2}\pi)$, für die Cotangens- anstelle der Tangensfunktion.

■

Das Rechnen mit den Umkehrfunktionen wollen wir im Folgenden noch an einigen Beispielen üben.

**Beispiel 7.3.13:**

Für $x, y \in I\!R$ mit $x \cdot y \neq 1$ soll ein Additionstheorem für den Arcustangens bewiesen werden, nämlich

$$Arctan\,x \;+\; Arctan\,y \;=\; Arctan\,\frac{x+y}{1-xy} + n\pi\,,$$

falls $Arctan\,x + Arctan\,y \in (\frac{2n-1}{2}\pi, \frac{2n+1}{2}\pi)$, d.h. $n \in \{-1, 0, 1\}$.

Beweis:

Mit $x, y \in I\!R$, $x \cdot y \neq 1$, erhält man für $\tilde{x} := Arctan\, x$ und $\tilde{y} := Arctan\, y$ gemäß Satz 7.3.9 v)

$$tan(\tilde{x} + \tilde{y}) = \frac{tan\,\tilde{x} + tan\,\tilde{y}}{1 - tan\,\tilde{x} \cdot tan\,\tilde{y}} \,,$$

d.h. aber :

$$tan(Arctan\, x \; + \; Arctan\, y) = \frac{x+y}{1-xy} \,.$$

Daraus folgt jetzt : $Arctan\, x + Arctan\, y = arctan_n \frac{x+y}{1-xy} = Arctan \frac{x+y}{1-xy} + n\pi$.

■

Sind aber $x$ und $y$ nichtverschwindend und von verschiedenen Vorzeichen, d.h. $x \cdot y < 0$, so gilt $-\frac{\pi}{2} < Arctan\, x + Arctan\, y < \frac{\pi}{2}$ und deshalb $n = 0$. Insbesondere für $x \cdot y < 0$, aber aus Stetigkeitsgründen gleich für alle $x, y \in I\!R$ mit $x \cdot y < 1$, wissen wir also

$$Arctan\, x \; + \; Arctan\, y \; = \; Arctan \frac{x+y}{1-xy} \,.$$

■

**Beispiel 7.3.14:**

Wir wollen $cos(Arcsin\, x)$ und $sin(Arccos\, x)$ vereinfacht darstellen.
Es gilt allgemein $\quad cos^2 \varphi + sin^2 \varphi = 1$, also

$$cos\,\varphi = \begin{cases} \sqrt{1 - sin^2 \varphi} & \text{, falls } cos\,\varphi \geq 0 \text{, also z.B.: } -\frac{\pi}{2} \leq \varphi \leq \frac{\pi}{2} \\ -\sqrt{1 - sin^2 \varphi} & \text{, falls } cos\,\varphi < 0 \text{, also z.B.: } \frac{\pi}{2} < \varphi < \pi. \end{cases}$$

Nun ist $-\frac{\pi}{2} \leq Arcsin\, x \leq \frac{\pi}{2}$ , sodaß wir mit $\varphi := Arcsin\, x$

(1) $\quad cos(Arcsin\, x) = cos\,\varphi = \sqrt{1 - (sin(Arcsin\, x))^2} = \sqrt{1 - x^2} \quad (x \in [-1, 1])$

erhalten.
Für die zweite Funktion ergibt sich analog mit $\varphi := Arccos\, x$

(2) $\quad sin(\underbrace{Arccos\, x}_{\in [0,\pi]}) = \underbrace{sin\,\varphi}_{\leq 0} = \sqrt{1 - (cos(Arccos\, x))^2} = \sqrt{1 - x^2} \quad (x \in [-1, 1])$.

Wir wollen beide Darstellungen, (1) und (2), im nächsten Beispiel benutzen.

**Beispiel 7.3.15:**

Für alle $x \in [-1,1]$ besteht die Gleichung: $Arccos\,x + Arcsin\,x = \frac{\pi}{2}$.

Es gilt: $sin(Arccos\,x + Arcsin\,x) =$

$$= sin(Arccos\,x) \cdot cos(Arcsin\,x) + cos(Arccos\,x) \cdot sin(Arcsin\,x) =$$
$$= \sqrt{1-x^2}\sqrt{1-x^2} + x^2 = 1$$

und wegen $-\frac{\pi}{2} \leq Arccos\,x + Arcsin\,x \leq \frac{3\pi}{2}$ folgt damit die Behauptung, da $\frac{\pi}{2}$ die einzige Einsstelle der Sinusfunktion im Intervall $(-\frac{\pi}{2}, \frac{3\pi}{2})$ ist.

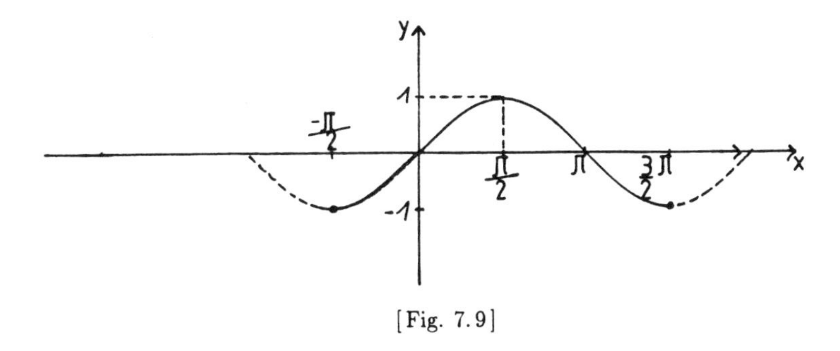


[Fig. 7.9]

Für die Ableitungen der Umkehrfunktionen geben wir abschließend noch die folgende Formelzusammenstellung an.

**Satz 7.3.16:**

Für alle $n \in \mathbb{Z}$ und alle $x \in (-1,1)$ gilt:

i) $arcsin_n'(x) = \frac{(-1)^n}{\sqrt{1-x^2}}$, insbesondere $Arcsin'(x) = \frac{1}{\sqrt{1-x^2}}$,

ii) $arccos_n'(x) = -\frac{(-1)^n}{\sqrt{1-x^2}}$, insbesondere $Arccos'(x) = -\frac{1}{\sqrt{1-x^2}}$.

Für alle $n \in \mathbb{Z}$ und alle $x \in (-\infty, \infty)$ gilt:

iii) $arctan_n'(x) = \frac{1}{1+x^2}$ ,

iv) $arccot_n'(x) = -\frac{1}{1+x^2}$ .

Beweis:

Da alle trigonometrischen Funktionen differenzierbar sind, gilt dies auch für ihre betrachteten Umkehrfunktionen. Wir wenden also Satz 6.1.9 an und erhalten damit für i) ($x \in (-1,1)$):

$$arcsin_n'(x) = \frac{1}{sin' y}\Big|_{y=arcsin_n x} = \frac{1}{cos(arcsin_n x)} =$$

$$= \begin{cases} \dfrac{1}{cos(Arcsin\, x)} & , n \quad \text{gerade} \\ \dfrac{1}{cos(-Arcsin\, x + \pi)} & , n \text{ ungerade} \end{cases} = \begin{cases} \dfrac{1}{\sqrt{1-x^2}} & , n \quad \text{gerade} \\ -\dfrac{1}{\sqrt{1-x^2}} & , n \text{ ungerade} \end{cases} = \frac{(-1)^n}{\sqrt{1-x^2}} .$$

Mit spezieller Setzung $n = 0$ ergibt sich der Zusatz für den Hauptzweig:

$$Arcsin'(x) = \frac{1}{\sqrt{1-x^2}} .$$

Analog erhält man ii).
Für iii) ermitteln wir mit $y := arctan_n\, x$ ($x \in \mathbb{R}$):

$$\begin{aligned} arctan_n'(x) &= \frac{1}{\frac{1}{cos^2 y}} = cos^2 y = \frac{cos^2 y}{cos^2 y + sin^2 y} = \frac{1}{1 + tan^2 y} = \\ &= \frac{1}{1 + tan^2(arctan_n\, x)} = \frac{1}{1+x^2} . \end{aligned}$$

Zu iv) halten wir mit $cot' = -\frac{1}{sin^2} = -1 - cot^2$ fest:

$$arccot_n'(x) = \frac{1}{-1 - cot^2(arccot_n\, x)} = -\frac{1}{1+x^2} .$$

■

# VII. 4. Hyperbolische Funktionen

Die letzte Klasse elementarer Funktionen, mit der wir uns beschäftigen, sind die sogenannten hyperbolischen Funktionen. Da die Reihen zu $sin\, z$ und $cos\, z$ gemäß 7.3 absolut konvergieren, kann man über die Reihen der Absolutbeträge neue Funktionen erklären.

**Definition 7.4.1:**

i) Die Funktionen $\boxed{sinh} : \mathbb{C} \to \mathbb{C}$ mit $sinh(z) := \sum_{k=0}^{\infty} \frac{z^{2k+1}}{(2k+1)!}$ (kurz: $sinh\, z$)

und $\boxed{cosh} : \mathbb{C} \to \mathbb{C}$ mit $cosh(z) := \sum_{k=0}^{\infty} \frac{z^{2k}}{(2k)!}$ (kurz: $cosh\, z$)

heißen Sinus hyperbolicus und Cosinus hyperbolicus.

ii) Die Einschränkungen der Funktionen aus i) auf $\mathbb{R}$ nennt man reellen Sinus hyperbolicus und reellen Cosinus hyperbolicus (für $x \in \mathbb{R}$ sind $sinh\, x$ und $cosh\, x$ reelle Zahlen, d.h. ii) ist sinnvoll).

Wie gewohnt folgt eine Auflistung der wichtigsten Eigenschaften dieser Funktionen.

**Satz 7.4.2:**

Für alle $z, w \in \mathbb{C}$ gilt

i) $sinh\, z = \frac{1}{2}(e^z - e^{-z})$ , $cosh\, z = \frac{1}{2}(e^z + e^{-z})$ ,

ii) $cosh^2 z - sinh^2 z = 1$ ,

iii) $sinh(-z) = -sinh\, z$ , $cosh(-z) = cosh\, z$ ,

iv) $sinh(z+w) = sinh\, z \cdot cosh\, w + cosh\, z \cdot sinh\, w$ und
$cosh(z+w) = cosh\, z \cdot cosh\, w + sinh\, z \cdot sinh\, w$ , Additionstheoreme

v) $sin(iz) = i \cdot sinh\, z$ und $sinh(iz) = i \cdot sin\, z$ sowie
$cos(iz) = cosh\, z$ und $cosh(iz) = cos\, z$ ,

vi) $(cosh\, z + sinh\, z)^n = cosh\, nz + sinh\, nz$ . Moivresche Formel

Beweis:

zu i) Die konvergenten Reihen für $e^z$ und $e^{-z}$ dürfen gliedweise addiert werden, also ist

$$\frac{1}{2}(e^z - e^{-z}) = \frac{1}{2}(\sum_{k=0}^{\infty} \frac{z^k}{k!} - \frac{(-z)^k}{k!}) = \frac{1}{2}(2 \cdot \sum_{k=0}^{\infty} \frac{z^{2k+1}}{(2k+1)!}) = sinh\, z\ ;$$

analog für $cosh\, z$.

zu ii) $cosh^2 z - sinh^2 z =$

$$= \frac{1}{4}(e^z + e^{-z})^2 - \frac{1}{4}(e^z - e^{-z})^2 \frac{1}{4}(e^{2z} + 2e^0 + e^{-2z} - e^{2z} + 2e^0 - e^{-2z}) = 1$$

zu iii) klar

zu iv) $sinh(z+w) = \frac{1}{2}(e^{z+w} - e^{-z-w}) = \frac{1}{2}(e^z \cdot e^w - e^{-z} \cdot e^{-w})$ sowie

$sinh\, z \cdot cosh\, w + cosh\, z \cdot sinh\, w = \frac{1}{4}(e^z - e^{-z})(e^w + e^{-w}) + \frac{1}{4}(e^z + e^{-z})(e^w - e^{-w}) =$ $\frac{1}{4}(2 \cdot e^z \cdot e^w - 2 \cdot e^{-z} \cdot e^{-w})$, d.h. beide Terme sind gleich.

Der zweite Teil folgt genauso.

zu v) Es ist z.B. $sinh(iz) = \frac{1}{2}(e^{iz} - e^{-iz}) = \frac{i}{2i}(e^{iz} - e^{-iz}) = i \cdot sin\, z$

und damit $i \cdot sinh\, z = i \cdot sinh(-i^2 z) = -i \cdot sinh(i \cdot iz) = -i^2 \cdot sin(iz) = sin(iz)$.

Rest: ebenso.

zu vi) $(cosh\, z + sinh\, z)^n = [\frac{1}{2}(e^z + e^{-z} + e^z - e^{-z})]^n = e^{nz}$ und

$(cosh\, n\, z + sinh\, n\, z) = \frac{1}{2}(e^{nz} + e^{-nz} + e^{nz} - e^{-nz}) = e^{nz}$.

■

Für die reellen hyperbolischen Funktionen gelten wiederum Monotonieeigenschaften, was erneut die Existenz von Umkehrfunktionen nach sich zieht.

**Satz 7.4.3:**

i) $sinh\, x$ und $cosh\, x$ sind für alle $x \in \mathbb{R}$ differenzierbar mit $(sinh\, x)' = cosh\, x$ sowie $(cosh\, x)' = sinh\, x$.

ii) $\cosh x$ ist in $(-\infty,0)$ streng monoton fallend und in $(0,\infty)$ streng monoton steigend.

iii) $\sinh x$ ist in $\mathbb{R}$ streng monoton steigend.

iv) $\lim\limits_{x\to\pm\infty} \sinh x = \pm\infty$ , $\lim\limits_{x\to\pm\infty} \cosh x = \infty$ .

Beweis:

zu i) Es ist $\sinh x = \frac{1}{2}(e^x - e^{-x})$, also $(\sinh x)' = \frac{1}{2}(e^x + e^{-x}) = \cosh x$ sowie $(\cosh x)' = \frac{1}{2}(e^x - e^{-x}) = \sinh x$ .

zu ii) Für $x < 0$ ist $e^x < 1 < e^{-x}$, also ist hier $\sinh x < 0$ , für $x > 0$ ist analog $\sinh x > 0$. Dies liefert zusammen mit 6.1.13 die Aussage.

zu iii) Nach ii) ist $\cosh x \geq \cosh 0 = 1 \ \forall x \in \mathbb{R}$, d.h. 6.1.13 liefert erneut die strenge Monotonie von $\sinh$.

zu iv) folgt mit 7.4.2 i) und 7.2.4 iii).

**Definition 7.4.4:**

i) Die Funktion $\boxed{arsinh}: \mathbb{R} \to \mathbb{R}$, definiert als Umkehrfunktion von $\sinh x$, heißt $\boxed{\text{Area sinus hyperbolicus}}$. Für $arsinh$ gilt daher:

$$arsinh(\sinh x) = x \ (x \in \mathbb{R}) \text{ und } \sinh(arsinh\, y) = y \ (y \in \mathbb{R}).$$

ii) Die Funktionen $\boxed{arcosh_+}: [1,\infty) \to [0,\infty)$ und $\boxed{arcosh_-}: [1,\infty) \to (-\infty,0]$, definiert als Umkehrfunktion der beiden Äste des $\cosh$, heißen $\boxed{\text{positiver}}$ und $\boxed{\text{negativer}}$ $\boxed{\text{Area cosinus hyperbolicus}}$.
Für sie gilt somit:

$$arcosh_+(\cosh x) = x, \text{ falls } x \geq 0, \text{ und } \cosh(arcosh_+\, y) = y \text{ für } y \geq 1, \text{ sowie}$$

$$arcosh_-(\cosh x) = x, \text{ falls } x \leq 0, \text{ und } \cosh(arcosh_-\, y) = y \text{ für } y \geq 1.$$

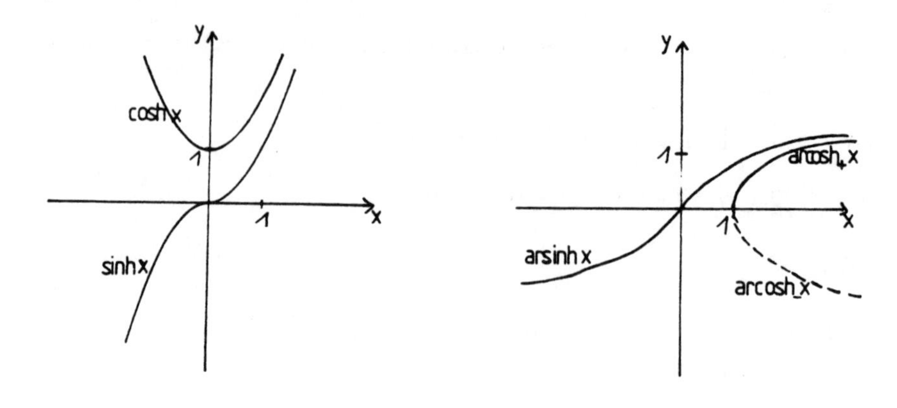


[Fig. 7.10]

Die Areafunktionen sind eng mit der Logarithmusfunktion verbunden:

**Satz 7.4.5:**

i) Für alle $x \in I\!R$ gilt $arsinh\, x = ln(x + \sqrt{x^2+1})$.

ii) Für alle $x \in [1, \infty)$ gilt $arcosh_{\pm}\, x = ln(x \pm \sqrt{x^2-1})$.

iii) $arsinh\, x$ ist in $I\!R$ differenzierbar mit $(arsinh\, x)' = \dfrac{1}{\sqrt{1+x^2}}$.

iv) $arcosh_{\pm}\, x$ sind in $(1, \infty)$ differenzierbar mit $(arcosh_{\pm}\, x)' = \dfrac{1}{\pm\sqrt{1+x^2}}$.

Beweis:

zu i) Es ist $y = arsinh\, x \Leftrightarrow sinh\, y = x \Leftrightarrow \frac{1}{2}(e^y - e^{-y}) = x \Leftrightarrow e^{2y} - 1 = 2x \cdot e^y \Leftrightarrow (e^y)^2 - 2xe^y - 1 = 0$ .
Dies ist eine quadratische Gleichung für $e^y$, deren Lösungen durch $x \pm \sqrt{x^2+1}$ gegeben sind. Nun ist $e^y > 0\ \forall y \in I\!R$, der Term $x - \sqrt{x^2-1}$ ist aber negativ. Daher muß $e^y = x + \sqrt{x^2+1}$ gelten, woraus $y = ln(x + \sqrt{x^2+1})$ folgt.

zu ii) Etwa für $arcosh_-$: ist $x = 1$, so gilt die Behauptung.

Für $x > 1$ ist $y = arcosh_- x \Rightarrow cosh\, y = x \Leftrightarrow \frac{1}{2}(e^y + e^{-y}) = x \Leftrightarrow$
$(e^y)^2 - 2xe^y + 1 = 0$.
Lösungen dieser Gleichung sind $x \pm \sqrt{x^2-1}$. Nun ist $x > 1$, d.h. $x + \sqrt{x^2-1} > 1$.
Wäre $e^y = x + \sqrt{x^2-1}$, so müßte $y > 0$ sein; dies ist aber ein Widerspruch zu $y = arcosh_- x \in (-\infty, 0]$. Also gilt $e^y = x - \sqrt{x^2-1}$ und schließlich $y = ln(x - \sqrt{x^2-1})$.

zu iii) Nach i) gilt $(arsinh\, x)' = \frac{1}{x + \sqrt{x^2+1}} \cdot (1 + \frac{x}{\sqrt{x^2+1}}) = \frac{1}{\sqrt{x^2+1}}$.

zu iv) wie iii).

**Definition 7.4.6:**

tanh : $\mathbb{R} \to \mathbb{R}$, definiert durch $tanh\, x := \frac{sinh\, x}{cosh\, x}$ $(x \in \mathbb{R})$, heißt reeller Tangens hyperbolicus.

coth : $\mathbb{R}\setminus\{0\} \to \mathbb{R}$, definiert durch $coth\, x := \frac{cosh\, x}{sinh\, x} = \frac{1}{tanh\, x}$ $(x \in \mathbb{R}\setminus\{0\})$, heißt reeller Cotangens hyperbolicus.

**Satz 7.4.7:**

i) $tanh(x_1 + x_2) = \frac{tanh\, x_1 + tanh\, x_2}{1 + tanh\, x_1 \cdot tanh\, x_2}$, $x_1, x_2 \in \mathbb{R}$,

$coth(x_1 + x_2) = \frac{1 + coth\, x_1 \cdot coth\, x_2}{coth\, x_1 + coth\, x_2}$, $x_1 \neq 0$, $x_2 \neq 0$, $x_1 + x_2 \neq 0$;

ii) $\lim_{x \to \pm\infty} tanh\, x = \pm 1$, $\lim_{x \to \pm\infty} coth\, x = \pm 1$,

$\lim_{x \to 0^+} coth\, x = \infty$, $\lim_{x \to 0^-} coth\, x = -\infty$;

iii) $tanh\, x$ ist in $\mathbb{R}$ streng monoton steigend und
$coth\, x$ ist in $\mathbb{R}\setminus\{0\}$ streng monoton fallend.

iv) $tanh\, x$ ist in $\mathbb{R}$ differenzierbar mit $(tanh\, x)' = \frac{1}{cosh^2 x}$ und
$coth\, x$ ist in $\mathbb{R}\setminus\{0\}$ differenzierbar mit $(coth\, x)' = -\frac{1}{sinh^2 x}$.

Beweis:

zu i) Es ist $tanh(x_1 + x_2) = \frac{sinh(x_1 + x_2)}{cosh(x_1 + x_2)} = \frac{sinh\, x_1 \cdot cosh\, x_2 + cosh\, x_1 \cdot sinh\, x_2}{cosh\, x_1 \cdot cosh\, x_2 + sinh\, x_1 \cdot sinh\, x_2} =$

$$= \frac{\cosh x_1 \cdot \cosh x_2}{\cosh x_1 \cdot \cosh x_2} \cdot \frac{\frac{\sinh x_1}{\cosh x_1} + \frac{\sinh x_2}{\cosh x_2}}{1 + \frac{\sinh x_1 \cdot \sinh x_2}{\cosh x_1 \cdot \cosh x_2}} = \frac{\tanh x_1 + \tanh x_2}{1 + \tanh x_1 \cdot \tanh x_2} .$$

Analog für $coth$.

zu ii) Es ist $\tanh x = \frac{e^x - e^{-x}}{e^x + e^{-x}} = \frac{e^{2x} - 1}{e^{2x} + 1} = 1 - \frac{2}{e^{2x} + 1}$ .
Nun ist $e^{2x} + 1$ streng monoton steigend mit $\lim\limits_{x \to \infty} e^{2x} + 1 = \infty$ und $\lim\limits_{x \to -\infty} e^{2x} + 1 = 1$, hieraus folgt $\lim\limits_{x \to \pm\infty} \tanh x = \pm 1$.
Ebenso ist $\coth x = 1 + \frac{2}{e^{2x} - 1}$ und aus der strengen Monotonie von $e^{2x} - 1$ sowie $e^{2 \cdot 0} - 1 = 0$ folgen die behaupteten Grenzwerte.

zu iii) folgt sofort aus dem Beweis zu ii) oder auch aus iv) und 6.1.13 .

zu iv) $(\tanh x)' = (\frac{\sinh x}{\cosh x})' = \frac{\cosh^2 x - \sinh^2 x}{\cosh^2 x} = \frac{1}{\cosh^2 x}$ ,
$(\coth x)' = (\frac{\cosh x}{\sinh x})' = \frac{\sinh^2 x - \cosh^2 x}{\sinh^2 x} = -\frac{1}{\sinh^2 x}$ für $x \neq 0$
(vgl. 7.4.2 und 7.4.3).

■

Nun betrachten wir auch noch die nach Punkt iii) existierenden Umkehrfunktionen :

**Definition 7.4.8 :**

i) Die Funktion $\boxed{artanh}$ : $(-1,1) \to \mathbb{R}$, definiert als Umkehrfunktion von $tanh$, heißt $\boxed{\text{Area tangens hyperbolicus}}$ und erfüllt daher
$\tanh(\operatorname{artanh} y) = y$ für $y \in (-1,1)$ sowie $\operatorname{artanh}(\tanh x) = x$ für $x \in \mathbb{R}$.

ii) Die Funktion $\boxed{arcoth}$ : $\mathbb{R}\backslash[-1,1] \to \mathbb{R}\backslash\{0\}$, definiert als Umkehrfunktion von $coth$, heißt $\boxed{\text{Area cotangens hyperbolicus}}$ und erfüllt daher
$\coth(\operatorname{arcoth} y) = y$ für $y \in \mathbb{R}\backslash[-1,1]$ sowie $\operatorname{arcoth}(\coth x) = x$ für $x \neq 0$.

Als Graphen dieser Funktionen erhält man

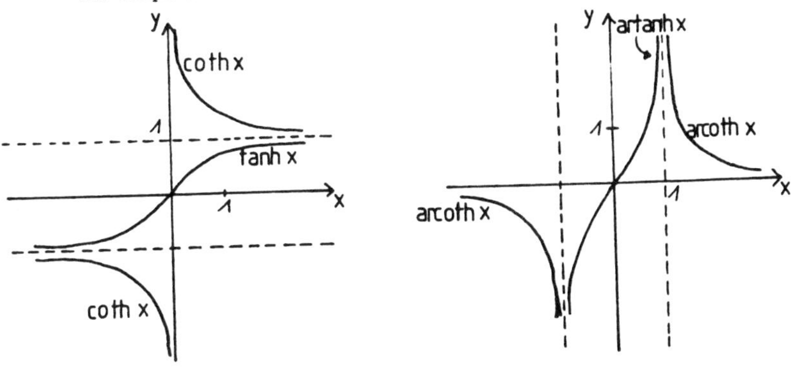


[Fig. 7.11]

Entsprechend zu 7.4.5 gilt schließlich

**Satz 7.4.9:**

i) Für alle $x \in (-1,1)$ gilt $artanh\, x = \frac{1}{2} ln(\frac{1+x}{1-x})$ .

ii) Für alle $x \in I\!R \backslash [-1,1]$ gilt $arcoth\, x = \frac{1}{2} ln(\frac{x+1}{x-1})$ .

iii) $artanh\, x$ ist in $(-1,1)$ differenzierbar mit $(artanh\, x)' = \frac{1}{1-x^2}$ .

iv) $arcoth\, x$ ist in $I\!R \backslash [-1,1]$ differenzierbar mit $(arcoth\, x)' = \frac{1}{1-x^2}$ .

Beweis:

zu i) Für $x \in (-1,1)$ ist $y = artanh\, x \Leftrightarrow tanh\, y = x \Leftrightarrow \frac{e^y - e^{-y}}{e^y + e^{-y}} = x \Leftrightarrow$
$e^y(1-x) = e^{-y}(1+x) \Leftrightarrow e^{2y} = \frac{1+x}{1-x}$ , also $y = \frac{1}{2} ln(\frac{1+x}{1-x})$ .

zu ii) wie i) .

zu iii) Nach i) gilt $(artanh\, x)' = \frac{1}{2} \cdot \frac{1-x}{1+x} \cdot \frac{1-x+1+x}{(1-x)^2} = \frac{1}{(1+x)(1-x)} = \frac{1}{1-x^2}$ .

zu iv) wie iii) . ∎

## Aufgaben zu den Kapiteln O und I

Aufgabe 1:

Es seien $A, B$ und $C$ Aussagen, für die die Aussagen

$$i)\quad C \vee A \quad , \qquad ii)\quad \neg C \vee (A \wedge B) \quad \text{und} \qquad iii)\quad B \iff (\neg C \wedge \neg A)$$

wahr sind. Man untersuche $A, B$ und $C$ auf ihre Wahrheitswerte.

Lösung:

Wir nehmen an, $C$ ist wahr. Dann folgt aus ii), daß $A$ und $B$ wahr sind. Wegen iii) impliziert dies $\neg C \wedge \neg A$, d.h. $C$ ist falsch im Widerspruch zur Annahme. $C$ muß also falsch sein.
i) ergibt jetzt die Gültigkeit von $A$ und iii) liefert, daß $B$ falsch ist.
Wir vermuten daher: $A$ wahr, $B$ falsch, $C$ falsch.
i) - iii) sind dann offensichtlich wahre Aussagen, die obige Belegung leistet also das Gewünschte.
(Man überzeuge sich zusätzlich davon, daß diese Belegung von $A, B$ und $C$ mit Wahrheitswerten die einzige ist, die i) - iii) zu wahren Aussagen macht. Dazu nehme man nacheinander an, $A$ sei falsch und $B$ sei wahr und führe beides zu einem Widerspruch.)

Aufgabe 2:

Zur Aussage $A$ bilde man deren Negation $\neg A$ und prüfe, ob $A$ oder $\neg A$ wahr ist.

i) $A: \ \forall\, x \in \mathbb{R} \quad x^2 - 1 > 0$

ii) $A: \ \forall\, x \in \mathbb{R} \ \ \forall\, y \in \mathbb{R} \ \ \exists\, z \ (z^2 > x + y)$

iii) $A: \ \exists\, z \in \mathbb{R} \ \ \forall\, x \in \mathbb{R} \ \ \forall\, y \in \mathbb{R} \ (z^2 > x + y)$

iv) $A: \ \exists\, x \in \mathbb{N} \ \ \forall\, y \in \mathbb{R} \ (x \cdot y = 1 \Longrightarrow y < \frac{1}{3})$ .

Lösung:

Beachte, daß bei Negation aus einem Allquantor ein Existenzquantor wird und umgekehrt.

i) $\neg A: \ \exists\, x \in \mathbb{R} \ \ x^2 - 1 \leq 0$. Dies ist z.B. für $x = \frac{1}{2}$ richtig, d.h. $A$ ist falsch.

ii) $\neg A: \ \exists\, x \in \mathbb{R} \ \exists\, y \in \mathbb{R} \ \forall\, z \in \mathbb{R}\, (z^2 \leq x + y)$. Hier handelt es sich um eine falsche Aussage, da man nur $z = |x| + |y| + 1$ zu wählen braucht, um $z^2 > x + y$ zu erfüllen. $A$ ist also richtig.

iii) $\neg A: \ \forall\, z \in \mathbb{R} \ \exists\, x \in \mathbb{R} \ \exists\, y \in \mathbb{R}\, (z^2 \leq x + y)$. Im Gegensatz zu ii) ist $\neg A$ hier richtig. Zu gegebenem $z \in \mathbb{R}$ wähle man $x = z^2$ und $y = 0$. $A$ ist somit falsch.

iv) $\neg A: \ \forall\, x \in \mathbb{N} \ \exists\, y \in \mathbb{R}\, (x \cdot y = 1 \wedge y \geq \frac{1}{3})$. (Beachte, daß für zwei Aussagen $B$ und $C$ gilt: $(B \Longrightarrow C) \Longleftrightarrow (\neg B \vee C)$.) Wählt man nun etwa $x = 4$, so gilt nur für $y = \frac{1}{4}$ die Gleichung $x \cdot y = 1$, aber $\frac{1}{4} < \frac{1}{3}$. Aussage $A$ ist daher richtig.

Aufgabe 3:

Man bestimme alle $x \in \mathbb{R}$, die die folgenden Gleichungen bzw Ungleichungen lösen.

i) $\sqrt{4x^2} - x + 2 = 0$

ii) $\sqrt{x^2 - x - 6} - \sqrt{x^2 - 6x + 5} = 0$

iii) $\sqrt{x^4} = 2 \cdot |x + 1| - 1$

iv) $3 - x^2 + 2x > 0$

v) $3 + 2x \leq \dfrac{3}{2 - x}$

vi) $\dfrac{(x+2) \cdot |x^2 - 1|}{x + 1} > 4$ .

Lösung:

i) $\sqrt{4x^2} - x + 2 = 0 \iff 2 \cdot |x| - x + 2 = 0$. Für $x \leq 0$ folgt $-2x - x + 2 = 0 \iff 3x = 2$ bzw. $x = \frac{2}{3} > 0$, d.h. es gibt keine Lösung $x \leq 0$. Für $x \geq 0$ hat man $2x - x + 2 = 0 \iff x = -2 < 0$, also gibt es auch hier keine Lösung. Die Gleichung ist unlösbar.

ii) $\sqrt{x^2 - x - 6} = \sqrt{x^2 - 6x + 5}$. Quadrieren liefert $x^2 - x - 6 = x^2 - 6x + 5$, wobei darauf zu achten ist, daß $x^2 - x - 6 \geq 0$ gelten muß.
Das einzig in Frage kommende $x$ ergibt sich gemäß $-x-6 = -6x+5 \iff x = \frac{11}{5}$. Hierfür ist aber $\left(\frac{11}{5}\right)^2 - \frac{11}{5} - 6 < 0$, d.h. auch ii) ist unlösbar.

iii) $\sqrt{x^4} = 2 \cdot |x+1| - 1 \iff x^2 = 2 \cdot |x+1| - 1$. Für $x \geq -1$ folgt $x^2 = 2x + 1 \implies x_1 = 1 + \sqrt{2}$ und $x_2 = 1 - \sqrt{2}$. Beide Werte sind $\geq -1$, also wirklich Lösungen. Für $x \leq -1$ ergibt sich $x^2 = -2x - 3 \implies x_3 = -1 + \sqrt{-2}$ und $x_4 = -1 - \sqrt{-2}$, was keine reelle Zahl liefert. Alle Lösungen sind also durch $1 + \sqrt{2}$ bzw. $1 - \sqrt{2}$ gegeben.

iv) $3 - x^2 + 2x > 0 \iff x^2 - 2x - 3 < 0 \iff x^2 - 2x + 1 < 4 \iff (x-1)^2 < 4$. Hieraus folgt $0 \leq x - 1 < 2$ oder $-2 < x - 1 \leq 0$, dies liefert $1 \leq x < 3$ oder $-1 < x \leq 1$. Zusammengefaßt sind also alle $x$ mit $-1 < x < 3$ Lösung.

v) $3+2x \leq \frac{3}{2-x}$. Für $x > 2$ folgt $(3+2x)(2-x) \geq 3 \iff -2x^2 + x \geq -3 \iff x^2 - \frac{x}{2} \leq \frac{3}{2} \iff \left(x - \frac{1}{4}\right)^2 \leq \frac{25}{16}$. Dies liefert $-\frac{5}{4} \leq x - \frac{1}{4} \leq 0$ oder $0 \leq x - \frac{1}{4} \leq \frac{5}{4}$ bzw. $-1 \leq x \leq \frac{1}{4}$ oder $\frac{1}{4} \leq x \leq \frac{3}{2}$. Da aber $x > 2$ war, ist keiner der gefundenen $x$-Werte Lösung.
Für $x < 2$ folgt analog $-2x^2 + x \leq -3$ bzw. $\left(x - \frac{1}{4}\right)^2 \geq \frac{25}{16}$ und hieraus $x \geq \frac{3}{2}$ oder $x \leq -1$. Wegen $x < 2$ sind alle $x$ mit $x \leq -1$ oder $\frac{3}{2} \leq x < 2$ Lösung.

vi) Es ist $\dfrac{|x^2-1|\cdot(x+2)}{x+1} > 4 \iff \dfrac{(x+2)\cdot|x-1|\cdot|x+1|}{(x+1)} > 4$ .

Für $-1 < x \le 1$ folgt $(x+2)\cdot(1-x) > 4 \iff -x^2-x > 2 \iff \left(x+\frac{1}{2}\right)^2 < -\frac{7}{4}$, was unlösbar ist.

Für $x \ge 1$ ergibt sich $(x+2)(x-1) > 4 \iff x^2+x > 6 \iff \left(x+\frac{1}{2}\right)^2 > \frac{25}{4}$, woraus $x > 2$ oder $x < -3$ folgt. Wegen $x \ge 1$ bleiben also alle $x > 2$ als Lösungen.

Ist schließlich $x < -1$, so folgt $-(x+2)(1-x) > 4 \iff x^2+x > 6$, wegen Obigem sind dann alle $x < -3$ Lösungen.

Insgesamt sind somit alle $x$ mit $x < -3$ oder $x > 2$ Lösungen.

Aufgabe 4:

i) Berechnen Sie $\operatorname{Re}(z), \operatorname{Im}(z), |z|$ und $z^2$ für $z_1 = \dfrac{i+3}{2i-4}$ und $z_2 = \dfrac{(1+2i)\cdot[(4+3i)^2+1-22i]}{(2-i)^2-2+5i}$ .

ii) Lösen Sie die Gleichung $-3z + \bar{z} - 2i\cdot\bar{z} = 2i$.

iii) Berechnen Sie die Menge aller $z \in \mathbb{C}$ mit $|z-1| \le \operatorname{Im}(z) + 1$. Wie sieht diese Menge geometrisch aus? Gleiches führe man für $\{z \in \mathbb{C} \mid (2+i)\cdot z + (2-i)\cdot\bar{z} - 2 = 0\}$ durch.

iv) Bestimmen Sie alle $z \in \mathbb{C}$ mit

a) $z^2 = 4i$

b) $(z-3i)^3 = 29\cdot\dfrac{3-5i}{2-5i} - 31 + 22i$

c) $z^4 = -16$.

Hierbei seien für die Abbildung cis folgende Werte als bekannt vorausgesetzt:
$\operatorname{cis}(\frac{\pi}{6}) = \frac{\sqrt{3}}{2} + \frac{i}{2}, \operatorname{cis}(\frac{\pi}{4}) = \frac{1}{\sqrt{2}} + \frac{i}{\sqrt{2}}, \operatorname{cis}(\frac{\pi}{3}) = \frac{1}{2} + i\cdot\frac{\sqrt{3}}{2}$. Ferner beachte man $\operatorname{cis}(\rho+2\pi) = \operatorname{cis}\rho, \operatorname{cis}(-\rho) = \overline{\operatorname{cis}(\rho)}, \operatorname{cis}(\rho+\pi) = -\operatorname{cis}\rho$ und $\operatorname{cis}(\rho+\frac{\pi}{2}) = i\cdot\operatorname{cis}\rho$.

Lösung :

i) $$z_1 = \frac{i+3}{2i-4} = \frac{(i+3)\cdot(2i+4)}{(2i-4)\cdot(2i+4)} = \frac{-2+6i+4i+12}{-4-16} = -\frac{1}{2} - \frac{1}{2}i\,,\ \text{also}$$
$$\operatorname{Re}(z_1) = -\frac{1}{2}, \operatorname{Im}(z_1) = -\frac{1}{2}, |z_1| = \sqrt{\frac{1}{4}+\frac{1}{4}} = \frac{1}{\sqrt{2}}\ \text{und}$$
$$z_1^2 = \left(-\frac{1}{2} - \frac{1}{2}i\right)^2 = \frac{1}{4} + \frac{1}{2}i - \frac{1}{4} = \frac{1}{2}i\ ;$$
$$z_2 = \frac{(1+2i)\cdot[16+24i-9+1-22i]}{4-4i-1-2+5i} = \frac{4+18i}{1+i}\cdot\frac{1-i}{1-i} = \frac{22+14i}{2} =$$
$= 11+7i$, also $\operatorname{Re}(z_2) = 11, \operatorname{Im}(z_2) = 7, |z_2| = \sqrt{121+49} = \sqrt{170}$ und $z_2^2 = (11+7i)^2 = 72+154i$.

ii) Sei $z = x + i\cdot y$, dann erhält man $-3x - i\cdot 3y + x - iy - 2ix - 2y = 2i$, also durch Vergleich von Real- und Imaginärteil: $-2x - 2y = 0$ sowie $-4y - 2x = 2 \implies x = -y \implies y = -1$ und $x = 1$, d.h. $z = 1 - i$.

iii) Sei $z = x + iy$, dann ist $|z-1| = |x-1+iy| = \sqrt{(x-1)^2+y^2}$. Ferner ist $\operatorname{Im}(z)+1 = y+1$, also $\sqrt{(x-1)^2+y^2} \le y+1$.
Quadrieren (für $y \ge -1$) liefert $(x-1)^2 + y^2 \le y^2 + 2y + 1$ bzw. $y \ge \frac{1}{2}(x-1)^2 - \frac{1}{2}$. Die rechte Seite ist für alle $x$ größer als $-1$, also stellt obige Ungleichung die Lösung dar.
Für die zweite Menge ergibt sich mit $z = x + iy$:
$2x+2iy+ix-y+2x-2iy-ix-y-2 = 0 \iff 4x-2 = 2y \iff y = 2x-1$, was eine Gerade darstellt (s. Kap.II) .

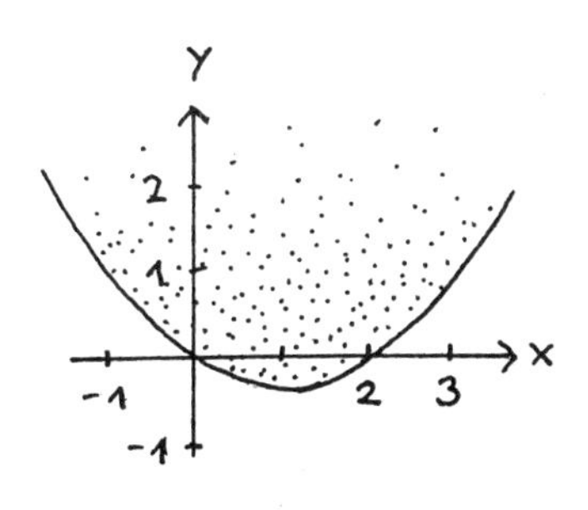


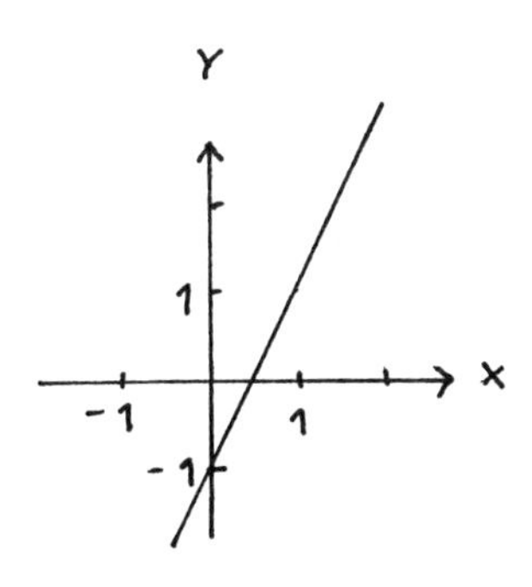

iv) a) $z^2 = 4i = 4 \cdot \text{cis}(\frac{\pi}{2})$ ; daraus folgt $z_1 = 2 \cdot \text{cis}(\frac{\pi}{4}) = 2 \cdot \left(\frac{1}{\sqrt{2}} + \frac{i}{\sqrt{2}}\right)$ sowie $z_2 = 2 \cdot \text{cis}\left(\frac{\frac{\pi}{2} + 2\pi}{2}\right) = 2 \cdot \text{cis}\left(\frac{5}{4}\pi\right) = 2 \cdot \text{cis}\left(\frac{\pi}{4} + \pi\right) =$
$= -2 \cdot \text{cis}\left(\frac{\pi}{4}\right) = -z_1$.

b) $(z - 3i)^3 = 29 \cdot \frac{3-5i}{2-5i} \cdot \frac{2+5i}{2+5i} - 31 + 22i = 29 \cdot \frac{31+5i}{29} - 31 + 22i =$
$= 27i = 27 \cdot \text{cis}\left(\frac{\pi}{2}\right)$ .
Hieraus ergibt sich
$z_1 - 3i = 3 \cdot \text{cis}\left(\frac{\pi}{6}\right)$, also $z_1 = \frac{3 \cdot \sqrt{3}}{2} + \frac{9}{2}i$
$z_2 - 3i = 3 \cdot \text{cis}\left(\frac{\frac{\pi}{2} + 2\pi}{3}\right) = 3 \cdot \text{cis}\left(\frac{5}{6}\pi\right) = -3 \cdot \text{cis}\left(-\frac{\pi}{6}\right) = -3 \cdot \overline{\text{cis}\left(\frac{\pi}{6}\right)}$
$= -3 \cdot \left(\frac{\sqrt{3}}{2} - \frac{i}{2}\right)$, also $z_2 = -3 \cdot \left(\frac{\sqrt{3}}{2} - 3i\right)$
und $z_3 - 3i = 3 \cdot \text{cis}\left(\frac{\frac{\pi}{2} + 4\pi}{3}\right) = 3 \cdot \text{cis}\left(\frac{3}{2}\pi\right) = -3 \cdot \text{cis}\left(\frac{\pi}{2}\right) = -3i$, also $z_3 = 0$.

c) $z^4 = -16 = 16 \cdot \text{cis}(\pi)$; daraus folgt $z_1 = 2 \cdot \text{cis}\left(\frac{\pi}{4}\right) = \sqrt{2} + i \cdot \sqrt{2}$,
$z_2 = 2 \cdot \text{cis}\left(\frac{3}{4}\pi\right) = -2 \cdot \text{cis}\left(-\frac{\pi}{4}\right) = -2 \cdot \overline{\text{cis}\left(\frac{\pi}{4}\right)} = -\sqrt{2} + i \cdot \sqrt{2}$,
$z_3 = 2 \cdot \text{cis}\left(\frac{5}{4}\pi\right) = -2 \cdot \text{cis}\left(\frac{\pi}{4}\right) = -z_1$ und
$z_4 = 2 \cdot \text{cis}\left(\frac{7}{4}\pi\right) = 2 \cdot \text{cis}\left(-\frac{\pi}{4}\right) = 2 \cdot \overline{\text{cis}\left(\frac{\pi}{4}\right)} = -z_2$ .

Aufgabe 5:

Man löse durch vollständige Induktion:

i) $\sum_{k=0}^{n}(2k+1) = (n+1)^2$ für $n \in \mathbb{N}_0$ $(= \mathbb{N} \cup \{0\})$

ii) $\sum_{k=1}^{n} k \cdot k! = (n+1)! - 1$ für $n \in \mathbb{N}$

iii) Für welche $n \in \mathbb{N}$ gilt $3^n > n^3$ ?

iv) $\forall\, a, b \in \mathbb{R}$ mit $a \geq 0, b \geq 0$ gilt $\frac{a^n + b^n}{2} \geq \left(\frac{a+b}{2}\right)^n, n \in \mathbb{N}$.

Lösung:

i) Ind.-Anfang: $n_0 = 0$ $\quad \sum_{k=0}^{0}(2k+1) = 1 = (0+1)^2$

Ind.-Annahme: $\sum_{k=0}^{n}(2k+1) = (n+1)^2$ gilt für ein $n \geq 0$

Ind.-Schritt:

$$\begin{aligned}\sum_{k=0}^{n+1}(2k+1) &= \sum_{k=0}^{n}(2k+1) + 2(n+1) + 1 \;=\; (n+1)^2 + 2(n+1) + 1 \\ &= (n+1+1)^2 \;=\; (n+2)^2.\end{aligned}$$

ii) Ind.-Anfang: $n_0 = 1$ $\quad \sum_{k=1}^{1} k \cdot k! = 1 = (1+1)! - 1$

Ind.-Annahme: $\sum_{k=1}^{n} k \cdot k! = (n+1)! - 1$ gilt für ein $n \in \mathbb{N}$

Ind.-Schritt:

$$\begin{aligned}\sum_{k=1}^{n+1} k \cdot k! &= \sum_{k=1}^{n} k \cdot k! + (n+1)(n+1)! \\ &= (n+1)! - 1 + (n+1)(n+1)! \;=\; (n+1)! \cdot (1+n+1) - 1 \\ &= (n+2)! - 1 \,.\end{aligned}$$

iii) Es ist $3^1 > 1^3$, $3^2 = 9 > 2^3 = 8$, $3^3 = 27 \leq 3^3, 3^4 = 81 > 64 = 4^3$. Wir vermuten, daß die Behauptung für alle $n \geq 4$ ebenfalls gilt:

Ind.-Anfang: s.o.

Ind.-Annahme: für ein $n \geq 4$ ist $3^n > n^3$

Ind.-Schritt: $3^{n+1} = 3 \cdot 3^n > 3 \cdot n^3$

Wäre nun $2n^3 \geq 3n^2 + 3n + 1$, so folgte weiter:

$n^3 + 2n^3 \geq (n+1)^3$ und somit die Behauptung.

Wir zeigen also in einer zweiten Induktion:

$$2n^3 \geq 3n^2 + 3n + 1 \qquad \text{für } n \geq 4 \quad .$$

Ind.-Anfang: $n_0 = 4$: $\quad 2 \cdot 4^3 = 128 \geq 3 \cdot 16 + 3 \cdot 4 + 1$

Ind.-Annahme: für ein $n \geq 4$ gilt: $2n^3 \geq 3n^2 + 3n + 1$

Ind.-Schritt: $2(n+1)^3 = 2n^3 + 6n^2 + 6n + 2 \geq 3n^2 + 3n + 1 + 6n^2 + 6n + 2 =$

$\qquad = 9n^2 + 9n + 3 \geq 3n^2 + 9n + 7 = 3(n+1)^2 + 3(n+1) + 1$.

Insgesamt gilt: $3^n > n^3$ also für $n = 1, n = 2$ und $n \geq 4$.

iv) Ind.-Anfang: $n = 1 \qquad \dfrac{a^1 + b^1}{2} = \left(\dfrac{a+b}{2}\right)^1$

Ind.-Annahme: Für ein $n \geq 1$ gilt: $\dfrac{a^n + b^n}{2} \geq \left(\dfrac{a+b}{2}\right)^n$.

Ind.-Schritt: wegen $b \geq a \Leftrightarrow b^n \geq a^n$ für $a, b \geq 0$ folgt:

$$\begin{array}{rccl} & (b^n - a^n) \cdot (b - a) & \geq & 0 \\ \Leftrightarrow & a^n \cdot (a - b) + b^n \cdot (b - a) & \geq & 0 \\ \Leftrightarrow & a^{n+1} + b^{n+1} & \geq & a \cdot b^n + b \cdot a^n \\ \Leftrightarrow & \frac{1}{2} \cdot a^{n+1} + \frac{1}{2} \cdot b^{n+1} & \geq & \frac{1}{4}(a^{n+1} + a \cdot b^n + b \cdot a^n + b^{n+1}) \\ & & = & \frac{a^n + b^n}{2} \cdot \frac{a+b}{2} \\ \Rightarrow & \frac{a^{n+1} + b^{n+1}}{2} & \geq & \frac{(a+b)^{n+1}}{2^{n+1}} \text{ (nach Ind.-Annahme).} \end{array}$$

Aufgabe 6:

i) Man zerlege das Polynom $P(z) = 3z^4 - 3z^3 + 6z^2 - 12z - 24$ gemäß Satz 1.4.14 .

ii) Man dividiere $3x^7 + 5x^5 + 5x^3 + 3x - 1$ durch $3x^3 + 2x$ mit Rest.

Lösung:

i) Durch Probieren sieht man, daß $P(2) = 0$ ist; also ist $P(z)$ durch $(z-2)$ teilbar:

$$\begin{array}{l} 3z^4 - 3z^3 + 6z^2 - 12z - 24 = (z-2) \cdot (3z^3 + 3z^2 + 12z + 12) \\ \underline{-(3z^4 - 6z^3)} \\ \quad 3z^3 + 6z^2 - 12z - 24 \\ \quad \underline{-(3z^3 - 6z^2)} \\ \qquad 12z^2 - 12z - 24 \\ \qquad \underline{-(12z^2 - 24z)} \\ \qquad\quad 12z - 24 \\ \qquad\quad \underline{-(12z - 24)} \\ \qquad\qquad 0 \quad . \end{array}$$

Das Polynom $3z^3 + 3z^2 + 12z + 12$ hat die Nullstelle $-1$, also ergibt sich wie oben:

$$\begin{array}{l} 3z^3 + 3z^2 + 12z + 12 = (z+1) \cdot (3z^2 + 12) \\ \underline{-(3z^3 + 3z^2)} \\ \qquad 12z + 12 \\ \qquad \underline{-(12z + 12)} \\ \qquad\quad 0 \quad . \end{array}$$

Übrig bleibt somit das Polynom $3z^2 + 12 = 3 \cdot (z^2 + 4)$. Dieses hat die Nullstellen $2i$ und $-2i$;
für $P(z)$ folgt dann $P(z) = 3 \cdot (z-2)(z+1)(z-2i)(z+2i)$.

ii)

$$\begin{array}{l} 3x^7 + 5x^5 + 5x^3 + 3x - 1 = (3x^3 + 2x) \cdot (x^4 + x^2 + 1) + x - 1 \\ \underline{-(3x^7 + 2x^5)} \\ \quad 3x^5 + 5x^3 + 3x - 1 \\ \quad \underline{-(3x^5 + 2x^3)} \\ \qquad 3x^3 + 3x - 1 \\ \qquad \underline{-(3x^3 + 2x)} \\ \qquad\quad x - 1 \quad . \end{array}$$

■

## Aufgaben zu Kapitel II, Abschnitt 2.1 :

Aufgabe 1:

i) Zu $\underline{a} = (1,0,-2)^T$ und $\underline{b} = (-2,1,1)^T$ berechne man $\text{Proj}_{\underline{b}}\underline{a}$, $\text{Proj}_{\underline{a}}\underline{b}$ und den Cosinus des Winkels $\alpha$, der von $\underline{a}$ und $\underline{b}$ eingeschlossen wird.

ii) Bestimmen Sie alle Vektoren $\underline{a}$ der Länge $\sqrt{8}$, die zu $(2,2,0)^T$ und $(\sqrt{2},0,-1)^T$ orthogonal sind.

iii) Für $\underline{a} = (1,3,5)^T, \underline{b} = (-2,1,3)^T$ und $\underline{c} = (0,1,-1)^T$ berechne man $\underline{a} \times \underline{b}$, $< \underline{a}, \underline{b}, \underline{c} >$ sowie $(\underline{a} \times \underline{c}) \times \underline{b}$.

Lösung:

i) Es ist $||\underline{a}|| = \sqrt{5}$, $||\underline{b}|| = \sqrt{6}$, $\underline{a} \cdot \underline{b} = -2-2 = -4$, also

$$\text{Proj}_{\underline{b}}\underline{a} = \frac{\underline{a} \cdot \underline{b}}{||\underline{b}||^2}\underline{b} = \frac{-4}{6}(-2,1,1)^T = \left(\frac{4}{3}, -\frac{2}{3}, -\frac{2}{3}\right)^T ,$$

$$\text{Proj}_{\underline{a}}\underline{b} = \frac{\underline{a} \cdot \underline{b}}{||\underline{a}||^2}\underline{a} = \frac{-4}{5}(1,0,-2)^T \qquad \text{und}$$

$$\cos\alpha = \frac{\underline{a} \cdot \underline{b}}{||\underline{a}||\ ||\underline{b}||} = \frac{-4}{\sqrt{30}} .$$

ii) Für $\underline{a} = (a_1, a_2, a_3)^T$ muß gelten: $a_1^2 + a_2^2 + a_3^2 = 8$, $2a_1 + 2a_2 = 0$ und $a_1 \cdot \sqrt{2} - a_3 = 0$. Dies liefert $a_3 = \sqrt{2} \cdot a_1$ sowie $a_2 = -a_1$ und somit $a_1^2 + a_1^2 + 2a_1^2 = 8 \Longrightarrow a_1^2 = 2$. Lösungen sind damit die Vektoren $(\sqrt{2}, -\sqrt{2}, 2)^T$ und $(-\sqrt{2}, \sqrt{2}, -2)^T$.

iii)
$$\underline{a} \times \underline{b} = \begin{pmatrix} 3\cdot 3 - 5\cdot 1 \\ -1\cdot 3 - 5\cdot 2 \\ 1\cdot 1 + 3\cdot 2 \end{pmatrix} = \begin{pmatrix} 4 \\ -14 \\ 7 \end{pmatrix} ,$$

$$< \underline{a}, \underline{b}, \underline{c} > = (\underline{a} \times \underline{b}) \cdot \underline{c} = \begin{pmatrix} 4 \\ -14 \\ 7 \end{pmatrix} \cdot \begin{pmatrix} 0 \\ 1 \\ -1 \end{pmatrix} = -14 - 7 = -21 \qquad \text{sowie}$$

$$(\underline{a} \times \underline{c}) \times \underline{b} = \begin{pmatrix} -3\cdot 1 - 5\cdot 1 \\ 1\cdot 1 + 5\cdot 0 \\ 1\cdot 1 - 0 \end{pmatrix} \times \underline{b} = \begin{pmatrix} -8 \\ 1 \\ 1 \end{pmatrix} \times \begin{pmatrix} -2 \\ 1 \\ 3 \end{pmatrix} = \begin{pmatrix} 2 \\ 22 \\ -6 \end{pmatrix} .$$

Aufgabe 2:

Bestimmen Sie die Gerade $g$ im $\mathbb{R}^2$, die durch $(7,2)^T$ und $(-1,3)^T$ verläuft, in Parameterdarstellung, in Hesse-Form und in Hesse-Normalform.

Lösung:

Den Richtungsvektor $\underline{a}$ von $g$ erhält man gemäß $\underline{a} = \begin{pmatrix} 7 \\ 2 \end{pmatrix} - \begin{pmatrix} -1 \\ 3 \end{pmatrix} = \begin{pmatrix} 8 \\ -1 \end{pmatrix}$,

also ist $g : \underline{x} = \begin{pmatrix} 7 \\ 2 \end{pmatrix} + \lambda \cdot \begin{pmatrix} 8 \\ -1 \end{pmatrix}$, $\lambda \in \mathbb{R}$.

Normalenvektor zu $\underline{a}$ ist $\underline{\eta} = \begin{pmatrix} 1 \\ 8 \end{pmatrix}$ und es gilt $\underline{\eta} \cdot \begin{pmatrix} 7 \\ 2 \end{pmatrix} = 23$, also lautet die Hesse-Form von $g : \begin{pmatrix} 1 \\ 8 \end{pmatrix} \cdot \underline{x} = 23$.

$\underline{\eta}$ hat die Länge $\sqrt{64+1}$, daher ist die Hessesche Normalform durch $\frac{1}{\sqrt{65}} \cdot \begin{pmatrix} 1 \\ 8 \end{pmatrix} \cdot \underline{x} = \frac{1}{\sqrt{65}} \cdot 23$ gegeben.

Aufgabe 3:

Bestimmen Sie die Ebene $E$, die die Punkte $P_0 = (-1,-1,-1)^T$, $P_1 = (-2,-1,1)^T$ und $P_2 = (0,-2,0)^T$ enthält, in Parameterform, in Hesse-Form und in Hesse-Normalform. Welchen Abstand hat $P = (1,0,2)^T$ von $E$ ?

Lösung:

Zwei linear unabhängige Richtungsvektoren von $E$ sind durch

$$P_1 - P_0 = \begin{pmatrix} -1 \\ 0 \\ 2 \end{pmatrix} \text{ und } P_2 - P_0 = \begin{pmatrix} 1 \\ -1 \\ 1 \end{pmatrix} .$$

gegeben. $E$ hat also die Parameterform

$$E : \underline{x} = \begin{pmatrix} -1 \\ -1 \\ -1 \end{pmatrix} + \lambda \cdot \begin{pmatrix} -1 \\ 0 \\ 2 \end{pmatrix} + \mu \begin{pmatrix} 1 \\ -1 \\ 1 \end{pmatrix} , \quad \lambda, \mu \in \mathbb{R} .$$

Ein Normalenvektor für $E$ ergibt sich mit $\underline{\eta} := \begin{pmatrix} -1 \\ 0 \\ 2 \end{pmatrix} \times \begin{pmatrix} 1 \\ -1 \\ 1 \end{pmatrix} = \begin{pmatrix} 2 \\ 3 \\ 1 \end{pmatrix}$.

Dann gilt $\underline{\eta} \cdot \begin{pmatrix} -1 \\ -1 \\ -1 \end{pmatrix} = -6$, also lautet die Hesse-Form $\quad E : \begin{pmatrix} 2 \\ 3 \\ 1 \end{pmatrix} \cdot \underline{x} = -6$.

Die Hessesche Normalform ist $E : -\frac{1}{\sqrt{14}} \cdot \begin{pmatrix} 2 \\ 3 \\ 1 \end{pmatrix} \cdot \underline{x} = \frac{6}{\sqrt{14}}$. Um $d(P, E)$ zu ermitteln, bildet man eine zu $E$ parallele Ebene $E_1$ durch $P$ : ihre HNF ist

$$E_1 : -\frac{1}{\sqrt{14}} \cdot \begin{pmatrix} 2 \\ 3 \\ 1 \end{pmatrix} \cdot \underline{x} = -\frac{1}{\sqrt{14}} \cdot \begin{pmatrix} 2 \\ 3 \\ 1 \end{pmatrix} \cdot \begin{pmatrix} 1 \\ 0 \\ 2 \end{pmatrix} = -\frac{1}{\sqrt{14}} \cdot 4 \,;$$

also ist $d(P, E) = \left| \frac{6}{\sqrt{14}} - \left( -\frac{1}{\sqrt{14}} \cdot 4 \right) \right| = \frac{10}{\sqrt{14}}$.

Aufgabe 4:

Fällen Sie vom Punkt $Q : (11, 0, -1)^T$ das Lot auf die durch die Punkte $P_0 : (7, -1, -2)^T$ und $P_1 : (13, -4, 4)^T$ gehende Gerade $g$. Berechnen Sie den Lotfußpunkt $L$ und den Abstand $d(Q, g)$ von $Q$ und $g$.

Lösung:

Sei $E$ die Ebene, die $P_0, P_1$ und $Q$ enthält; dann hat $E$ die Parameterdarstellung

$$E : \underline{x} = \begin{pmatrix} 7 \\ -1 \\ -2 \end{pmatrix} + \lambda \cdot \begin{pmatrix} 6 \\ -3 \\ 6 \end{pmatrix} + \mu \cdot \begin{pmatrix} 4 \\ 1 \\ 1 \end{pmatrix} .$$

Der Lotfußpunkt ergibt sich, indem man den Richtungsvektor $\underline{b} := \begin{pmatrix} 4 \\ 1 \\ 1 \end{pmatrix}$ auf $\underline{a} := \begin{pmatrix} 6 \\ -3 \\ 6 \end{pmatrix}$ projeziert und das Ergebnis von $P_0$ aus abträgt:

$$\text{Proj}_{\underline{a}}\underline{b} = \frac{\underline{a} \cdot \underline{b}}{||\underline{a}||^2} \cdot \underline{a} = \frac{27}{81} \cdot \begin{pmatrix} 6 \\ -3 \\ 6 \end{pmatrix} = \begin{pmatrix} 2 \\ -1 \\ 2 \end{pmatrix} ,$$

d.h.

$$L = \begin{pmatrix} 7 \\ -1 \\ -2 \end{pmatrix} + \begin{pmatrix} 2 \\ -1 \\ 2 \end{pmatrix} = \begin{pmatrix} 9 \\ -2 \\ 0 \end{pmatrix} .$$

Der Abstand von $Q$ zu $g$ ist gleich $\left\| \overrightarrow{OQ} - \overrightarrow{OL} \right\| = \left\| \begin{pmatrix} 11 \\ 0 \\ -1 \end{pmatrix} - \begin{pmatrix} 9 \\ -2 \\ 0 \end{pmatrix} \right\| = 3.$

Aufgabe 5:

i) Bestimmen Sie die Gerade $g$ durch die Punkte $P_1 = (1,1,4)^T$ und $P_2 = (2,-1,2)^T$ in Plückerscher Form.

ii) Bestimmen Sie eine Hesseform für die Ebene $E$, welche die Gerade $g$ mit Plücker-Form $\overrightarrow{OX} \times \underline{a} = \underline{m}$, wobei $\underline{a} = (1,-2,1)^T$ und $\underline{m} = (-2,-2,-2)^T$, enthält und den gleichen Abstand wie $g$ vom Nullpunkt hat.

Lösung:

i) $g$ hat den Richtungsvektor $\underline{a} := \begin{pmatrix} 2 \\ -1 \\ 2 \end{pmatrix} - \begin{pmatrix} 1 \\ 1 \\ 4 \end{pmatrix} = \begin{pmatrix} 1 \\ -2 \\ -2 \end{pmatrix}$ und es ist

$$\underline{m} = \begin{pmatrix} 1 \\ 1 \\ 4 \end{pmatrix} \times \begin{pmatrix} 1 \\ -2 \\ -2 \end{pmatrix} = \begin{pmatrix} 6 \\ 6 \\ -3 \end{pmatrix}.$$

Die Plücker-Form lautet daher $\overrightarrow{OX} \times \begin{pmatrix} 1 \\ -2 \\ -2 \end{pmatrix} = \begin{pmatrix} 6 \\ 6 \\ -3 \end{pmatrix}$.

ii) Aus der Plücker-Form von $g$ ergibt sich die Richtungsform

$$-\frac{1}{||\underline{a}||^2} \cdot (\underline{m} \times \underline{a}) + \lambda \cdot \underline{a} = \begin{pmatrix} 1 \\ 0 \\ -1 \end{pmatrix} + \lambda \cdot \begin{pmatrix} 1 \\ -2 \\ 1 \end{pmatrix}.$$

Der Ortsvektor $\begin{pmatrix} 1 \\ 0 \\ -1 \end{pmatrix}$ steht dabei senkrecht auf $\underline{a}$. Somit ist er Normalenvektor von $E$. $E$ hat dann die Hesse-Form

$$\underline{x} \cdot \begin{pmatrix} 1 \\ 0 \\ -1 \end{pmatrix} = \begin{pmatrix} 1 \\ 0 \\ -1 \end{pmatrix} \cdot \begin{pmatrix} 1 \\ 0 \\ -1 \end{pmatrix}, \text{ also } \underline{x} \cdot \begin{pmatrix} 1 \\ 0 \\ -1 \end{pmatrix} = 2 .$$

## Aufgaben zu Kapitel II, Abschnitt 2.2, und zu Kapitel III

Aufgabe 1:

Lösen Sie mit Hilfe des Gaußschen Verfahrens die folgenden linearen Gleichungssysteme:

i)

$$(\mathcal{L}_1)\quad \begin{cases} 2x_1 + 4x_2 + 2x_3 - 2x_4 = 5 \\ x_1 + 2x_2 + 4x_3 = 4 \\ -3x_1 - 6x_2 - 14x_3 + 3x_4 = -13 \\ 4x_1 + 8x_2 - 10x_3 - 8x_4 = 3 \\ x_1 + 2x_2 - 4x_4 = 2 \end{cases} \quad (\text{in } \mathbb{R}),$$

ii)

$$(\mathcal{L}_2)\quad \begin{cases} 2x_1 + x_2 + ix_3 + 7x_4 = 8 \\ x_1 + \frac{1}{2}x_2 + ix_4 = 0 \end{cases} \quad (\text{in } \mathbb{C}).$$

Lösung:

i)

$$\underbrace{\begin{pmatrix} 2 & 4 & 2 & -2 \\ \textcircled{1} & 2 & 4 & 0 \\ -3 & -6 & -14 & 3 \\ 4 & 8 & -10 & -8 \\ 1 & 2 & 0 & -4 \end{pmatrix}}_{=:A_1} \Bigg| \underbrace{\begin{pmatrix} 5 \\ 4 \\ -13 \\ 3 \\ 2 \end{pmatrix}}_{=:\underline{b}_1} \sim \left(\begin{array}{cccc|c} 1 & 2 & 4 & 0 & 4 \\ 0 & 0 & -6 & -2 & -3 \\ 0 & 0 & \textcircled{-2} & 3 & -1 \\ 0 & 0 & -26 & -8 & -13 \\ 0 & 0 & -4 & -4 & -2 \end{array}\right) \sim$$

$$\sim \left(\begin{array}{cccc|c} 1 & 2 & 0 & 6 & 2 \\ 0 & 0 & 1 & -\frac{3}{2} & \frac{1}{2} \\ 0 & 0 & 0 & \textcircled{-11} & 0 \\ 0 & 0 & 0 & -47 & 0 \\ 0 & 0 & 0 & -10 & 0 \end{array}\right) \sim \left(\begin{array}{cccc|c} \boxed{1} & 2 & \boxed{0} & \boxed{0} & 2 \\ \boxed{0} & 0 & \boxed{1} & \boxed{0} & \frac{1}{2} \\ \boxed{0} & 0 & \boxed{0} & \boxed{1} & 0 \\ 0 & 0 & 0 & 0 & \boxed{0} \\ 0 & 0 & 0 & 0 & \boxed{0} \end{array}\right)$$

$\Longrightarrow r(A_1) = r(A_1, \underline{b}_1) = 3$, $(\mathcal{L}_1)$ ist lösbar, $x_2$ ist frei wählbar,

Lösungsmenge: $L_1 = \left\{ (2-2t, t, \frac{1}{2}, 0) \,\middle|\, t \in \mathbb{R} \right\}$.

ii)

$$\underbrace{\begin{pmatrix} 2 & 1 & i & 7 \\ \textcircled{1} & \frac{1}{2} & 0 & i \end{pmatrix}}_{=:A_2} \underbrace{\begin{pmatrix} 8 \\ 0 \end{pmatrix}}_{=:\underline{b}_2} \sim \left(\begin{array}{cccc|c} 1 & \frac{1}{2} & 0 & i & 0 \\ 0 & 0 & \textcircled{i} & 7-2i & 8 \end{array}\right) \sim$$

$$\sim \left(\begin{array}{cccc|c} \boxed{1} & \frac{1}{2} & \boxed{0} & i & 0 \\ \boxed{0} & 0 & \boxed{1} & -7i-2 & -8i \end{array}\right)$$

$\Longrightarrow r(A_2) = r(A_2, \underline{b}_2) = 2$, $(\mathcal{L}_2)$ ist lösbar, $x_2$ und $x_4$ sind frei wählbar:
$x_2 = t_1, x_4 = t_2 \in \mathbb{C}$.
Lösungsmenge: $L_2 = \left\{ (-\frac{1}{2}t_1 - it_2, t_1, -8i + (2+7i)t_2, t_2) \,\middle|\, t_1, t_2 \in \mathbb{C} \right\}$.

■

Aufgabe 2:

Man untersuche, ob das Gleichungssystem

$$(\mathcal{L}) \begin{cases} x_1 + 3x_2 + 5x_3 &= \alpha \\ 3x_1 + 7x_2 + 6x_3 &= 0 \\ 2x_1 + 4x_2 + x_3 &= \beta \end{cases} \quad (\alpha, \beta \in \mathbb{R})$$

lösbar ist und bestimme ggf. die Lösungsmenge.

Lösung:

Es gilt

$$(A,\underline{b}) := \left(\begin{array}{ccc|c} 1 & 3 & 5 & \alpha \\ 3 & 7 & 6 & 0 \\ 2 & 4 & 1 & \beta \end{array}\right) \begin{array}{l} |\cdot(-1) \\ \leftarrow + \end{array} \sim \left(\begin{array}{ccc|c} 1 & 3 & 5 & \alpha \\ 2 & 4 & 1 & -\alpha \\ 2 & 4 & 1 & \beta \end{array}\right) \begin{array}{l} |\cdot(-1)|\cdot\frac{1}{2} \\ \leftarrow + \end{array} \sim$$

$$\sim \left(\begin{array}{ccc|c} \textcircled{1} & 3 & 5 & \alpha \\ 1 & 2 & \frac{1}{2} & -\frac{\alpha}{2} \\ 0 & 0 & 0 & \alpha+\beta \end{array}\right) \sim \left(\begin{array}{ccc|c} 1 & 3 & 5 & \alpha \\ 0 & -1 & -\frac{9}{2} & -\frac{3}{2}\alpha \\ 0 & 0 & 0 & \alpha+\beta \end{array}\right).$$

Es besteht Lösbarkeit genau dann, wenn $r(A) = r(A,\underline{b})$, also $\alpha+\beta = 0$, gilt. Für alle $\alpha, \beta \in \mathbb{R}$ mit $\alpha = -\beta$ gilt dann, daß man $x_3 = t$ frei wählen kann und durch Rückwärtseinsetzen zu $x_2 = \frac{3}{2}\alpha - \frac{9}{2}t, x_1 = \alpha - 5t - 3(\frac{3}{2}\alpha - \frac{9}{2}t) = -\frac{7}{2}\alpha + \frac{17}{2}t$, also zur Lösungsmenge $L = \left\{ \frac{1}{2}(-7\alpha + 17t, 3\alpha - 9t, 2t) \,\middle|\, t \in \mathbb{R} \right\}$ gelangt.

■

Aufgabe 3:

Untersuchen Sie folgende lineare Gleichungssysteme mit Hilfe des Gaußschen Verfahrens und interpretieren Sie die Ergebnisse jeweils geometrisch als Schnitt von Ebenen im Raum.

i)

$$\begin{aligned} 2x + \phantom{2}y - 2z &= 6 \\ 2x + 2y + 2z &= 6 \end{aligned}$$

ii)

$$\begin{aligned} x - 2y + \phantom{5}z &= 6 \\ 3x - 5y + 5z &= 12 \\ x - \phantom{5}y + 3z &= 6 \end{aligned}$$

Lösung:

i)

$$\underbrace{\begin{pmatrix} \textcircled{2} & 1 & -2 \\ 2 & 2 & 2 \end{pmatrix}}_{=:A_1} \left| \underbrace{\begin{matrix} 6 \\ 6 \end{matrix}}_{=:\underline{b}_1} \right. \sim \left( \begin{array}{|cc|c|c} 1 & \frac{1}{2} & -1 & 3 \\ 0 & 1 & 4 & 0 \end{array} \right)$$

$\Longrightarrow r(A_1) = r(A_1, \underline{b}_1) = 2$, $x_3$ ist frei wählbar, d.h. die Lösungsmenge: $L_1 = \{(3+3t, -4t, t) \mid t \in I\!R\}$ ist Schnittgerade für die durch die beiden Gleichungen gegebenen Ebenen.

ii)

$$\underbrace{\begin{pmatrix} \textcircled{1} & -2 & 1 \\ 3 & -5 & 5 \\ 1 & -1 & 3 \end{pmatrix}}_{=:A_2} \left| \underbrace{\begin{matrix} 6 \\ 12 \\ 6 \end{matrix}}_{=:\underline{b}_2} \right. \sim \left( \begin{array}{ccc|c} 1 & -2 & 1 & 6 \\ 0 & \textcircled{1} & 2 & -6 \\ 0 & 1 & 2 & 0 \end{array} \right) \sim$$

$$\sim \left( \begin{array}{cc|c|c} 1 & 0 & 5 & -6 \\ 0 & 1 & 2 & -6 \\ 0 & 0 & 0 & \boxed{6} \end{array} \right)$$

$\Longrightarrow r(A_2) = 2 \neq 3 = r(A_2, \underline{b}_2) \Longrightarrow$ die durch die vorgegebenen Gleichungen definierten Ebenen haben keinen (allen dreien) gemeinsamen Schnitt. Aufgrund der sich aus

$$\left. \begin{aligned} \alpha(1,-2,1) &\neq (3,-5,5) \\ \alpha(1,-2,1) &\neq (1,-1,3) \\ \alpha(1,-1,3) &\neq (3,-5,5) \end{aligned} \right\} \quad (\alpha \in I\!R)$$

ergebenden paarweisen linearen Unabhängigkeit der Zeilenvektoren von $A_2$ kann man noch genauer sagen: je zwei Ebenen schneiden sich in punktfremden (affinen) Geraden. Da sich diese (rasch) als

$$g_1 : L_1 = \{(-6,-6,0) + t(-5,-2,1) \mid t \in I\!R\} \text{ bzw.}$$

$$g_2 : L_2 = \{(6,0,0) + t(-5,-2,1) \mid t \in I\!R\} \text{ bzw.}$$

$$g_3 : L_3 = \{(9,3,0) + t(-5,-2,1) \mid t \in I\!R\}$$

ermitteln lassen, gehen sie sogar durch Parallelverschiebungen auseinander hervor.

■

Aufgabe 4:

Überprüfen Sie, ob die folgenden Vektoren linear unabhängig oder linear abhängig sind:

i) $(1,1)^T$, $(2,4)^T$, $(7,0)^T$,

ii) $(2,7,5,1)^T$, $(2,0,1,1)^T$, $(3,4,7,9)^T$.

Lösung:

i) Lineare Abhängigkeit, da der Raum $V^2$ die Dimension 2 hat, die Anzahl der vorgelegten Vektoren aber 3 ist.

ii)

$$A := \begin{pmatrix} 2 & 7 & 5 & 1 \\ \textcircled{2} & 0 & 1 & 1 \\ 3 & 4 & 7 & 9 \end{pmatrix} \rightarrow \begin{pmatrix} 1 & 0 & \frac{1}{2} & \frac{1}{2} \\ 0 & 7 & 4 & 0 \\ 0 & \textcircled{4} & \frac{11}{2} & \frac{15}{2} \end{pmatrix} \begin{matrix} + \\ \leftarrow \\ | \cdot (-\frac{7}{4}) \end{matrix} \rightarrow$$

$$\rightarrow \left( \begin{array}{|ccc|c} 1 & 0 & \frac{1}{2} & \frac{1}{2} \\ 0 & 4 & \frac{11}{2} & \frac{15}{2} \\ 0 & 0 & -\frac{45}{8} & -\frac{105}{8} \end{array} \right)$$

$\Longrightarrow r(A) = 3 \iff$ Zeilenrang von $A = 3 \Longrightarrow$ lineare Unabhängigkeit unserer Vektoren.

■

Aufgabe 5:

Seien

$$A = \begin{pmatrix} 3 & 4 & 0 \\ 0 & -1 & 0 \\ 2 & 0 & 3 \end{pmatrix}, \quad B = \begin{pmatrix} 2 & 4 \\ 0 & -1 \\ -2 & 1 \end{pmatrix} \text{ und } C = \begin{pmatrix} 1 \\ 0 \\ 2 \end{pmatrix}.$$

Berechnen Sie $(2A + CC^T)B$.

Lösung:

$$CC^T = \begin{pmatrix} 1 \\ 0 \\ 2 \end{pmatrix} (1\ 0\ 2) = \begin{pmatrix} 1 & 0 & 2 \\ 0 & 0 & 0 \\ 2 & 0 & 4 \end{pmatrix},$$

$$2A + CC^T = \begin{pmatrix} 6 & 8 & 0 \\ 0 & -2 & 0 \\ 4 & 0 & 6 \end{pmatrix} + \begin{pmatrix} 1 & 0 & 2 \\ 0 & 0 & 0 \\ 2 & 0 & 4 \end{pmatrix} = \begin{pmatrix} 7 & 8 & 2 \\ 0 & -2 & 0 \\ 6 & 0 & 10 \end{pmatrix}, \quad \text{also}$$

$$(2A + CC^T)B = \begin{pmatrix} 7 & 8 & 2 \\ 0 & -2 & 0 \\ 6 & 0 & 10 \end{pmatrix} \begin{pmatrix} 2 & 4 \\ 0 & -1 \\ -2 & 1 \end{pmatrix} = \begin{pmatrix} 10 & 22 \\ 0 & 2 \\ -8 & 34 \end{pmatrix}.$$

■

Aufgabe 6:

Stellen Sie die Matrix $A = \begin{pmatrix} 1 & 1 & 0 \\ 2 & -1 & 1 \\ 1 & 3 & 5 \end{pmatrix}$ als Summe einer symmetrischen und einer antisymmetrischen Matrix dar.

Lösung:

Es gilt $A = A_1 + A_2$ mit

$$A_1 := \frac{1}{2}(A + A^T) = \frac{1}{2}\left( \begin{pmatrix} 1 & 1 & 0 \\ 2 & -1 & 1 \\ 1 & 3 & 5 \end{pmatrix} + \begin{pmatrix} 1 & 2 & 1 \\ 1 & -1 & 3 \\ 0 & 1 & 5 \end{pmatrix} \right)$$

$$= \frac{1}{2} \begin{pmatrix} 2 & 3 & 1 \\ 3 & -2 & 4 \\ 1 & 4 & 10 \end{pmatrix} : \text{ symmetrisch,}$$

$$A_2 := \frac{1}{2}(A - A^T) = \frac{1}{2}\left( \begin{pmatrix} 1 & 1 & 0 \\ 2 & -1 & 1 \\ 1 & 3 & 5 \end{pmatrix} - \begin{pmatrix} 1 & 2 & 1 \\ 1 & -1 & 3 \\ 0 & 1 & 5 \end{pmatrix} \right)$$

$$= \frac{1}{2} \begin{pmatrix} 0 & -1 & -1 \\ 1 & 0 & -2 \\ 1 & 2 & 0 \end{pmatrix} : \text{ antisymmetrisch.}$$

■

Aufgabe 7:

Unter der Spur einer $(n,n)$-Matrix $A=(a_{ij})$, $\boxed{\mathrm{sp}(A)}$, versteht man die Summe $\mathrm{sp}(A) := \sum\limits_{i=1}^{n} a_{ii}$ ihrer Diagonalelemente. Sei $B$ eine weitere $(n,n)$-Matrix. Beweisen Sie die Beziehung $\mathrm{sp}(AB)=\mathrm{sp}(BA)$.

Lösung:

$$\begin{aligned}\mathrm{sp}(AB) &= \mathrm{sp}\Big(\Big(\sum_{l=1}^{n} a_{il}b_{lj}\Big)_{\substack{i=1,\dots,n\\ j=1,\dots,n}}\Big) = \sum_{i=1}^{n}\Big(\sum_{l=1}^{n} a_{il}b_{li}\Big) = \sum_{l=1}^{n}\Big(\sum_{i=1}^{n} b_{li}a_{il}\Big)\\ &= \sum_{i=1}^{n}\Big(\sum_{l=1}^{n} b_{il}a_{li}\Big) = \mathrm{sp}\Big(\Big(\sum_{l=1}^{n} b_{il}a_{lj}\Big)_{\substack{i=1,\dots,n\\ j=1,\dots,n}}\Big) = \mathrm{sp}(BA)\ .\end{aligned}$$

■

Aufgabe 8:

Seien $A=\begin{pmatrix}1&0&1\\1&1&0\end{pmatrix}$ und $B=\begin{pmatrix}2&1&1\\1&1&2\end{pmatrix}$. Geben Sie alle Matrizen $X$ an, die die Matrixgleichung $AX=B$ lösen. Nennen Sie auch ein Fundamentalsystem für die Lösungsmenge der zugehörigen homogenen Matrizengleichung $AX=\mathcal{O} := (\underline{0}_2,\underline{0}_2,\underline{0}_2)$.

Lösung:

$$\left(\begin{array}{ccc|ccc}\textcircled{1}&0&1&2&1&1\\1&1&0&1&1&2\end{array}\right) \sim \left(\begin{array}{ccc|ccc}1&0&1&2&1&1\\0&1&-1&-1&0&1\end{array}\right).$$

Wir wählen der Reihe nach $x_3$ als $s,t$ bzw. $u$ und erhalten als Lösungsmenge:

$$\left\{\begin{pmatrix}2&1&1\\-1&0&1\\0&0&0\end{pmatrix}+\begin{pmatrix}-s&-t&-u\\s&t&u\\s&t&u\end{pmatrix}\,\middle|\, s,t,u\in\mathbb{R}\right\} =$$

$$=\left\{\begin{pmatrix}2&1&1\\-1&0&1\\0&0&0\end{pmatrix}+\begin{pmatrix}-1\\1\\1\end{pmatrix}(s,t,u)\,\middle|\, s,t,u\in\mathbb{R}\right\}.$$

Ein Fundamentalsystem lautet mit $\underline{f} := (-1,1,1)^T$ :

$$\{(\underline{f},\underline{0}_3,\underline{0}_3),(\underline{0}_3,\underline{f},\underline{0}_3),(\underline{0}_3,\underline{0}_3,\underline{f})\}\ .$$

Insbesondere ist $\begin{pmatrix} 2 & 1 & 1 \\ -1 & 0 & 1 \\ 0 & 0 & 0 \end{pmatrix}$ eine partikuläre Lösung der inhomogenen Matrixgleichung.

■

Aufgabe 9:

Die lineare Abbildung $L : V^2 \to V^3$ sei festgelegt durch

$$L((-1,2)^T) = (-5,2,1)^T, L((1,1)^T) = (2,2,0)^T$$

(und $L(\alpha(-1,2)^T + \beta(1,1)^T) = \alpha L((-1,2)^T) + \beta L((1,1)^T)$ für alle $\alpha, \beta \in \mathbb{R}$). Bestimmen Sie die eindeutige zugehörige $(3,2)$-Matrix $A$ so, daß $L(\underline{x}) = A\underline{x}$ für alle $\underline{x} \in V^2$ gilt.

Lösung:

Gesucht ist die Matrix $A$ mit $AB_1 = B_2$ für $B_1 := \begin{pmatrix} -1 & 1 \\ 2 & 1 \end{pmatrix}$ und $B_2 := \begin{pmatrix} -5 & 2 \\ 2 & 2 \\ 1 & 0 \end{pmatrix}$, d.h. die transponierte Lösung $X^T = A$ von $B_1^T X = B_2^T$.

$$(B_1^T, B_2^T) = \left(\begin{array}{cc|ccc} -1 & 2 & -5 & 2 & 1 \\ \textcircled{1} & 1 & 2 & 2 & 0 \end{array}\right) \sim \left(\begin{array}{cc|ccc} 1 & 1 & 2 & 2 & 0 \\ 0 & \textcircled{3} & -3 & 4 & 1 \end{array}\right) \sim$$

$$\sim \left(\begin{array}{cc|ccc} 1 & 0 & 3 & \frac{2}{3} & -\frac{1}{3} \\ 0 & 1 & -1 & \frac{4}{3} & \frac{1}{3} \end{array}\right)$$

$$\Longrightarrow X = \begin{pmatrix} 3 & \frac{2}{3} & -\frac{1}{3} \\ -1 & \frac{4}{3} & \frac{1}{3} \end{pmatrix}$$

$$\Longrightarrow A = \frac{1}{3}\begin{pmatrix} 9 & -3 \\ 2 & 4 \\ -1 & 1 \end{pmatrix} \quad ;$$

also haben wir $L(\underline{x}) = \frac{1}{3}\begin{pmatrix} 9 & -3 \\ 2 & 4 \\ -1 & 1 \end{pmatrix} \underline{x} \quad (\underline{x} \in V^2)$.

■

Aufgabe 10:

Berechnen Sie die Determinaten folgender Matrizen:

$$A = \begin{pmatrix} 1 & 2 & 2 & 2 \\ 0 & 0 & 1 & 4 \\ 0 & 0 & 0 & -1 \\ 0 & -1 & 3 & 3 \end{pmatrix} \quad , \qquad B = \begin{pmatrix} 1 & 7 & 4 \\ 8 & 9 & 13 \\ 2 & 3 & 0 \end{pmatrix} .$$

Lösung:

$$|A| = \begin{vmatrix} \textcircled{1} & 2 & 2 & 2 \\ 0 & 0 & 1 & 4 \\ 0 & 0 & 0 & -1 \\ 0 & -1 & 3 & 3 \end{vmatrix} = \begin{vmatrix} 0 & 1 & 4 \\ 0 & 0 & -1 \\ \textcircled{-1} & 3 & 3 \end{vmatrix} = - \begin{vmatrix} \textcircled{1} & 4 \\ 0 & -1 \end{vmatrix} = -(-1) = 1$$

(siehe: Laplacescher Entwicklungssatz),

$$|B| = \left|\begin{matrix} 1 & 7 & 4 \\ 8 & 9 & 13 \\ 2 & 3 & 0 \end{matrix}\right| \begin{matrix} 1 & 7 \\ 8 & \\ 2 & 3 \end{matrix} \quad = 0 + 182 + 96 - 72 - 39 - 0 = 167$$

(siehe: Regel von Sarrus).

Aufgabe 11:

Weisen Sie für alle $n \in \mathbb{N}$ die Gleichung

$$\begin{vmatrix} 1 & 2 & 4 & 8 & \dots & 2^{n-2} & 2^{n-1} & 2^n \\ 2 & 0 & 0 & 0 & \dots & 0 & 0 & 0 \\ 3 & 6 & 0 & 0 & \dots & 0 & 0 & 0 \\ \vdots & \vdots & \vdots & \vdots & & \vdots & \vdots & \vdots \\ n & 2n & 4n & 8n & \dots & 2^{n-2}n & 0 & 0 \\ n+1 & 2(n+1) & 4(n+1) & 8(n+1) & \dots & 2^{n-2}(n+1) & 2^{n-1}(n+1) & 0 \end{vmatrix} =$$

$$= \quad (-1)^n \cdot (n+1)! \cdot 2^{\frac{1}{2}n(n+1)} \qquad \text{nach.}$$

Lösung:

Es gilt

$$\begin{vmatrix} \textcircled{1} & 2 & 4 & \dots & 2^n \\ 2 & 0 & 0 & \dots & 0 \\ 3 & 6 & 0 & \dots & 0 \\ \vdots & \vdots & \vdots & & \vdots \\ n & 2n & 4n & \dots & 0 \\ n+1 & 2(n+1) & 4(n+1) & \dots & 0 \end{vmatrix} =$$

$$= \begin{vmatrix} 1 & & & & & \\ 0 & -2\cdot 2 & & & & * \\ 0 & 0 & -3\cdot 4 & & & \\ \vdots & \vdots & & \ddots & & \\ 0 & 0 & 0 & \cdots & -n\cdot 2^{n-1} & \\ 0 & 0 & 0 & \cdots & 0 & -(n+1)2^n \end{vmatrix} =$$

$$\uparrow \quad \uparrow \quad \uparrow \quad \uparrow$$

$$=(-1)^n \cdot 2 \cdot 3 \cdot \ldots \cdot n \cdot (n+1) \cdot \begin{vmatrix} 1 & & & & * \\ 0 & 2 & & & \\ 0 & 0 & 4 & & \\ \vdots & \vdots & \vdots & \ddots & \\ 0 & 0 & 0 & \cdots & 2^n \end{vmatrix} =$$

$$=(-1)^n \cdot (n+1)! \cdot 1 \cdot 2 \cdot 4 \cdot \ldots \cdot 2^n = (-1)^n \cdot (n+1)! \cdot 2^{1+2+\ldots+n} \quad .$$

Es bleibt zu zeigen, daß für alle $n \in I\!N$

$$\sum_{\nu=1}^{n} \nu = \frac{1}{2} n(n+1)$$

gilt. Dies ist eine einfache Übung zur vollständigen Induktion. ∎

Aufgabe 12:

Berechnen Sie die Inverse von $A = \begin{pmatrix} 3 & 2 & 1 \\ 1 & 3 & 0 \\ 0 & 1 & 0 \end{pmatrix}$, zum einen

i) mit Hilfe des Gaußschen Algorithmus, zum anderen

ii) mit der Formel, welche sich aus dem Laplaceschen Entwicklungssatz ergibt (Determinatenrechnung).

Lösung:

i)

$$\left(\begin{array}{ccc|ccc} 3 & 2 & 1 & 1 & 0 & 0 \\ \textcircled{1} & 3 & 0 & 0 & 1 & 0 \\ 0 & 1 & 0 & 0 & 0 & 1 \end{array}\right) \sim \left(\begin{array}{ccc|ccc} 1 & 3 & 0 & 0 & 1 & 0 \\ 0 & -7 & 1 & 1 & -3 & 0 \\ 0 & \textcircled{1} & 0 & 0 & 0 & 1 \end{array}\right) \sim$$

$$\sim \left(\begin{array}{ccc|ccc} 1 & 0 & 0 & 0 & 1 & -3 \\ 0 & 1 & 0 & 0 & 0 & 1 \\ 0 & 0 & 1 & 1 & -3 & 7 \end{array}\right) ; \quad \text{(rechter Block } = A^{-1})$$

ii)

$$|A| = -\begin{vmatrix} 1 & 3 & 0 \\ 0 & -7 & 1 \\ 0 & 1 & 0 \end{vmatrix} = 1, \; A = \begin{pmatrix} 3^+ & 2^- & 1^+ \\ 1^- & 3^+ & 0^- \\ 0^+ & 1^- & 0^+ \end{pmatrix},$$

($B_{11}$: die gestrichelt umrandete Untermatrix)

$$\tilde{A} = \left((-1)^{i+j}\det(B_{ij})\right)_{\substack{i=1,2,3 \\ j=1,2,3}} = \begin{pmatrix} 0 & 0 & 1 \\ 1 & 0 & -3 \\ -3 & 1 & 7 \end{pmatrix},$$

$$\text{also } A^{-1} = \frac{1}{|A|}\tilde{A}^T = \begin{pmatrix} 0 & 1 & -3 \\ 0 & 0 & 1 \\ 1 & -3 & 7 \end{pmatrix}.$$

■

Aufgabe 13:

Lösen Sie folgende Gleichungssysteme, indem Sie Determinaten benutzen:

$$(\mathcal{L}_1)\begin{cases} 2x + y &= 7 \\ 3x - 5y &= 4 \end{cases}, \qquad (\mathcal{L}_2)\begin{cases} \alpha x - 2\beta y &= \gamma \\ 3\alpha x - 5\beta y &= 2\gamma \end{cases} \quad (\alpha \cdot \beta \neq 0).$$

Lösung:

zu $(\mathcal{L}_1)$: Wir können dieses System $A_1 \begin{pmatrix} x \\ y \end{pmatrix} = \underline{b}_1$ mit Hilfe der Cramerschen Regel auflösen, denn es gilt

$$|A_1| = \begin{vmatrix} 2 & 1 \\ 3 & -5 \end{vmatrix} = -13 \neq 0, \text{ also } x = \frac{1}{|A_1|}\begin{vmatrix} 7 & 1 \\ 4 & -5 \end{vmatrix} = \frac{-39}{-13} = 3,$$

$$y = \frac{1}{|A_1|}\begin{vmatrix} 2 & 7 \\ 3 & 4 \end{vmatrix} = \frac{-13}{-13} = 1.$$

zu $(\mathcal{L}_2)$: Es liegt das System $A_2 \begin{pmatrix} x \\ y \end{pmatrix} = \underline{b}_2$ vor mit:

$|A_2| = \begin{vmatrix} \alpha & -2\beta \\ 3\alpha & -5\beta \end{vmatrix} = \alpha \cdot \beta \neq 0$, also nach der Cramerschen Regel

$$x = \frac{1}{|A_2|} \begin{vmatrix} \gamma & -2\beta \\ 2\gamma & -5\beta \end{vmatrix} = \frac{-\beta\gamma}{\alpha\beta} = -\frac{\gamma}{\alpha},$$

$$y = \frac{1}{|A_2|} \begin{vmatrix} \alpha & \gamma \\ 3\alpha & 2\gamma \end{vmatrix} = \frac{-\alpha\gamma}{\alpha\beta} = -\frac{\gamma}{\beta}.$$

■

Aufgabe 14:

Untersuchen Sie die folgenden reellen Matrizen auf positive Definitheit:

$A = (a_{ij})_{\substack{i=1,\dots,n \\ j=1,\dots,n}}$ mit $a_{kk} \leq 0$ für ein $k \in \{1, \dots, n\}$ und $A^T = A$;

$B = \begin{pmatrix} 1 & 2 \\ 0 & 2 \end{pmatrix}$; $\quad C = \begin{pmatrix} 7 & 0 & 3 \\ 0 & 7 & 0 \\ 3 & 0 & \alpha \end{pmatrix}$ $(\alpha \in \mathbb{R})$.

Lösung:

zu $A$: Wegen des nichtpositiven Eintrags $a_{kk}$ steht keine positive Definitheit zu vermuten. Tatsächlich: wir setzen mit $M \neq 0$ an

$$\underline{x}_M := (0, \dots, 0, \underbrace{M}_{\uparrow k}, 0, \dots, 0)^T \in \mathbb{R}^n \setminus \{\underline{0}_n\}$$

und erhalten

$$\underline{x}_M^T A \underline{x}_M = (0, \dots, M, \dots, 0)(M(a_{1k}, \dots, a_{kk}, \dots, a_{nk})^T) = M^2 a_{kk} \leq 0.$$

zu $B$: $B$ ist nicht symmetrisch; also kann definitionsgemäß nicht von der positiven Definitheit von $B$ gesprochen werden.

zu $C$:

$$p_C(\lambda) = \begin{vmatrix} 7-\lambda & 0 & 3 \\ 0 & \boxed{7-\lambda} & 0 \\ 3 & 0 & \alpha-\lambda \end{vmatrix} = (7-\lambda)((7-\lambda)(\alpha-\lambda) - 9) = 0$$

$$\iff \lambda = 7 \text{ oder } \lambda^2 - (7+\alpha)\lambda + 7\alpha - 9 = 0$$

$$\iff \lambda = 7 \text{ oder } \lambda \in \left\{ \frac{7+\alpha}{2} \pm \sqrt{\left(\frac{7+\alpha}{2}\right)^2 + 9 - 7\alpha} \right\}.$$

Demnach sind sämtliche (reellen!) Eigenwerte der symmetrischen Matrix $C$ genau dann positiv, wenn es der dritte Eigenwert
$\lambda = \frac{7+\alpha}{2} - \sqrt{\left(\frac{7+\alpha}{2}\right)^2 + 9 - 7\alpha}$ ist. Dies ist genau dann der Fall, wenn $9 - 7\alpha < 0$ gilt. Also ist $C$ ausschließlich für $\alpha \in (\frac{9}{7}, \infty)$ positiv definit.

■

Aufgabe 15:

Sei $A = \begin{pmatrix} a & b \\ b & c \end{pmatrix}$ eine reelle symmetrische $(n, n)$-Matrix und seien folgende Bedingungen betrachtet:

(1) $\text{sp}(A) > 0$ und $\det(A) > 0$,

(2) $\text{sp}(A) \geq 0$ und $\det(A) \geq 0$

(mit sp gemäß Aufgabe 7). Zeigen Sie, daß folgende Aussagen gelten:

i) (1) $\Longrightarrow$ $A$ ist positiv definit ,

ii) (2) $\Longleftarrow$ $A$ ist positiv semidefinit.

Hinweis: Der Spektralsatz liefert $\det(A) = \lambda_1 \cdot \lambda_2$ (Beweis!); Aufgabe 14.

Lösung:

i) Die Bedingung $\det(A) > 0$ aus (1) liefert nach dem Spektralsatz (beachte: $\det(A) = \det(Q)\det\begin{pmatrix} \lambda_1 & 0 \\ 0 & \lambda_2 \end{pmatrix}\det(Q^T) = \det\begin{pmatrix} \lambda_1 & 0 \\ 0 & \lambda_2 \end{pmatrix} = \lambda_1 \cdot \lambda_2$) genau entweder $\lambda_1, \lambda_2 > 0$ oder $\lambda_1, \lambda_2 < 0$ für die Eigenwerte von $A$. Da aber gemäß $\text{sp}(A) > 0$ $a$ oder $c$ positiv ist (wegen $ac - b^2 > 0$ offenbar beide), sieht man in ähnlicher Weise wie zu $A$ aus Aufgabe 14, daß nur positive(!) Definitheit in Frage kommen kann.

ii) Ist $A$ positiv semidefinit, so sind $\lambda_1$ und $\lambda_2$ beide nichtnegativ, also $\lambda_1 \cdot \lambda_2 \geq 0$, und somit gilt nach dem Spektralsatz $\det(A) \geq 0$. Ferner argumentiert man wieder ähnlich wie zu $A$ aus Aufgabe 14. Damit kann sowohl $a < 0$ nicht sein, als auch $c < 0$ nicht gelten. Deshalb muß $\text{sp}(A) = a + c \geq 0$ zutreffen. ■

Aufgabe 16:

Seien $A$ eine reguläre reelle $(n,n)$-Matrix und $\lambda$ Eigenwert von $A$. Zeigen Sie, daß $\frac{1}{\lambda}$ existiert und ein Eigenwert von $A^{-1}$ ist.

Lösung:

Es gibt ein $\underline{x}_0 \neq \underline{0}$ mit $(*)\ A\underline{x}_0 = \lambda\underline{x}_0$. Wäre $\lambda = 0$, so besäße das System $A\underline{x} = \underline{0}$ mehr Lösungen als nur die triviale, im Widerspruch zur Regularität von $A$. Also existiert $\frac{1}{\lambda}$. Jetzt gilt gemäß $(*)$ : $\underline{x}_0 = A^{-1}(A\underline{x}_0) = \lambda A^{-1}\underline{x}_0 \Longrightarrow A^{-1}\underline{x}_0 = \frac{1}{\lambda}\underline{x}_0 \Longrightarrow \frac{1}{\lambda}$ ist Eigenwert von $A^{-1}$. ■

Aufgabe 17:

Sei $A$ eine positiv semi-definite $(n,n)$-Matrix. Zeigen Sie, daß dann gilt: $A$ ist genau dann regulär, wenn $A$ positiv definit ist.

Lösung:

Benutzung der ersten Teilaussage von Aufgabe 16 bzw. Benutzung des Spektralsatzes (Formulierung als eine Übung!). ■

Aufgabe 18:

Zeigen Sie, daß $A := \begin{pmatrix} 1 & 0 & 0 \\ 1 & 1 & 0 \\ 1 & 1 & 1 \end{pmatrix}$ nicht orthogonal ist und wenden Sie das Gram-Schmidtsche Orthogonalisierungsverfahren auf die Spalten von $A$ an.

Lösung:

Wäre $A$ orthogonal, so müßten die Spaltenvektoren $\underline{v}^1 := (1,1,1)^T$, $\underline{v}^2 := (0,1,1)^T$ und $\underline{v}^3 := (0,0,1)^T$ paarweise senkrecht aufeinander stehen, d.h. $\underline{v}^i \cdot \underline{v}^j = 0$ für alle $i \neq j$. Es ist aber $\underline{v}^1 \cdot \underline{v}^2 = 2$, sodaß $A$ nicht orthogonal sein kann.

Es gilt $\det(A) = 1$; demnach sind $\underline{v}^1, \underline{v}^2$ und $\underline{v}^3$ linear unabhängig. Wir setzen nun $\underline{u}^1 := \underline{v}^1$, $\underline{w}^1 := \frac{\underline{u}^1}{||\underline{u}^1||} = \frac{1}{\sqrt{3}}(1,1,1)^T$. Als Nächstes sei $\underline{u}^2 := \underline{v}^2 - (\underline{w}^1 \cdot \underline{v}^2)\underline{w}^1 = (0,1,1)^T - \frac{2}{\sqrt{3}}(\frac{1}{\sqrt{3}}, \frac{1}{\sqrt{3}}, \frac{1}{\sqrt{3}})^T = (-\frac{2}{3}, \frac{1}{3}, \frac{1}{3})^T$, sodaß für das zweite Element des gewünschten neuen linear unabhängigen Systems $\underline{w}^2 := \frac{\underline{u}^2}{||\underline{u}^2||} = (-\frac{2}{\sqrt{6}}, \frac{1}{\sqrt{6}}, \frac{1}{\sqrt{6}})^T$ herauskommt. Wir setzen $\underline{u}^3 := \underline{v}^3 - \alpha\underline{w}^1 - \beta\underline{w}^2$ mit $\alpha := \underline{w}^1 \cdot \underline{v}^3$ und $\beta := \underline{w}^2 \cdot \underline{v}^3$ (Lösung zur Vorlesung!), d.h. $\underline{u}^3 = (0,0,1)^T - \frac{1}{\sqrt{3}}(\frac{1}{\sqrt{3}}, \frac{1}{\sqrt{3}}, \frac{1}{\sqrt{3}})^T - \frac{1}{\sqrt{6}}(-\frac{2}{\sqrt{6}}, \frac{1}{\sqrt{6}}, \frac{1}{\sqrt{6}})^T = (0, -\frac{1}{2}, \frac{1}{2})^T$; sei dann als drittes Element noch $\underline{w}^3 := \frac{\underline{u}^3}{||\underline{u}^3||} = (0, -\frac{1}{\sqrt{2}}, \frac{1}{\sqrt{2}})^T$. Anders als $A$ ist nun $Q := (\underline{w}^1, \underline{w}^2, \underline{w}^3)$ orthogonal.

■

Aufgabe 19:

Es sei $A = \begin{pmatrix} 2 & -2 \\ -2 & 5 \end{pmatrix}$. Bestimmen Sie eine orthogonale $(2,2)$-Matrix $Q$ derart, daß $Q^T A Q$ diagonal ist.

Lösung:

Es gilt $p_A(\lambda) = \begin{vmatrix} 2-\lambda & -2 \\ -2 & 5-\lambda \end{vmatrix} = (2-\lambda)(5-\lambda) - 4 = \lambda^2 - 7\lambda + 6 = 0$ genau für $\lambda = 6 =: \lambda_1$ oder $\lambda = 1 =: \lambda_2$ (Eigenwerte).

Das System $(A - \lambda_1 E_2)\underline{x} = \underline{0}_2$ lautet

$$\begin{cases} -4x_1 - 2x_2 &= 0 \\ -2x_1 - \phantom{2}x_2 &= 0 \end{cases}$$

und hat als eine nichtverschwindende Lösung $\underline{u}^1 := (1,-2)^T$.

Das System $(A - \lambda_2 E_2)\underline{x} = \underline{0}_2$ lautet

$$\begin{cases} \phantom{-2}x_1 - 2x_2 &= 0 \\ -2x_1 + 4x_2 &= 0 \end{cases};$$

$\underline{u}^2 := (2,1)^T \neq \underline{0}_2$ ist Lösung. Wir normalisieren $\underline{u}^1, \underline{u}^2$ gemäß $||\underline{u}^1|| = ||\underline{u}^2|| = \sqrt{5}$ zu

$$\underline{w}^1 := (\frac{1}{\sqrt{5}}, -\frac{2}{\sqrt{5}})^T \text{ bzw. } \underline{w}^2 := (\frac{2}{\sqrt{5}}, \frac{1}{\sqrt{5}})^T.$$

Damit lautet $Q := (\underline{w}^1, \underline{w}^2) = \frac{1}{\sqrt{5}} \begin{pmatrix} 1 & 2 \\ -2 & 1 \end{pmatrix}$ und gilt:

$$Q \text{ ist orthogonal, } Q^T A Q = \Lambda := \begin{pmatrix} 6 & 0 \\ 0 & 1 \end{pmatrix}$$

■

Aufgabe 20:

Seien $A$ eine $(n,n)$-Matrix, $\lambda, \mu$ verschiedene Eigenwerte von $A$, sowie $\underline{v}^1$ Eigenvektor zum Eigenwert $\lambda$ und $\underline{v}^2$ Eigenvektor zum Eigenwert $\mu$. Zeigen Sie, daß dann $\underline{v}^1$ und $\underline{v}^2$ linear unabhängig sind.
(Beachten Sie, daß $A$ nicht als symmetrisch vorausgesetzt worden ist.)

Lösung:

Wären die nichtverschwindenden Vektoren $\underline{v}^1$ und $\underline{v}^2$ linear abhängig, so müßte es eine Zahl $\alpha \neq 0$ mit $\underline{v}^1 = \alpha\underline{v}^2$ geben, sodaß $\underline{v}^1$ Eigenvektor nicht nur zum Eigenwert $\lambda$, sondern auch zum Eigenwert $\mu$ wäre:

$$A\underline{v}^1 = \lambda\underline{v}^1 = \mu\underline{v}^2.$$

D.h. $(\lambda - \mu)\underline{v}^1 = \underline{0}_n$, also wegen $\underline{v}^1 \neq \underline{0}_n$ : $\lambda = \mu$, im Widerspruch zur Voraussetzung!

■

Aufgabe 21:

Es sei $A$ eine reelle $(2,2)$-Matrix, deren Eigenwerte reell und verschieden (mit Vielfachheit 1) sind.
Zeigen Sie, daß es eine reguläre Matrix $P$ und eine Diagonalmatrix $\Lambda$, jeweils vom Typ $(2,2)$, mit

$$AP = P\Lambda, \text{ oder } P^{-1}AP = \Lambda,$$
$$\text{oder } \quad A = P\Lambda P^{-1},$$

gibt.
Hinweis: Betrachtung des Beweises zum Spektralsatz; Aufgabe 20.

Lösung:

Aufzählung der Unterschiede zu den Voraussetzungen des Spektralsatzes und Feststellung, daß der Beweis des Letzteren bis auf ein neues Detail (welches?) übernommen werden kann (gründliche Ausführung als eine Übung).

■

Aufgabe 22:

Es sei $A$ die nicht symmetrische Matrix $\begin{pmatrix} 1 & 4 \\ 2 & 3 \end{pmatrix}$.

i) Man gebe alle Eigenwerte von $A$ und die zugehörigen Eigenvektoren an.

ii) Man gebe eine invertierbare Matrix $P$ derart an, daß $P^{-1}AP$ diagonal ist.

Hinweis: Mit i) beachte zu ii) die Aufgabe 21.

Lösung:

i) Es gilt $p_A(\lambda) = \begin{vmatrix} 1-\lambda & 4 \\ 2 & 3-\lambda \end{vmatrix} = t^2 - 4t - 5 = (t-5)(t+1)$, Eigenwerte: $\lambda_1 = 5, \lambda_2 = -1$, jeweils mit Vielfachheit 1.

ii) Bestimmung eines Eigenvektors zum Eigenwert $\lambda_1$, d.h. einer Lösung $\underline{v}^1$ von $(A - \lambda_1 E_2)\underline{x} = \underline{0}_2$ :

$$\begin{cases} -4x_1 + 4x_2 &= 0 \\ \ \ 2x_1 - 2x_2 &= 0 \end{cases}, \text{ oder } x_1 - x_2 = 0;$$

etwa $\underline{v}^1 := (1,1)^T$.

Bestimmung einer Lösung $\underline{v}^2$ von $(A - \lambda_2 E_2)\underline{x} = \underline{0}_2$ :

$$\begin{cases} 2x_1 + 4x_2 &= 0 \\ 2x_1 + 4x_2 &= 0 \end{cases}, \text{ oder } x_1 + 2x_2 = 0;$$

etwa $\underline{v}^2 := (2,-1)^T$. Setze $P := (\underline{v}^1, \underline{v}^2) = \begin{pmatrix} 1 & 2 \\ 1 & -1 \end{pmatrix}$. Dann ist $P^{-1}AP = \Lambda$ diagonal : $\Lambda = \begin{pmatrix} 5 & 0 \\ 0 & -1 \end{pmatrix}$.

■

# Aufgaben zu Kapitel IV

Aufgabe 1:

i) Bestimmen Sie den Grenzwert $a$ der Folge $(a_n)_{n \in \mathbb{N}}$ und geben Sie ein $N \in \mathbb{N}$ an, so daß $|a_n - a| \leq 10^{-3}$ für $n \geq N$ gilt

a) $a_n = \dfrac{4+n}{n!}$

b) $a_n = \dfrac{7n^3 - 4n + 5}{3n^3 + n^2 - 1}$.

ii) Bestimmen Sie, soweit möglich, den Grenzwert $a$ der Folge $(a_n)_{n \in \mathbb{N}}$ mit

a) $a_n = \left(\dfrac{1+i}{2}\right)^n$

b) $a_n = \dfrac{n!}{n^n}$

c) $a_n = n \cdot [1 - (1 - \dfrac{1}{3n})^9]$

d) $a_n = \left(\dfrac{n-2}{n-1}\right)^n$.

Lösung:

i) a) $(a_n)$ konvergiert gegen $a = 0$, denn es ist

$$\frac{4+n}{n!} \leq \frac{4n+n}{n \cdot (n-1)!} = \frac{5}{(n-1)!} \leq \frac{5}{n-1}\,.$$

Nun gilt

$$\frac{5}{n-1} \leq 10^{-3} \iff 5 \cdot 10^3 \leq n - 1 \iff n \geq 5 \cdot 10^3 + 1 =: N$$

(beachte: dieses $N$ ist nicht optimal!).

b) $(a_n)$ konvergiert gegen $a = \frac{7}{3}$, denn:

$$\begin{aligned}
\left|\frac{7n^3 - 4n + 5}{3n^3 + n^2 - 1} - \frac{7}{3}\right| &= \left|\frac{21n^3 - 12n + 15 - 21n^3 - 7n^2 + 7}{(3n^3 + n^2 - 1) \cdot 3}\right| \\
&= \left|\frac{-7n^2 - 12n + 22}{9n^3 + 3n^2 - 3}\right| \leq \frac{7n^2 + 12n + 22}{9n^3 + 3n^2 - 3} \\
&\leq \frac{7n^2 + 12n^2 + 22n^2}{9n^3} \quad (\text{ da } 3n^2 - 3 > 0 \text{ für } n \in \mathbb{N}) \\
&= \frac{41}{9n}
\end{aligned}$$

und weiter $\frac{41}{9n} \leq 10^{-3} \iff N := \frac{41}{9} \cdot 10^3 \leq n$.

ii) a) Es ist $(1+i)^2 = 2i$, also $(1+i)^4 = -4$ und weiter $(1+i)^8 = 16, (1+i)^{12} = -64$. Allgemein gilt $(1+i)^{4n} = (-1)^n \cdot 4^n$ (was man induktiv beweisen könnte). Sei nun $m \in \mathbb{N}$ gegeben, dann gibt es für $m$ eine Darstellung der Form $m = 4 \cdot n + k$ mit $n \in \mathbb{N}_0$ und $k \in \{1,2,3\}$. Für $a_m$ ergibt sich

$$\begin{aligned}
0 < |a_m| = |a_{4n+k}| &= \left|\left(\frac{1+i}{2}\right)^{4n+k}\right| = \left|\left(\frac{1+i}{2}\right)^{4n} \cdot \left(\frac{1+i}{2}\right)^{k}\right| \\
&= \left|\frac{(-1)^n \cdot 4^n}{4^n \cdot 4^n}\right| \cdot \frac{|1+i|^k}{2^k} \leq \frac{1}{4^n}.
\end{aligned}$$

Somit folgt $0 \leq \lim\limits_{n\to\infty} a_n \leq \lim\limits_{n\to\infty} \frac{1}{4^n} = 0$.

b) Es ist $a_{n+1} = \frac{(n+1)!}{(n+1)^{n+1}} = \frac{n!}{(n+1)^n} \leq \frac{n!}{n^n} = a_n$, d.h. $(a_n)$ ist monoton fallend. Wir zeigen jetzt $\lim\limits_{n\to\infty} a_{2n} = 0$, woraus dann auch $\lim\limits_{n\to\infty} a_n = 0$ folgt: Es ist

$$\begin{aligned}
a_{2n} &= \overbrace{\frac{2n \cdot (2n-1) \cdot \ldots \cdot (n+1)}{2n \cdot 2n \cdot \ldots \cdot 2n}} \cdot \overbrace{\frac{n \cdot (n-1) \cdot \ldots \cdot 2 \cdot 1}{2n \cdot \ldots \cdot 2n \cdot 2n}} \\
&\leq \frac{n!}{(2n)^n} = \frac{1}{2^n} \cdot \frac{n!}{n^n} \leq \frac{1}{2^n},
\end{aligned}$$

woraus die Behauptung folgt.

c) Nach dem Binomischen Satz ist $(3n-1)^9 = (3n)^9 - 9 \cdot (3n)^8 + P(n)$, wobei $P(n)$ ein Polynom vom Grad 7 ist.

Somit gilt:

$$a_n = n \cdot [1 - \left(\frac{3n-1}{3n}\right)^9] = n \cdot \frac{[(3n)^9 - (3n-1)^9]}{(3n)^9}$$
$$= \frac{n}{(3n)^9} \cdot [9 \cdot (3n)^8 + P(n)] = 3 + \frac{n \cdot P(n)}{(3n)^9} \quad .$$

Da $P(n)$ den Grad 7 hat, hat $n \cdot P(n)$ den Grad 8 und daher ist $\lim\limits_{n\to\infty} \frac{n \cdot P(n)}{(3n)^9} = 0$. Also ist $\lim\limits_{n\to\infty} a_n = 3$.

d)

$$\lim_{n\to\infty} a_n = \lim_{n\to\infty} \left(\frac{1}{\frac{n-1}{n-2}}\right)^n = \lim_{n\to\infty} \frac{1}{(1+\frac{1}{n-2})^n}$$
$$= \underbrace{\lim_{n\to\infty} \frac{1}{(1+\frac{1}{n-2})^{n-2}}}_{=\frac{1}{e}} \cdot \underbrace{\lim_{n\to\infty} \frac{1}{(1+\frac{1}{n-2})^2}}_{=1} = \frac{1}{e} \quad .$$

■

Aufgabe 2:

Man untersuche $(a_n)_n$ auf Konvergenz; wie lautet gegebenenfalls der Grenzwert?

i) $\quad a_0 = \frac{1}{2}, \quad a_{n+1} = a_n \cdot (2 - a_n)$

ii) $\quad a_1 = 2, \quad a_{n+1} = \frac{1}{2} a_n + \frac{1}{n}$

Lösung: i) Es werden zwei verschiedene Lösungswege betrachtet:

Lösung 1: Die ersten Werte von $(a_n)$ lauten

$$a_0 = \frac{1}{2}, \quad a_1 = \frac{3}{4}, \quad a_2 = \frac{15}{16}, \quad a_3 = \frac{255}{256} \quad .$$

Dies legt die Vermutung $a_n = \dfrac{2^{(2^n)}-1}{2^{(2^n)}}$ nahe, die wir induktiv beweisen.

$$n_0 = 0: \quad a_0 = \frac{1}{2} = \frac{2^1 - 1}{2}$$

$$n \to n+1: \quad a_{n+1} = \frac{2^{(2^n)}-1}{2^{(2^n)}} \cdot \left(2 - \frac{2^{(2^n)}-1}{2^{(2^n)}}\right)$$

$$= \frac{(2^{(2^n)}-1)\cdot(2\cdot 2^{(2^n)} - 2^{(2^n)} + 1)}{2^{(2^n)}\cdot 2^{(2^n)}} = \frac{2^{(2^{n+1})}-1}{2^{(2^{n+1})}} \quad ,$$

weshalb die Vermutung bewiesen ist.
Also folgt $\lim\limits_{n\to\infty} a_n = \lim\limits_{n\to\infty}\left(1 - \dfrac{1}{2^{(2^n)}}\right) = 1$ .

Lösung 2: Wir wollen Satz 4.1.15 anwenden. Dazu untersuchen wir zunächst den Wertebereich von $(a_n)_n$ : angenommen, $a_{n+1} > 1$ für ein $n$, dann gilt: $2a_n - a_n^2 - 1 > 0$ bzw. $-(a_n - 1)^2 > 0$, was nicht möglich ist. Also folgt $a_n \leq 1 \quad \forall\, n \in \mathbb{N}_0$. Dieses Wissen benutzen wir, um induktiv $a_n > 0$ zu beweisen:

$$n_0 = 0: \quad a_0 = \frac{1}{2} > 0$$

$$n \to n+1: \quad a_{n+1} = a_n \cdot (2 - a_n) \geq a_n > 0$$

wegen $a_n \leq 1$ und der Ind.-Annahme .

Jetzt folgt die Monotonie von $(a_n)$, denn es ist $\dfrac{a_{n+1}}{a_n} = 2 - a_n \geq 1$, also $a_{n+1} \geq a_n \quad \forall\, n$, d.h. $(a_n)$ ist monoton steigend, beschränkt und daher konvergent. Insbesondere ist $(a_n)$ eine Cauchy-Folge und es ist $a_n \geq \dfrac{1}{2} \quad \forall\, n$. Zu beliebigem $\varepsilon > 0$ gibt es also ein $N(\varepsilon)$ mit $|a_{n+1} - a_n| \leq \varepsilon$ für $n \geq N(\varepsilon)$. Dies impliziert $|a_n - a_n \cdot (2 - a_n)| \leq \varepsilon$ bzw. $|a_n| \cdot |1 - a_n| \leq \varepsilon \quad \forall\, n \geq N(\varepsilon)$. Wegen $a_n \geq \dfrac{1}{2}$ folgt hieraus $\lim\limits_{n\to\infty} a_n = 1$.

Beachte: der zweite Lösungsweg scheint zunächst wesentlich aufwendiger, da hier eine Reihe von "Einzelergebnissen" kombiniert werden muß. Er kommt aber ohne Information über das explizite Aussehen der Folgenglieder aus. Dieses muß beim ersten Weg gewissermaßen geraten werden, was nicht ohne weiteres für jede rekursiv definierte Folge möglich ist!

ii) Es ist $\frac{1}{2} \cdot a_n \geq \frac{1}{n} \quad \forall\, n$, denn $\frac{1}{2} \cdot a_1 = 1 \geq \frac{1}{1}$, und ist für ein $n \in I\!N$ $\frac{1}{2} \cdot a_n \geq \frac{1}{n}$, so folgt $\frac{1}{2} a_{n+1} = \frac{1}{2} \cdot \left(\frac{1}{2} a_n + \frac{1}{n}\right) \geq \frac{1}{n} > \frac{1}{n+1}$.
Hieraus folgt zum einen, daß $a_n \geq 0 \quad \forall\, n$ sowie $a_n - a_{n+1} = \frac{1}{2} a_n - \frac{1}{n} \geq 0$, d.h. $(a_n)$ ist monoton fallend und somit konvergent.
Wie in i) ergibt sich mit dem Cauchy-Kriterium $0 \leq \frac{1}{2} a_n - \frac{1}{n} \leq \varepsilon$ für alle $n \geq N(\varepsilon)$, d.h. $\lim_{n \to \infty} \left(\frac{1}{2} a_n\right) = \lim_{n \to \infty} \frac{1}{n} = 0$, also auch $\lim_{n \to \infty} a_n = 0$.

■

Aufgabe 3:

Untersuchen Sie die Reihe $\sum_{n=1}^{\infty} a_n$ auf Konvergenz.

i) $a_n = (-1)^n \cdot \left(\frac{1}{3} - \frac{n-1}{3n-2}\right)$

ii) $a_n = \frac{n!(1+\sqrt{3} \cdot i)^n}{n^n}$

iii) $a_n = (1-\sqrt{2} \cdot i)^n \cdot \frac{n^2+7}{3^n}$

iv) $a_n = (-1)^n \cdot \frac{n}{2n+1}$

v) $a_n = \frac{\sqrt{n^2+1} - \sqrt{n}}{n^3}$

vi) $a_n = \frac{(-1)^n \cdot (n+2)}{n^3 - n} + \frac{n^2 - 2}{3n^3 + 4n}$.

Lösung:

i) $a_n = (-1)^n \cdot \left(\frac{3n-2-3n+3}{9n-6}\right) = (-1)^n \cdot \frac{1}{9n-6}$. Es ist $\left(\frac{1}{9n-6}\right)_{n \in I\!N}$ eine monoton fallende Nullfolge (denn $\frac{1}{9(n+1)-6} = \frac{1}{9n+3} \leq \frac{1}{9n-6}$), also konvergiert die Reihe nach dem Leibnizkriterium.

ii)

$$\left|\frac{a_{n+1}}{a_n}\right| = \left|\frac{(n+1)!\cdot(1+\sqrt{3}\cdot i)^{n+1}}{(n+1)^{n+1}}\right| \cdot \left|\frac{n^n}{n!\cdot(1+\sqrt{3}\cdot i)^n}\right|$$
$$= \left(\frac{n}{n+1}\right)^n \cdot |1+\sqrt{3}\cdot i|$$
$$= 2\cdot\left(\frac{n}{n+1}\right)^n .$$

Also ist

$$\lim_{n\to\infty}\left|\frac{a_{n+1}}{a_n}\right| = 2\cdot\lim_{n\to\infty}\left(1-\frac{1}{n+1}\right)^n = \frac{2}{e} < 1 \text{ (vgl. Aufgabe 1,d)},$$

d.h. $\sum a_n$ konvergiert absolut.

iii) $\sqrt[n]{|a_n|} = |1-\sqrt{2}\cdot i|\cdot\frac{\sqrt[n]{n^2+7}}{3}$, also ist

$$\lim_{n\to\infty}\sqrt[n]{|a_n|} = \frac{\sqrt{3}}{3}\cdot\lim_{n\to\infty}\sqrt[n]{n^2+7} = \frac{1}{\sqrt{3}} < 1$$

$\Longrightarrow \sum a_n$ konvergiert absolut.

iv) Hier gilt $\lim\limits_{n\to\infty}|a_n| = \lim\limits_{n\to\infty}\frac{n}{2n+1} = \frac{1}{2} \neq 0$, d.h. $(a_n)$ ist keine Nullfolge und $\sum a_n$ somit nicht konvergent.

v)

$$0 \le a_n = \frac{(\sqrt{n^2+1}-\sqrt{n})\cdot(\sqrt{n^2+1}+\sqrt{n})}{n^3\cdot(\sqrt{n^2+1}+\sqrt{n})}$$
$$= \frac{n^2+1-n}{n^3\cdot(\sqrt{n^2+1}+\sqrt{n})} \le \frac{n^2+n^2+n^2}{n^3\cdot(\sqrt{n^2})}$$
$$= \frac{3}{n^2} .$$

Die Reihe $\sum\frac{3}{n^2}$ konvergiert, also konvergiert mit dem Vergleichskriterium auch $\sum a_n$.

vi) Wir betrachten zunächst $\sum b_n$ mit $b_n := \frac{(-1)(n+2)}{n^3-n}$. Es ist $|b_n| = \frac{n+2}{n^3-n} \le \frac{3n}{n^3-n} \le \frac{3n}{n^3-\frac{n^3}{2}}$ für genügend große $n$, also $|b_n| \le \frac{6}{n^2}$.

Die Reihe $\sum b_n$ konvergiert also. Wäre nun $\sum a_n$ konvergent, dann müßte ebenfalls $\sum \frac{n^2-2}{3n^3+4n}$ konvergieren. Dies ist aber nicht der Fall, denn für genügend große $n$ ist $\frac{n^2-2}{3n^3+4n} \geq \frac{n^2-\frac{n^2}{2}}{3n^3+4n^3} = \frac{1}{14n}$. Die Reihe $\sum \frac{1}{14n}$ divergiert und daher auch $\sum \frac{n^2-2}{3n^3+4n}$ nach dem Vergleichskriterium. Dies beweist die Divergenz von $\sum a_n$.

■

## Aufgaben zu Kapitel V

Aufgabe 1:

Bestimmen Sie zu der Funktion $f : D(f) \to \mathbb{R}$ den maximalen Definitionsbereich $D(f) \subseteq \mathbb{R}$, die Grenzwerte $\lim\limits_{x\to\pm\infty} f(x)$, die einseitigen Grenzwerte von $f$ in den Punkten $x_0 \notin D(f)$ und den Stetigkeitsbereich $S(f)$. Läßt sich $f$ irgendwo stetig ergänzen?

(i) $f(x) = \dfrac{x+1}{x-1}$

(ii) $f(x) = \dfrac{x^5-1}{x^2-1}$

(iii) $f(x) = \dfrac{2}{3} \cdot \dfrac{|x^2-4|}{x-2}$

(iv) $f(x) = \begin{cases} \dfrac{1}{x-1} & \text{für } x > 2 \\ x^2 - \dfrac{7}{2} & \text{für } -1 \le x \le 2 \\ \dfrac{5}{2x} & \text{für } x < -1 \end{cases}$

Lösung:

(i) $f$ ist nur für $x = 1$ nicht definiert, also $D(f) = \mathbb{R} \setminus \{1\}$. Hier ist $f$ als Quotient stetiger Funktionen auch stetig. Ferner ist $\dfrac{x+1}{x-1} = \dfrac{1+1/x}{1-1/x}$, woraus $\lim\limits_{x\to\pm\infty} f(x) = 1$ folgt.
Nähert man sich mit $x$ der Stelle 1 (etwa $|x-1| < \delta$), so folgt für $x > 1$ die Abschätzung $\dfrac{x+1}{x-1} > \dfrac{2}{\delta}$. Mit $\delta \to 0$ ergibt sich $\lim\limits_{x\to 1+} = +\infty$.
Analog ist für $x < 1$

$$\frac{x+1}{x-1} = -\frac{x+1}{1-x} < \frac{2-\delta}{\delta} = \frac{-2+\delta}{\delta}$$

und mit $\delta \to 0$ folgt $\lim\limits_{x\to 1^-} f(x) = -\infty$. $f$ ist in $x_0$ nicht stetig ergänzbar!

(ii) Der Nenner $x^2-1$ hat für $x \in \{1,-1\}$ den Wert 0, also ist $D(f)=\mathbb{R}\setminus\{1,-1\}$ und $S(f)=D(f)$.

Mit $f(x)=x^3\cdot\dfrac{1-1/x^5}{1-1/x^2}$ folgt $\lim\limits_{x\to\pm\infty} f(x)=\pm\infty$.

Der Zähler $x^5-1$ ist in $-1$ stetig mit Wert $-2$; für $x\to -1^+$ ist $x^2-1<0$, also folgt $\lim\limits_{x\to 1+} f(x)=\infty$;

analog erhält man $\lim x\to -1^- f(x)=-\infty$.

Für $x\to 1$ gilt : $\lim\limits_{x\to 1} f(x)=5/2$, denn

$$\begin{aligned}\frac{x^5-1}{x^2-1}-\frac{5}{2}&=\frac{2x^5-5x^2+3}{(x^2-1)\cdot 2}\\&=\frac{(x-1)^2(2x^3+4x^2+6x+3)}{(x^2-1)\cdot 2}\\&=(x-1)\cdot\frac{2x^3+4x^2+6x+3}{(x^2-1)\cdot 2}.\end{aligned}$$

Also ist

$$\begin{aligned}\lim_{x\to 1}(f(x)-\frac{5}{2})&=\lim_{x\to 1}(x-1)\cdot\lim_{x\to 1}\frac{2x^3+4x^2+6x+3}{2\cdot(x+1)}\\&=0\cdot\frac{15}{4}=0,\quad \text{d.h. } \lim_{x\to 1} f(x)=\frac{5}{2}.\end{aligned}$$

$f$ ist im Punkt $x=1$ durch die Definition $f(1):=\dfrac{5}{2}$ stetig ergänzbar.

(iii) $D(f)=\mathbb{R}\setminus\{2\}$. Die Betragsfunktion ist stetig (!), also folgt $S(f)=D(f)$.

Für $|x|>2$ ist

$f(x)=\dfrac{2}{3}\cdot\dfrac{x^2-4}{x-2}=\dfrac{2}{3}(x+2)$, also $\lim\limits_{x\to\pm\infty} f(x)=\pm\infty$.

Für $0\le x<2$ ist

$f(x)=\dfrac{2}{3}\cdot\dfrac{4-x^2}{x-2}=-\dfrac{2}{3}(x+2)$, also $\lim\limits_{x\to 2^-} f(x)=-\dfrac{8}{3}$.

Ebenso folgt für $x>2$ $\lim\limits_{x\to 2+} f(x)=\dfrac{8}{3}$. Die einseitigen Grenzwerte von $f$ in $x_0=2$ existieren also, sind aber unterschiedlich. $f$ ist daher in $x_0=2$ nicht stetig ergänzbar.

(iv) $D(f) = I\!R$. Für alle $x \notin \{2, -1\}$ ist $f$ offensichtlich stetig. Wir untersuchen die einseitigen Grenzwerte von $f$ in $-1$ und $2$:

$$\lim_{x \to -1^-} f(x) = \lim_{x \to -1^-} \frac{5}{2x} = -\frac{5}{2};$$
$$\lim_{x \to -1+} f(x) = \lim_{x \to -1+} \left(x^2 - \frac{7}{2}\right) = -\frac{5}{2};$$
$$\lim_{x \to 2^-} f(x) = \lim_{x \to 2^-} \left(x^2 - \frac{7}{2}\right) = \frac{1}{2} \quad \text{und}$$
$$\lim_{x \to 2+} f(x) = \lim_{x \to 2+} \frac{1}{x-1} = 1$$

$f$ besitzt somit in $x_0 = 2$ einseitige Grenzwerte, ist aber hier nicht stetig ergänzbar. Dagegen kann $f$ in $x_0 = -1$ durch $f(-1) := -\frac{5}{2} = \lim_{x \to -1} f(x)$ stetig ergänzt werden.
Schließlich ist $\lim_{x \to \pm\infty} f(x) = 0$.

■

Aufgabe 2:

Es sei $f : [0,1] \to I\!R$ stetig mit $|f(x)| \leq 1 \quad \forall x \in [0,1]$. Dann besitzt die Gleichung $2x - f(x) = 1$ (mindestens) eine Lösung in $[0,1]$.

Lösung:

Setze $g(x) := 2x - f(x) - 1$. Dann ist $g$ stetig und es gilt $g(0) = -f(0) - 1 \leq 0$ sowie $g(1) = 2 - f(1) - 1 = 1 - f(1) \geq 0$. Nach dem Zwischenwertsatz besitzt $g$ in $[0,1]$ eine Nullstelle $x_0$, d.h. $2x_0 - f(x_0) = 1$.

■

Aufgabe 3:

Untersuchen Sie die folgenden Funktionen auf Stetigkeit im Nullpunkt. Dabei sei stets $f(0,0) = 0$ und für $(x, y) \neq (0,0)$:

(i) $$f(x,y) = \frac{x^3 \cdot y^2}{(x^2+y^2)^{\frac{5}{2}}}$$

(ii) $$f(x,y) = \frac{x^2 \cdot y}{x^2+y^2}$$

(iii) $$f(x,y) = \frac{x \cdot y}{\sqrt{x^2+y^2}}.$$

Lösung:

(i) Wir betrachten die Folge $(x_n, y_n)_{n\in\mathbb{N}}$ mit $x_n = \frac{1}{n}$, $y_n = \frac{1}{n}$. Dann gilt $\lim\limits_{n\to\infty}(x_n, y_n) = (0,0)$ sowie

$$\lim_{n\to\infty} f(x_n, y_n) = \lim_{n\to\infty} \frac{1}{n^5} \cdot \frac{n^5}{\sqrt{2}} = \frac{1}{\sqrt{2}} \neq 0,$$

also ist $f$ in $(0,0)$ nicht stetig.
Man beachte, daß aber auch $\lim\limits_{(x,y)\to(0,0)} f(x,y) = \frac{1}{\sqrt{2}}$ falsch ist, denn wählt man oben $x_n := -\frac{1}{n}$, so ergibt sich $\lim\limits_{n\to\infty} f(x_n, y_n) = -\frac{1}{\sqrt{2}}$.

(ii) Für $(x_n, y_n)_n$ mit $\lim\limits_{n\to\infty}(x_n, y_n) = 0$ gilt

$$0 \leq |f(x_n, y_n)| = \frac{x_n^2 \cdot |y_n|}{x_n^2 + y_n^2} \leq |y_n| \quad (n \in \mathbb{N}),$$

woraus $\lim\limits_{n\to\infty} f(x_n, y_n) = 0 = f(0,0)$ und damit die Stetigkeit von $f$ in $(0,0)$ folgt.

(iii) Sei $(x_n, y_n)_n$ eine gegen $(0,0)$ konvergente Folge und $\varepsilon > 0$ sowie $\delta(\varepsilon) := \varepsilon$. Dann ist

$$\begin{aligned} 0 \leq |f(x_n, y_n) - 0| &= \frac{|x_n \cdot y_n|}{\sqrt{x_n^2 + y_n^2}} \\ &\leq \frac{2 \cdot |x_n| \cdot |y_n|}{\sqrt{x_n^2 + y_n^2}} \\ &\leq \frac{x_n^2 + y_n^2}{\sqrt{x_n^2 + y_n^2}} \\ &= \sqrt{x_n^2 + y_n^2} \leq \varepsilon \end{aligned}$$

falls $\|(x_n, y_n) - (0,0)\| = \sqrt{x_n^2 + y_n^2} \leq \delta$.

$f$ ist also im Nullpunkt stetig.

■

Aufgabe 4:

Zeigen Sie, daß $f(x) := \frac{1}{1+x^2}$ auf $I\!R$ gleichmäßig stetig ist.

Lösung:

Seien $\varepsilon > 0$ und $x_1, x_2 \in I\!R$. Dann ist

$$\begin{aligned} |f(x_1) - f(x_2)| &= \left| \frac{1}{1+x_1^2} - \frac{1}{1+x_2^2} \right| \\ &= \left| \frac{x_2^2 - x_1^2}{(1+x_1^2)(1+x_2^2)} \right| \\ &= |x_1 - x_2| \cdot \frac{|x_1 + x_2|}{(1+x_1^2)(1+x_2^2)} \\ &\leq |x_1 - x_2| \cdot \left( \frac{|x_1|}{1+x_1^2} + \frac{|x_2|}{1+x_2^2} \right) \\ &\leq |x_1 - x_2| \cdot \left( \frac{1}{2} + \frac{1}{2} \right). \end{aligned}$$

(dies ergibt sich wegen $0 \leq (|x_1| - 1)^2 = x_1^2 - 2|x_1| + 1$, also $\frac{1}{2} \geq \frac{|x_1|}{1+x_1^2}$).
Wählt man $\delta(\varepsilon) = \varepsilon$, so folgt $|f(x_1) - f(x_2)| \leq \varepsilon$ für $|x_1 - x_2| \leq \delta(\varepsilon)$, also die gleichmäßige Stetigkeit von $f$.

■

## Aufgaben zu Kapitel VI

**Aufgabe 1 :**

Differenzieren Sie die Funktion $g : I\!R \backslash \{-1,-2,1,2\} \to I\!R$, definiert durch

$$g(x) := \frac{(1+\frac{x^2}{x^3+1})^5}{x^5+x^4-2x^3-8x^2-8x+16} \; (x \neq -1,-2,1,2).$$

**Lösung :**

Durch Nachrechnen (mit Polynomdivision) zeigt sich, daß -1 die einzige reelle Nullstelle von $x^3+1$ ist und -2,1,2 die einzigen reellen Nullstellen von $f(x) := x^5+x^4-2x^3-8x^2-8x+16$ sind. (Diese Arbeit wird nicht gefordert.) Wir erhalten mit den Rechenregeln für das Ableiten reellwertiger Funktionen einer Veränderlichen :

$$g'(x) = \frac{5(1+\frac{x^2}{x^3+1})^4 \cdot \frac{2x(x^3+1)-x^2 3x^2}{(x^3+1)^2} \cdot f(x) - (1+\frac{x^2}{x^3+1})^5 \cdot f'(x)}{(f(x))^2}$$

$$= \frac{(1+\frac{x^2}{x^3+1})^4}{(x^5+x^4-2x^3-8x^2-8x+16)^2} \cdot \Bigg( \frac{-5x^4+10x}{(x^3+1)^2}(x^5+x^4-2x^3-8x^2-8x+16) -$$

$$-(1+\frac{x^2}{x^3+1})(5x^4+4x^3-6x^2-16x-8) \Bigg).$$

■

**Aufgabe 2 :**

a) Zeigen Sie für alle $l \in I\!N$ : $(\sqrt[l]{x})' = \frac{1}{l} x^{\frac{1}{l}-1}$ $(x > 0)$.

b) Differenzieren Sie folgende Funktionen $f, g, h$ und geben Sie jeweils den Definitionsbereich von Funktion bzw. Ableitungsfunktion an:

i) $f(x) := \sqrt{x + \sqrt[3]{x + \sqrt[4]{x}}}$ ,

ii) $g(x) := \sqrt[3]{(2x-5)^4}$ ,

iii) $h(x) := \dfrac{x^2|x-1|}{|x+5|}$ .

**Lösung :**

a) Für $\underline{l=1}$ gilt $(\sqrt[l]{x})' = (x)' = 1 = x^0 = \frac{1}{l}x^{\frac{1}{l}-1}$ .

Für $\underline{l>1}$ machen wir die Fallunterscheidung

$l = 2k$ für ein $k \in I\!N$ : $(\sqrt[l]{x})' = \frac{\sqrt[2k]{x}}{2k\,x} = \frac{1}{2k}x^{\frac{1}{2k}-1} = \frac{1}{l}x^{\frac{1}{l}-1}$ ,

$l = 2k+1$ für ein $k \in I\!N$ : $(\sqrt[l]{x})' = \frac{\sqrt[2k+1]{x}}{(2k+1)x} = \frac{1}{2k+1}x^{\frac{1}{2k+1}-1} = \frac{1}{l}x^{\frac{1}{l}-1}$

(nämlich jeweils mit Ableitungsfunktionen gemäß Vorlesung); insgesamt gilt also $(\sqrt[l]{x})' = \frac{1}{l}x^{\frac{1}{l}-1}$ $(x>0)$.

b) i) Definitionsbereiche : $D(f) = [0,\infty)$; $D(f') = (0,\infty)$ , da $x=0$ kein innerer Punkt von $[0,\infty)$ ist (siehe auch Beispiel zu Wurzeln aus der Vorlesung) und für $x>0$ die Kettenregel anwendbar ist.

Es gilt: $f(x) = (x + (x + x^{\frac{1}{4}})^{\frac{1}{3}})^{\frac{1}{2}}$, also mit i) tatsächlich:

$$\begin{aligned} f'(x) &= \frac{1}{2}(x + (x + x^{\frac{1}{4}})^{\frac{1}{3}})^{-\frac{1}{2}} \cdot (1 + \frac{1}{3}(x + x^{\frac{1}{4}})^{-\frac{2}{3}} \cdot (1 + \frac{1}{4}x^{-\frac{3}{4}})) \\ &= \frac{3(x + x^{\frac{1}{4}})^{\frac{2}{3}} + 1 + \frac{1}{4x^{\frac{3}{4}}}}{6(x + (x + x^{\frac{1}{4}})^{\frac{1}{3}})^{\frac{1}{2}}(x + x^{\frac{1}{4}})^{\frac{2}{3}}} \qquad (\mathrm{x} > 0). \end{aligned}$$

ii) Definitionsbereiche : $D(g) = D(g') = I\!R$ ; $g(x) = (2x-5)^{\frac{4}{3}}$ mit i):

$$g'(x) = \frac{4}{3}(2x-5)^{\frac{1}{3}} \cdot 2 = \frac{8}{3}\sqrt[3]{2x-5} \qquad (x \in I\!R).$$

iii) Definitionsbereiche : $D(h) = I\!R\backslash\{-5\}$ (Ausnahme der Nennernullstelle) und $D(h') = I\!R\backslash\{-5,1\}$ (zusätzliche Entfernung der Nichtdifferenzierbarkeitsstelle von $x \mapsto |x-1|$). Es gilt

$$h(x) = \left\{ \begin{array}{ll} -\frac{x^2(x-1)}{x+5} & \text{für } x \in (-5,1) \\ \frac{x^2(x-1)}{x+5} & \text{für } x \in I\!R\backslash[-5,1) \end{array} \right\} = \mp\frac{x^3-x^2}{x+5} \text{ (beziehungsweise)}$$

und somit für $x \in (-5,1)$:

$$h'(x) = -\frac{(3x^2-2x)(x+5) - (x^3-x^2)}{(x+5)^2} = \frac{-2x^3-14x^2+10x}{(x+5)^2}$$

und für $x \in I\!R\backslash[-5,1]$:

$$h'(x) = \frac{2x^3+14x^2-10x}{(x+5)^2}.$$

■

**Aufgabe 3 :**

Differenzieren Sie $f : I\!R^4 \to I\!R$, definiert durch

$$f(\underline{x}) := \begin{vmatrix} x_1 & \frac{1}{1+x_1^2} & 0 & 0 \\ x_2 & 0 & x_2 & 0 \\ x_3 & 0 & 0 & -1 \\ x_4 & 0 & 0 & 0 \end{vmatrix} \quad (\underline{x} \in I\!R^4).$$

**Lösung :**

Es gilt $\begin{vmatrix} x_1 & \frac{1}{1+x_1^2} & 0 & 0 \\ x_2 & 0 & x_2 & 0 \\ x_3 & 0 & 0 & -1 \\ x_4 & 0 & 0 & 0 \end{vmatrix} = -\frac{1}{1+x_1^2}\begin{vmatrix} x_2 & x_2 & 0 \\ x_3 & 0 & -1 \\ x_4 & 0 & 0 \end{vmatrix} =$

$= \frac{1}{1+x_1^2} \cdot x_2 \begin{vmatrix} x_3 & -1 \\ x_4 & 0 \end{vmatrix} = \frac{x_2 x_4}{1+x_1^2}$ und somit

$$f'(\underline{x}) = (\nabla f)^T(\underline{x}) = Df(\underline{x}) = (\frac{\partial}{\partial x_1} f(\underline{x}), \ldots, \frac{\partial}{\partial x_4} f(\underline{x})) =$$
$$= \left( \frac{-2x_1 x_2 x_4}{(1+x_1^2)^2}, \frac{x_4}{1+x_1^2}, 0, \frac{x_2}{1+x_1^2} \right) \quad (\underline{x} \in I\!R^4).$$

■

**Aufgabe 4 :**

Seien $n \in I\!N$, $n > 4$, $A$ eine (n,n)-Matrix und $\underline{v}^1, \ldots, \underline{v}^{n-1} \in I\!R^n$. Differenzieren Sie $\underline{f}, \underline{g} : I\!R^n \setminus \{\underline{0}_n\} \to I\!R^n$ und $\underline{h} : I\!R^n \to I\!R^n$, definiert durch

i) $\underline{f}(\underline{x}) := \frac{1}{\underline{x}^T \underline{x}} A\underline{x} \qquad (\underline{x} \neq \underline{0}_n)$,

ii) $\underline{g}(\underline{x}) := \frac{\underline{x}}{\|\underline{x}\|} \qquad (\underline{x} \neq \underline{0}_n)$,

iii) $\underline{h}(\underline{x}) := (x_1^2 + \frac{x_2^2 + x_3 x_4}{1+x_n^2}, \underline{v}^1 \cdot \underline{x}, \ldots, \underline{v}^{n-1} \cdot \underline{x})^T \quad (\underline{x} \in I\!R^n)$.

**Lösung :**

i) $\underline{f} = (f_1, \ldots, f_n)^T$ mit $f_i(\underline{x}) = \dfrac{\sum\limits_{l=1}^{n} a_{il} x_l}{\sum\limits_{k=1}^{n} x_k^2}$ $(i = 1, \ldots, n)$, also

$$\frac{\partial}{\partial x_j} f_i(\underline{x}) = \frac{a_{ij} \sum\limits_{k=1}^{n} x_k^2 - \sum\limits_{l=1}^{n} a_{il} x_l \cdot 2x_j}{(\sum\limits_{k=1}^{n} x_k^2)^2} \quad (i, j = 1, \ldots, n)$$

$$\Longrightarrow \underline{f}'(\underline{x}) = \frac{1}{(\underline{x}^T \underline{x})^2} (\underline{x}^T \underline{x})(A - 2(A\underline{x})\underline{x}^T) \quad (\underline{x} \neq \underline{0}_n).$$

ii) Mit $\dfrac{1}{\|\underline{x}\|} = \dfrac{1}{\sqrt{\sum\limits_{k=1}^{n} x_k^2}}$ gilt $(\dfrac{1}{\|\underline{x}\|})_{x_j} = -\dfrac{2x_j}{2(\sum\limits_{k=1}^{n} x_k^2)^{\frac{3}{2}}} = -\dfrac{x_j}{\|\underline{x}\|^3}$ $(j = 1, \ldots, n)$.

Mit koordinatenweiser Anwendung der Produktregel folgt (kurz gefaßt):

$$\underline{g}'(\underline{x}) = \begin{pmatrix} \frac{1}{\|\underline{x}\|} - \frac{x_1^2}{\|\underline{x}\|^3} & -\frac{x_1 x_2}{\|\underline{x}\|^3} & \cdots & -\frac{x_1 x_n}{\|\underline{x}\|^3} \\ -\frac{x_1 x_2}{\|\underline{x}\|^3} & \frac{1}{\|\underline{x}\|} - \frac{x_2^2}{\|\underline{x}\|^3} & \cdots & -\frac{x_2 x_n}{\|\underline{x}\|^3} \\ \vdots & \vdots & \ddots & \vdots \\ -\frac{x_1 x_n}{\|\underline{x}\|^3} & -\frac{x_2 x_n}{\|\underline{x}\|^3} & \cdots & \frac{1}{\|\underline{x}\|} - \frac{x_n^2}{\|\underline{x}\|^3} \end{pmatrix} \quad (\underline{x} \neq \underline{0}_n).$$

iii) $\underline{h} = (h_1, h_2, \ldots, h_n)^T$ ; $h_1' = (h_{1\,x_1}, h_{1\,x_2}, \ldots, h_{1\,x_n})$ ;

$h_{1\,x_1}(\underline{x}) = 2x_1$ , $h_{1\,x_2} = \dfrac{2x_2}{1 + x_n^2}$ , $h_{1\,x_3}(\underline{x}) = \dfrac{x_4}{1 + x_n^2}$ , $h_{1\,x_4}(\underline{x}) = \dfrac{x_3}{1 + x_n^2}$ ,

$h_{1\,x_5}(\underline{x}) = \ldots = h_{1\,x_{n-1}}(\underline{x}) = 0$ , $h_{1\,x_n}(\underline{x}) = -(x_2^2 + x_3 x_4) \cdot \dfrac{2x_n}{(1 + x_n^2)^2}$ ;

$h_{l+1}'(\underline{x}) = (\underline{v}^l)^T$ , wegen $h_{l+1}(\underline{x}) = \underline{v}^l \cdot \underline{x} = (\underline{v}^l)^T \underline{x}$ $(l = 1, \ldots, n-1)$.

Nun ergibt sich $\underline{h}'(\underline{x})$ durch Zusammenfassen gemäß $\underline{h}'(\underline{x}) = \begin{pmatrix} h_1'(\underline{x}) \\ h_2'(\underline{x}) \\ \vdots \\ h_n'(\underline{x}) \end{pmatrix}$. ■

**Aufgabe 5 :**

Seien $c \in \mathbb{R}\backslash\{0\}$ und $f : \mathbb{R} \to \mathbb{R}$ zweimal stetig differenzierbar, sowie $D := \mathbb{R}^4 \backslash \{(0,0,0,t) \mid t \in \mathbb{R}\}$. Beweisen Sie, daß $u : D \to \mathbb{R}$, definiert durch $u(x_1,x_2,x_3,t) := \frac{1}{\|\underline{x}\|} \cdot f(\|\underline{x}\| - ct)$ $(=: (\underline{x}^T,t) := (x_1,x_2,x_3,t) \in D)$, zweimal stetig differenzierbar ist und die "Wellengleichung"

$$\frac{1}{c^2} u_{tt} = u_{x_1x_1} + u_{x_2x_2} + u_{x_3x_3}$$

erfüllt.

**Lösung :**

Zu jedem Punkt $X_0 \in \mathbb{R}^4 \backslash \{(0,0,0,t) \mid t \in \mathbb{R}\}$ gilt mit
$r := max\{|x_{01}|, |x_{02}|, |x_{03}|, |x_{04} - t|\}$ : $r > 0$ und $\|\underline{x}_0 - (0,0,0,t)^T\| =$
$= \sqrt{x_{01}^2 + x_{02}^2 + x_{03}^2 + (x_{04} - t)^2} \geq \sqrt{r^2} = r$, also $B(\underline{x}_0, r) \cap \{(0,0,0,t)^T \mid t \in \mathbb{R}\} = \emptyset$ ,
d.h. $B(\underline{x}_0, r) \subseteq \{\underline{x} \mid \underline{x}^T \in D\}$. Im weiteren wollen wir $X$ und $\underline{x}$ identifizieren.
Seien $\underline{x} := (x_1,x_2,x_3)^T \neq \underline{0}_3$ , $t \in \mathbb{R}$.
Es gilt $(\underline{x} \mapsto \|\underline{x}\|)_{x_j} = \dfrac{2x_j}{2\sqrt{x_1^2 + \ldots + x_n^2}} = \dfrac{x_j}{\|\underline{x}\|}$ $(j = 1,2,3)$.
Mit Produkt- und Kettenregel ergibt sich (bei Weglassen des Arguments):

$$(*) \quad \begin{cases} u_{x_j} &= \dfrac{-1}{\|\underline{x}\|^2} \dfrac{x_j}{\|\underline{x}\|} f(\|\underline{x}\| - ct) + \dfrac{1}{\|\underline{x}\|} f'(\|\underline{x}\| - ct) \dfrac{x_j}{\|\underline{x}\|} \\ &= (-x_j \cdot \dfrac{1}{\|\underline{x}\|^3} \cdot f(\|\underline{x}\| - ct)) + (x_j \cdot \dfrac{1}{\|\underline{x}\|^2} \cdot f'(\|\underline{x}\| - ct)) \end{cases}$$

und nach der Kettenregel

$$\binom{*}{*} \qquad u_t = \frac{1}{\|\underline{x}\|} f'(\|\underline{x}\| - ct) \cdot (-c) = \frac{-c}{\|\underline{x}\|} f'(\|\underline{x}\| - ct).$$

Mit denselben Regeln können wir in (*) und $\binom{*}{*}$ weiter nach $x_i$ $(i = 1,2,3)$ und $t$ differenzieren, nämlich so, daß die sich ergebenden Ableitungen weiterhin stetig sind.
Sei $\boxed{f''} := (f')'$; damit gilt speziell:

$$u_{tt} = \frac{-c}{\|\underline{x}\|} f''(\|\underline{x}\| - ct) \cdot (-c) = \frac{c^2}{\|\underline{x}\|} f''(\|\underline{x}\| - ct) \ ,$$

$$u_{x_jx_j} = \Big(\frac{-1}{\|\underline{x}\|^3} f(\|\underline{x}\| - ct) + x_j \frac{3}{\|\underline{x}\|^4} \frac{x_j}{\|\underline{x}\|} f(\|\underline{x}\| - ct) -$$
$$- x_j \frac{1}{\|\underline{x}\|^3} f'(\|\underline{x}\| - ct) \frac{x_j}{\|\underline{x}\|}\Big) +$$
$$+ \Big(\frac{1}{\|\underline{x}\|^2} f'(\|\underline{x}\| - ct) - x_j \frac{2}{\|\underline{x}\|^3} \frac{x_j}{\|\underline{x}\|} f'(\|\underline{x}\| - ct) +$$
$$+ x_j \frac{1}{\|\underline{x}\|^2} f''(\|\underline{x}\| - ct) \frac{x_j}{\|\underline{x}\|}\Big).$$

Gemäß $\|\underline{x}\|^2 = x_1^2 + x_2^2 + x_3^2$ ergibt sich somit:

$$u_{x_1x_1} + u_{x_2x_2} + u_{x_3x_3} = f(\|\underline{x}\| - ct)\Big(-\frac{3}{\|\underline{x}\|^3} + \frac{3}{\|\underline{x}\|^5}\|\underline{x}\|^2\Big) +$$
$$+ f'(\|\underline{x}\| - ct)\Big(-\frac{1}{\|\underline{x}\|^4}\|\underline{x}\|^2 + \frac{3}{\|\underline{x}\|^2} - \frac{2}{\|\underline{x}\|^4}\|\underline{x}\|^2\Big)$$
$$+ f''(\|\underline{x}\| - ct) \frac{1}{\|\underline{x}\|^3}\|\underline{x}\|^2$$
$$= \frac{1}{\|\underline{x}\|} f''(\|\underline{x}\| - ct) \; = \; \frac{1}{c^2} u_{tt} \,,$$

also die behauptete Wellengleichung.

■

**Aufgabe 6 :**

Für jedes $\alpha \in \mathbb{R}$ sei die Funktion $f_\alpha : \mathbb{R}^2 \to \mathbb{R}$ definiert durch
$f_\alpha(x, y) := x^6 + (x+1)^3 + \alpha xy + (y+1)^4 \;\; (x, y \in \mathbb{R})$.

i) Ermitteln Sie die Hessesche Matrix $H_\alpha$ von $f_\alpha$ an der Stelle $(x_0, y_0) = (0, 0) \quad (\alpha \in \mathbb{R})$.

ii) Beweisen Sie danach für $\lambda_{max}^{(1)} : \mathbb{R} \to \mathbb{R}$ und $\lambda_{max}^{(2)} : \mathbb{R} \to \mathbb{R}$, definiert durch

$$\left.\begin{aligned} \lambda_{max}^{(1)}(\alpha) &:= max\,\{\lambda \in \mathbb{R} \mid \lambda \text{ ist Eigenwert von } H_\alpha\} \\ \lambda_{max}^{(2)}(\alpha) &:= max\,\{\lambda \in \mathbb{R} \mid \lambda \text{ ist Eigenwert von } H_\alpha H_\alpha\} \end{aligned}\right\} \qquad (\alpha \in \mathbb{R}),$$

die Beziehung

$$\lambda_{max}^{(2)}(\alpha) = \lambda_{max}^{(1)\,2}(\alpha) \qquad (\alpha \in \mathbb{R}).$$

iii) Zeigen Sie nun die Gleichung

$$\lambda_{max}^{(2)\,\prime}(\alpha) = \alpha \cdot \Big(\frac{6}{\sqrt{1 + (\frac{\alpha}{3})^2}} + 2\Big) \qquad (\alpha \in \mathbb{R}).$$

Lösung:

i) Seien $\alpha, x, y \in I\!R$. Es ist $D^2 f_\alpha(x,y) = \begin{pmatrix} (f_\alpha)_{x_1x_1}(x,y) & (f_\alpha)_{x_1x_2}(x,y) \\ (f_\alpha)_{x_2x_1}(x,y) & (f_\alpha)_{x_2x_2}(x,y) \end{pmatrix}$
$= \begin{pmatrix} 30x^4 + 6(x+1) & \alpha \\ \alpha & 12(y+1)^2 \end{pmatrix}$. Damit gilt für $x = y = 0$ : $H_\alpha = \begin{pmatrix} 6 & \alpha \\ \alpha & 12 \end{pmatrix}$.

ii) Es gilt für $\alpha \in I\!R$ : $p_{H_\alpha}(\lambda) = \begin{vmatrix} 6-\lambda & \alpha \\ \alpha & 12-\lambda \end{vmatrix} = \lambda^2 - 18\lambda + 72 - \alpha^2$, also für die Eigenwerte von $H_\alpha$ : $\lambda_{1,2}(\alpha) = 9 \pm \sqrt{9+\alpha^2}$. Wir schließen:
$\lambda^{(1)}_{max}(\alpha) = 9 + \sqrt{9+\alpha^2}$ $(= \lambda_1(\alpha))$ und

(*) $$|\lambda_1(\alpha)| > |\lambda_2(\alpha)|.$$

Gemäß $\begin{cases} (H_\alpha H_\alpha)\underline{x} = H_\alpha(H_\alpha \underline{x}) = H_\alpha(\lambda \underline{x}) = \lambda H_\alpha \underline{x} = \lambda^2 \underline{x} \\ \text{mit } \underline{x} \text{ als einem Eigenvektor von } H_\alpha \text{ zum Eigenwert } \lambda \end{cases}$
$(\lambda = \lambda_1(\alpha)$ oder $\lambda = \lambda_2(\alpha))$ resultiert, daß $(\lambda_1(\alpha))^2, (\lambda_2(\alpha))^2$ die nach (*) verschiedenen Eigenwerte von $H_\alpha H_\alpha$ sind. Jetzt folgt mit (*) in der Tat:

$$\lambda^{(2)}_{max} = \lambda^{(1)\,2}_{max}(\alpha).$$

iii) Die vorige Herleitung von ii) zeigt $\lambda^{(2)}_{max}(\alpha) = (9 + \sqrt{9+\alpha^2})^2$ $(\alpha \in I\!R)$, sodaß sich mit der Kettenregel ergibt:

$$\begin{aligned} \lambda^{(2)\,\prime}_{max}(\alpha) &= 2(9 + \sqrt{9+\alpha^2}) \frac{\alpha}{\sqrt{9+\alpha^2}} \\ &= \frac{18\alpha}{\sqrt{9+\alpha^2}} + 2\alpha = \alpha\Big(\frac{6}{\sqrt{1+(\frac{\alpha}{3})^2}} + 2\Big) \qquad (\alpha \in I\!R). \end{aligned}$$

■

Aufgabe 7:

Sei $f : (-1,1) \to I\!R$ definiert durch $f(x) := \sum_{\nu=0}^{\infty} x^\nu$ $(x \in (-1,1))$. Zeigen Sie, daß die Umkehrfunktion $f^{-1} : (\frac{1}{2}, \infty) \to (-1,1)$ existiert, und weisen Sie die Gleichung

$$(f^{-1})'(x) = (1 - f^{-1}(x))^2 \qquad (x \in (\tfrac{1}{2}, \infty))$$

nach. Wie lauten $f^{-1}$ und $(f^{-1})'$ explizit?

**Lösung :**

Es gilt für die geometrische Reihe $\sum_{\nu=0}^{\infty} x^{\nu} = \frac{1}{1-x}$ $(|x| < 1)$ und deshalb

(*)
$$f'(x) = -\frac{1}{(1-x)^2} \cdot (-1) = (\frac{1}{1-x})^2,$$

also $f'(x) > 0$ $(|x| < 0)$. Folglich ist $f$ streng monoton wachsend. Dann muß $f$ als stetige Funktion ihre Umkehrfunktion auf dem Intervall $f((-1,1))$ besitzten. Wegen der strengen Monotonie von $f$ und gemäß $\lim_{x \to -1}(\frac{1}{1-x}) = \frac{1}{2}$, $\lim_{x \to 1-}(\frac{1}{1-x}) = \infty$ gilt $f((-1,1)) = (\frac{1}{2}, \infty)$.

Mit (*) ermitteln wir $(f^{-1})'(y) = \frac{1}{f'(f^{-1}(y))} = (1 - f^{-1}(y))^2$ $(y > \frac{1}{2})$.

Wir hätten uns auch gleich explizit auf $f^{-1}$ beziehen können;

$$y = \frac{1}{1-x} \Longrightarrow x = 1 - \frac{1}{y} \Longrightarrow f^{-1}(y) = 1 - \frac{1}{y} \qquad (y \in (\frac{1}{2}, \infty)).$$

■

**Aufgabe 8 :**

Seien $a, b \in \mathbb{R}$, $a < b$ und $f : (a,b) \to \mathbb{R}$ differenzierbar mit $f'(x) = 0$ $(x \in (a,b))$. Beweisen Sie, daß $f$ konstant ist.

**Lösung :**

Sei $x_0 \in (a,b)$. Dann gibt es nach dem Mittelwertsatz zu jedem $x \in (a,b)$, o.B.d.A. bei $x > x_0$, ein $\xi \in (x_0, x)$ mit

$$f(x) - f(x_0) = f'(\xi)(x - x_0).$$

Gemäß der Voraussetzung ist jeweils $f'(\xi) = 0$, also $f(x) = f(x_0)$ $(x \in (a,b))$.
D.h. $f$ ist konstant.

■

**Aufgabe 9:**

Untersuchen Sie $f : (-\infty, -4) \to \mathbb{R}$, definiert durch $f(x) := \dfrac{x}{x+3}$ $(x < -4)$, auf gleichmäßige Stetigkeit, indem Sie den Mittelwertsatz benutzen.

**Lösung:**

Die Funktion $f$ ist differenzierbar; $f'(x) = \dfrac{3}{(x+3)^2}$ $(x < -4)$. Nach dem Mittelwertsatz gibt es für je zwei Punkte $x, y < -4$ mit $x < y$ ein $\xi \in (x,y)$ so, daß $f(y) - f(x) = f'(\xi)(y-x)$ gilt, also

$$(*) \qquad |f(y) - f(x)| = |f'(\xi)||y-x| = \frac{3}{(\xi+3)^2}|y-x| < \frac{3}{(-4+3)^2}|y-x| = 3|y-x|,$$

nämlich unter Beachtung des monotonen Wachsens der Abbildung $x \mapsto \dfrac{1}{(x+3)^2}$ $(x \le -4)$. Die Beziehung (*) gilt auch für alle $x, y < -4$ mit $x > y$, wie eine Vertauschung von $x$ und $y$ anzeigt. Für alle $x = y < -4$ ist $|f(y) - f(x)| = 0 = 3|y-x|$. Insgesamt gilt

$$\binom{*}{*} \qquad |f(y) - f(x)| \le 3|y-x| \qquad (x, y < -4).$$

Sei $\varepsilon > 0$. Dann folgt mit $\delta := \dfrac{\varepsilon}{3}$ und für alle $x, y < -4$ mit $|x-y| < \delta$ gemäß $\binom{*}{*}$: $|f(y) - f(x)| < \varepsilon$. Also ist $f$ gleichmäßig stetig. (Wieso darf man mit $<$ statt $\le$ arbeiten ?)

■

**Aufgabe 10:**

Untersuchen Sie $g : (0, \infty) \to \mathbb{R}$, definiert durch $g(x) := \dfrac{1}{x^2}$ $(x > 0)$, auf gleichmäßige Stetigkeit, indem Sie den Mittelwertsatz benutzen.

**Lösung:**

Nach dem Mittelwertsatz gibt es für alle $x, y > 0$ mit $x < y$ ein $\xi \in (x,y)$ so, daß $g(y) - g(x) = g'(\xi)(y-x)$ gilt. Hiermit ergibt sich

$$(*) \qquad |g(y) - g(x)| = |g'(\xi)||y-x| = \frac{2}{\xi^3}(y-x) > \frac{2}{y^3}(y-x).$$

Angenommen $g$ wäre gleichmäßig stetig; sei $\varepsilon > 0$. Dann gibt es ein $\delta > 0$ so, daß für alle $x, y > 0$ mit $|x - y| < \delta$ gilt:

$$\binom{*}{*} \qquad |g(x) - g(y)| < \varepsilon \, .$$

Seien je $n \in I\!N$ $x_n := \frac{1}{2n}$ und $y_n := \frac{1}{n}$; dann ist für schließlich alle $n \in I\!N$

$$( \overset{*}{\underset{*}{}} *) \qquad |x_n - y_n| = \frac{1}{2n} < \delta \, ,$$

sodaß nach $\binom{*}{*}$ $|g(x_n) - g(y_n)| < \varepsilon$ für diese $n$ gelten müßte. In Wirklichkeit haben wir aber mit (*) und $( \overset{*}{\underset{*}{}} *)$

$$|g(y_n) - g(x_n)| > \frac{2}{(\frac{1}{n})^3} \cdot \frac{1}{2n} = n^2 \qquad (n \in I\!N),$$

also $|g(x_n) - g(y_n)| \geq \varepsilon$ für genügend große $n$, festzustellen; Widerspruch!
Folglich ist $g$ nicht gleichmäßig stetig.

■

**Aufgabe 11 :**

Seien $D \subseteq I\!R$ offen (d.h. mit jedem $x_0 \in D$ ist für ein geeignetes $\delta_0 > 0$ auch die $\delta_0$-Kugel um $x_0$ in $D$ enthalten) und $f : D \to I\!R$ stetig differenzierbar, sowie $G \subseteq I\!R$ vorgegeben.

i) Zeigen Sie, daß die Funktion $f$ lokal Lipschitz-stetig ist,
d.h.: zu jedem $x_0 \in D$ gibt es ein $\eta > 0$ und ein $L \geq 0$ mit

$$|f(x) - f(y)| \leq L|x - y| \text{ für alle } x, y \in B(x_0, \eta) \cap D.$$

ii) Sei $g : G \to I\!R$ lokal Lipschitz-stetig. Mit welcher natürlichen Verschärfung dieser Eigenschaft können wir, ohne Differenzierbarkeit der Funktion $g$ zu verlangen, die gleichmäßige Stetigkeit von $g$ folgern?

Lösung :

i) Sei $x_0 \in D$; dann existiert ein Radius $\delta_0 > 0$ so, daß $(x_0 - \delta_0, x_0 + \delta_0)$ in $D$ liegt. Nach dem Mittelwertsatz existiert für je zwei Punkte $x < y$ aus $(x_0 - \delta_0, x_0 + \delta_0)$ ein $\xi \in (x, y)$ mit

$$(*) \qquad f(y) - f(x) = f'(\xi)(y - x) \; ;$$

mit geeignetem $\xi \in (y, x)$ gilt (*) auch im Falle $y < x$, sowie bei $\xi := x$ im Falle $x = y$. Wir wissen, daß mit $\eta := \frac{\delta_0}{2}$

$$[x_0 - \eta, x_0 + \eta] \subseteq (x_0 - \delta_0, x_0 + \delta_0) \subseteq D$$

erfüllt ist und $L := \max\limits_{\xi \in [x_0 - \eta, x_0 + \eta]} |f'|(\xi)$ aufgrund der Stetigkeit von $|f'| : \xi \mapsto |f'(\xi)| \; (\xi \in D)$ existiert. Damit ergibt sich gemäß (*):

$$|f(y) - f(x)| \leq L|y - x| \text{ für alle } x, y \in [x_0 - \eta, x_0 + \eta],$$

insbesondere für alle $x, y \in B(x_0, \eta)$.

ii) Die Bedingung $\left\{ \begin{array}{l} \text{es existiert eine Konstante } L \geq 0 \text{ mit} \\ |g(x) - g(y)| \leq L|x - y| \text{ für alle } x, y \in G \end{array} \right.$ ist naheliegend und geeignet, wie sich bei vorgegebenem $\varepsilon > 0$ im Falle $L > 0$ mit der Wahl $\delta := \frac{\varepsilon}{L}$ erweist und im Falle $L = 0$ mit der Wahl eines beliebigen $\delta > 0$ zeigt: für alle $x, y \in G$ gilt dann

$$|x - y| < \delta \Longrightarrow |g(x) - g(y)| < \varepsilon \; .$$

Die oben genannte Bedingung entspricht der Lipschitz-Bedingung aus Bemerkung 6.1.6 .

■

## Aufgaben zu Kapitel VII

### Aufgabe 1 :

Man bestimme die Konvergenzradien der folgenden Potenzreihen $\sum a_k \cdot z^k$ mit Entwicklungspunkt 0:

i) $\sum_{k=0}^{\infty} \frac{1}{2}[(-1)^k + 1] \cdot \frac{z^k}{k!}$ , $z \in \mathbb{C}$

ii) $\sum_{k=1}^{\infty} (2k+1) \cdot 2^k \cdot z^k$ , $z \in \mathbb{C}$

iii) $\sum_{k=1}^{\infty} \frac{(-1)^{k+1} \cdot z^k}{k}$ , $z \in \mathbb{C}$

iv) $\sum_{k=1}^{\infty} \left(1 + \frac{\alpha}{k}\right)^{k^2} \cdot x^k$ , $x \in \mathbb{R}$ (für $\alpha \in \mathbb{R}$ fest)

v) $\sum_{k=1}^{\infty} \left(\sin \frac{1}{k}\right)^k \cdot x^k$ , $x \in \mathbb{R}$.

Hinweis: zu iv) beachte Aufgabe 2 .

### Lösung :

i) Für ungerades $k$ ist $(-1)^k + 1 = 0$, also ergibt sich als Potenzreihe

$$\sum a_k \cdot z^k \text{ mit } a_k = \begin{cases} 0 & , k \text{ ungerade} \\ \frac{1}{k!} & , k \text{ gerade} \end{cases} \quad \text{und}$$

$\rho = \lim_{k \to \infty} \left| \frac{a_k}{a_{k+1}} \right| = \lim_{k \to \infty} \frac{1}{k!} \cdot (k+1)! = \infty$, d.h. die Reihe konvergiert $\forall z \in \mathbb{C}$.

ii) Es ist $\lim_{k \to \infty} \sqrt[k]{(2k+1) \cdot 2^k} = \lim_{k \to \infty} \sqrt[k]{2k+1} \cdot 2 = 2$ , also ist der Konvergenzradius $\rho = \frac{1}{2}$.

iii) $\lim_{k \to \infty} \left| \frac{a_k}{a_{k+1}} \right| = \lim_{k \to \infty} \left| \frac{k+1}{k} \right| = 1$ , also $\rho = 1$.

iv) $\lim_{k\to\infty} \sqrt[k]{|a_k|} = \lim_{k\to\infty} \left(1+\frac{\alpha}{k}\right)^k = e^{\alpha}$ (siehe Aufgabe 2), d.h. $\rho = e^{-\alpha}$.

v) $\lim_{k\to\infty} \sqrt[k]{|a_k|} = \lim_{k\to\infty} \left(sin\frac{1}{k}\right) = 0$ ($sin\, x$ ist stetig).

**Aufgabe 2:**

Für $\alpha \in I\!R$ zeige man $\lim_{x\to\infty} \left(1+\frac{\alpha}{x}\right)^x = e^{\alpha}$.

Hinweis: a) $(1+\frac{1}{y})^y \to e$ $(y \to \infty)$ b) $(1+\frac{-1}{y})^y \to \frac{1}{e}$ $(y \to \infty)$

**Lösung:**

Für $\alpha = 0$ ist alles klar. Sei o.B.d.A. $\alpha \geq 0 \implies 1+\frac{\alpha}{x} > 0$ (sonst Benutzung von Hinweis b), später). Dann ist $(1+\frac{\alpha}{x})^x = \left((1+\frac{1}{\frac{x}{\alpha}})^{\frac{x}{\alpha}}\right)^{\alpha}$. Nun ist die Funktion $g(x) := (1+\frac{1}{\frac{x}{\alpha}})^{\frac{x}{\alpha}} = e^{\frac{x}{\alpha}\cdot ln(1+\frac{\alpha}{x})}$ als Komposition stetiger Funktionen selbst stetig. Ebenso ist die Potenzfunktion $y \mapsto y^{\alpha}$ stetig, also folgt mit Hinweis a) $\lim_{x\to\infty}(1+\frac{\alpha}{x})^x = \lim_{x\to\infty} g(x)^{\alpha} = \left(\lim_{x\to\infty} g(x)\right)^{\alpha} = e^{\alpha}$ (Beweis des Hinweises a): durch ein Monotonieargument; zur Übung mit Differenzieren und Satz 7.2.6 vi) selbst; Beweis des Hinweises b): $\left(1+\frac{-1}{n}\right)^n = \left(\left(1+\frac{1}{n-1}\right)^{n-1}\right)^{-1} \cdot \frac{n-1}{n} \to \frac{1}{e}$ $(n \to \infty)$, usw.).

**Aufgabe 3:**

Man differenziere die Funktionen

i) $f(x) = x^x$ , $x \geq 0$

ii) $f(x) = ln(x + e^{x^2})$ , $x \geq 0$

iii) $f(x) = arcsin(tanh(x))$ , $x \in I\!R$

iv) $f(x) = cos(x \cdot e^{\frac{1}{x}})$ , $x \neq 0$

v) $f(x) = sin(ln(x^2 + 1 + 2^x))$ , $x \in I\!R$.

**Lösung:**

i) Es ist $x^x = e^{x \cdot ln\, x}$, also $f'(x) = e^{x \cdot ln\, x} \cdot (1 \cdot ln\, x + x \cdot \frac{1}{x}) = x^x \cdot (ln\, x + 1)$.

ii) $f'(x) = \frac{1}{x + e^{x^2}} \cdot (1 + e^{x^2} \cdot 2x)$.

iii) $f'(x) = \frac{1}{\sqrt{1 - tanh^2 x}} \cdot (1 - tanh^2 x) = \sqrt{1 - tanh^2 x}$.

iv) $f'(x) = -sin(x \cdot e^{\frac{1}{x}}) \cdot (e^{\frac{1}{x}} - \frac{1}{x} \cdot e^{\frac{1}{x}})$.

v) $f'(x) = cos\big(ln(x^2 + 1 + 2^x)\big) \cdot \frac{1}{x^2 + 1 + 2^x} \cdot (2x + ln\, 2 \cdot 2^x)$.

**Aufgabe 4:**

Man beweise

i) $sin\, x \le x$ und $sin\, x \ge x - \frac{x^3}{6}$ $\quad \forall x \ge 0$.

ii) Aus i) folgere man $\lim\limits_{x \to 0} \frac{sin\, x}{x} = 1$.

**Lösung:**

i) Es ist $f(x) := sin\, x - x$ differenzierbar mit $f'(x) = cos\, x - 1 \le 0$, also ist $f$ monoton fallend. Wegen $f(0) = 0$ folgt dann $f(x) \le 0$ für $x \ge 0$, d.h. $sin\, x \le x$.
Analog gilt für $g(x) := sin\, x - x + \frac{x^3}{6}$ : $g'(x) = cos\, x - 1 + \frac{x^2}{2}$ und $g''(x) = -sin\, x + x = -f(x)$, d.h. $g'$ ist monoton steigend.
Mit $g'(0) = 0$ ist $g'(x) \ge 0$ für $x \ge 0$, somit ist auch $g$ monoton steigend.
Aus $g(0) = 0$ folgt die Behauptung.

ii) Zunächst ist für $x > 0$ $\quad x - \frac{x^3}{6} \le sin\, x \le x$, also $1 - \frac{x^2}{6} \le \frac{sin\, x}{x} \le 1$,
d.h. $\lim\limits_{x \to 0+} \frac{sin\, x}{x} = 1$.
Wegen $-sin\, x = sin(-x)$ gelten für $x < 0$ die Abschätzungen $x \le sin\, x$ und $sin\, x \le x - \frac{x^3}{6}$ bzw. $1 \le \frac{sin\, x}{x} \le 1 - \frac{x^2}{6}$, d.h. $\lim\limits_{x \to 0-} \frac{sin\, x}{x} = 1$.
Insgesamt also $\lim\limits_{x \to 0} \frac{sin\, x}{x} = 1$.

**Aufgabe 5 :**

Zeigen Sie, daß jede orthogonale (2,2)-Matrix $A = \begin{pmatrix} a & b \\ c & d \end{pmatrix}$, für die $det(A) = 1$ gilt, mit einem geeigneten $\Theta \in [-\pi, \pi]$ von der Form $\begin{pmatrix} cos\,\Theta & -sin\,\Theta \\ sin\,\Theta & cos\,\Theta \end{pmatrix}$ ("Drehung im $V^2$") ist.
Hinweis: Ausdrücken der Voraussetzungen an die Zeilenvektoren durch 4 Gleichungen; Fallunterscheidung $a = 0$ bzw. $a \neq 0$; Verlauf der $cos$-Funktion ; Satz von Pythagoras in $sin$- und $cos$-Ausdrücken.

**Lösung :**

Voraussetzungsgemäß bilden die Zeilenvektoren $\underline{a}^1$ , $\underline{a}^2$ eine orthonormale Menge, d.h. $\underline{a}^i \cdot \underline{a}^j = \delta_{ij}$ $(i, j \in \{1,2\})$. Daher gilt

$$(1)\ a^2 + b^2 = 1\ ,\ (2)\ c^2 + d^2 = 1\ ,\ (3)\ ac + bd = 0\ ,$$

sowie gemäß $det(A) = 1$:

$$(4)\ ad - bc = 1.$$

Sei zunächst $\underline{a = 0}$. Dann folgt mit (1) : $b = \pm 1$, deshalb mit (4) : $c = \mp 1$, und somit schließlich nach (2) : $d = 0$. Also ist

$$A = \begin{cases} \begin{pmatrix} 0 & 1 \\ -1 & 0 \end{pmatrix} & \text{, dann wähle } \Theta = -\dfrac{\pi}{2} \\ \begin{pmatrix} 0 & -1 \\ 1 & 0 \end{pmatrix} & \text{, dann wähle } \Theta = \dfrac{\pi}{2}\ . \end{cases}$$

Wenn jetzt aber $\underline{a \neq 0}$ ist, so folgt mit (3) : $c = -\dfrac{bd}{a}$, also mit (2) : $\dfrac{b^2 d^2}{a^2} + d^2 = 1$, d.h. $(b^2 + a^2)d^2 = a^2$ oder gemäß (1) : $d^2 = a^2$, und somit schließlich $a = \pm d$. Die Annahme $a = -d$ lieferte nach (3) : $c = b$, und deshalb letztlich mit Bedingung (4) : $-a^2 - c^2 = 1$, Widerspruch! Also ist $a = d$ und somit wegen (3) : $b = -c$, insgesamt also

$$A = \begin{pmatrix} a & b \\ -b & a \end{pmatrix}.$$

Da $a^2 + b^2 = 1$ und damit rasch $a \in (0, 1]$ ist, gibt es nach dem Verlauf des Cosinus eine Zahl $\Theta \in [-\pi, \pi]$ so, daß $a = cos\,\Theta$ ist und also sofort mit der Formel $cos^2 + sin^2 = 1$

auf $b^2 = (sin\,\Theta)^2$ geschlossen werden kann. Also gilt $b = sin\,\Theta$ oder $b = -sin\,\Theta$; wir dürfen $b = -sin\,\Theta$ annehmen (sonst Übergang zu $-\Theta \in [-\pi, \pi]$ und Betrachtung von $cos(-\Theta) = cos\,\Theta = a$).

■

**Aufgabe 6 :**

Beweisen Sie

i) $cos(\frac{\pi}{2} - z) = sin\,z \qquad (z \in \mathbb{C})$,

ii) $sin\,\frac{\pi}{4} = cos\,\frac{\pi}{4} = \frac{1}{\sqrt{2}}$,

iii) $tan\,\frac{\pi}{4} = 1$.

**Lösung :**

i) Wir wissen, daß $cos(z + \frac{\pi}{2}) = -sin\,z$ für alle $z \in \mathbb{C}$ gilt. Ersetzen wir $z$ durch $-z$, so folgt $cos(-z + \frac{\pi}{2}) = -sin(-z)$, also wegen $sin(-z) = -sin\,z$ sofort: $cos(\frac{\pi}{2} - z) = sin\,z$.

ii) Es gilt $cos^2\,\frac{\pi}{4} + sin^2\,\frac{\pi}{4} = 1$. Nach i) ergibt sich $cos\,\frac{\pi}{4} = sin\,\frac{\pi}{4}$ und deshalb sogleich $cos^2\,\frac{\pi}{4} = \frac{1}{2}$. Gemäß dem Verlauf der Cosinusfunktion ist $cos\,\frac{\pi}{4}$ positiv, sodaß Wurzelziehen die Behauptung liefert.

iii) Mit ii) ist $tan\,\frac{\pi}{4} = \frac{sin\,\frac{\pi}{4}}{cos\,\frac{\pi}{4}} = 1$.

■

**Aufgabe 7 :**

Beweisen Sie, daß für alle $x, y \in \mathbb{R}$ die folgende Gleichung gilt:

$$sin\,x - sin\,y \;=\; 2\,cos\left(\frac{x+y}{2}\right)\,sin\left(\frac{x-y}{2}\right).$$

**Lösung :**

Es gilt für alle $x, y \in I\!R$ : $x = \frac{x+y}{2} + \frac{x-y}{2}$ und $y = \frac{x+y}{2} - \frac{x-y}{2}$.
Hieraus resultiert gemäß dem Additionstheorem für *sin* jeweils

$$\begin{aligned} sin\,x - sin\,y \;=\; & sin\left(\frac{x+y}{2}\right) cos\left(\frac{x-y}{2}\right) + sin\left(\frac{x-y}{2}\right) cos\left(\frac{x+y}{2}\right) - \\ & -sin\left(\frac{x+y}{2}\right) cos\left(-\frac{x-y}{2}\right) - sin\left(-\frac{x-y}{2}\right) cos\left(\frac{x+y}{2}\right) \end{aligned}$$

und wegen $cos(-z) = cos\,z$ , $sin(-z) = -sin\,z$ sogleich die Behauptung.

■

**Aufgabe 8 :**

Untersuchen Sie die Funktion $f(x) := \frac{x \cdot (Arctan\,x + x)}{cos\,x - 1}$ $(x \in [-\pi, \pi]\backslash\{0\})$ auf ihr Konvergenzverhalten bei $x \to 0$.

**Lösung :**

Es gilt für alle $x$ des Definitionsbereichs von $f$:

$$\frac{x \cdot (Arctan\,x + x)}{cos\,x - 1} = \Big(\underbrace{\frac{Arctan\,x}{x} + 1}_{\to 2}\Big)\Big(\underbrace{\frac{cos\,x - 1}{x^2}}_{\to -\frac{1}{2}}\Big)^{-1} \to -4 \qquad (x \to 0)\,.$$

(vgl. Beweis von Satz 7.3.7 v))

In der Tat stimmt nämlich mit $Arctan'(0) = \left.\frac{1}{1+x^2}\right|_{x=0} = 1$ :

$\frac{Arctan\,x - 0}{x - 0} = \Delta_{Arctan}(x) \to 1 \qquad (x \to 0)$.

■

**Aufgabe 9 :**

Untersuchen Sie das Konvergenzverhalten der Folge $(f_n)$ von Funktionen

$$f_n(x) := \left(cos\,\frac{x}{n} + \lambda sin\,\frac{x}{n}\right)^n \quad (x \in I\!R\backslash\{0\})\,.$$

Dabei sei $\lambda \in I\!R$ beliebig und gelte unser Interesse der (in $x$) punktweisen Konvergenz.
Hinweis: Betrachten Sie $\left(1 + \frac{x_n}{n}\right)^n$ mit $x_n := n\left(cos\,\frac{x}{n} - 1 + \lambda sin\,\frac{x}{n}\right)$ $(n \in I\!N)$ ;
$x_n \to \lambda x \; (n \to \infty)$ (Beweis!); Aufgabe 2 .

**Lösung :**

Seien $x \in I\!R\backslash\{0\}$ und $x_n$ gemäß Hinweis. Dann gilt je $n \in I\!N$:

$$(*) \qquad x_n = x\Bigg(\underbrace{\frac{\cos\frac{x}{n} - 1}{\frac{x}{n}}}_{\to 0} + \lambda\underbrace{\frac{\sin\frac{x}{n}}{\frac{x}{n}}}_{\to 1}\Bigg) \qquad \to \lambda x \qquad (n \to \infty)\,.$$

(jeweils gemäß Beweis zu Satz 7.3.7 v), siehe auch Aufgabe 4)

Wir wollen $f_n(x)) = \left(\left(1 + \frac{x_n}{n}\right)^n\right)$ betrachten, d.h. bei $y_n := \dfrac{x_n}{n} \neq 0$ gerade:

$$\binom{*}{*} \qquad \left(1 + \frac{x_n}{n}\right)^n = e^{n\cdot ln(1+\frac{x_n}{n})} = e^{x_n\cdot\frac{1}{y_n}\cdot ln(1+y_n)} = e^{x_n\cdot ln((1+y_n)^{\frac{1}{y_n}})} \; (n \in I\!N).$$

Da $(y_n)$ eine Nullfolge ist, gilt $\lim\limits_{n\to\infty}(|\frac{1}{y_n}|) = \infty$. Wir machen eine Fallunterscheidung. Es gilt $y_n > 0$ für unendlich viele $n \in I\!N$ oder $y_n < 0$ für unendlich viele $n \in I\!N$, sogar mit "entweder ... oder" (Beweis!). Dann gibt es eine Teilfolge $(j_n)$ bzw. $(k_n)$ von $(n)$ mit $\{j_n \mid n \in I\!N\} = \{l+1, l+2, l+3, \ldots\}$ bzw. $\{k_n \mid n \in I\!N\} = \{l+1, l+2, l+3, \ldots\}$ für ein $l \in I\!N$ und mit $y_{j_n} > 0$ bzw. $y_{k_n} < 0$ $(n \in I\!N)$ , also

$$\lim_{n\to\infty}\left(\frac{1}{y_{j_n}}\right) = \infty \text{ bzw. } \lim_{n\to\infty}\left(-\frac{1}{y_{k_n}}\right) = \infty\,.$$

Gemäß Aufgabe 2 existiert der Grenzwert $\lim\limits_{n\to\infty}\left((1 + y_{j_n})^{\frac{1}{y_{j_n}}}\right) = \lim\limits_{n\to\infty}\left((1 + \frac{1}{\frac{1}{y_{j_n}}})^{\frac{1}{y_{j_n}}}\right) =$

$= e$. Für den anderen Fall ergibt sich, wieder nach Aufgabe 2, $\lim\limits_{n\to\infty}\left((1 + y_{k_n})^{\frac{1}{y_{k_n}}}\right) =$

$$= \left(\lim_{n\to\infty}\left(1 + \frac{-1}{\left(-\frac{1}{y_{k_n}}\right)}\right)^{\left(-\frac{1}{y_{k_n}}\right)}\right)^{-1} = (e^{-1})^{-1} = e. \text{ Also gilt mit } (*) \text{ und } \binom{*}{*} :$$

$\lim\limits_{n\to\infty}(f_n(x)) = e^{\lambda x\cdot ln\, e} = e^{\lambda x}$.

(Zur Einsicht in "entweder ... oder" ist zu beachten, daß im Falle $\lambda x \neq 0$, d.h. entweder $\lambda x > 0$ oder $\lambda x < 0$, mit (*) entweder $\dfrac{x_n}{n} > 0$ für schließlich alle $n \in I\!N$ oder $\dfrac{x_n}{n} < 0$ für schließlich alle $n \in I\!N$ gilt. Im Falle $\lambda x = 0$ muß $\lambda = 0$ gelten, also definitionsgemäß $y_n = \cos\dfrac{x}{n} - 1 < 0$ für schließlich alle $n \in I\!N$.)

■

**Aufgabe 10:**

Beweisen Sie, daß für alle $x \in (-1,1)$ gilt:

$$Arcsin(-x) - Arctan(-x) = Arccos\, x - Arccot\, x \ .$$

Hinweis: Die einzigen differenzierbaren Funktionen $f : (-1,1) \to I\!R$ mit $f'(x) = 0 \ (-1 < x < 1)$ sind die konstanten Funktionen $x \mapsto c \ (x \in (-1,1))$ (Begründung!).

**Lösung:**

Die behauptete Gleichung gilt für $x_0 = 0$:

$$\underbrace{Arcsin\, 0}_{=0} - \underbrace{Arctan\, 0}_{=0} - (\underbrace{Arccos\, 0}_{=\frac{\pi}{2}} - \underbrace{Arccot\, 0}_{=\frac{\pi}{2}}) = 0.$$

Für $f(x) := Arcsin(-x) - Arctan(-x) - Arccos\, x + Arccot\, x \ (x \in (-1,1))$ berechnen wir

$$f'(x) = \frac{1}{\sqrt{1-(-x)^2}} \cdot (-1) - \frac{1}{1+(-x)^2} \cdot (-1) + \frac{1}{\sqrt{1-x^2}} - \frac{1}{1+x^2} = 0 \ .$$

Gemäß Aufgabe 8 zu Kapitel VI (bzw. gemäß späteren Kenntnissen aus HM II) muß also $f$ konstant sein. Unsere Einsicht $f(x_0) = 0$ zeigt dann: $f(x) = 0 \ (x \in (-1,1))$, also die Behauptung.

■

**Aufgabe 11:**

Beweisen Sie, daß für alle $x, y \in I\!R$ mit $x > 0$ und $y = \frac{1}{x}$ gilt:

$$Arctan\, x + Arctan\, y = \frac{\pi}{2}.$$

**Lösung:**

Sei $f(x) := Arctan\, x + Arctan\, \frac{1}{x} \ (x > 0)$. Für $x_0 = 1$ ist $f(x_0) = 2 Arctan\, 1 = 2 \cdot \frac{\pi}{4} = \frac{\pi}{2}$ (siehe Aufgabe 6). Außerdem gilt $f'(x) = \frac{1}{1+x^2} + \frac{1}{1+(\frac{1}{x})^2} \cdot (-\frac{1}{x^2}) = 0$. Demnach ist analog zur Aufgabe 10 die Funktion $f$ als Konstante erkannt, nämlich nun $\frac{\pi}{2}$.

■

**Aufgabe 12 :**

Beweisen Sie auf zwei verschiedene Weisen die folgende Darstellung des natürlichen Logarithmus:

$$ln(x) = -2\, artanh\left(\frac{1-x}{1+x}\right) \quad (x \in (0,\infty)),$$

nämlich zum einen durch eine Substitution und zum anderen mit Hilfe der Differentialrechnung.

**Lösung :**

i) Wir wissen, daß für alle $y \in (-1,1)$ gilt

(*)
$$artanh\, y = \frac{1}{2} ln\left(\frac{1-x}{1+x}\right).$$

Mit $x \in (0,\infty)$ setzen wir $y := \frac{1-x}{1+x}$. Dann gilt $y \in (-1,1)$ und $\frac{1+y}{1-y} = \frac{1}{x}$ und demnach gemäß (*) und $ln(x^{-1}) = -ln(x)$ :

$$artanh\left(\frac{1-x}{1+x}\right) = \frac{1}{2} ln\left(\frac{1}{x}\right) = -\frac{1}{2} ln(x),$$

also die Behauptung.

ii) Sei $f(x) := ln(x) + 2artanh\left(\frac{1-x}{1+x}\right) \quad (x > 0)$. Für $x_0 = 1$ ist

$$f(x_0) = ln(1) + 2artanh\, 0 = 0 + 0 = 0\ .$$

Außerdem gilt

$$f'(x) = \frac{1}{x} + \frac{2}{1-(\frac{1-x}{1+x})^2} \cdot \frac{-2}{(1+x)^2} = \frac{1}{x} - \frac{1}{x} = 0 \quad (x > 0).$$

Also ist $f$ die Konstante $f(x_0) = 0$, woraus die Behauptung folgt.

■

# Literaturliste

M. BARNER, F. FLOHR : *Analysis I* , De Gruyter , 1983 .

M. BARNER, F. FLOHR : *Analysis II* , De Gruyter , 1983 .

F. ERWE : *Differential- und Integralrechnung* , Band 1 , Bibliographisches Institut , 1962.

F. ERWE : *Differential- und Integralrechnung* , Band 2 , Bibliographisches Institut , 1962.

H. ESSER, H.TH. JONGEN : *Analysis für Informatiker* , Skript zur Vorlesung, Augustinus–Buchhandlung Aachen , 1990 .

H. ESSER, H.TH. JONGEN : *Differentialgleichungen und Numerik für Informatiker* , Skript zur Vorlesung , Augustinus-Buchhandlung , Aachen , 1990 .

K. HABETHA : *Höhere Mathematik für Ingenieure und Physiker* , Band 1 , Klett 1976 .

K. HABETHA : *Höhere Mathematik für Ingenieure und Physiker* , Band 2 , Klett 1978 .

K. HABETHA : *Höhere Mathematik für Ingenieure und Physiker* , Band 3 , Klett 1979 .

G. HELLWIG : *Höhere Mathematik I. Eine Einführung* , Band 1 , Bibliographisches Institut , 1971 .

G. HELLWIG : *Höhere Mathematik I. Eine Einführung* , Band 2 , Bibliographisches Institut , 1972 .

H.TH. JONGEN, P.G. SCHMIDT : *Analysis* , Erster Teil , Skript zur Vorlesung , Augustinus–Buchhandlung , Aachen , 1988 .

H.TH. JONGEN, P.G. SCHMIDT : *Analysis* , Zweiter Teil , Skript zur Vorlesung , Augustinus–Buchhandlung , Aachen , 1989 .

S. LIPSCHUTZ : *Lineare Algebra, Theorie und Anwendung*, Schaum, McGraw-Hill Book Company , 1977 .

H. v.MANGOLD, H. KNOPP : *Einführung in die Höhere Mathematik* , Band 1 , Hirzel (Stuttgart) , 1957 .

H. v.MANGOLD, H. KNOPP : *Einführung in die Höhere Mathematik* , Band 2 , Hirzel (Stuttgart) , 1957 .

H. v.MANGOLD, H. KNOPP : *Einführung in die Höhere Mathematik* , Band 3 , Hirzel (Stuttgart) , 1958 .

Eine vorzügliche Formelsammlung enthält

I.N. BRONSTEIN, K.A. SEMENDJAJEW : *Taschenbuch der Mathematik* ,
Verlag Harri Deutsch Thun und Frankfurt am Main , 1983 .

# — Register —

# Aachener Beiträge zur Mathematik

**ABM Bd. 1**

**Esser, H. & Jongen, H. Th.**

Analysis für Informatiker,
4. Auflage 1997, 142 Seiten;
ISBN 3-925038-43-4

**ABM Bd. 2**

**Meier, H.-G.**

Diskrete und kontinuierliche Newton-Systeme im Komplexen,
1. Auflage 1991, 135 Seiten;
ISBN 3-86073-039-8

**ABM Bd. 3**

**Jank, G. & Jongen, H. Th.**

Höhere Mathematik I,
5. Auflage 1997, 356 Seiten;
ISBN 3-86073-300-1

**ABM Bd. 4**

**Jank, G. & Jongen, H. Th.**

Höhere Mathematik II,
2. Auflage 1996, 170 Seiten;
ISBN 3-86073-044-4

**ABM Bd. 5**

**Weber, G.-W.**

Charakterisierung struktureller Stabilität in der nichtlinearen Optimierung,
1. Auflage 1992, 182 Seiten;
ISBN 3-86073-066-5

**ABM Bd. 6**

**Peters, H. & Vrieze, K.**

A Course in Game Theory,
2. Auflage 1993, 148 Seiten;
ISBN 3-86073-087-8

**ABM Bd. 7**

**Bonten, O.**

Über Kommutatoren in endlichen einfachen Gruppen,
1. Auflage 1993, 152 Seiten;
ISBN 3-86073-093-2

**ABM Bd. 8**

**Esser, H. & Jongen, H. Th.**

Differentialgleichungen und Numerik für Informatiker und Physiker,
4. Auflage 1997, 128 Seiten;
ISBN 3-86073-105-X

**ABM Bd. 9**

**Mathar, R.**

Informationstheorie,
2. Auflage 1996, 88 Seiten;
ISBN 3-86073-113-0

**ABM Bd. 10**

**Meyer, R.**

Matrix-Approximation in der multivariaten Statistik
- Invariante Präordnungen und algorithmische Aspekte bei Matrix-Approximationsproblemen in multivariaten statistischen Verfahren -,
1. Auflage 1993, 140 Seiten;
ISBN 3-86073-185-8

**ABM Bd. 11**

**Geck, M.**

Beiträge zur Darstellungstheorie von Iwahori-Hecke-Algebren,
1. Auflage 1995, 171 Seiten;
ISBN 3-86073-420-2

**ABM Bd. 12**

**Nebe, G.**

Endliche rationale Matrixgruppen vom Grad 24,
1. Auflage 1995, 126 Seiten;
ISBN 3-86073-421-0

**ABM Bd. 13**

**Guo, Y.**

Locally Semicomplete Digraphs,
1. Auflage 1995, 108 Seiten;
ISBN 3-86073-422-9

**ABM Bd. 14**

**Pfeiffer, G.**

Charakterwerte von Iwahori-Hecke-Algebren von klassischem Typ,
1. Auflage 1995, 76 Seiten;
ISBN 3-86073-423-7

**ABM Bd. 15**

**Urban, K.**

Multiskalenverfahren für das Stokes-Problem und angepaßte Wavelet-Basen,
1. Auflage 1995, 223 Seiten;
ISBN 3-86073-424-5

**ABM Bd. 16**

**Opgenorth, J.**

Normalisatoren und Bravaismannigfaltigkeiten endlicher unimodularer Gruppen,
1. Auflage 1996, 114 Seiten;
ISBN 3-86073-425-3

**ABM Bd. 17**

**Eick, B.**

Charakterisierung und Konstruktion von Frattinigruppen mit Anwendungen in der Konstruktion endlicher Gruppen,
1. Auflage 1996, 76 Seiten;
ISBN 3-86073-426-1

**ABM Bd. 18**

**Hulpke, A.**

Konstruktion transitiver Permutationsgruppen,
1. Auflage 1996, 160 Seiten;
ISBN 3-86073-427-X

**ABM Bd. 19**

**Jongen, H. Th. & Schmidt, P. G.**

Analysis,
1. Auflage 1996, 620 Seiten;
ISBN 3-86073-428-8

**ABM Bd. 20**

**Celler, F.**

Konstruktive Erkennungsalgorithmen klassischer Gruppen in GAP,
1. Auflage 1997, 102 Seiten;
ISBN 3-86073-429-6

**ABM Bd. 21**

**Theißen, H.**

Eine Methode zur Normalisatorberechnung in Permutationsgruppen mit Anwendungen in der Konstruktion primitiver Gruppen,
1. Auflage 1997, 179 Seiten;
ISBN 3-86073-640-X